21 世纪本科院校电气信息类创新型应用人才培养规划教材

工控组态软件及应用

何坚强　薛迎成　徐顺清　编　著

内 容 简 介

本书从工业组态监控系统工程应用实例出发，系统地介绍了组态软件技术及其应用。本书以组态王软件为例，介绍了通用组态软件的功能与组态方法，结合工程应用进行详细讲解。全书包括工业组态监控系统概述、工业组态软件基础、组态王软件介绍、组态王工程设计初步、组态王编程语言应用、组态王曲线应用、组态王控件应用、组态王与外部设备通信、组态王 PID 功能、组态王与 OPC 设备的通信、组态王与数据库、组态王的网络功能、工业组态监控系统设计、组态王工程应用实例。

本书内容丰富，理论联系实际，系统性和实践性强，可作为高等院校自动化、电气工程、测控技术与仪器、电子信息、计算机应用、机电一体化等专业学生的教材，也可作为相关科研和工程技术工作者的参考书。

图书在版编目(CIP)数据

工控组态软件及应用/何坚强，薛迎成，徐顺清编著. —北京：北京大学出版社，2014.3
(21 世纪本科院校电气信息类创新型应用人才培养规划教材)
ISBN 978-7-301-23754-0

Ⅰ. ①工…　Ⅱ. ①何…②薛…③徐…　Ⅲ. ①工业—自动控制系统—应用软件—高等学校—教材
Ⅳ. ①TP273

中国版本图书馆 CIP 数据核字(2014)第 015480 号

书　　　名：工控组态软件及应用
著作责任者：何坚强　薛迎成　徐顺清　编著
策 划 编 辑：程志强
责 任 编 辑：程志强
标 准 书 号：ISBN 978-7-301-23754-0/TP・1323
出 版 发 行：北京大学出版社
地　　　址：北京市海淀区成府路 205 号　100871
网　　　址：http://www.pup.cn　新浪官方微博：@北京大学出版社
电 子 邮 箱：编辑部 pup6@pup.cn　总编室 zpup@pup.cn
电　　　话：邮购部 62752015　发行部 62750672　编辑部 62750667　出版部 62754962
印　刷　者：北京虎彩文化传播有限公司
经　销　者：新华书店
787 毫米×1092 毫米　16 开本　23.25 印张　546 千字
2014 年 3 月第 1 版　2024 年 12 月第 6 次印刷
定　　　价：59.00 元

前　　言

随着自动化技术的日益提高，基于组态的自动化系统在工业领域得到了广泛的应用，组态监控系统是工业自动化的典型应用。组态(Configuration)最早出现在计算机控制系统中，组态软件是实现工业现场数据监测与过程控制功能的一些专用软件，使用灵活的组态软件为用户提供了快速构建监控系统的软件平台和开发环境。

组态软件出现之前，自动化领域应用软件主要采用所购买的专用的工控系统，也有用户自行编写或委托第三方编写程序，无论是软件的功能还是开发周期，应用软件通常都无法满足用户的各种需求。组态软件出现后，用户可以利用丰富且灵活的组态功能，根据应用需求构建各类工业组态监控系统。组态软件已经成为工业自动化系统的必要组成部分，作为系统的一个“基本单元”或“基本元件”而存在，在整个自动化信息集成系统中起着承上启下的衔接作用。组态软件一方面通过与硬件设备的通信获得现场测控设备的实时数据，在进行数据实时显示的同时将数据存储到历史数据库中；另一方面通过各种标准接口提供测控及生产相关数据给管理信息系统或决策信息系统。

作为通用型专业工具软件，组态软件已成为工业自动化项目设计的首选。组态软件技术发展迅速，实时数据库、实时控制、SCADA、通信及联网、开放数据接口、对I/O设备的广泛支持已经成为它的主要内容，随着先进技术的发展，组态软件不断被赋予新的内容。目前，国内外市场占有率较高的监控组态软件有iFix、Intouch、WinCC、Citect以及国产化的组态软件力控科技、亚控科技、昆仑通态等公司产品。尽管高端市场主要被国外产品垄断，但随着国内产品的不断升级，市场所占比例逐步得到快速增长。本书以国产组态软件组态王为例，全面介绍组态软件的功能与具体应用技术。

全书主要内容如下。

(1) 工业组态监控系统基本概念、组成、监控系统软件以及监控系统监控模式。

(2) 工控组态软件的功能及特点、组态软件的系统构成、典型组态软件、嵌入式组态软件以及组态软件应用类型。

(3) 组态王软件介绍、画面制作、变量定义、动画连接、报警事件、组态王软件工程设计步骤。

(4) 组态王编程语言应用、组态王曲线应用以及组态王控件应用。

(5) 组态王与外部设备通信，涉及组态王逻辑设备的管理、组态王与DDE设备的通信、组态王与板卡设备的通信、组态王与串口设备的通信、组态王与模拟设备的通信。

(6) 组态王PID控件使用方法、组态王与OPC设备的通信、组态王与数据库、组态王的网络功能。

(7) 工业组态监控系统设计，组态监控系统设计原则、设计步骤，组态软件设计、人机界面设计。

(8) 基于组态王的过程控制系统设计，以过程设备中的液位监控为例，分别采用智能仪器、PLC、智能模块进行组态监控系统设计。

(9) 组态王在污水处理厂监控系统中的应用设计，涉及电气设计、PLC 控制设计、组态软件设计，详细介绍了工艺流程图、现场控制装置的画面制作过程，工艺数据和设备工作状态监控等内容。

本书以掌握工控组态软件工程应用为目的，力求将基础知识点与实际应用相结合，强调基本操作与工程应用，突出实用性、先进性、系统性与新颖性。

本书由何坚强、薛迎成、徐顺清编著，樊元吉、李帅参与了书中部分图形的绘制工作。本书结合了作者教学和工程应用实践经验，汲取了同类教材的优点，参阅了许多手册、论文与书籍。本书的出版得到盐城工学院教材出版基金、江苏省新型环保重点实验室开放课题基金资助，在此表示衷心的感谢！

工业组态监控技术发展迅速，涉及应用领域十分广泛，且限于编者水平，对教材内容的取舍把握得可能不够准确，书中难免出现不足之处，敬请读者批评指正。

编　者

2013 年 11 月

目　　录

第1章

工业组态监控系统概述

教学目标与要求

- ☞ 熟悉工业组态监控系统工程应用。
- ☞ 掌握组态监控系统的结构组成。
- ☞ 熟悉工业组态监控系统软件。
- ☞ 熟悉工业组态监控系统应用类型。
- ☞ 理解工业组态监控系统监控模式。

引言

工业自动化主要实现生产过程自动检测、控制、优化、调度、管理和决策功能，工业组态监控系统是典型的工业自动化系统。自动化系统综合运用了计算机、仪器仪表、控制理论和其他信息技术，实现生产过程的监测、控制与管理，提高了生产效率、产品质量与生产安全性，减少了生产过程的原材料与能源损耗。

工业组态监控系统具有多样性，系统主要采用相关硬件与软件实现各种监控功能。如何快捷、高效地组建监控系统并实现各种功能是自动化系统所面临的任务。组态监控系统采用专业的软件工具对系统中硬件及软件的各种资源进行配置，使计算机或软件按照预先设置方式，自动执行预定任务，从而实现工业生产目的要求。随着应用领域和监控要求的不断提高，组态监控系统规模越来越大，目前普遍采用网络化系统结构，在监控室中实现信息相互协调、联动控制。中大规模的企业都建有中央控制室 CCR(Central Control Room)，如图 1.1 所示。中央控制室一般设在综合办公楼内，是企业监控的核心部门，负责监控整个厂区生产过程中的各类技术参数、设备运行状态，记录系统运行数据，及时分析和判断生产情况，按照生产设备的运行模式、工艺参数等要求设置或调整有关参数，呈报各类原材料、成品、质量信息，保证生产信号准确、状态无误。图 1.2 为电解锰废水处理的组态监控系统登录界面，系统运行于控制室监控计算机中。

图 1.1　中央控制室

图 1.2　组态监控系统登录界面

1.1　工业组态监控系统举例

1. 电解锰废水处理监控系统

电解金属锰是用锰矿石经酸浸出获得锰盐，再送电解槽电解析出的单质金属。电解锰废水是典型的含金属离子污染物废水，电解锰废水中的锰以 Mn^{2+}的形式、铬主要以 $Cr_2O_7^{2-}$的形式存在，系统采用离子交换法实现电解锰生产废水自动化处理及资源化利用。

1) 电解锰废水处理流程

电解锰废水处理工艺流程如图 1.3 所示。监控系统通过离子交换技术将离子交换树脂上离子与废水中目标离子进行交换达到去除污染物的目的，当废水中的离子为离子交换固体所喜好时，便会被离子交换固体吸附，为维持水溶液的电中性，离子交换固体释出等价离子回溶液中，离子交换是可逆的等当量交换反应，是一种特殊的吸附。电解锰废水处理以阳离子交换树脂吸附废水中的 Mn^{2+}，以阴离子交换树脂吸附废水中的 $Cr_2O_7^{2-}$，可以取得较好的处理效果，同时可回收废水中的金属资源。吸附－再生系统包括离子交换设备、再生剂配制添加、再生液储备及回用等环节，采用 3 根除铬离子交换柱，其中两根串联，另外一根备用。当一柱吸附饱和后进入再生状阶段，另外两根串联吸附，实现交替循环，设备采用不锈钢制造，内壁增加喷塑涂层，以保障设备的抗腐蚀性能。

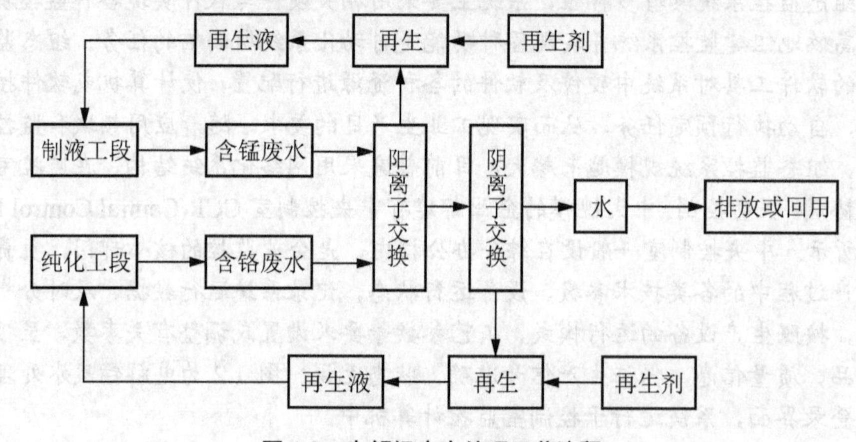

图 1.3　电解锰废水处理工艺流程

2) 监控系统方案

电解锰废水处理监控系统构成如图 1.4 所示。系统包括监控计算机、PLC 及扩展部件、自动化仪表、执行机构、组态软件等。监控系统采用分布式网络控制系统结构，通过现场总线连接上位机与控制站点，控制站点连接传感器和执行器，实时控制一台废水泵、4 台再生剂输送泵及 60 余个电动执行阀门，实现对废水、再生剂、再生液的流向流速控制。下位机控制设备实现现场数据采集和的实时控制，上位机负责数据的显示，实现了对整个系统设备的监视和集中管理，现场设备与监控计算机对应不同软件的应用。

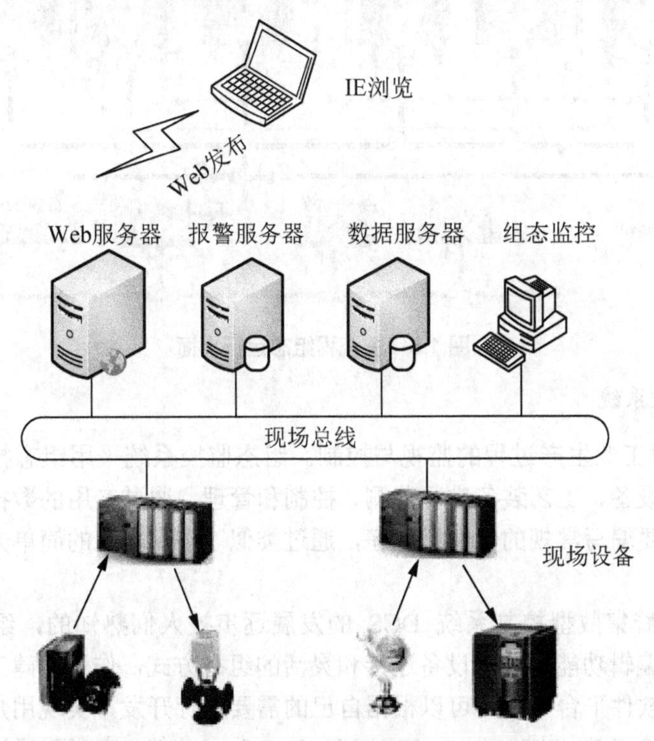

图 1.4　电解锰废水处理监控系统构成

电解锰废水处理监控系统采用了软件组态技术，主流程组态运行界面如图 1.5 所示。监控计算机完成工艺流程图的实时显示、数据监测与处理，相关功能通过组态软件来实现，通过组态软件可以方便地构成监控画面，并以动画方式显示控制设备的状态，实现旋转、特效动画、报警窗口、生成各种报表等功能，并实现工业过程动态可视化。系统人机交互的界面友好，易于操作，通过工控机实现系统启动与停止、控制各个阀门的开合、泵的启动与停止，对 PLC 内部资源进行操作，进行人机信息交流，远程设置系统相关参数，实时监控电解锰废水处理现场运行状况，实现系统可视化管理。电解锰废水处理过程实现计算机的远程监测、控制和管理，可以实时提示及远程信息报警，实现历史报警的存储和查询，同时方便查询系统运行过程中的操作事件，提供客户端远程数据访问功能，系统实现了高质量、低成本、稳定可靠的营运方式。

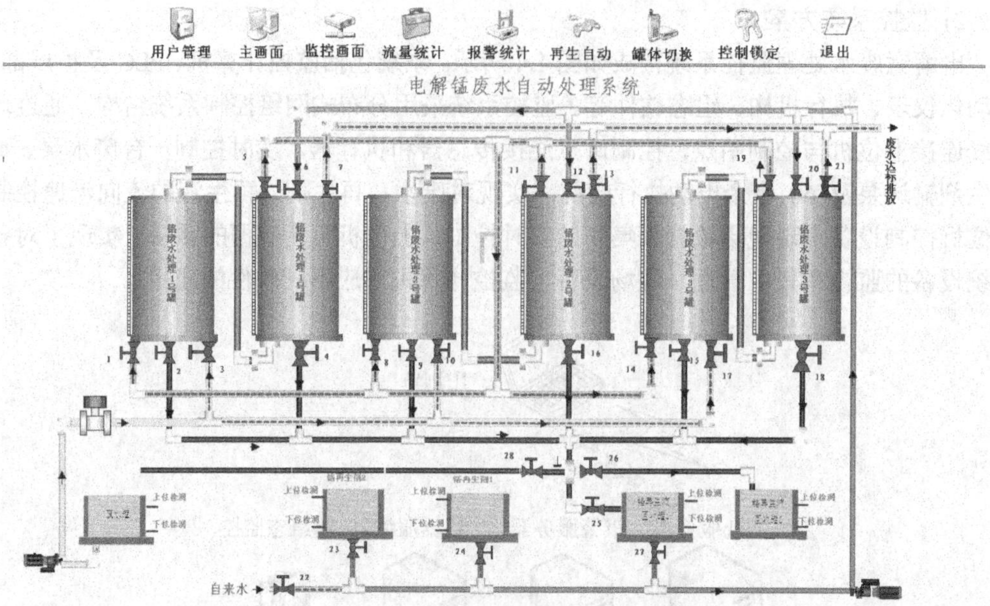

图 1.5　主流程组态运行界面

2. 组态监控系统

“监控”是对工业生产过程的监视与控制。组态监控系统采用组态控制技术对工业生产过程及其机电设备、工艺装备进行监测、控制和管理，通过专用的数据采集与监控软件实现，用户不需要编写常规的计算机程序，通过类似“搭积木”的简单方式即可实现所需要的软件功能。

组态是伴随着集散型控制系统 DCS 的发展逐步被人们熟知的，组态软件充分利用 Windows 的图形编辑功能，具有设备连接和灵活的组态方式，作为构建工业监控系统、通用层次的自动化软件平台，用户可以根据自己的需要进行开发，实现用户需要。组态软件具有丰富的人机接口 HMI(Human and Machine Interface)功能，完成现场过程控制和控制界面设计，实现了可视化监控画面和操作画面，包括总貌画面、流程图画面、实时趋势曲线、历史曲线等，图形化界面有利于用户实时现场监控。

组态软件又称监控组态软件或工控组态软件，已经成为工业自动化系统的必要组成部分，即“基本单元”或“基本元件”，在组态监控系统中始终处于“承上启下”的地位。

在涉及工业自动化的项目中，如果涉及数据采集、控制与管理，那么用户会首先考虑使用组态软件，组态能以灵活多样的方式、非编程方式提供良好的用户开发界面和简捷的使用方法，其预设置的各种软件模块可以容易实现和完成各项功能，与高可靠的工控计算机和网络系统结合，向控制层和管理层提供软、硬件的全部接口，进行系统集成，快速实现与完成组态监控系统。

基于组态的监控系统具有可靠性高、功能多样性、开放性好、易于扩展、实施经济和简便，满足了工业自动化生产的要求，广泛应用于化工、冶金、石油、电力、机械制造、建筑、交通运输等领域。

1.2　组态监控系统的结构组成

1.2.1　组态监控系统的层次结构

工业组态监控系统采用分布式控制系统的思想，典型的监控系统通常把系统划分为现场控制层、监控调度层和信息管理层这 3 个层次结构，系统结构如图 1.6 所示。在这个体系中，层与层之间可以交换数据，数据双向流通，具体应用时往往选择其中的一层或多层，每层之间可能存在层叠。

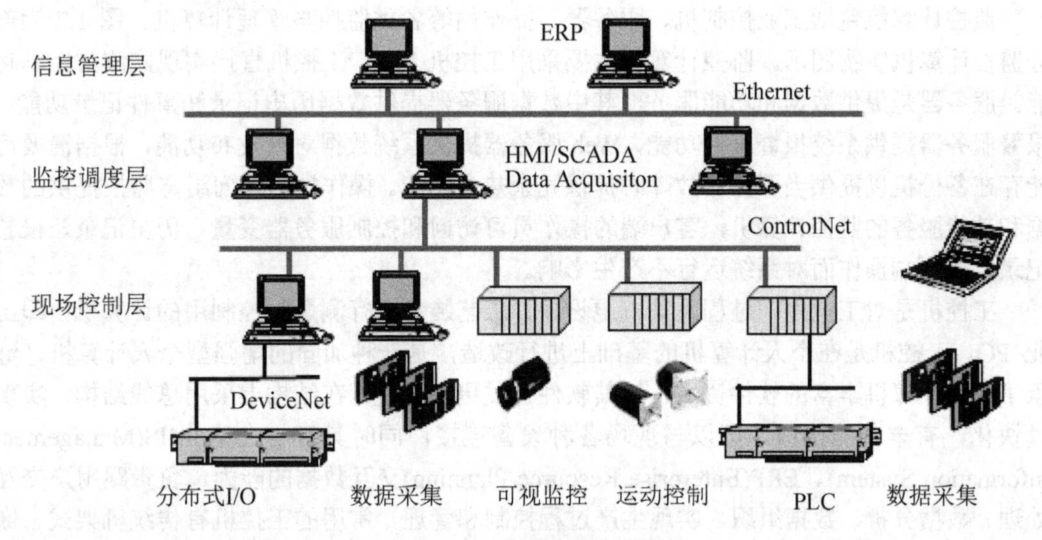

图 1.6　工业监控系统结构

1. 现场控制层

低层的现场控制层，由现场监控设备和通信网络组成，通过网络通信技术将智能仪器、监控设备以及工控机或 PLC 设备的远程 I/O 点连接在一起，实现现场级的通信。通过现场通信网络，完成数据采集、开闭环控制、报警等功能。

2. 监控调度层

监控调度层主要用于系统的监控、优化与调度及各种人机交互功能。监控层对下连接控制层，对上连接管理层，它在企业信息网络中起到承上启下的作用。监控调度层由工业网络以及连接在网络上担任监控任务的工作站或显示操作站组成，对应车间级通信。监控站可以完成对控制系统的组态设计和下载，并为实现先进控制和过程操作优化提供支撑环境。

3. 信息管理层

信息管理层由各种服务器和客户机组成，将监控层实时数据库中的信息转入上层的关系数据库中，管理层用户能随时查询网络运行状态以及现场设备工况，进行实时远程监控。

在分布式网络环境下，集成企业的各种信息，实现与 Internet 的连接。上层的信息管理层主要用于企业的经营、管理及决策。管理层能够运行各种 MES、ERP 和可视化软件，完成市场信息管理、经营决策、资源分配、计划调度等功能。

1.2.2 组态监控系统的基本组成

工业组态监控系统包括监控计算机、现场控制设备、通信与网络及监控系统软件等部分组成。

1. 监控计算机

监控计算机包括工业控制机、服务器、操作站等各类监控与管理计算机。图 1.7 为部分监控计算机实物图示。监控计算机主要采用工控机 IPC，工控机直接实现监测与控制功能。服务器是提供数据和功能服务，其中数据服务器提供数据历史记录和事件记录功能，报警服务器提供系统报警服务功能，Web 服务器提供系统数据对外发布功能，根据需要可能存在备份机以提供当服务器故障时提供冗余热备功能。操作站是访问组态监控提供的数据和功能服务的监控计算机，客户端的操作员可访问和控制服务器变量、历史记录、报警记录，客户端操作而对系统运行不产生影响。

工控机是对工业生产过程及其机电设备、工艺装备进行测量与控制用的计算机，即工业 PC。工控机是在个人计算机的基础上进行改造，是一种加固的增强型个人计算机，继承了个人计算机丰富的软件资源，使其软件开发更加方便；在结构上采用总线结构，实现模块化，有丰富的接口，可以与现场各种设备连接，同时具有与上位 MIS(Management Information System)、ERP(Enterprise Resource Planning)交互数据的能力，负责跟用户交互处理、数据分析、数据组织，实现生产过程控制和管理。常用的工控机有传统机架式、嵌入式工控机架构、Compact PCI 架构等类型。

图 1.7 监控计算机

通用的传统机架式工业控制机硬件包括全钢加固型机箱、无源底板、工业电源、CPU 卡、内部总线和外部总线、人机接口、系统支持板、磁盘系统、通信接口、输入输出通道。软件包括系统软件、支持软件和应用软件。一般 IPC 的全钢机箱采用符合“EIA”标准的全钢化工业机箱，增强了抗电磁干扰能力。内部可安装同 PC-bus 兼容的无源底板。带滤网和 EMI 弹片减震、CPU 卡压条及加固压条装置，在机械振动较大的环境中仍能可靠运行。高功率双冷风扇配置，一方面解决高温下的散热问题，另一方面使机箱内始终保持空气正压，并装有滤尘网以减少粉尘侵入。图 1.8 为典型的研华公司 IPC-610 常规机型，它是一款 19 英寸加固的架装 PC/AT 电脑机箱，可容纳一个 14 槽 PC/AT 总线无源底板或一个标准主板和一个 110～220V 可切换电源。一个可锁式前面板门可以保护设备免于任何未授权的使用。IPC-610 系列机箱适用于绝大多数插入式板卡，包括 CPU 卡、视频卡、磁盘控制卡以及 I/O 适配卡等。所有板卡均可方便地从机箱顶安装或更换。

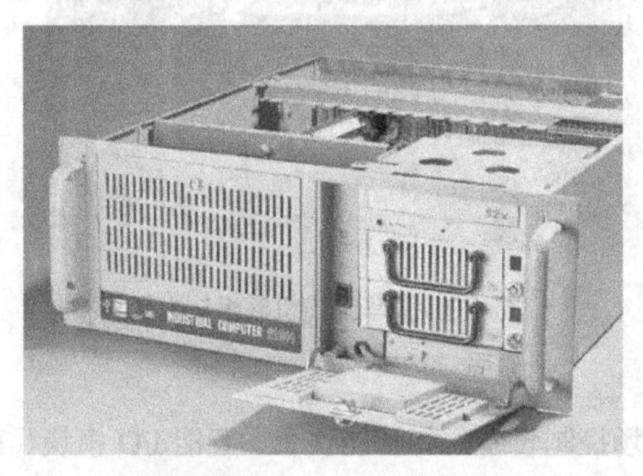

图 1.8　IPC-610 工控机机箱

工控机无源底板一般以总线结构形式(如 STD、ISA、PCI 总线等)设计成多插槽的底板，所有的电子组件均采用模块化设计，维修简便。无源底板的插槽由 ISA 和 PCI 总线的多个插槽组成，ISA 或 PCI 插槽的数量和位置根据需要有一定选择，一般为四层结构，中间两层分别为地层和电源层，这种结构方式可以减弱板上逻辑信号的相互干扰和降低电源阻抗。底板可插接各种板卡，包括 CPU 卡、控制卡、I/O 卡等。工控机采用无源底板结构，而非商用机的大板结构，提高了系统的扩充性，最多可扩充 20 块板卡；降低了死机的概率，简化了查错过程，板卡插拔方便，快速修复时间更短；使升级更简便，并使整个系统更有效。

工控机主板就是 CPU 卡，是工控系统的核心，基本功能是执行程序和处理数据，CPU 卡所具有的功能是发展变化的，因 CPU 的不同而不同；CPU 卡可简单地只装有 CPU 及其支持部件，也可复杂到功能完整的 PC 板，提供标准的系统功能扩充总线，如 PCI、ISA 等；可以通过底板供电或直接供电；具有标准的机械结构。

工控机主板一般均设计了看门狗功能，支持远程唤醒，自动复位，低功耗，采用独特的设计、制造、检测工艺，以提高无故障运行时间。工控机主板采用 ALL-IN-ONE 的设计，将所有可能的功能都集成在一个主机板中，使用者不需要另外再去连接其他的接口，即可很快地组合并使用一部计算机，图 1.9 为研华工控机底板与 PCA-6185 主板的外观。

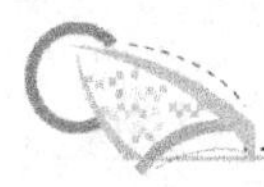

图 1.9　研华工控机底板与主板

2. 现场控制设备

组态监控系统的现场控制设备，如智能仪表、智能 I/O 模块、PLC、PAC 等直接获取设备状况，实现现场监控，组态监控软件可以极其方便地实现与各类现场控制设备接口功能。

智能仪器是含有微型计算机或微处理器的测控仪器，拥有对数据的存储运算逻辑判断及自动化操作等功能，仪器系统专用、易于集成、成本相对较低，智能仪器都备有各种标准的通信接口。智能仪器体积小、功能强、功耗低，能很方便地与工控机和其他仪器一起组成各种近距离和远程的测量系统，可以完成各种复杂的监控任务。

智能 I/O 模块提供了 A/D、D/A、DI/DO、Timer/Counter 以及其他一些便携功能模块，专为工业现场数据采集与控制而设计。模块一般都内置微处理器、存储器、各种 I/O 电路、各类通信接口以及实时监控软件，模块可以用特定指令集通过通信网络监控远端模块，图 1.10 为智能仪器与智能 I/O 模块实物图示。

PLC 是工业控制的核心装置，PLC 是一种专门为在工业环境下应用而设计的数字运算操作的电子装置。它采用可以编制程序的存储器，用来在其内部存储执行逻辑运算、顺序运算、定时、计数和算术运算等操作的指令，通过数字式或模拟式的输入和输出，控制各种类型的机械或生产过程。图 1.11 为 PLC 控制器实物图。PLC 广泛用于顺序控制、运动控制、闭环过程控制、数据处理以及通信和联网系统，监控组态软件具有与 SIEMENS、MODICON、GE、AB、ORMON 等生产厂家的 PLC 产品通信功能。

可编程自动化控制器 PAC(Programmable Automation Controller)是一个将计算机、自动控制、现场网络和组态技术结合在一起的高度集成化的软硬件开发平台。图 1.12 为 PAC 控制器实物图。PAC 使用成熟硬件与软件技术，构成完整的监控系统，应用于工业装备控制，具有高速的数据处理能力、大容量的数据存储、强大的网络功能，易于连接的数据库功能。PAC 控制器与监控组态软件实现无缝集成，可实现 DCS 功能，提高控制系统实施效率。

图 1.10　智能仪器与智能模块

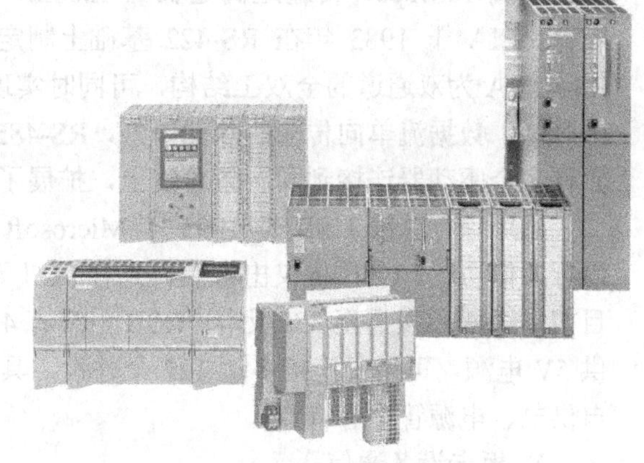

图 1.11　PLC 控制器

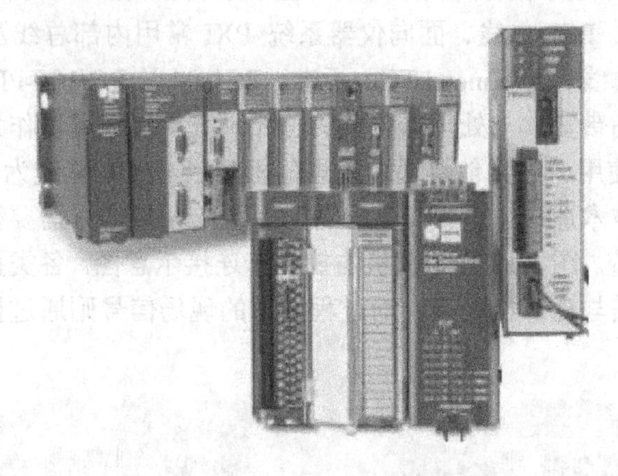

图 1.12　PAC 控制器

3. 通信与网络

分布式组态监控系统实现现场设备之间、监控计算机与各测控单元之间数字式、双向传输通信，进行过程诊断、故障报警，达到远程操作及监控要求。基于网络的组态监控系统将地域分散的功能单元，如智能传感器、测控模块、工控机等，通过各类网络互联、信息的传输和交换，实现远距离测控、资源共享以及设备的远程诊断与维护，有利于降低监控系统的成本，组态监控系统的常见通信方式包括串口通信、板卡设备通信、现场总线、工业以太网以及无线通信、企业信息网等方式。监控系统具体选择哪一种通信网络要根据系统要求、通信速率、距离、系统拓扑结构、通信协议等要求来综合分析确定。

1) 串口通信接口

串行通信接口按电气标准及协议包括 RS-232-C、RS-422、RS-485、USB 等。RS-232 是由电子工业协会(EIA)制定的用于串行通信的标准。RS-232-C 总线标准设有 25 条信号线，随着计算机技术的发展，现在 RS-232-C 中采用 9 个信号，接口为DB9 型接插件，一般工控机含有多个 COM 口。RS-422 由 RS-232 发展而来，RS-422 定义了一种单机发送、多机接收的单向、平衡传输接口，克服了 RS-232 通信距离短、速率低的缺点，将传输速

率提高到 10Mbps，传输距离延长到 1200m，并允许在一条平衡总线上连接多达 10 个接收器。EIA 于 1983 年在 RS-422 基础上制定了 RS-485 标准，全称为 TIA/EIA-485-A。RS-422-A 为双通道的全双工结构，可同时实现接收和发送，而 RS-485 则为半双工，在某一时刻，数据流单向传输；除此以外，RS-485 增加了发送器的驱动能力和冲突保护功能，允许多个驱动器连接到同一条总线上，扩展了总线共模范围。

通用串行总线 USB 是 1995 年 Microsoft、Compaq、IBM 等公司联合制定的一种 PC 串行通信协议。USB 协议出台后得到各 PC 厂商、芯片制造商和 PC 外设厂商的广泛支持。目前，USB 已发展至 3.0 版本。USB 电缆有 4 条线，其中两条信号线、两条电源线，可提供 5V 电源，可用于连接多达 127 个外设，具有即插即用、热插拔、速度快、可扩充性、自供电、电源管理等特点。

2) 板卡设备通信

板卡是常见监控系统的采集和执行终端，基于系统总线技术的测控板卡有多种类型，系统总线有 ISA 总线、PCI 总线、面向仪器系统 PXI 常用内部总线及 AT96 总线、VME 总线、Compact PCI 总线、Advanced TCA 标准、PC/104 与 PC/104-PLUS 等工控机总线。

PCI 总线是一种高带宽、与处理器无关的总线系统。它既可以作为中间层的总线也可以作为周边总线系统使用。与其他普通总线规范相对照，PCI 总线为高速 I/O 设备提供了更好的支持。PCI 的技术适应了现代 I/O 设备对系统的要求，只需要很少的芯片就可以实现并支持其他总线系统。图 1.13 为工控机与控制卡连接示意图。各类控制卡通过主控计算机的 PCI、ISA 等插槽与计算机相连，而过程通道的现场信号则通过接线端子板、专用电缆与板卡相连。

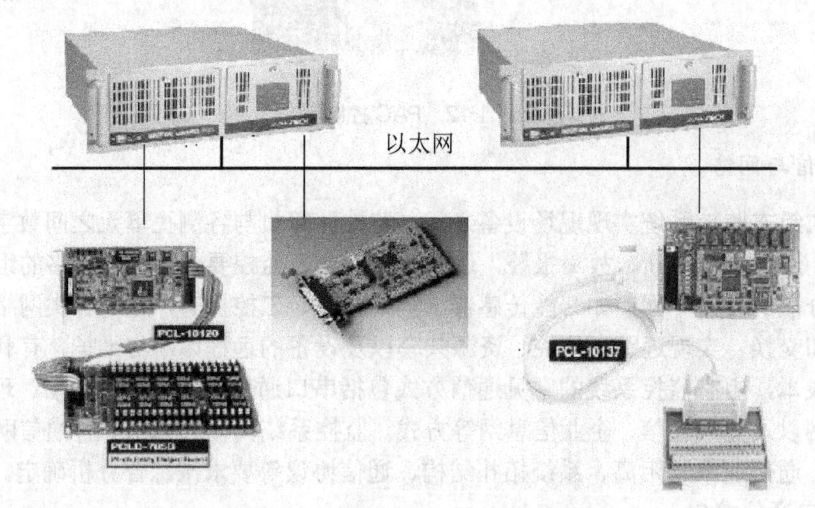

图 1.13　工控机与控制卡连接示意图

3) 现场总线

现场总线是一种工业数据总线，是自动化领域中底层数据通信网络，是工业控制网络向现场级发展的产物。现场设备是以微处理器为核心的数字化设备，彼此通过传输媒体(双绞线、同轴电缆或光纤)相连；网络数据通信采用基带传输，数据传输速率高，实时性好，

抗干扰能力强；废弃了集散控制系统 DCS 中的 I/O 控制站，将这一级功能分配给通信网络完成；分散的功能模块，便于系统维护、管理与扩展，提高可靠性；开放式互联结构，既可与同层网络相连，也可通过网络互联设备与控制级网络或管理信息级网络相连；互操作性，在遵守同一通信协议的前提下，可将不同厂家的现场设备产品统一组态，构成所需要的网络。随着网络技术发展和市场需求的变化，工业设备实现网络化管理控制已经成为一种必然趋势，改善工业监控系统需要在不同生产设备之间实现高效、可靠、标准化的互联。

国际电工委员会 IEC 制定的国际标准 IEC 61158 对现场总线的定义如下：安装在制造或过程区域的现场装置与控制室内的自动控制装置之间的数字式、串行、多点通信的数据总线称为现场总线。2000 年国际电工委员会 IEC TC65(负责工业测量和控制的第 65 标准化技术委员会)通过了 8 种类型的现场总线作为新的 IEC 61158 国际标准，分别为 type1 IEC 技术报告(即 FF 的 H1)、type2 ControlNet(美国 Rockwell 公司支持)、type3 Profibus (德国 Siemens 公司支持)、type4 P-Net(丹麦 Process Data 公司支持)、type5 FF HSE(即原 FF 的 H2，Fisher-Rosemount 等公司支持)、type6 Swift Net(美国波音公司支持)、type7 World FIP(法国 Alstom 公司支持)、type8 Interbus(德国 Phoenix Conact 公司支持)。

为了进一步完善 IEC 61158 标准，IEC/SC65C 成立了 MT9 现场总线修订小组，MT9 工作组在原来 8 种类型现场总线的基础上不断完善扩充，于 2001 年制定出由 10 种类型现场总线组成的第三版现场总线标准，分别是 Type1 TS61158 现场总线、Type2 ControlNet 和 Ethernet/IP 现场总线、Type3 Profibus 现场总线、Type4 P-NET 现场总线、Type5 FF HSE 现场总线、Type6 Swift-Net 现场总线、Type7 WorldFIP 现场总线、Type8 INTERBUS 现场总线、Type9 FF H1 现场总线以及 Type10 PROFInet 现场总线，该标准于 2003 年正式成为国际标准。

加上 IEC TC17B(负责低压开关设备和控制设备)通过的 3 种现场总线国际标准，即 SDS(Smart Distributed System)、ASI(Actuator Sensor Interface)和 DeviceNet，ISO 还有一个 ISO 11898 的 CAN(Control Area Network)，现场总线标准有 12 种之多。此外，一些国家还有其国家的标准，如英国的 ERA、挪威的 FINT 等；一些国际著名公司也推出自己的标准，如日本三菱公司的 CC-Link、施耐德公司的 Modbus 等。

现场总线 Profibus 是面向现场级与车间级的数字化通信网络。典型的 Profibus 现场总线网络结构如图 1.14 所示。基于现场总线 Profibus-DP/PA 控制系统位于工厂自动化系统中的底层，即现场级与车间级。

现场控制级由现场智能设备、智能仪表、远程 I/O 和网络设备构成。主站(PLC、PC 机或其他控制器)负责总线通信管理及所有从站的通信。现场控制涉及 Profibus 协议中的 Profibus-DP 和 Profibus-PA 两个部分。

车间监控级由执行监控任务的工作站或显示操作站、工程师站、控制器组成，用来完成车间生产设备之间的连接，完成生产设备状态在线监控、设备故障报警及维护等。此外，它还具有生产统计、生产调度等车间级生产管理功能。车间级监控网络可采用 Profibus-FMS，它是一个多主网，这一级数据传输速度不是最重要的，而是要能够传送大容量信息。

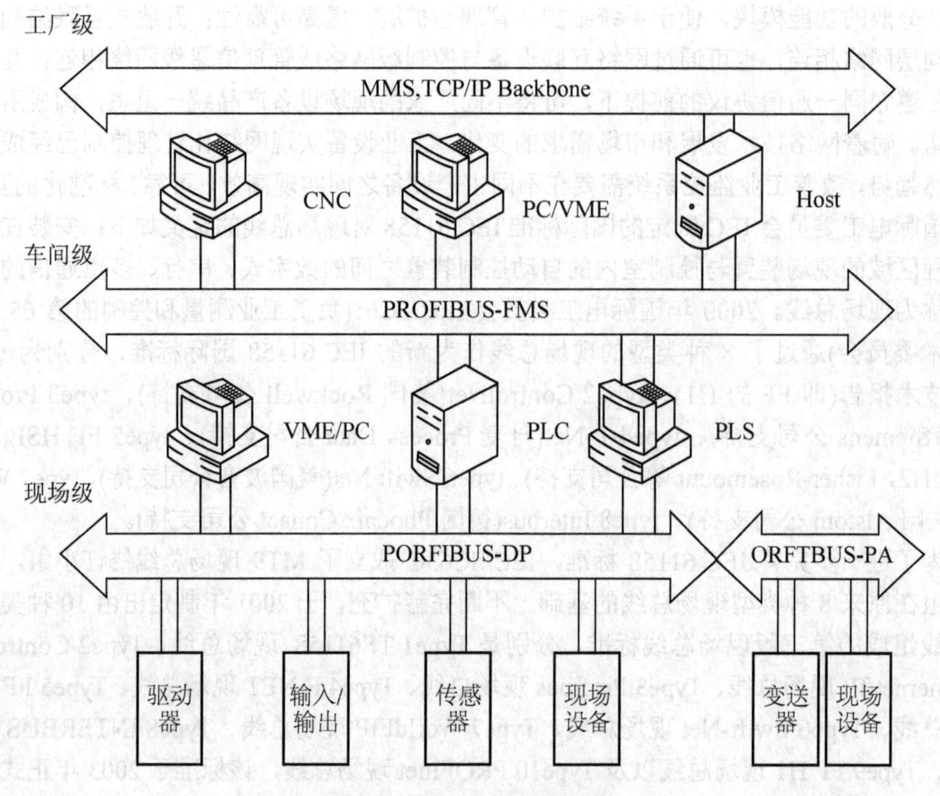

图 1.14 Profibus 网络结构

工厂管理级由各种服务器和客户机组成，主要由 SIS、MIS 和 ERP 系统构成。车间操作员工作站可通过集线器与车间办公管理网连接，将车间生产数据送到车间管理层。车间管理网作为工厂主网的一个子网，子网通过交换机、网桥或路由等连接到厂区骨干网，将车间数据集成到工厂管理层。

4) 工业以太网

现场总线没有一个统一的国际标准，标准种类繁多，各标准无法兼容，在技术上，现场总线控制过分依赖于组态参数设定，繁多的参数设定对性能好坏有很大影响，在实时性上，现场总线传输速度较低，难以满足工业控制高速性要求，由于现场总线诸多不足，故目前工业以太网得到广泛的采用，工业以太网是将传统以太网应用于工业控制和管理的局域网技术，技术上与以太网 IEEE 802.3 标准兼容，在产品设计时，在材质的选用、产品的强度、适用性以及实时性、可互操作性、抗干扰性和可靠性、总线供电和本质安全等方面能满足工业现场的需要，已采用多种方法来改善以太网的性能和品质，以满足工业领域的要求。工业以太网是商用以太网技术在控制网络延伸的产物，已从信息层渗透到工业控制层和设备层，实现“一网到底”。图 1.15 为工业以太网的监控系统组成示意图。

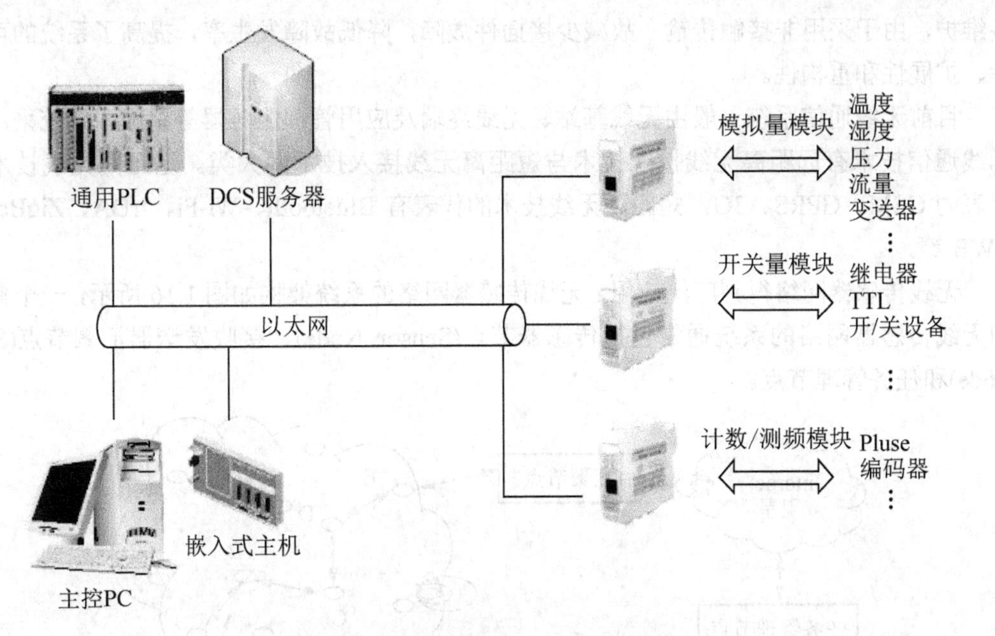

图 1.15　工业以太网的监控系统组成示意图

对应于 ISO/OSI 通信参考模型，工业以太网协议在物理层和数据链路层均与商用以太网(即 IEEE 802.3 标准)兼容，在网络层和传输层则采用了 TCP/IP 协议，可以直接和局域网的计算机互联而不要额外的硬件设备，方便数据共享，采用 IE 浏览器进行终端数据访问。工业以太网除了完成数据传输之外，往往还需要依靠所传输的数据和指令，执行某些控制计算与操作功能，由多个网络节点协调完成控制任务，它需要在应用、用户等高层协议与规范上满足开放系统的要求，满足互操作条件。已经发布的工业以太网协议主要有 EPA、EtherCAT、Profinet、HSE、Modbus TCP、Ethernet Powerlink、Ethernet/IP。

以太网技术引入工业控制领域，其技术优势非常明显。Ethernet 是全开放、全数字化的网络，遵照网络协议不同厂商的设备可以很容易实现互联；以太网能实现工业控制网络与企业信息网络的无缝连接，形成企业级监控管理一体化的全开放网络；通信速率高，随着企业信息系统规模的扩大和复杂程度的提高，对信息量的需求也越来越大，有时甚至需要音频、视频数据的传输。

5) 无线通信

基于现场总线、工业以太网等固网通信技术，一般适用于通信节点较少，短距离、节点位置较为固定的场合。不能满足企业的用户从远程别是移动中获取监控信息的需求。无线通信系统是一种灵巧的数据传输系统，它是从有线网络系统自然延伸出来的一种新技术。无线网络监控技术是计算机测控技术领域的一个重要分支。随着射频技术、集成电路技术的发展，无线通信协议的不断涌现，无线数据传输速度变得越来越快，利用无线通信技术实现监控系统功能越来越容易，相对于通过线缆连接的有线监控系统，无线系统节点间位置和连接关系具有不确定性、随意移动性，设备布线方便、系统灵活性更高，便于设备维护，由于采用非接触传输，故减少接插件故障，降低故障发生率，提高了系统的可靠性、扩展性和重构性。

目前无线通信系统一般由无线基站、无线终端及应用管理服务器等组成，系统采用的无线通信技术有远距离无线接入技术与短距离无线接入技术两大类。远距离无线技术的代表为 GSM、GPRS、3G，短距离无线技术的代表有 Bluetooth、Wi-Fi、IrDA、ZigBee、UWB 等。

无线传感器网络得到广泛应用，无线传感器网络的系统架构如图 1.16 所示，一个典型的无线传感器网络的系统通常包括传感器节点(Sensor Node)、接收发送器汇聚节点(Sink Node)和任务管理节点。

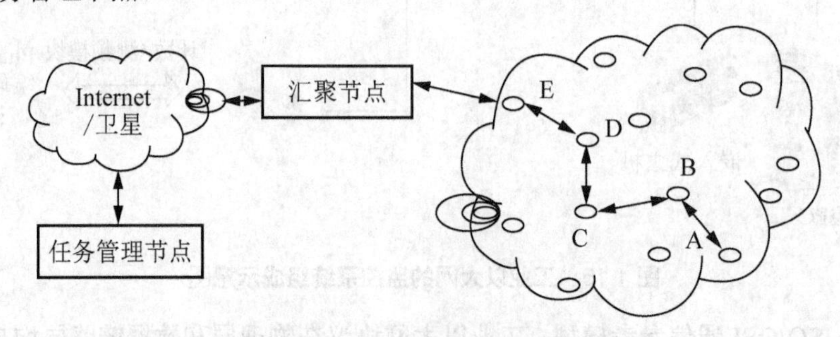

图 1.16　无线传感器网络的系统架构

无线传感器网络利用各种类型的敏感元件构成的传感器，分布于需要覆盖的领域内，组成传感器节点，用于收集数据，并且将数据路由送至信息收集节点，在传输过程中监测数据可能被多个节点处理，经过多跳后路由到汇聚节点，信息收集节点与信息处理节点通过 Internet 网络或卫星网络，将数据送至地面监控中心，进行统计分析和处理，并对监测结果进行综合评估。

6) 企业信息网

企业信息网络简称企业网，是在一个企业范围内将各类监控设备、网络、计算、存储等资源连接在一起，提供企业内的通信和信息共享以及企业外部的信息访问，用于经营、管理、调度、监测与控制的全局通信网络，提供面向客户的企业信息查询及信息交流等功能的计算机网络。

企业网常用的网络有 Intranet、Extranet、Internet 共 3 种结构，企业应根据各自信息化的不同需要而有针对性地进行选择实施。Extranet、Intranet、Internet 的示意图如图 1.17 所示。

Internet 是一个计算机交互网络，也称因特网或国际互联网，其前身是 APRANET。因特网是一组全球信息资源的总汇，它由那些使用公用语言互相通信的计算机连接而成的全球网络。Internet 以相互交流信息资源为目的，基于一些共同的协议，并通过许多路由器和公共互联网而成，它是一个信息资源和资源共享的集合。为了保证计算机之间的信息交流，制定了 TCP/IP 通信协议，可以使各种不同位置、不同型号的计算机可以在 TCP/IP 的基础上实现信息交流。

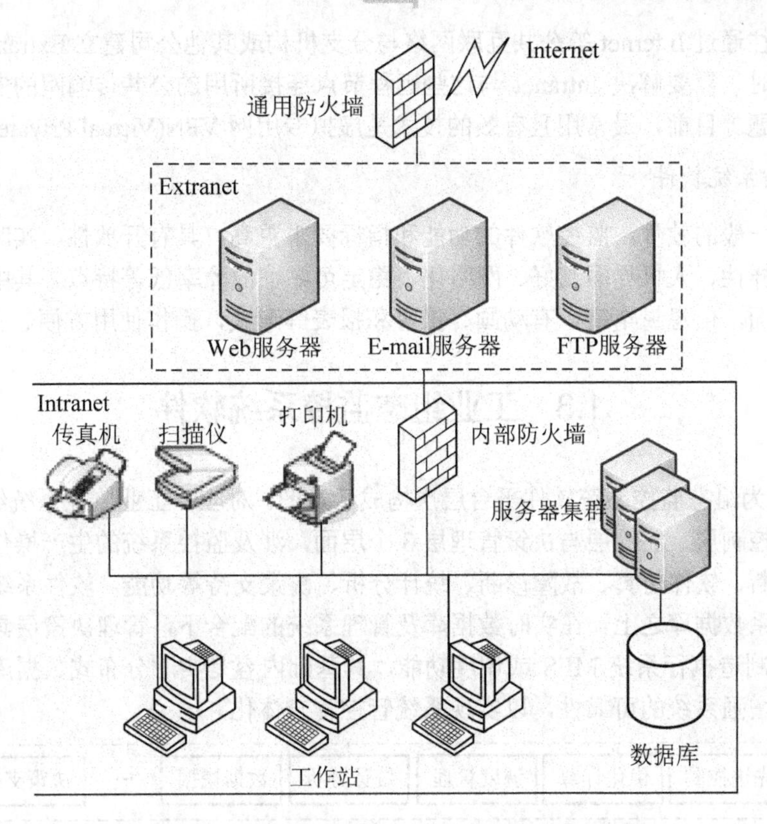

图 1.17　Internet、Extranet、Intranet 关系示意图

Intranet 是 Internal Internet 的缩写，是企业内部网或企业内联网，目的是实现企业内部的信息交流和共享，包括获取信息和提供信息，还可与数据库服务器连接，支持企业的决策支持系统。它在企业各部门现有网络上增加一些特定的软件，使企业已有网络连接起来，服务于企业的内部机构和人员，还提供局域网与因特网的互联接口，使企业和广阔的外部信息世界连通，获取所需要的信息，促进企业组织结构的优化和管理。

相比因特网，Intranet 的网络规模有限，管理权限集中，可以有效地进行用户身份鉴别，安全性好，易于配置管理、内部信息管理等。Intranet 可以看成是因特网、局域网等技术的集成物，可连接到因特网上，利用因特网提供的丰富信息资源和各种服务。在不需要的情况下，也可以与因特网断开，成为相对独立的网络。

通常 Intranet 提供的服务包括 Web 服务、文件传送服务 FTP、远程登录服务 Telnet、电子邮件服务、数据库查询服务、打印共享管理、用户管理、视频会议、视频点播和网络管理等，支持企业内部办公业务的自动化、电子化和网络化管理。

Extranet 是企业外延网或企业外联网，是一种与外部世界有相对隔离的内部网络，Extranet 使用因特网/内联网技术使企业与其客户和其他相关企业相连，完成共同目标的交互式合作网络。Extranet 是 Intranet 向外部的延伸，用于有关联企业之间的联结和信息沟通，为企业间合作的纽带。服务对象既不限于企业内部的机构和人员，也不像 Internet 那样，完全对外开放服务，而是有选择地扩大到与本企业相关联的供应商、代理商和客户等。

企业往往通过 Internet 等公共互联网络与分支机构或其他公司建立 Extranet，进行安全的通信。此时，需要解决 Intranet 与这些远程节点连接所用的公共传输网的安全、费用和方便性的问题。目前，最常用且有效的技术是虚拟专用网 VPN(Virtual Private Network)。

4. 监控系统软件

不同于一般的软件，监控软件的功能和指标要求更高，具有开放性、实时性、多任务性、功能多样性、人机界面友好、网络化、稳定可靠、故障率低等特点。其中，人机界面有友好的画面，信息量丰富，有动画、报警和报表等形式，操作使用方便。

1.3 工业组态监控系统软件

图 1.18 为组态监控系统软件平台层次构成示意图。对应于工业监控系统结构，监控系统软件包括控制层、监控层与决策管理层 3 个层面，涉及监控系统的生产操作、监测与控制、设备诊断、软件仿真、故障诊断、统计分析、决策支持等功能。软件系统建立在实时数据库和关系数据库之上，在实时数据库及管理系统的配合下，管理决策层具有管理信息系统 MIS、制造执行系统 MES 或调度功能，其基础内容是实时分布式数据库系统，网络技术的引入增强系统的可靠性，以实现系统管控管一体化。

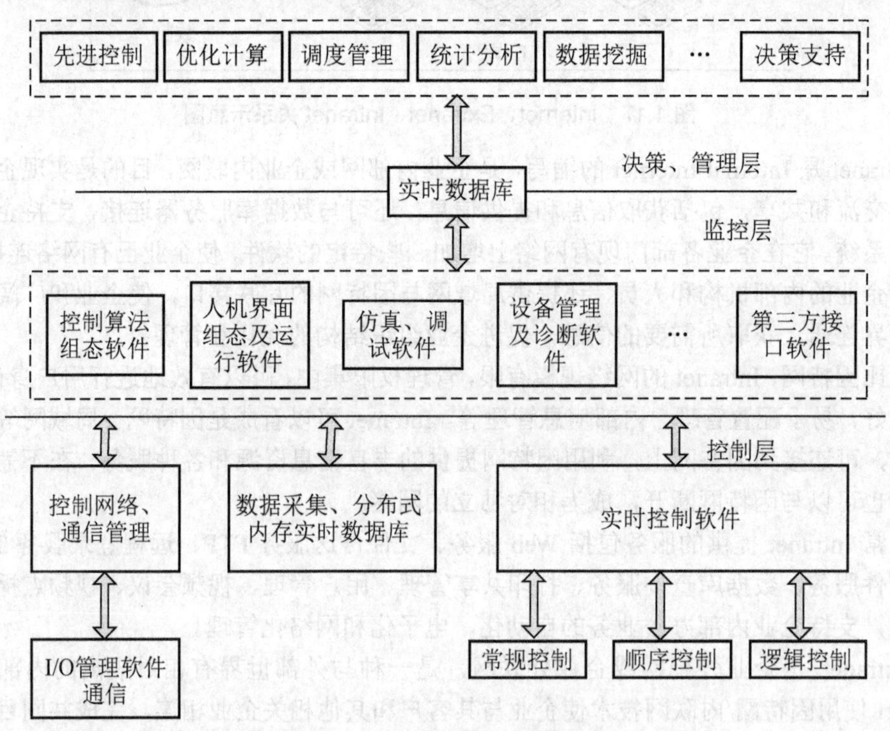

图 1.18 组态监控系统软件层次结构

监控系统软件主要包括系统软件、应用软件和应用软件开发环境。应用软件根据用户工业监控和管理的需求而生成，具有专用性，应用程序的优劣将对系统调试、运行的可靠性、系统的精度和效率带来很大影响。软件开发环境 SDE 是为支持系统软件和应用软件的工程化开发和维护而使用的一组软件，供开发应用软件时使用。采用何种软件编写应用程序，主要取决于监控系统软件的配置情况和系统的要求。工业监控系统应用软件的开发类型较多，包括编程语言如 VB、VC++、Java、C#；组态软件如 WinCC、KingView、ForceControl、iFIX；虚拟仪器软件如 LabVIEW 等。

组态软件具有很强的数据采集与控制的功能，不仅支持各种传统模拟量、数字量的输入输出，而且支持各类现场总线协议的智能传感器和仪表与各种虚拟仪器，能够完成画面显示、实时数据库、历史数据库、参数分析处理、数据挖掘、测控过程仿真、配方设计、数据共享、系统运行优化和故障诊断等内容，目前已经成为监控系统设计首选工具。

组态软件使用灵活的组态方式来完成所需要的软件功能，为用户提供快速构建监控系统的通用软件工具，为用户快速建立 HMI 提供开发环境。组态软件也提供了编程手段以增加一些灵活性，一般都内置编译系统，提供类 BASIC 语言，有的支持 VB，现在有的组态软件甚至支持 C#高级语言。随着组态软件的产品、技术、市场的飞速发展，组态软件将在更多领域得到广泛应用。

1.4 工业组态监控系统应用类型

工业组态监控系统从单机监控到网络化监控有多种应用类型，从组态监控系统结构组成可以分为基于工控总线的组态监控系统、基于工控网络的组态监控系统、基于无线网络的组态监控系统与基于 Internet 的组态监控系统等类型。

1. 基于工控总线的组态监控系统

图 1.19 为基于工控总线的组态监控系统组成示意。监控信号通过内置板卡或外部监控模块经过工控总线与监控主机连接。工控总线包括系统内总线与外总线，有内置通用数据采集卡 DAQ(Data AcQuisition)、GPIB 通用接口总线，国际标准(IEEE 488.1 和 IEEE 488.2)，VXI 总线、PXI 总线、RS-232/RS-485 串口、USB 接口等类型。图 1.20 为采用外总线构建的主从式监控系统，上、下位机通过串口通信实现信息的传送和交换。现场测控设备如 PLC、智能仪器等作为下位机，完成现场数据采集、处理与分散控制，上位机通常以工控机作监控主机，实现集中组态监控。

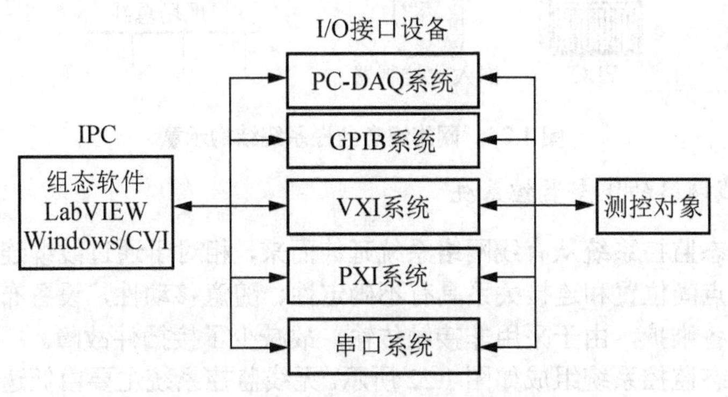

图 1.19 工控总线式组态监控系统

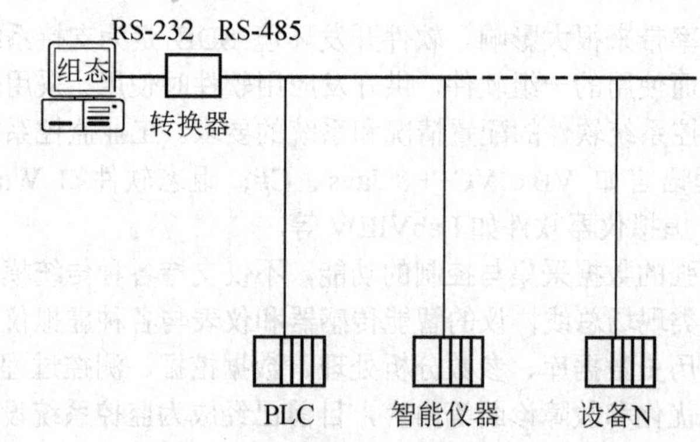

图 1.20　主从式监控系统

2. 基于工控网络的组态监控系统

基于工控网络的监控系统主要采用现场总线、工业以太网等固网通信技术，适用于通信节点较少、距离相对短、节点位置较为固定的场合。

图 1.21 为采用工业以太网的组态监控系统结构示意。现场控制设备可以是工控机系统、现场总线控制设备、PLC 及嵌入式控制系统等。现场监控设备通过网络交换机、集线器或者数据网关与以太网控制网络互联，实现网络协议转换与通信控制功能，通过以太网实现对不同现场数据的采集和监控。以太网直接应用于工业现场，构成扁平化的工业控制网络，具有良好的互连性和可扩展性，是全开放的网络体系结构。

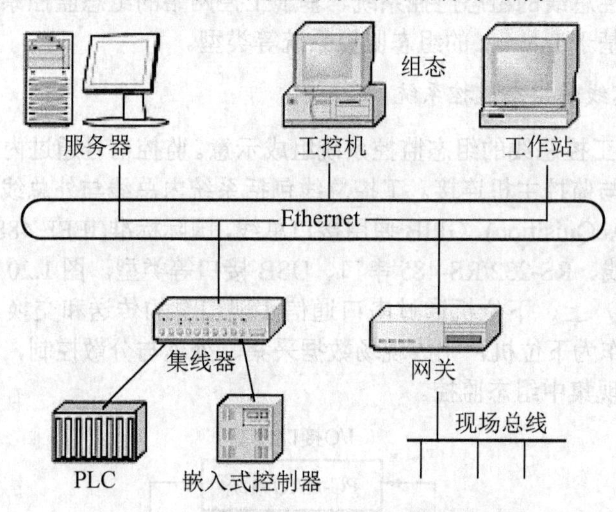

图 1.21　网络组态监控系统结构示意

3. 基于无线网络的组态监控系统

无线网络组态监控系统从有线网络系统延伸而来，相对于通过线缆连接的有线监控系统，无线系统节点间位置和连接关系具有不确定性、随意移动性，设备布线方便、系统灵活性高，便于设备维护，由于采用非接触传输，故减少了接插件故障。

无线网络组态监控系统组成如图 1.22 所示。无线监控系统主要由低速低能耗无线现场子网、高速无线现场子网与高速无线骨干网。低速低能耗无线现场子网由分布式传感器节

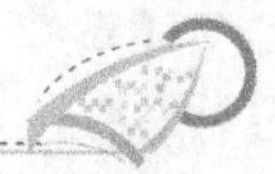

点组成，高速无线现场子网主要包括无线接收发送器等，高速无线骨干网由网关、无线控制相关设备组成。监控主机通过无线监控设备，采用无线通信协议，通过组态软件实现过程状态现场参数的数据采集、处理与控制及相关操作，可以用于远距离、恶劣环境或振动、高速旋转对象的监控。

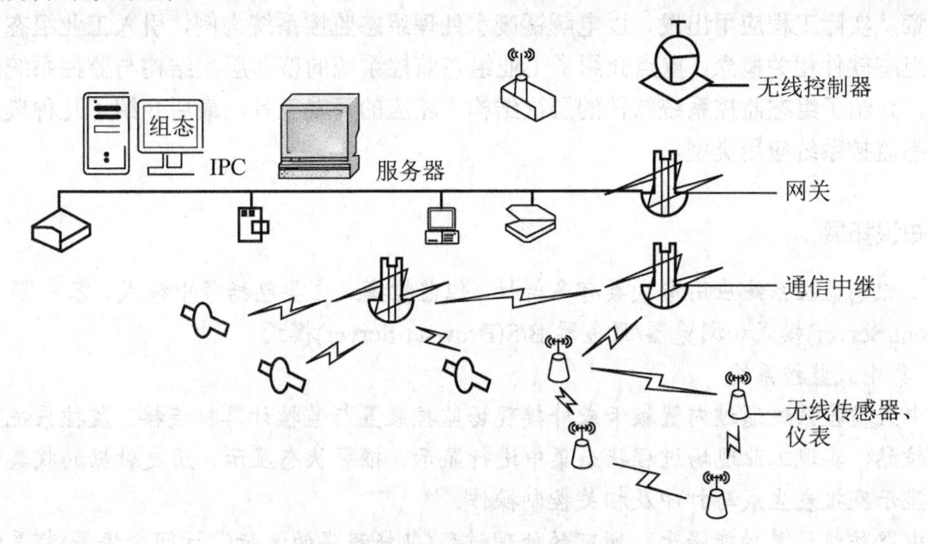

图 1.22　无线网络的组态监控系统组成

4. 基于 Internet 的组态监控系统

基于 Internet 的网络测控系统使用 TCP/IP、Web 技术让管理层或调度人员能够看到生产现场的实时信息，并且能够实现对生产现场的远程调度、指挥决策以及对生产设备的远程在线配置和故障诊断。基于 Web 的远程组态监控系统充分利用了现代网络通信技术，数据库技术，网络安全技术，实现工业的远程访问和控制，Web 技术应用于远程监控系统，既简化了操作，延伸了管理范围，又减少了软件升级和维护费用。

基于 Internet 的组态监控系统通常包括现场测控(智能终端)、监控中心(包括通信模块、数据库服务器、Web 服务器)和客户 3 个子系统。图 1.23 为基于 Internet 的网络组态监控系统结构示意图。

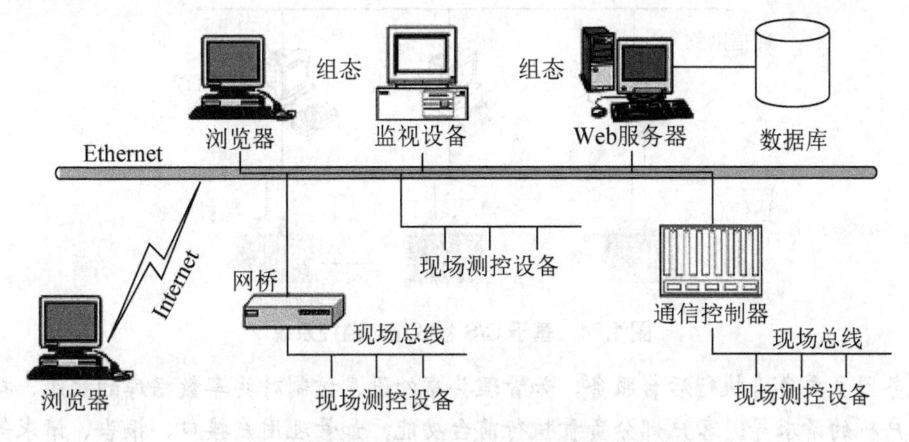

图 1.23　基于 Internet 的组态监控系统结构示意图

本章小结

本章从实际工程应用出发，以电解锰废水处理组态监控系统为例，引入工业组态监控系统与组态软件相关概念，重点介绍了工业组态监控系统的整体层次结构与监控系统的基本组成，介绍了组态监控系统软件的层次结构、相应的开发工具，最后介绍了几种典型的工业组态监控系统应用类型。

知识拓展

工业组态监控系统应用形式具有多样性，但监控模式主要包括集中模式、客户/服务器C/S(Client/Server)模式和浏览器/服务器B/S(Browser/Server)模式。

1. 集中式监控系统

集中式监控系统通过内置板卡或外接现场监控装置与监控计算机连接。监控系统主机作为监控站，实现工业现场过程状态集中进行显示、报警状态显示、历史数据的收集和各种趋势显示及报表生成与打印及相关控制操作。

集中监控机计算功能强大，所有的处理过程(包括程序的运行、访问数据等)都是终端用户共享监控主机资源来完成，提供了高度的集中控制，可保证信息的安全。但在线用户变多，或者数据库的数据累计量变大，导致主机负担过重，也集中了设备故障的危险性，致使系统的伸缩性变小，可靠性变差。

2. C/S 模式监控系统

图 1.24 为基于 C/S 模式的组态监控系统示意图。系统一般由现场监控设备、监控计算机和远程 C/S 服务器组成，通常集散控制系统 DCS 多采用这种结构。一般采用多个客户端来采集数据，有一个服务器充当数据库的角色。

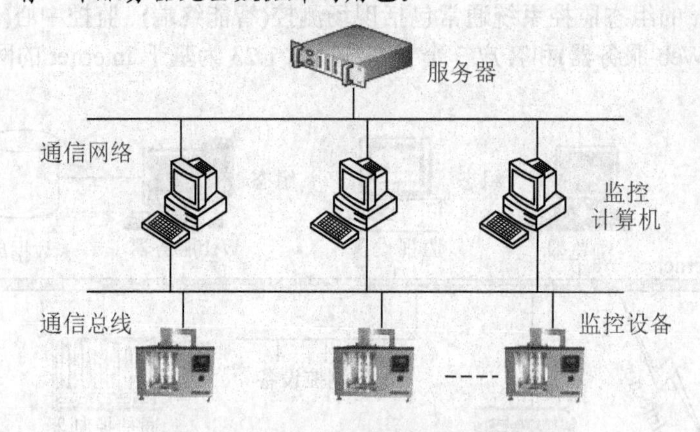

图 1.24　基于 C/S 模式组态监控系统

服务器主要负责执行后台服务，如管理共享外设、控制对共享数据库的操纵、接收并应答客户机的请求等。客户部分负责执行前台功能，如管理用户接口、报告、请求等。这种体系结构将一个应用系统分为两大部分，由多台计算机分别执行，它们有机结合协同完

成整个系统的应用，从而达到系统软、硬件资源最大限度的利用。

通常一个服务器同时为多个客户服务，可以对同一个监控点进行监控；一个客户端也可以对多个监控点进行监控、分析。C/S 应用系统基本运行关系体现为“请求响应”的应答模式。当用户需要访问服务器时，由客户机发出“请求”，服务器接收“请求”并“响应”，然后执行相应的服务，将执行结果送回给客户机，由它进一步处理后再提交给用户。

由于 C/S 结构被设计成两层模式，显示逻辑和事务处理逻辑部分均被放在客户端，数据处理逻辑和数据库放在服务器端，从而使客户端变得很“胖”，成为胖客户机；而服务器端的任务则相对较轻，成为瘦服务器。C/S 体系结构如图 1.25 所示。

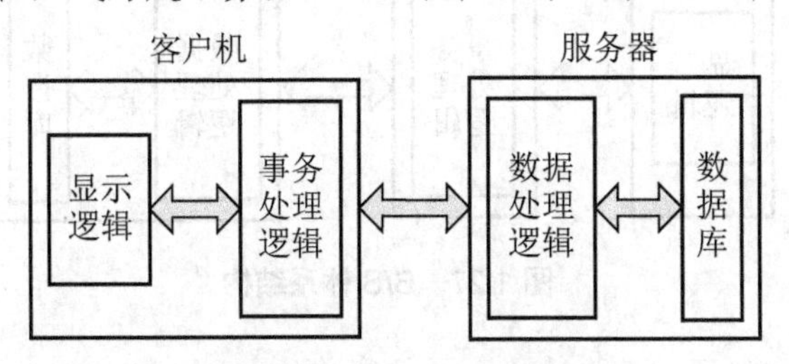

图 1.25　C/S 体系结构

由于硬件技术的发展和操作系统能力的加强以及网络的日渐完善，开放式网络环境下的 C/S 结构成为分布式处理的主流。但是，C/S 结构存在一些不足：系统软件和应用软件变得越来越复杂，会给应用软件实现带来困难，还给软件维护造成不便；用户需求改变，Client 端应用软件可能需要增加与修改，软件维护开销大；C/S 结构所采用的软件产品大都缺乏开放的标准，一般不能跨平台运行。

3. B/S 模式监控系统

基于 B/S 模式的组态监控系统示意图如图 1.26 所示。系统一般由客户机、B/S 服务器以及与服务器相连的远程测控设备组成。用户端通过浏览器直接访问监控网站地址就可以监控远程现场变化。

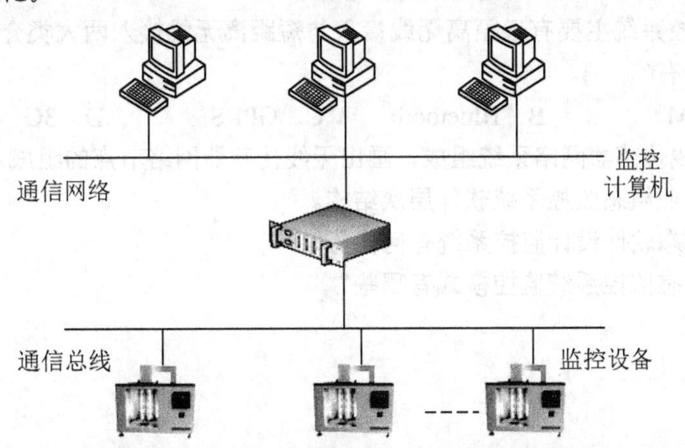

图 1.26　基于 B/S 模式的组态监控系统示意图

B/S 体系采用三层结构，即 Browser/Web Server/DataBase Server 组成了浏览器、Web

服务器和后台服务器的三层计算模式。这种计算模式方便了原有的C/S中客户机与服务器端的联系。三层B/S模式增加了较厚的中间件，形成“瘦客户机—胖中间层—瘦服务器”的计算模式，这种模式比较适合于Internet/Intranet的数据库发布信息系统。客户端只需安装和运行浏览器软件。而在Web服务器端安装Web服务器软件和数据库管理系统。B/S体系结构如图1.27所示，结构提供了一个跨平台的简单一致的应用环境，与传统的管理信息系统相比，实现了开发环境与应用环境的分离，使开发环境独立于用户的应用环境。

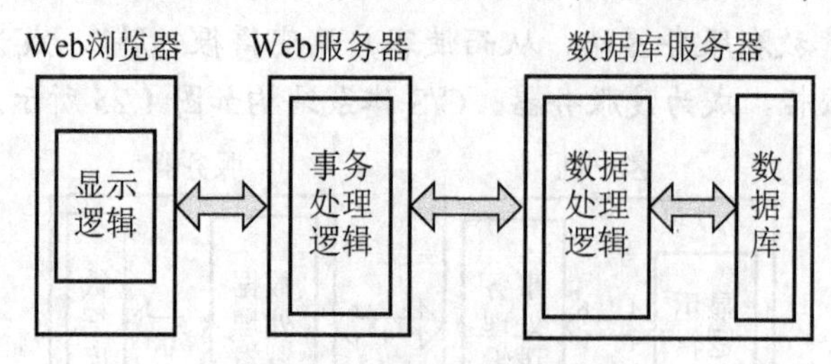

图1.27　B/S体系结构

思考题与习题

1．举例说明工业组态监控系统的组成与功能。

2．简述组态监控系统的层次结构。

3．组态监控系统由哪些部分组成？

4．简述监控计算机的功能。

5．构建组态监控系统的网络有哪些？

6．现场总线是一种工业数据总线，下列哪些是现场总线？(　　)

A．Profibus　　B．USB　　C．RS-232　　D．FF

7．画出基于工业以太网的测控系统示意图。

8．无线监控系统主要有远距离无线接入与短距离无线接入两大类介绍，其中远距离无线技术的代表有(　　)。

A．GSM　　B．Bluetooth　　C．GPRS　　D．3G

9．简述无线传感器网络系统组成，画出无线传感器网络节点的组成示意图。

10．说明工业组态监控系统软件层次结构。

11．采用组态软件设计监控系统有何优势？

12．工业组态监控系统监控模式有哪些？

第2章 工控组态软件概述

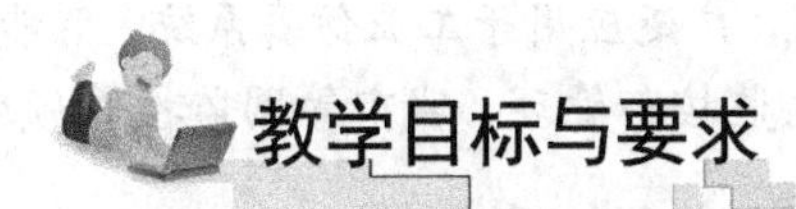

- ☞ 掌握组态软件的功能及特点。
- ☞ 掌握组态软件的系统构成。
- ☞ 熟悉几种典型国内外组态软件。
- ☞ 熟悉组态软件的应用类型。
- ☞ 了解嵌入式组态软件。

引言

组态的概念来自英文 Configuration，最早出现在工业计算机控制中，如集散控制系统 DCS 组态、可编程控制器 PLC 梯形图组态。在其他领域也有类似组态的概念，如 AutoCAD、PhotoShop 及 PowerPoint 等都有相似的操作，用软件提供的工具来构成实际需求的应用，它们不是执行程序，以数据文件形式保存。

组态软件最早出现主要用于解决人机交互图形界面 HMI 问题。在组态软件出现之前，用户通过采用购买专用的工控应用软件，或者自行进行编程也有委托第三方编写 HMI，达到实现系统应用目的。采用购买的专用工控系统，选择余地小，系统具有封闭性，通常不能满足需求，难以与外界进行数据交互，严重限制了系统的升级和功能的增加，如果利用 C、VC++、VB、Delphi 等语言开发应用软件，开发时间长，效率低，可靠性差。组态软件出现后，用户利用组态软件的功能，采用灵活的组态方式，不需要编写复杂的计算机程序，即可构建一套适合用户的应用系统。尽管不需要编写程序即可完成特定的应用，但组态软件也提供了编程手段，一般都是内置编译系统，提供类 BASIC 语言，有的甚至支持 VB，给系统应用设计提供更大的灵活性。

自 20 世纪 80 年代初期诞生至今，组态软件已有 30 多年的发展历史。最早期的软件运行在 DOS 环境下，图形界面的功能不强，到 20 世纪 80 年代末，美国的 Wonderware 公司开发出第一套基于 Windows 下的组态软件，率先推出第一个商品化监控组态软件

InTouch，其具有良好的实时性和高性能的图形界面功能，Wonderware 公司也称 InTouch 为过程可视化软件。组态软件最初进入我国时，应用并不普及，主要由于国内的工业自动化和信息技术应用水平低，对大规模自动化系统的数据采集、监控、处理以及数据库管理的需求还未完全形成，加上软件意识还不强，缺乏对组态软件的认识，同时早期国外组态软件价格也贵，国内企业针对具体项目主要自行研发，编程工作繁冗且周期长。

随着工业自动控制系统应用的深入，在面临规模更大、控制更复杂的控制系统时，国内开始接受并逐渐广泛使用组态软件，图 2.1 为几种典型的国内外组态软件。随着管理信息系统 MIS 和计算机集成制造系统 CIMS 的大量应用，生产现场数据的应用已经不仅仅局限于数据采集和监控，在生产制造过程中，要求工业现场为企业的生产、经营、决策提供更详细和深入的数据，优化企业生产经营中的各个环节。随着应用不断深入，对组态的要求变得越来越普遍，其应用领域已不局限于工业自动化领域，广泛应用于工业仿真系统、智能建筑、电网系统信息化、设备管理或资产管理、公共卫生监控与管理、城市管网监控等领域。

图 2.1　几种典型的组态软件

2.1　组态软件的功能及特点

1. 组态软件的功能

1) 实现工况动态可视化

具有强大的画面显示组态功能，充分利用 Windows 的图形功能完善，界面美观的特点，可绘制出各种工业画面，并可任意编辑，丰富的动画连接方式使画面生动直观，支持操作图元对象的多个图层，可灵活控制各图层的显示与隐藏，实现简单灵活的人机操作界面。

2) 数据采集与管理

组态软件提供多种数据采集功能，用户可以进行配置。与采集控制设备进行数据交换、广泛支持各种类型的 I/O 设备、控制器和各种现场总线技术和网络技术。

3) 过程监控报警

强大的分布式报警，实现多层次的报警组态和报警事件处理、管理，支持模拟量、数字量及系统报警灯，对报警内容进行设置，如限值报警、变化率报警、偏差报警等。

4) 丰富的功能模块

利用各种功能模块，完成实时监控、产生功能报表、显示历史曲线、实时曲线、提供报警等功能，使系统具有良好的人机界面，易于操作。系统既可适用于单机集中式控制，DCS 分布式控制，也可以是带远程通信能力的远程测控系统。

5) 强大的数据库

配有实时数据库，可存储各种数据，如模拟量、离散量、字符型等，实现与外部设备的数据交换。通过 ODBC 接口支持各种数据库，如 Oracle、Sybase、SQL Server、Access 等，系统支持三方开发控件。

6) 控制功能

提供丰富的控制功能库，满足用户的测控要求和现场要求。随着以工控机为核心的控制系统技术的日趋完善和用户组态软件水平的不断提高，用户对组态软件的要求已不简单侧重于画面，而是一些实质性的应用功能，如软 PLC、先进控制策略等。

7) 脚本的功能

采用可编程的命令语言，使用户可根据需要编写程序，增强系统功能。

8) 仿真功能

提供强大的仿真功能使系统并行设计，从而缩短开发周期。

9) 对 Internet/Intranet 的支持

Internet/Intranet 是企业网络化生产的基础。组态软件提供基于 Web 的应用，以浏览器的方式通过 Internet/Intranet 实现对工业现场监控。

2. 组态软件特点

1) 延续性和可扩充性好

用通用组态软件开发的应用程序，当现场(包括硬件设备或系统结构)或用户需求发生改变时，不需做很多修改即可方便地完成软件的更新和升级。

2) 封装性高

易学易用，通用组态软件所能完成的功能采用方便用户使用的方法包装起来，对于用户，不需掌握太多的编程语言技术，甚至不需要编程技术，就能很好地完成一个复杂工程所要求的所有功能。

3) 通用性强

每个用户根据工程实际情况，利用通用组态软件提供的底层设备(PLC、智能仪表、智能模块、板卡、变频器等)的 I/O 驱动程序、开放式的数据库和画面制作工具，就能完成一个具有动画效果、实时数据处理、历史数据和曲线并存、具有多媒体功能和网络功能的工程，不受行业限制。

4) 实时多任务

数据采集与输出、数据处理与算法实现、图形显示及人机对话、实时数据的存储、检索管理、实时通信等多个任务在同一台计算机上可同时运行。

5) 人机界面友好

组态软件开发的监控系统人机界面直观、生动，画面逼真、动感强，操作使用方便。

目前，实时数据库、实时控制、SCADA、通信及联网、开放数据接口、广泛支持I/O设备、已经成为组态软件的主要内容，同时大量先进的计算技术、通信技术、多媒体技术被用来提高组态软件性能，扩充其功能，功能组件呈分散化、集成化、功能细分的发展趋势，数据处理能力和数据吞吐能力提高，组态软件与自动控制设备无缝集成、实现先进控制策略，提供更强大的分布式环境下组态功能、扩展能力增强、支持 OPC 等工业标准、跨操作系统平台技术、提供 Internet 进行访问的开放式系统。

2.2 组态软件的系统构成

1. 组态软件的体系结构

组态软件被划分为图形界面系统、实时数据库系统和I/O设备驱动 3 个部分，组态软件的体系结构图如图 2.2 所示。

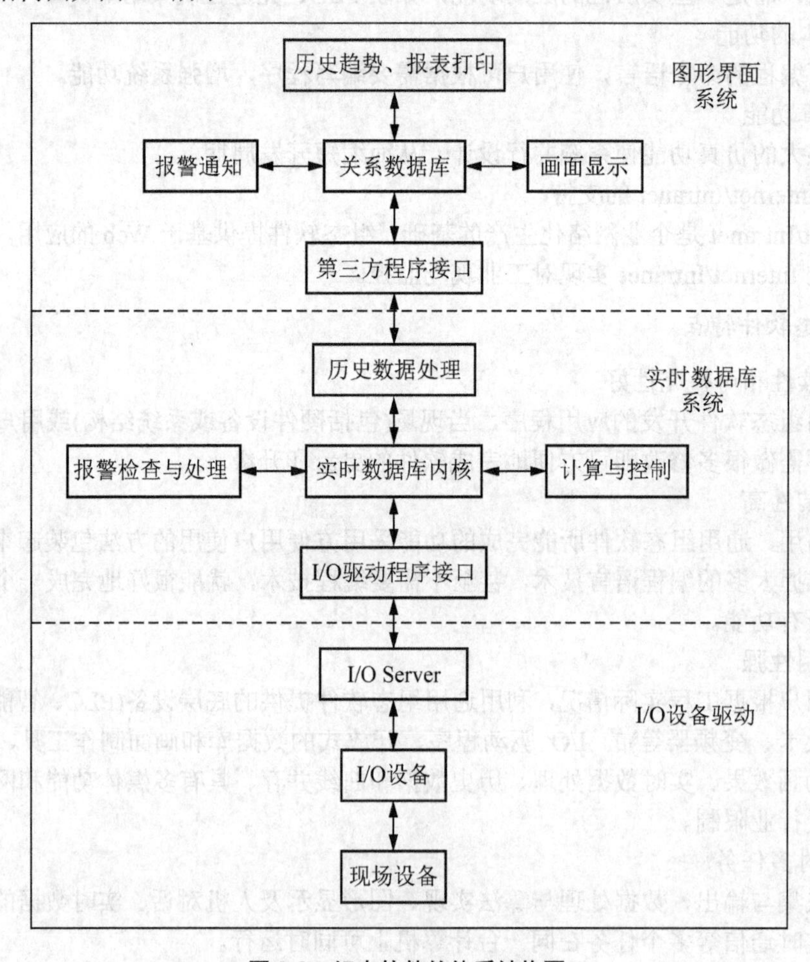

图 2.2 组态软件的体系结构图

(1) I/O设备驱动与现场设备相连，完成现场I/O设备与实时数据库系统之间交换数据；组态软件通过I/O驱动程序从现场I/O设备获得实时数据，对数据进行处理后，一方面以图形方式在计算机上显示，另一方面按照组态要求和操作人员的指令将控制数据送给I/O设备，对执行机构控制或者调整控制参数，完成系统硬件与软件沟通。

(2) 实时数据库是组态软件的数据处理中心，完成实时数据处理、历史数据处理，报警检查与处理、数据计算与控制等功能，图形界面系统、I/O驱动程序等组件以实时数据库为核心。

(3) 图形界面系统将第三方程序接口采集的数据存储在关系数据库中，并将报警信息、设备运行状态等显示在监控画面上。图形界面组态/运行程序是在图形编辑工具的支持下进行图形系统生成工作所依赖的开发环境。通过建立一系列用户数据文件，生成最终的图形目标应用系统，供图形运行环境运行时使用。

2. 组态软件组件

组态软件由若干组件构成，对于不同的系统，组件所处的层次、结构会有所不同，名称也会不一样。

1) 应用程序管理器

应用程序管理器是专用管理工具，提供应用程序的搜索、备份、解压缩、建立新应用等功能，当应用组态软件进行工程设计时，要进行组态数据的备份，需要引用以往成功应用项目中的部分组态成果(如画面)，要迅速了解计算机中保存了哪些应用项目。要求用手工方式实现，其效率低下，极易出错，有了应用程序管理器的支持，这些操作将变得非常简单。

2) 人机界面系统

人机界面系统就是所谓的工况模拟动画，系统包括图形界面开发程序与图形界面运行程序。图形界面开发程序是自动化工程设计工程师为实施其控制方案，在图形编辑工具的支持下进行图形系统生成工作所依赖的开发环境。通过建立一系列用户数据文件，生成最终的图形目标应用系统，供图形运行环境运行时使用。图形界面运行程序在系统运行环境下，图形目标应用系统被图形界面运行程序装入计算机内存并投入实时运行。

3) 实时数据库

在系统运行过程中，各个组件独立地向实时数据库输入和输出数据，通过实时数据库交换数据，形成互相关联的整体。组态软件具有与广泛的数据源进行交换的能力，如提供硬件设备I/O驱动程序，与SQL Sever、Oracle、Access等ODBC数据库连接，支持OPC标准，从OPC服务器直接获取动态数据，全面支持动态数据交换DDE标准和其他支持DDE标准的应用程序，如与Excel进行数据交换，全面支持Windows可视控件及VB或VC++开发的Active X控件。

实时数据库系统组态程序是建立实时数据库的组态工具，可以定义实时数据库的结构、数据来源、数据连接、数据类型及相关的各种参数，生成目标实时数据库。生成的目标实时数据库可在实时数据库运行环境中运行。在系统运行环境下，目标实时数据库及其应用系统被实时数据库系统运行程序装入计算机内存并执行预定的各种数据计算、数据处理任务。历史数据的查询、检索、报警的管理都是在实时数据库系统运行程序中完成的。

4) 设备组态与管理

设备I/O驱动是组态软件用于和I/O设备通信，互相交换数据，DDE和OPC Client是两个通用的标准I/O驱动程序，用来和支持DDE标准和OPC标准的I/O设备通信。多数组态软件的DDE驱动程序被整合在实时数据库系统或图形系统中，而OPC Client则多数单独存在。

设备组态通过窗口内配置不同类型的设备构件，并根据外部设备的类型和特征，设置相关属性，将设备操作方法和硬件参数配置、数据转换、设备调试等都封装在设备组件中，以对象的形式与外部设备建立数据的传输特性。

组态软件对设备的管理通过对逻辑设备名的管理实现，即每个I/O设备必须在工程中指定一个唯一的逻辑名称，该逻辑名称对应于设备生产厂家、实际设备名称、设备通信方式、设备地址等相关信息。通过逻辑通道连接，可以向实时数据库提供从外部设备采集到的数据，供系统使用。

5) 通信系统

通信系统是组态软件与外界进行数据交换的软件系统，主要包含三方面通信：一是组态软件实时数据库与I/O设备的通信；二是组态软件与第三方程序的通信，如与MES组件的通信、与报表程序通信等；三是在复杂分布式监控系统中，不同SCADA节点之间的通信，如主机与从机间的通信、网络环境下SCADA服务器与客户机之间通信、基于Internet/Intranet的Web服务器与Web客户机的通信等。

6) 控制策略

组态软件控制系统的控制功能主要表现在弥补传统控制设备，如PLC、智能仪器控制能力的不足。控制策略由一些基本功能模块组成，一个功能模块实质上是一个程序(不是一个独立应用程序)，代表一种操作、一种算法或一个变量。策略相当于高级语言中的函数，是经过编译后可执行的功能实体。控制策略编辑组态程序以IPC为中心实现低成本监控的核心软件，具有很强的逻辑、算术运算能力和丰富的控制算法。

7) 系统安全与管理

组态软件提供了一套完善的安全机制。只允许有操作权限的操作员对某些功能进行操作、对控制参数进行修改，防止非法关闭系统、进入开发环境修改组态或对未授权数据进行更改等操作。

组态软件采用用户组和用户的机制来进行操作权限的控制。用户管理功能可以为用户创建不同操作权限级，如操作工级、工程师级、系统管理员级，操作级别中操作工的级别最低，系统管理员的级别最高。通过配置/用户管理项可进行相关的用户创建，并为不同的用户分配口令。

8) 脚本语言

脚本语言是为了缩短传统的编写、编译、链接、运行过程而创建的计算机编程语言，脚本语言是扩充组态系统功能的重要手段。组态软件提供了脚本语言的支持，在组态监控系统中，有些组态功能要依赖于一些脚本来实现，脚本通常以文本(如ASCII)保存，只在被调用时进行解释或编译。所有的脚本都是事件驱动，事件可以是数据更改、条件、鼠标、计时器等。在同一个脚本程序内处理顺序按照程序语句的先后顺序执行。

9) 运行策略

运行策略是用户为实现对运行系统流程自由控制所组态生成的一系列功能模块的总称。按照运行策略的不同作用和功能，一般把组态软件的运行策略分为启动、退出、循环、报警、事件、热键及用户策略等，每种策略由一系列功能模块组成，通过对运行策略的组态，用户容易可以自行完成大多数复杂工程项目的监控软件。

当策略运行时，组态的策略目标系统被装入计算机内存并执行预定的各种数据计算、数据处理等任务，同时完成与实时数据库的数据交换。

2.3　几种典型的组态软件

目前国内外市场占有率较高的监控组态软件有 G E Fanuc 的 iFIX、Wonderware 的 InTouch、西门子 WinCC、Citect 和 LabVIEW 等，国产化的组态软件产品以力控、亚控和昆仑通态等为主。在国内，高端市场主要被国外产品垄断，随着国内产品的不断升级，市场所占比例在逐渐增长。

1. iFIX

iFIX 是全球领先的 HMI/SCADA 自动化监控组态软件，提供了生产操作的过程可视化、数据采集和数据监控。Intellution 公司以 iFIX 组态软件起家，1995 年被爱默生集团收购，2002 年，GE Fanuc 公司又从爱默生集团手中，将 Intellution 公司收购。iFIX 可以实现精确地监视、控制生产过程，并优化生产设备和企业资源管理

iFIX 集强大功能、安全性、通用性和易用性于一身，成为任何生产环境下全面的 HMI/SCADA 解决方案。iFIX 具有标准 SQL/ODBC 接口，直接集成关系数据库及管理系统。真正的实时客户/服务器模式，允许最大的规模可扩展性。在 iFIX 中，Intellution 的产品与 Microsoft 的操作系统、网络进行了紧密的集成。Intellution 也是 OPC(OLE for Process Control)组织的发起成员之一。

iFIX 具有数据采集和数据管理两个基本功能。数据采集是从现场获取数据并将它们加工成可利用的形式。iFIX 也可以向现场写数据，这样就建立了控制软件所需的双向连接。iFIX 用 OPC 方式来请求和利用现场数据，OPC 是一个具有公用接口的客户端/服务器模块，允许 iFIX 与标准的对象、方式和属性通信。

iFIX 不需要用特别的硬件获取数据。它可以通过一个叫 I/O 驱动器的软件接口同已存在的 I/O 设备直接通信。在大多数情况中，iFIX 可以使用现场已装配的 I/O 硬件来工作。即使在现场使用不同厂家生产的 I/O 设备，I/O 驱动器也都可以与它们一起正常的工作。

Intellution 不但提供一个支持大多数硬件的 I/O 驱动程序，还提供了 OPC 的开发工具包，该开发工具可以允许快速、容易地编写高性能、可靠、带 OPC 的 I/O 服务器。任何用工具包写的服务器都能与 OLE 自动化或 OPC 客户应用对话。该工具包包括在线培训部分、在线帮助和通用 OLE 自动化接口。由 Intellution OPC 的工具包写的服务器是开放的、可靠的和高性能的，集成了多线化、基于队列信息和事件处理服务器。一旦数据被获取，它将在应用软件中根据需求进行处理并传送，这个过程就是数据管理。数据管理包括过程监视、

监视控制、报警、报表、数据存档等。

iFIX 的组成如图 2.3 所示。iFIX 的工作台包括编辑环境和运行环境，图 2.4 为工作台编辑环境，提供图形、文字、动画来绘制画面，运行环境可以把在编辑器里绘制好的画面进行动态显示，并通过命令进行控制。

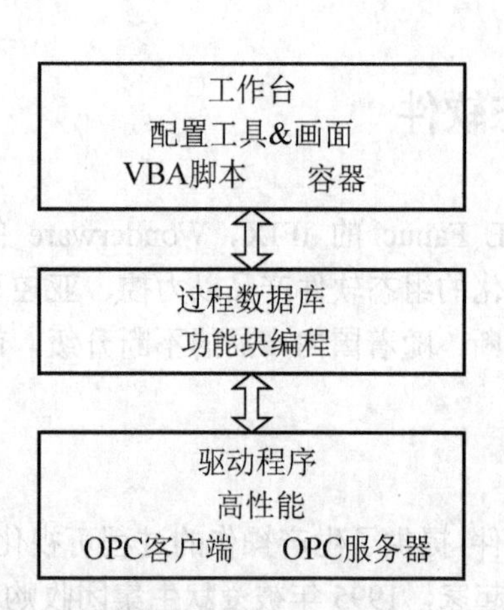

图 2.3 iFIX 的组成

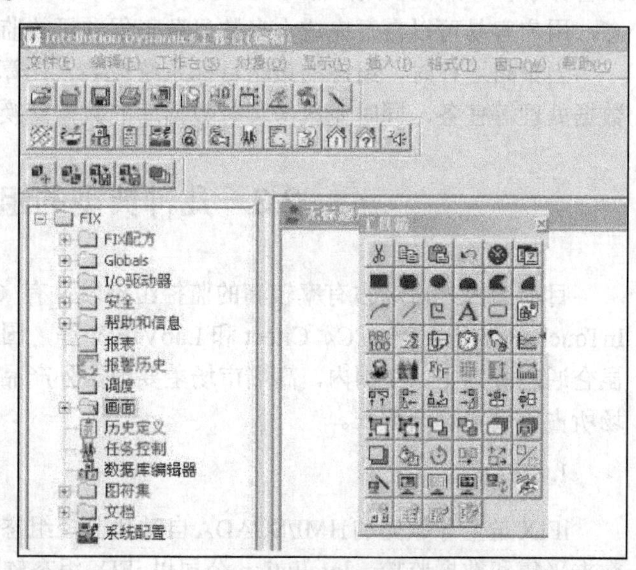

图 2.4 工作台编辑环境

2. InTouch

InTouch 是 Wonderware 公司的组态软件产品。Wonderware 公司成立于 1987 年，率先推出 Microsoft Windows 平台的人机界面 HMI 自动化软件，是世界第一家推出组态软件的公司。

Wonderware InTouch for FactorySuite 为以工厂和操作人员为中心的制造信息系统提供了可视化工具，这些制造信息系统集成了操作人员所必需的各种信息，可以在工厂内部和各工厂之间共享。

InTouch HMI 软件用于可视化和控制工业生产过程，为工程师提供了一种易用的开发环境和广泛的功能，在组态监控系统应用中，能够快速地建立、测试和部署强大的连接功能，传递实时信息。InTouch 软件是一个开放的、可扩展的人机界面，为应用程序设计提供了灵活性，同时为各种自动化设备提供了连接能力。

InTouch 包含 InTouch 应用程序管理器、WindowMaker 以及 WindowViewer 共 3 个主要程序，InTouch 应用程序管理器用于组织管理创建的应用程序。它也可以用于将 WindowViewer 配置成服务、为基于客户端和基于服务器的架构配置网络应用程序开发 NAD 以及配置动态分辨率转换 DRC。WindowMaker 是一种开发环境，在其中可以使用面向对象的图形来创建富于动感的触控式显示窗口。这些显示窗口可以连接到工业 I/O 系统以及其他的 Microsoft Windows 应用程序，图 2.5 给出了 InTouch 与 I/O 设备的连接示意。WindowViewer 是一种运行时环境，用于显示在 WindowMaker 中创建的图形窗口。

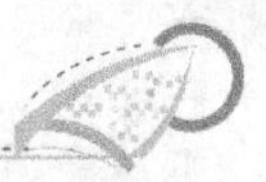

WindowViewer 可以执行 InTouch QuickScript、执行历史数据记录与报告、处理报警记录与报告，并同时可以充当 DDE 与 SuiteLinkÔ，通信协议的客户端和服务器。

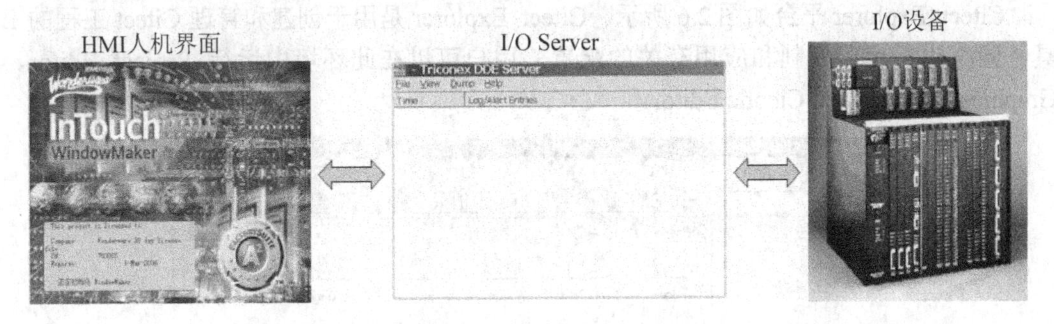

图 2.5　InTouch 与 I/O 设备的连接

Wonderware InTouch 和其他人机界面软件相比，结果如下。

(1) 经过了完备的测试和运行考验，软件的可靠性和稳定性非常高。

(2) 最大限度的开放性。InTouch 基本的通信格式包括快速 DDE 和 SuiteLink。其中，快速 DDE 兼容微软的 DDE，许多软件都可以与 InTouch 直接通信。为了与其他设备通信，InTouch 提供了广泛的通信协议转换接口——I/O Server，能方便地连接到各种控制设备，包括 Siemens、Modicon 等，也可以利用第三方 Server。InTouch 还提供了一个工具软件，帮助编写通信协议转换软件。

(3) 它具有强大的网络功能，通过传统的 DDE 和扩展的 NetDDE 的方式，可与本机和其他计算机中的应用程序实时交换数据。它支持标准的 ActiveX 技术，使得用户可以轻松地为自己的应用程序开发各种网络多媒体功能。

(4) 数据库功能。InTouch 除了自身带有数据库以外，还支持 SQL 语言，可以方便地与其他数据库连接。同时，它支持通过 ODBC 访问各种类型的数据库，便于系统的综合管理。

3. Citech

澳大利亚 CiT 公司的 Citech 是较早进入中国市场的产品之一。从 OEMS HMI 解决方案到世界上最大的以 PC 为基础的 SCADA 系统，Citect 都得到了广泛的应用。Citect 既可用于小型监控系统，也可用于大型监控系统。Citech 主要特点有以下几方面。

(1) 快速系统开发。直接从 PLC 程序级输入标签定义，可以有效地缩短开发时间。这一功能节约大量组态时间，同时消除记录错误，达到快速、便捷和准确。Citect 可以自动更新标签，确保与控制器同步进行，并保护数据的完整性。

(2) 全面网络支持。不管是模拟 Modem 拨号上网，还是宽带接入，Citect 都能应用自如。Citect 支持当前几乎所有的上网连接方式，如 PSTN、ISDN、ADSL、FTTB、DDN，甚至是 Cable Modem，Citect 通过透明化网络之间物理连接，使得站与站之间的过程数据交换畅通无阻。

(3) 灵活修改系统。利用第三方应用程序增加系统功能；灵活的 ActiveX 扩展功能利用加入 ActiveX 容器技术，Citect 的用户可以通过将一些诸如文件、录影和分析应用模块的对象直接嵌入 Citect 的方式扩展系统的功能。

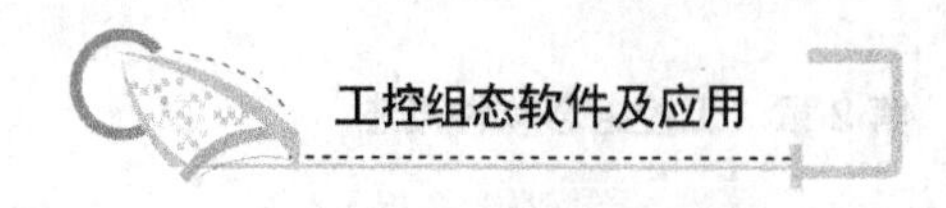

(4) 更便利的拨号 I/O 功能。使监控远程设备的工作更加容易和经济，尤其对一些远程连接费用极其昂贵的监控系统具有更大的经济效益。

Citect Explorer 平台如图 2.6 所示。Citect Explorer 是用于创建和管理 Citect 工程的工具，同时也可用于控制和应用有关的配置，用户可以在此环境中运行 Project Editor、Graphics Builder 以及 Cicode Editor。

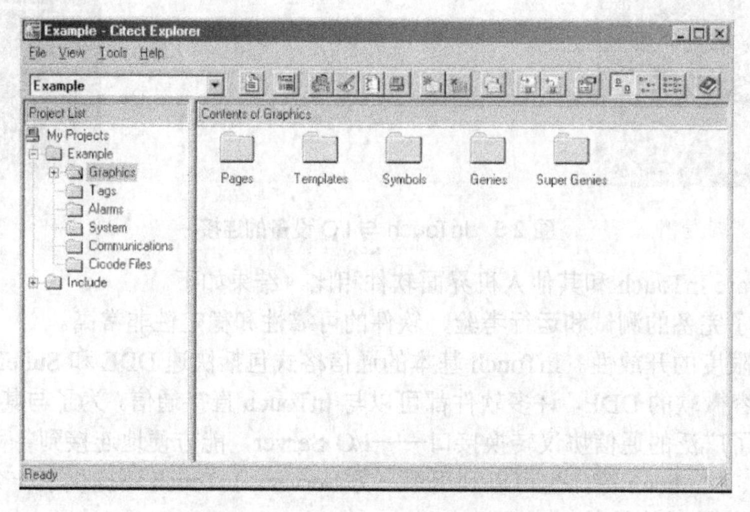

图 2.6　Citect Explorer 平台

4. WinCC

WinCC 是 SIMENS 公司开发的较为完备的组态开发环境，是一个集成的人机界面系统和监控管理系统。SIMENS 提供给用户类似 C 语言的脚本，同时提供了一个调试环境。WinCC 内部嵌入了支持 OPC 的组件。

WinCC 提供了用于工业的图形显示、消息归档以及报表的功能模板。WinCC 还提供了开放的界面用于用户解决方案，可以集成通过 ODBC 和 SQL 方式的归档数据访问以及通过 OLE 和 ActiveX 控件的对象和文档的链接。WinCC 提供各种 PLC 的驱动软件，因此在 STEP7 中配置的变量表可以在 WinCC 的连接时直接使用，使 PLC 与上位计算机的连接变得非常容易。

WinCC 包括运行版和开发完全版。在容量上分为 128、256、1024 等多种 PowerTag 变量，变量来自控制器和外部过程。WinCC 允许将一个 32 位的模拟量的 PowerTag 变量分为独立的 32 个数字量，使用上与正常的数字量的 PowerTag 变量的相同，可提供给整个过程的 I/O 点数比所标的 PowerTag 变量数多。

WinCC 是一个模块化系统，基本组件是组态软件和运行系统软件组态软件。WinCC 项目管理器构成了组态软件的核心，如图 2.7 所示。整个项目结构将显示在 WinCC 项目管理器中。从 WinCC 项目管理器中调用的特定编辑器，用于组态。每个编辑器用于组态一个特定的 WinCC 子系统。重要的 WinCC 子系统包括图形系统、报警记录、归档系统、报表系统、用户管理器、通信系统。

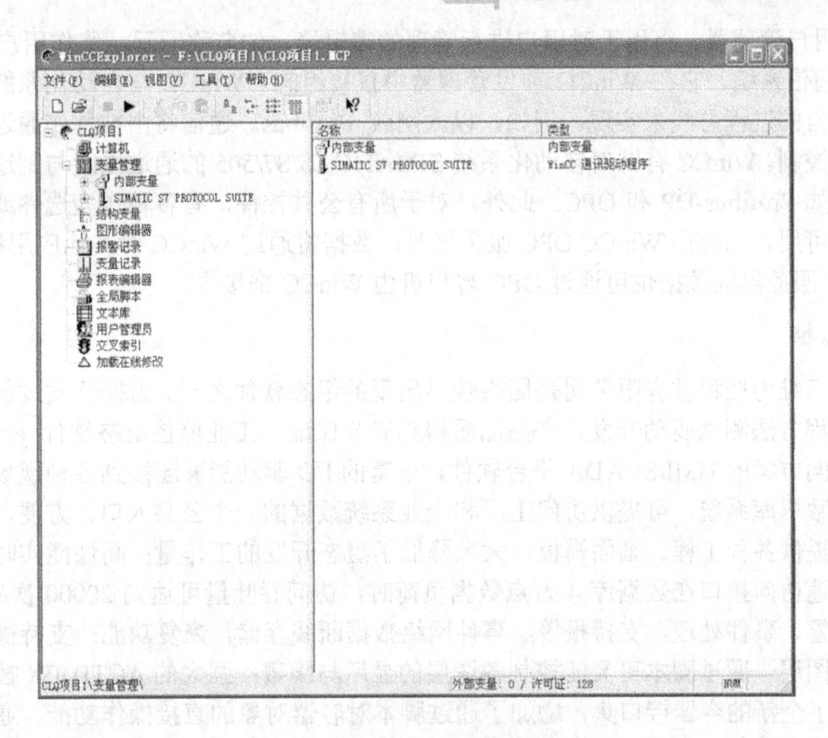

图 2.7　WinCC 项目管理器

(1) 图形系统。将用于创建画面的编辑器称作图形编辑器。在组态期间，图形系统用于创建在运行系统中对过程进行显示的画面。图形系统处理下列任务：显示静态和操作者可控制的画面元素，如文本、图形或按钮；更新动态画面元素，如根据过程值修改棒图长度；对操作员输入做出反应，如单击按钮、或输入域中的文本输入。

(2) 报警记录。对消息进行组态的过程就是报警记录。消息给操作员提供了关于操作状态和过程故障状态的信息，它们将每一临界状态早期通知操作员，并帮助消除空闲时间。在组态过程中，定义用于触发过程消息的事件。例如，这个事件可以是设置自动化系统中的某个特定位或过程值超出预定义的限制值时。报警记录是消息系统的组态组件，报警记录运行系统是消息系统的运行组件。当处于运行系统中时，报警记录运行系统负责执行已定义的监控任务。它也可对消息输出操作进行控制，并管理这些消息的确认。

(3) 归档系统。变量记录编辑器用于确定对何种数据进行归档。通过 WinCC 中的归档管理，可以为操作和出错状态的指定文档选择归档过程值和消息。Microsoft SQL 服务器用于归档，即所谓消息事件的消息被归档。消息事件描述了消息采用新状态的那一时刻。消息的 3 种基本状态，存在下列消息事件：已激活、已清除、已确认。用户可以保存消息事件到归档数据库并书面归档为消息报表。例如，归档在数据库中的消息可以输出到消息窗口中。

(4) 报表系统。将用于创建报表布局的编辑器称作报表编辑器。报表系统由组态和运行系统组件组成：报表编辑器是报表系统的组态组件。报表编辑器用于按照用户要求选定预编译的默认布局或创建新的布局。报表编辑器还可用于创建打印作业以便启动输出。报表运行系统是报表系统的运行系统组件。报表运行系统从归档或控件中取得数据用于打印，并控制打印输出。

(5) 用户管理器。将用于对用户进行管理的编辑器，如名称所示，称作用户管理器。

(6) 通信系统。它在 WinCC 项目管理器中直接组态。WinCC 与自动化系统之间的通信通过各自的过程总线来实现。例如，以太网或 Profibus。通信将由被称作通道的专门通信程序来控制。WinCC 有针对自动化系统 SIMATIC S5/S7/505 的通道以及与制造商无关的通道，例如 Profibus-DP 和 OPC。此外，对于所有公共控件，有各种作为选件或附加件的可选通道可用。当使用 WinCC OPC 服务器时，数据将通过 WinCC 对其他应用程序可用。其他 OPC 服务器的数据也可通过 OPC 客户机由 WinCC 来接收。

5. 力控

北京三维力控科技有限公司是国内较早出现的组态软件之一。力控开发过程采用了先进软件工程方法测试驱动开发，产品品质得到充分保证。工业监控组态软件 ForceControl 是一个面向方案的 HMI/SCADA 平台软件，丰富的 I/O 驱动能够连接到各种现场设备。分布式实时数据库系统，可提供访问工厂和企业系统数据的一个公共入口。方便、灵活的开发环境，提供各种工程、画面模板、大大降低了组态开发的工作量；高性能实时、历史数据库，快速访问接口在数据库 4 万点数据负荷时，访问吞吐量可达到 20000 次/s；强大的分布式报警、事件处理，支持报警、事件网络数据断线存储，恢复功能；支持操作图元对象的多个图层，通过脚本可灵活控制各图层的显示与隐藏；强大的 ACTIVEX 控件对象容器，定义了全新的容器接口集，增加了通过脚本对容器对象的直接操作功能，通过脚本可调用对象的方法、属性；提供丰富的报表操作函数集、支持复杂脚本控制，包括脚本调用和事件脚本，可以提供报表设计、全新的网络服务器，面向.NET 技术开发；强大的对象容器和组件；易于集成的开发系统最大支持 32 个 HMI 图元的对象图层操作；全新的强大报表工具，可以设计多套报表模板，方便报表制作；全面支持 GIF 动画在开发和运行环境下的透明和动画控制；完整的冗余通信技术；全新的多线程 I/O 调度程序，使通信效率更高、速度更快。

图 2.8 为力控软件相关产品分布，产品涉及现场控制层、监控调度层和信息管理层各个层次结构。力控产品全面提升了企业信息化，是企业信息化的助力工具，主要特点如下。

(1) 软件内嵌分布式实时数据库，数据库具备良好的开放性和互连功能，可以与 MES、SIS、PIMS 等信息化系统进行基于 XML OPC、ODBC、OLE DB 等接口方式进行互连，保证生产数据实时地传送到以上系统内。

(2) 提供在 Internet/Intranet 上通过 IE 浏览器以瘦客户端方式来监控工业现场的解决方案。

(3) 支持通过 PDA 掌上终端在 Internet 实时监控现场的生产数据。

(4) WWW 服务器端与客户端画面的数据高度同步，浏览器上看到的图形界面与通用组态软件生成的过程画面效果完全相同。

(5) 瘦客户端与 WWW 网络服务器的实时数据传输采用事件驱动机制、变化传输方式，因此通过 Internet 远程访问力控 Web 服务器，IE 瘦客户端显示的监控数据具有更好的实时性。

(6) WWW 网络服务器面向.NET 技术开发，易于使用 ASP.NET 等快速开发工具集成力控来构建企业信息门户。

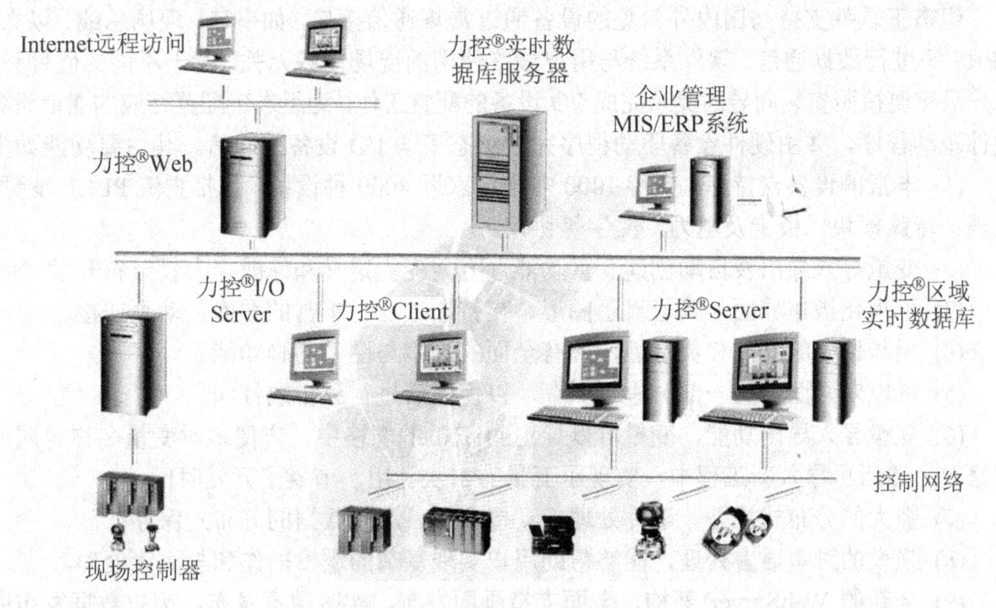

图 2.8　力控软件相关产品

6. 组态王

组态王是北京亚控科技发展有限公司开发的一个集成人机界面(HMI)系统和监控管理系统的工业上位监控软件。组态王软件是一种通用的工业监控软件，它集过程控制设计、现场操作以及工厂资源管理于一体，将一个企业内部的各种生产系统和应用以及信息交流汇集在一起，实现最优化管理。它基于 Microsoft Windows XP/NT/2000 操作系统，用户可以在企业网络的所有层次的各个位置上都可以及时获得系统的实时信息。采用组态王软件开发工业监控工程，可以极大地增强用户生产控制能力、提高工厂的生产力和效率、提高产品的质量、减少成本及原材料的消耗。它适用于从单一设备的生产运营管理和故障诊断，到网络结构分布式大型集中监控管理系统的开发。图 2.9 为组态王监控系统应用界面。

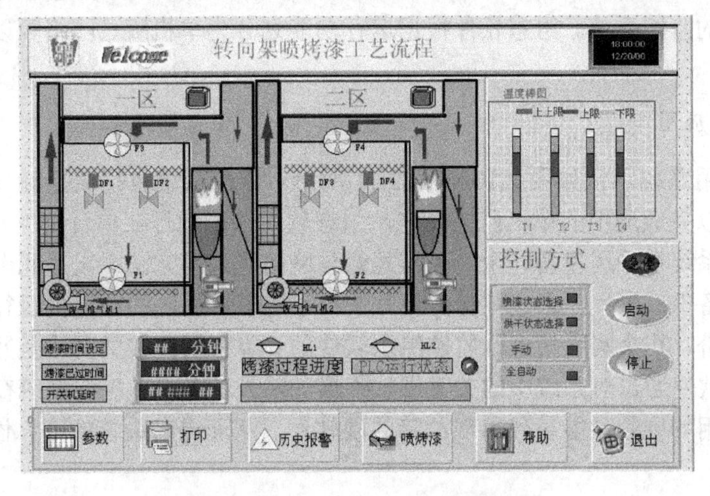

图 2.9　组态王工程应用界面

组态王软件支持与国内外常见的设备通过常规通信接口，如串口、现场总线、以太网、GPRS等进行数据通信。软件系统与用户最终使用的现场设备无关，对于不同的硬件设施，用户只需要按照安装向导的提示完成I/O设备的配置工作，为组态王配置相应的通信设备的硬件驱动程序，并由硬件设备驱动程序完成组态王与I/O设备的通信。其主要功能如下。

(1) 丰富的设备支持库，支持1000多个厂家近4000种设备，包括主流PLC、变频器、仪表、特殊模块、板卡及电力、楼宇等协议。

(2) 变量导入导出及自动创建变量功能，方便变量定义和修改，大量节省开发时间。

(3) 可视化操作界面，真彩显示图形、支持渐进色、丰富的图库、动画连接。

(4) 无与伦比的动力和灵活性，拥有全面的脚本与图形动画功能。

(5) 可以对画面中的一部分进行保存，以便以后进行分析或打印。

(6) 变量导入导出功能，变量可以导出到 Excel 表格中，方便地对变量名称等属性进行修改，然后再导入新工程中，实现了变量的二次利用，节省了开发时间。

(7) 强大的分布式报警、事件处理，支持实时、历史数据的分布式保存。

(8) 强大的脚本语言处理，能够帮助用户实现复杂的逻辑操作和与决策处理。

(9) 全新的 WebServer 架构，全面支持画面发布、实时数据发布、历史数据发布以及数据库数据的发布。

(10) 方便的配方处理功能。

(11) 支持工业库和关系数据库接口。

(12) 支持OCX控件的全新Web发布。

2.4 组态软件应用类型

对于相对简单功能的组态监控系统，组态软件运行于一台计算机即可实现用户的功能，当面临大型和复杂的监控系统时，一台计算机运行监控组态软件不能很好解决用户的问题，需要多台计算机分别运行监控组态软件，而这些监控计算机通过通信网络连接起来，构成综合的监控系统。组态软件根据运行功能划分为单机版、网络版以及混合版等应用形式。

1. 单机版应用

单机版应用系统示例如图2.10与图2.11所示。监控系统包括监控计算机与I/O通信设备。单机可以完成通用的单机监控功能，组态软件只能运行在单台PC上。为了保证系统的可靠性，系统常采用设备冗余、工程冗余与网络冗余等方法。设备冗余采用两个相同的设备，互为备份，工程冗余也称计算机冗余；采用多台相同的计算机运行监控组态软件工程，互为备份，冗余网络指运行监控组态软件的计算机所连接的网络是冗余的，互为备份。监控组态软件通过对系统中的关键硬软件增加额外的备份，保证系统在硬软件出现故障后，额外备用的硬软件能替代出现故障的硬软件，从而提高系统的可靠性。

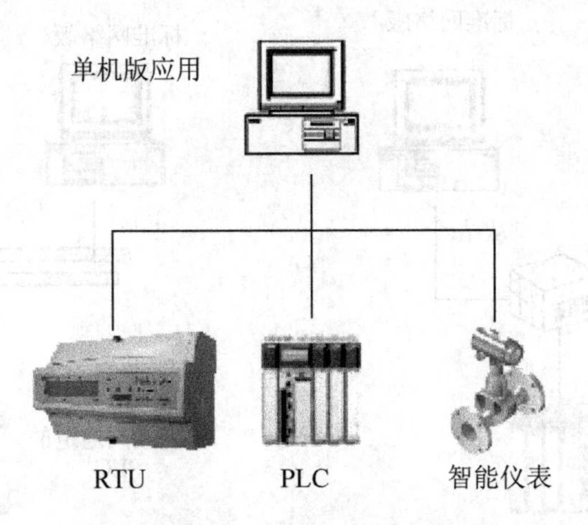

图 2.10　单机版应用 1

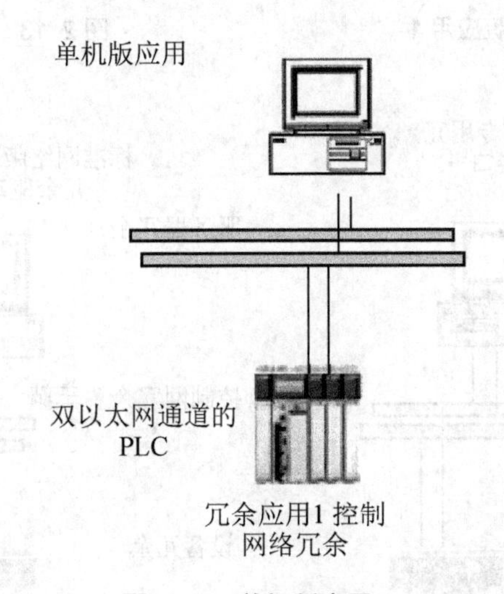

图 2.11　单机版应用 2

2. 标准网络版应用

标准网络版可以完成通用的单机型监控功能，作为标准 C/S 网络应用的服务器端软件，还可以通过 TCP/IP 网络与标准的客户端软件连接，该模式的应用需要与客户端软件配合使用，标准网络型默认允许与多套客户端软件连接。该类型主要应用于具有服务器与操作员站的网络应用模式。标准网络版应用示例如图 2.12、图 2.13、图 2.14 与图 2.15 所示。

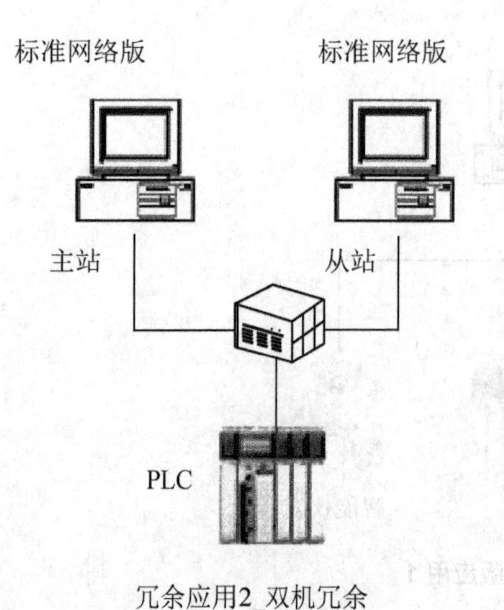

图 2.12　标准网络版应用 1

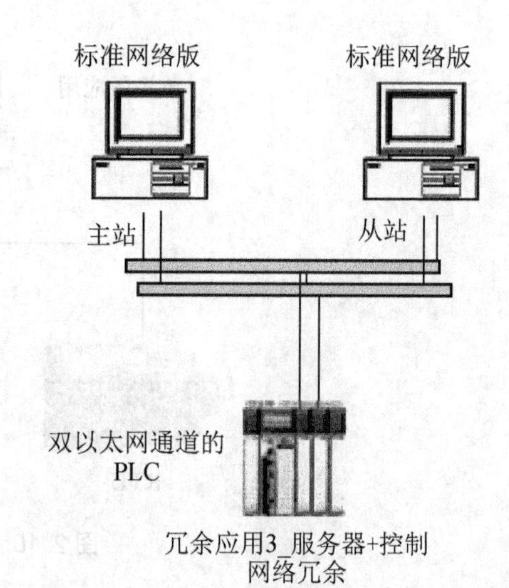

图 2.13　标准网络版应用 2

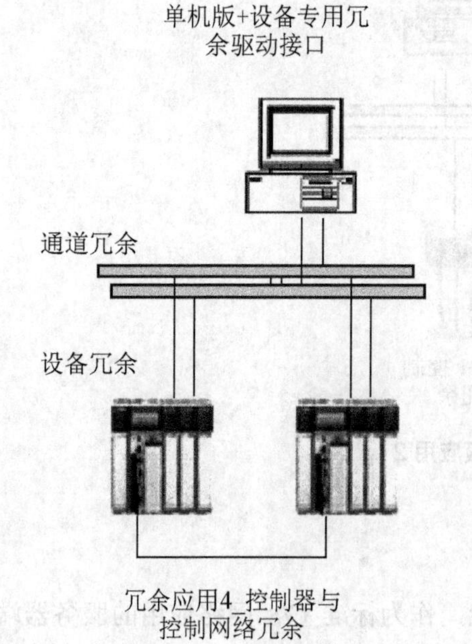

图 2.14　标准网络型应用 3

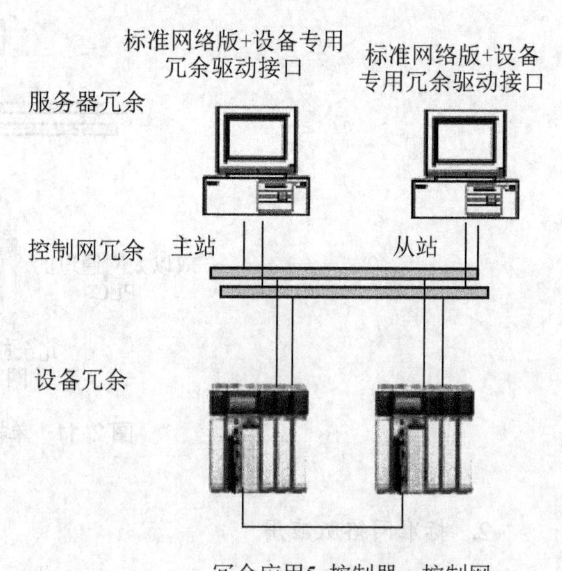

图 2.15　标准网络型应用 4

3. WWW 网络与混合版应用

WWW 网络型主要实现基于 Intranet/Internet 的网络 B/S 模式的应用，WWW 网络型是标准网络服务器，客户端采用 IE 浏览器即可通过网络进行远程连接。图 2.16 为 WWW 网络与混合版应用示例。系统有多个服务器和多个客户端，服务器专门负责一种或几种监控功能，如数据采集、历史数据存储、报警等。客户端的相关功能是通过访问这些服务器来

实现的。网络型为标准的瘦客户端模式，不需要手工安装任何软件，WWW 网络型默认允许多个 IE 客户端同时访问服务器。组态软件可以在一个功能上是服务器，在另外一个功能上是客户端，组态软件作为服务器还是客户端使用，是在工程开发期间指定的。

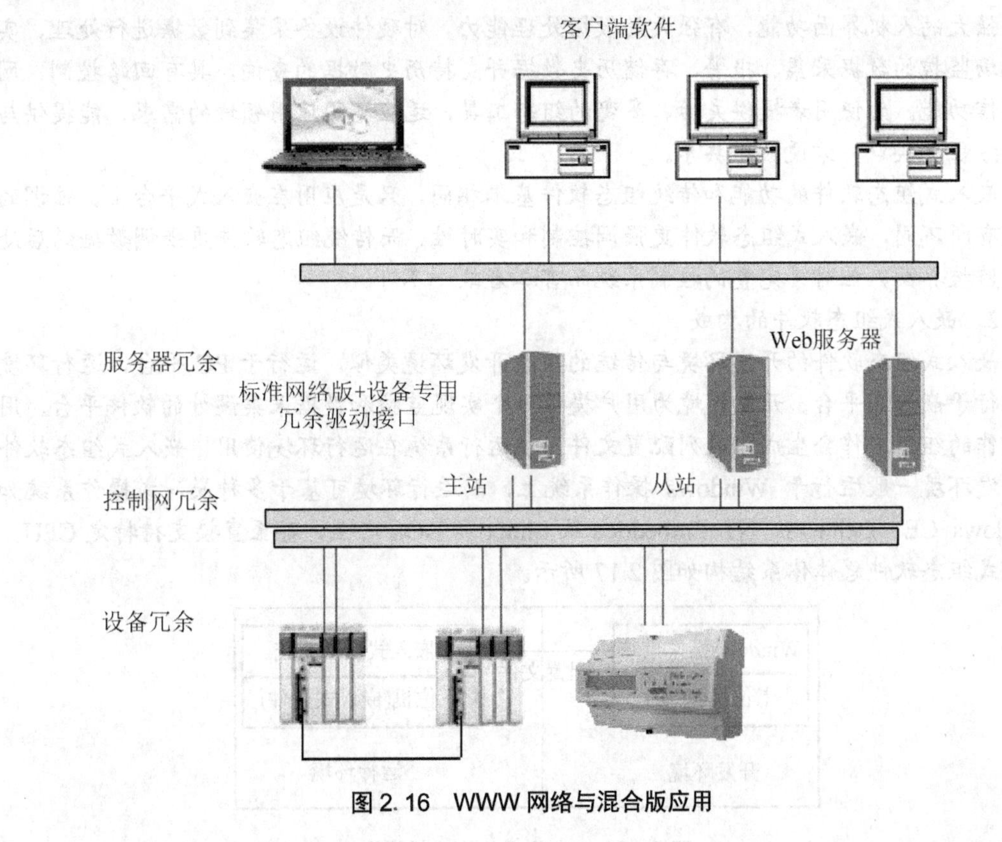

图 2.16 WWW 网络与混合版应用

本 章 小 结

作为工业监控系统的重要组成部分，组态软件已经成为系统的一个“基本单元”或“基本元件”。一方面通过与硬件设备的通信获得实时数据，另一方面通过接口提供数据及生产相关数据给信息系统，在整个监控系统中起着承上启下的衔接作用。本章主要介绍通用组态软件的功能及特点、组态软件的系统构成，简单介绍了几种典型国内外组态软件相关内容，最后介绍了几种典型的组态软件应用类型，并给出了应用示例结构图。

知识拓展

嵌入式组态软件

嵌入式组态软件是一种用于嵌入式设备并带有网络功能，包括 Internet 服务功能的嵌入式应用软件，它是从通用组态软件发展而来，它们之间有着很多相同的功能。结构上都由开发环境和运行环境组成，通用组态软件的开发环境和运行环境大都是基于 Windows

操作系统的，系统难于裁减、固化，嵌入式组态软件运行于以嵌入式处理器为核心的硬件系统之上，支持软件是嵌入式操作系统，适用于对体积、功耗和成本等有严格要求的场合。

1. 嵌入式组态软件的功能

强大的人机界面功能，有强大的数据处理能力，对硬件设备采集到数据进行处理，实现现场监控的数据采集、报警，存储历史数据并支持历史数据的查询，具有回路控制，网络通信功能。为使用者提供灵活、多变的组态工具，适应不同应用领域的需求，能提供与第三方程序接口，方便数据共享。

嵌入式组态软件的功能和传统组态软件基本相同，只是应用在嵌入式平台上，强调的功能有所不同，嵌入式组态软件更强调控制和实时性、而传统组态软件更强调数据的后处理和监控界面，但对于完整的控制系统而言二者缺一不可。

2. 嵌入式组态软件的构成

嵌入式组态软件的开发环境与传统的组态开发环境类似，运行于 PC 平台，运行环境则运行于嵌入式平台。开发环境为用户提供一个实现监控和数据采集设计的软件平台，用户所作的组态工作会生成一系列配置文件，供运行系统在运行环境使用。嵌入式组态软件的开发环境一般运行于 Windows 操作系统上，而运行环境可基于多种嵌入式操作系统如 Windows CE、DeltaOS、NT Embedded 及 Linux 和 DOS 之上，甚至直接支持特定 CPU。嵌入式组态软件总体体系结构如图 2.17 所示。

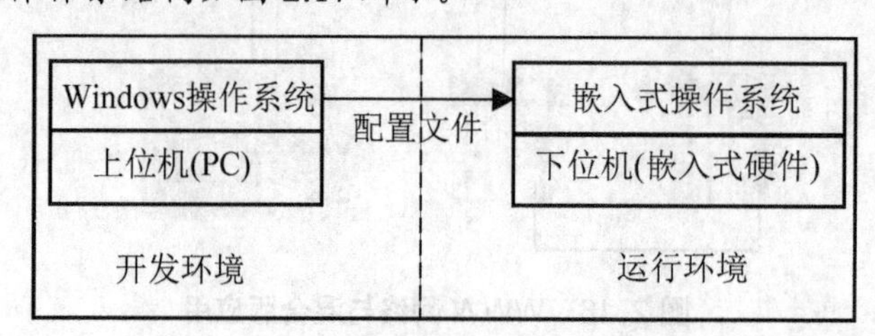

图 2.17　组态软件总体体系结构

嵌入式组态软件包括文件管理器、图形界面开发、图形界面运行、实时数据库系统组态、实时数据库运行与 I/O 驱动 6 个典型组件。文件管理器为用户提供文件管理功能，方便用户使用组态软件。图形界面开发程序为用户提供一个图形编辑界面，用户可用程序提供的各种基本图形元素，如直线、矩形、文本等设计其控制方案的人机界面。图形界面运行程序将以图形界面开发程序生成的配置文件为依据生成用户所需的人机界面，能从实时数据库获取所监视的变量，并在界面上进行显示。实时数据库系统组态程序为用户提供一个特殊的数据库设计界面。实时数据库运行程序以实时数据库组态程序生成的配置文件为依据，在计算机内存中生成核心数据库，并不断按采样时间或触发事件刷新数据。该程序还提供历史数据的查询、检索以及监视数据变化、处理报警事件等。对于传统组态软件，I/O 驱动程序可以使用 DDE 和 OPC 等方式，对于嵌入式组态软件，受嵌入式操作系统和硬件资源的限制，嵌入存储器成本很高，程序应做得尽量精简，许多 I/O 驱动程序需开发者自行设计。

为扩展嵌入式组态软件的功能，可向系统中加入可选组件：通用数据库接口态程序、通用数据接口运行程序、控制策略编辑组态程序、策略运行程序、实用通信组件。

3．典型嵌入式组态软件

国内外商用嵌入式组态软件并不多。InduSoft Web Studio生产的嵌入式SCADA/HMI软件据说是市场上第一个可以运行于WindowsCE上的嵌入式组态软件，它可以运行于多种处理器上，如ARM、MIPS、MIPSFP、SH3、PowerPC、THUMB等。意大利PROGEA公司研发的组态监控软件Movicon X是当今世界上最现代的基于XML的SCADA/HMI软件，相同的开发环境支持WinXP和WinCE平台。

国内相对有影响嵌入式组态软件有亚控公司的组态王嵌入式版和北京昆仑通态的嵌入式MCGSE。组态王嵌入版是亚控公司在通用版组态王基础上，应用于嵌入式平台的产品，它继承了通用版组态王的优良品质，结合了嵌入式系统的特点，具有速度快、功能强、稳定性高、容量小、通信方便和操作简单等优点，开发系统运行于Windows平台，运行系统运行于WinCE.NET或Windows XP Embedded。

嵌入式MCGSE(Monitor and Control Generated System for Embedded)是在MCGS通用版基础上开发的专用于嵌入式组态软件，它的组态环境能够在微软公司的平台上运行，运行环境则运行于实时多任务嵌入式操作系统WinCE和Linux上。MCGSE适应于应用系统对功能、可靠性、成本、体积、功耗等综合性能有严格要求的专用计算机系统。此外，MCGSE还带有一个模拟运行环境，用于对组态后的工程进行模拟测试，方便用户对组态过程的调试。

思考题与习题

1．简述组态软件的基本概念。

2．组态软件有哪些基本功能？

3．组态软件具有__________、__________、__________、__________等特点。

4．典型的通用组态软件有__________、__________、__________、__________、__________等。

5．画出组态软件的体系结构图。

6．组态软件应用类型有哪些？画出组态软件各类应用示意图。

7．简述嵌入式组态软件的概念与功能。

第3章 组态王软件介绍

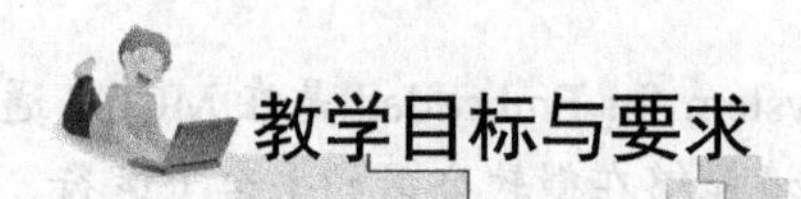

教学目标与要求

- 了解组态王软件的发展过程。
- 掌握组态王安装步骤。
- 掌握组态王软件的结构。
- 掌握组态王软件的基本操作。

引言

组态王是亚控公司在国内率先推出工控组态软件产品。亚控科技发展有限公司正式成立于 1997 年，公司着眼自动化软件领域的尖端技术，基于工业网络平台，为用户提供专业客制化应用解决方案和自动化软件产品和服务。最初目标是为用户建立易用性强、动画功能丰富、技术性能卓越、稳定可靠及价格低廉的统一的工业自动化软件平台。2000 年，推出了基于 Internet/Intranet 的产品、客制化的解决方案以及专业定制产品，如温控版、电力版等多个行业版软件。2003 年，针对企业生产管理需求，以实现工厂的知识密集型生产和决策智能化为目标，整合多个自动化厂商的硬件和软件系统，为用户提供了企业生产实时智能解决方案，完成了企业生产实时智能的核心环节——KingHistorian(工厂实时数据库)产品的开发，主要在制造业、大型工业设备等上进行了应用。2006 年，亚控科技开始执行制造系统(MES)的研发工作。亚控科技产品从中低端 KingView 系列到跨平台高端产品 KingSCADA 系列，从通用版到行业版，从数据存储平台 KingHistorian 到生产智能平台 KingRTIP，再到制造执行管理系统 MES。

组态王网站界面如图 3.1 所示，亚控公司网站网址为 http://www.kingview.com/。亚控公司最新版本的组态王 KingView 6.55 不仅传承了早期版本功能强大、运行稳定、使用方便的特点，而且完善和扩充了曲线、报表及 Web 发布等功能。组态王的功能性和易用性有了极大的提高，该产品已广泛应用于各行各业，同时在美洲、欧洲、日本和东南亚等国际市场被成功应用于市政、交通、环保、大型设备等多个领域。亚控公司在组态王

KingView 6.55 中文版基础上，还为用户提供组态王英文版、日文版、韩语版、繁体版等版本，还特别针对大客户提供了 OEM 的客制化版本。

图 3.1　组态王网站界面

3.1　组态王软件安装

组态王软件的安装文件可由北京亚控科技公司的光盘提供，也可以通过亚控官方网站下载。

3.1.1　组态王系统要求

(1) 硬件：主流中、高端 IPC 或兼容机。

(2) 内存：最少 256MB，推荐 1GB 以上。

(3) 通信：RS-232-C，推荐有串行口一个。并行接口一个，安装加密狗。

(4) 操作系统：推荐 Win XP 简体中文版。

3.1.2　安装组态王系统程序

“组态王”软件存于一个压缩文档“组态王 6.5”内，解压缩后(推荐 WinRar)，运行安装程序 Install.exe，启动组态王安装过程向导。

【安装步骤】

(1) 启动计算机系统。

(2) 用户通过双击安装文件夹中的 Install.exe 启动安装程序，如图 3.2 所示。

图 3.2 组态王安装界面

该安装界面左面有一列按钮，将鼠标移动到按钮各个位置上时，会在右边图片位置上显示各按钮中安装内容提示。

左边各个按钮作用分别如下。

①“安装组态王程序”按钮：安装组态王程序。

②“安装组态王驱动程序”按钮：安装组态王 I/O 设备驱动程序。

③“退出”按钮：退出安装程序。

(3) 开始安装。单击“安装组态王程序”按钮，将自动安装“组态王”软件到用户的硬盘目录，并建立应用程序组。继续安装则单击“下一个”按钮，如同一般软件安装。稍后弹出“请填写注册信息”对话框，如图 3.3 所示。输入“姓名”和“公司”，可以随意填写。之后，进入程序安装阶段。

(4) 选择组态王软件安装路径。当确认用户注册信息后，弹出“选择目标位置”对话框，选择程序的安装路径，如图 3.4 所示。由对话框确认“组态王”软件的安装目录，默认目录为 C:\Program Files\KingView。若希望安装到其他目录，则单击“浏览”按钮。安装程序会按用户的要求创建目标文件夹。

(5) 选择安装类型。单击“下一个”按钮，出现图 3.5 所示对话框，此对话框确定安装方式。

安装方式共 3 种：典型安装、简洁安装和特定安装。这里选择默认的典型安装。

图 3.3　"请填写注册信息"对话框

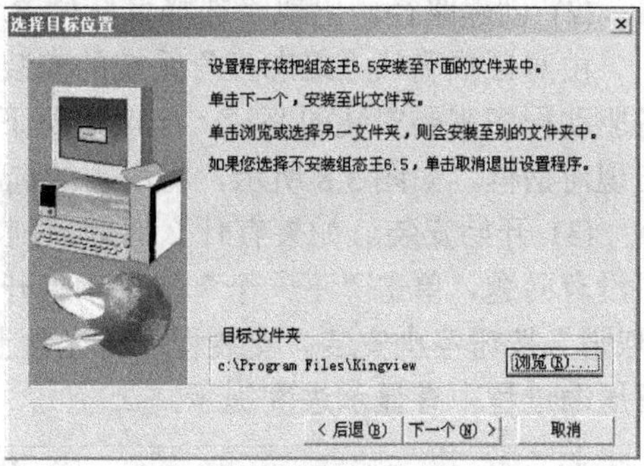

图 3.4　选择路径

(6) 创建程序组。

(7) 开始安装。安装程序将光盘上的压缩文件解压缩并拷贝到默认或指定目录下，解压缩过程中有显示进度提示。

(8) 安装结束。弹出图 3.6 所示对话框。在该对话框中有一个安装组态王驱动程序选项：选中该项，单击结束系统会自动按照组态王的安装路径安装组态王的 I/O 设备驱动程序，此次安装需要采用这种方式。如果不选该项单击结束，可以以后再安装。

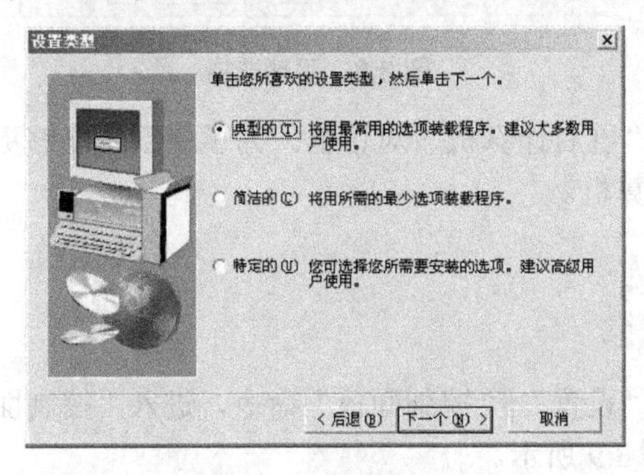

图 3.5　安装类型

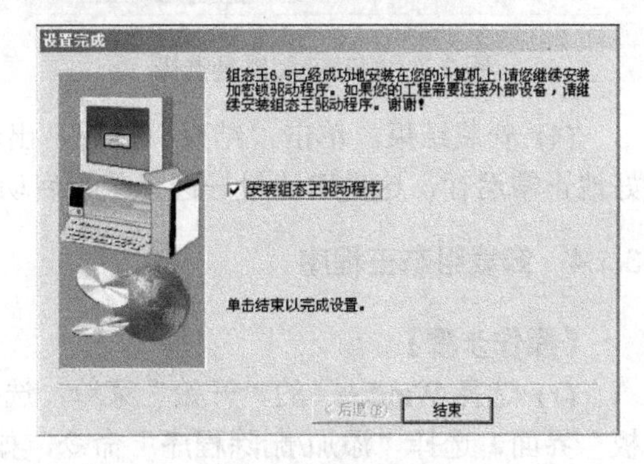

图 3.6　安装完成

3.1.3　安装组态王设备驱动程序

组态王的驱动程序是组态王和硬件设备连接的桥梁，"组态王"把每一台与之通信的设备看成是外部设备，为实现组态王和外部设备的通信，组态王内置了大量设备的驱动作为组态王和外部设备的通信接口，在开发过程中只需根据工程浏览器提供的"设备配置向导"一步步完成连接过程即可实现组态王和相应外部设备的驱动的连接。在运行期间，组态王通过驱动接口和外部设备交换数据，包括采集数据和发送数据/指令。每一个驱动都是一个 COM 对象，这种方式是驱动和组态王构成了一个完整的系统，既保证了运行的高效率，也使系统具有很好的扩展性。如果在安装组态王时没有选择安装组态王设备驱动程序，则可以按照以下方法进行安装。设备驱动程序的安装与组态王的安装同样简单。

【安装步骤】

(1) 开始安装设备驱动。单击安装界面的"安装组态王驱动程序"按钮或在组态王主程序安装完成后继续安装。驱动程序开始安装后，按照一般程序安装进行。

(2) 创建路径。出现“选择目标位置”对话框，如图 3.7 所示。

由对话框确认“组态王”系统的安装目录。系统会自动按照组态王的安装路径列出设备驱动程序需要安装的路径。一般情况下，用户无须更改此路径。单击“下一个”按钮，出现对话框，如图 3.8 所示，将所需的选项打钩(最开始时全都已预选)。

(3) 开始安装。如果有什么问题，则单击“后退”按钮可修改前面有问题的地方；如果没有问题，单击“下一个”按钮，将开始安装；如安装过程中觉得前面有问题，可单击“取消”按钮停止安装。安装程序将光盘上的压缩文件解压缩并复制到默认或指定目录下，解压缩过程中有显示进度提示。

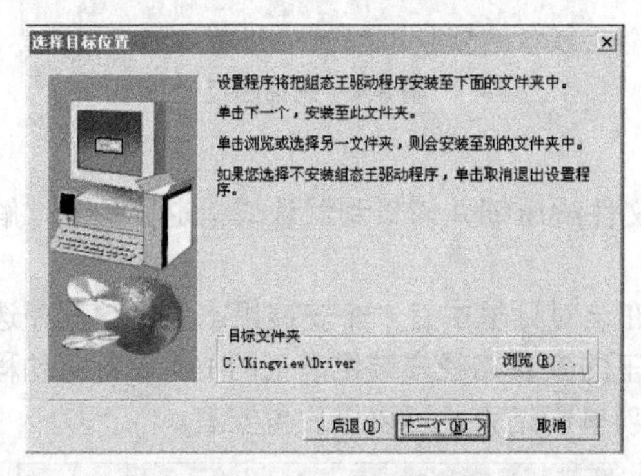

图 3.7　驱动安装路径选择

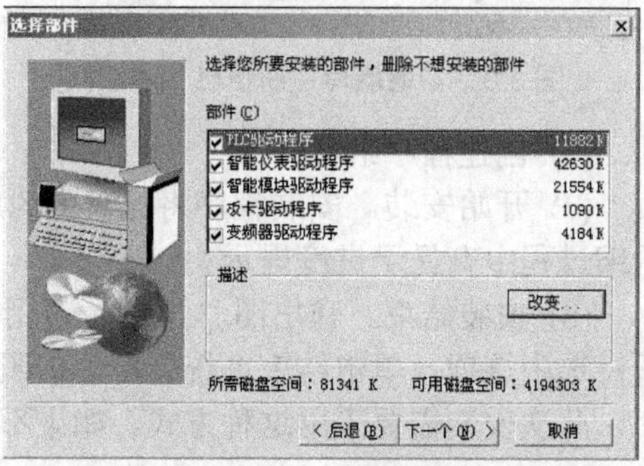

图 3.8　驱动选择

(4) 安装结束。单击“结束”按钮，出现“重启计算机”对话框。为了使系统能够更好地正常运行，这里建议最好选择重新启动计算机。

3.1.4　卸载组态王程序

【操作步骤】

(1) 选择 Windows 的“开始”菜单，选择“设置”|“控制面板”命令，进入“控制面板”界面，选择“添加/删除程序”命令，如图 3.9 所示。

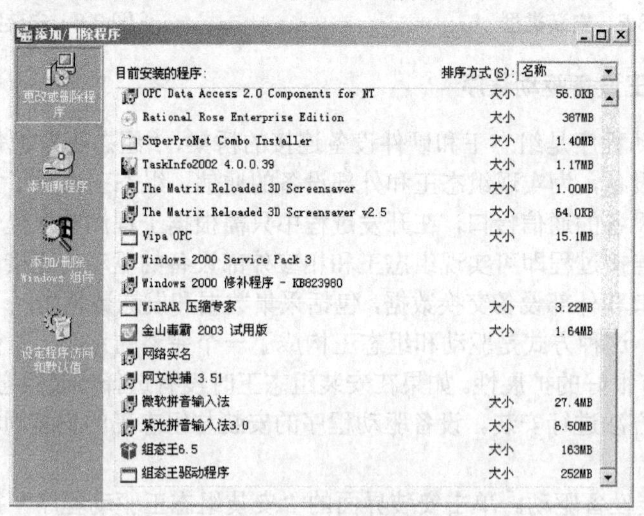

图 3.9　删除程序

(2) 在图 3.9 中选择组态王或组态王驱动程序，单击“添加/删除”按钮，系统会自动删除组态王或组态王驱动程序。

3.2　组态王软件结构

组态王软件结构由工程管理器、工程浏览器及运行系统三部分构成。

(1) 工程管理器：工程管理器用于新工程的创建和已有工程的管理，对已有工程进行搜索、添加、备份、恢复以及实现数据词典的导入和导出等功能。

(2) 工程浏览器：工程浏览器是一个工程开发设计工具，用于创建监控画面、监控的设备及相关变量、动画连接、命令语言以及设定运行系统配置等的系统组态工具。

(3) 运行系统：工程运行界面，从采集设备中获得通信数据，并依据工程浏览器的动画设计显示动态画面，实现人与控制设备的交互操作。

3.2.1　工程管理器

在组态王中，将人们所建立的每一个组态称为一个工程。每个工程反映到操作系统中是一个包括多个文件的文件夹，每个工程必须在一个独立的目录下，不同的工程不能共用一个目录。在每一个工程的路径下，生成了一些重要的数据文件，这些数据文件不允许直接修改。工程的建立则是通过工程管理器来实现的。工程管理器的主要功能包括新建、删除工程，对工程重命名，搜索组态王工程，修改工程属性，工程备份、恢复，数据词典的导入导出，切换到组态王开发或运行环境等。工程管理器实现了对组态王各种版本工程的集中管理，更使用户在进行工程开发和工程的备份、数据词典的管理上方便了许多。

如果已经正确安装了组态王，则可以通过以下方式启动工程管理器：选择“开始”|“程序”|“组态王”命令(或直接双击桌面上组态王的快捷方式)，启动后的“工程管理器”窗口如图 3.10 所示。

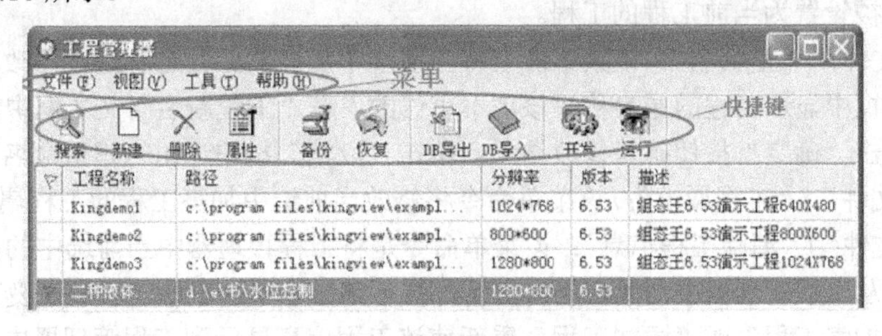

图 3.10　“工程管理器”窗口

1. “文件”菜单

选择“文件”菜单，或按 Alt+F 键，弹出下拉菜单，如图 3.11 所示。

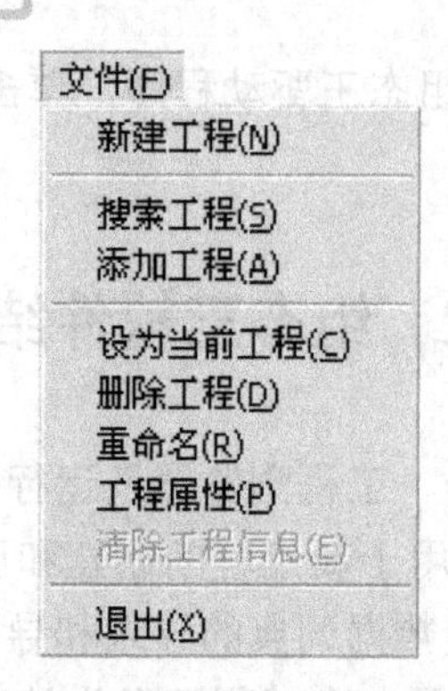

图 3.11 “文件”菜单

(1) “文件”|“新建工程”：该菜单命令为新建一个组态王工程，但此处新建的工程，在实际上并未真正创建工程，只是在用户给定的工程路径下设置了工程信息，当用户将此工程作为当前工程，并且切换到组态王开发环境时才真正创建工程。

(2) “文件”|“搜索工程”：该菜单命令为搜索用户指定目录下的所有组态王工程(包括不同版本、不同分辨率的工程)，将其工程名称、工程所在路径、分辨率、开发工程时用的组态王软件版本、工程描述文本等信息加入到工程管理器中。搜索出的工程包括指定目录和其子目录下的所有工程。

(3) “文件”|“添加工程”：该菜单命令主要是单独添加一个已经存在的组态王工程，并将其添加到工程管理器中来(与搜索工程不同的是，搜索工程是添加搜索到的指定目录下的所有组态王工程)。

(4) “文件”|“设为当前工程”：该菜单命令将工程管理器中选中加亮的工程设置为组态王的当前工程。以后进入组态王开发系统或运行系统时，系统将默认打开该工程。被设置为当前工程的工程在工程管理器信息框的表格的第一列中用一个图标(小红旗)来标识。

(5) “文件”|“删除工程”：该菜单命令将删除在工程管理器信息显示区中当前选中加亮的但没有被设置为当前工程的工程。

(6) “文件”|“重命名”：该菜单命令将当前选中加亮的工程名称进行修改。在“工程原名”文本框中显示工程的原名称，该项不可修改。在“工程新名”文本框中输入工程的新名称，单击“确定”按钮确认修改结果，单击“取消”按钮退出工程重命名操作。

(7) “文件”|“工程属性”：该菜单命令将修改当前选中加亮工程的工程属性。

(8) “文件”|“清除工程信息”：该菜单命令是将工程管理器中当前选中的高亮显示的工程信息条从工程管理器中清除，不再显示，执行该命令不会删除工程或改变工程。用户可以通过“搜索工程”或“添加工程”重新使该工程信息显示到工程管理器中。

(9) “文件”|“退出”：退出组态王工程管理器。

2. “视图”菜单

选择“视图”菜单，或按 Alt+V 键，弹出下拉菜单，如图 3.12 所示。

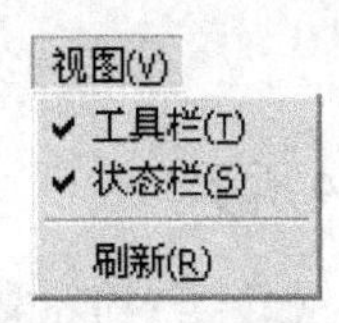

图 3.12　“视图”菜单

(1) 工具栏：选择是否显示工具栏，当“工具栏”被选中时(有对钩标志)，显示工具栏；否则不显示。

(2) 状态栏：选择是否显示状态栏，当“状态栏”被选中时(有对钩标志)，显示状态栏；否则不显示。

(3) 刷新：刷新“工程管理器”窗口。

3. “工具”菜单

选择“工具”菜单，或按 Alt+T 键，弹出下拉菜单，如图 3.13 所示。

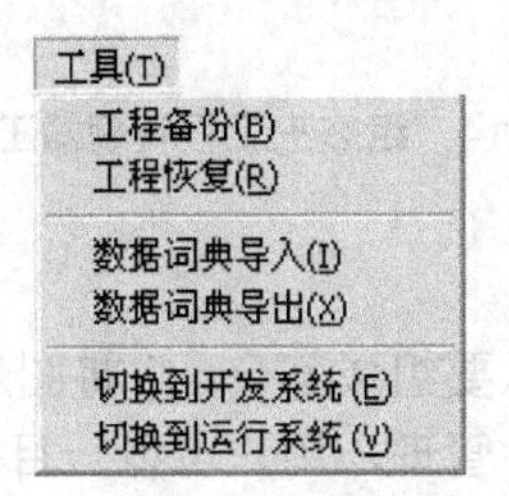

图 3.13　“工具”菜单

(1) “工具”|“工程备份”：该菜单命令是将工程管理器中当前选中加亮的工程按照组态王指定的格式进行压缩备份。

(2) “工具”|“工程恢复”：该菜单命令是将组态王的工程恢复到压缩备份前的状态。

(3) “工具”|“数据词典导入”：为了使用户更方便地使用、查看、定义或打印组态王的变量，组态王提供了数据词典的导入导出功能。数据词典导入命令是将 Excel 中定义好的数据或将由组态王工程导出的数据词典导入到组态王工程中。该命令常和数据词典导出命令配合使用。

(4) “工具”|“数据词典导出”：该菜单命令是将组态王的变量导出到 Excel 格式的文件中，用户可以在 Excel 文件中查看或修改变量的一些属性，或直接在该文件中新建变量并定义其属性，然后导入到工程中。该命令常和数据词典导入命令配合使用。

(5) “工具”|“切换到开发系统”：执行该命令进入组态王开发系统，同时将自动关闭工程管理器。打开的工程为工程管理器中指定的当前工程(标有当前工程标志的工程)。

(6) “工具”|“切换到运行系统”：执行该命令进入组态王运行系统，同时将自动关闭工程管理器。打开的工程为工程管理器中指定的当前工程(标有当前工程标志的工程)。

4. 帮助菜单

执行该命令将弹出组态王工程管理器的版本号和版权等信息。

5. 工程管理器工具条

组态王工程管理器工具条如图 3.14 所示。

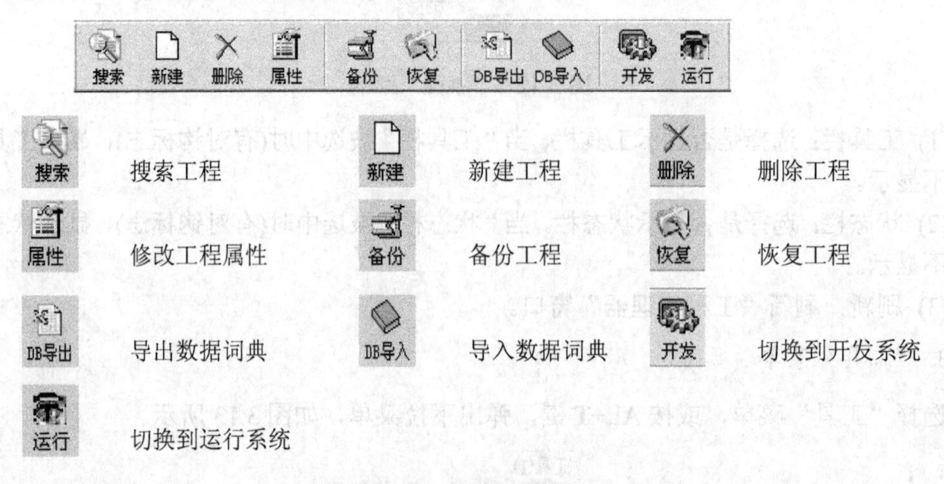

图 3.14　组态王工程管理器工具条

3.2.2　工程浏览器

工程浏览器是组态王的一个重要组成部分，它将图形画面、命令语言、设备驱动程序、配方、报警、网络等工程元素集中管理，用户可以一目了然地查看工程的各个组成部分。工程浏览器是组态王的集成开发环境。在这里可以看到工程的各个组成部分，包括 Web、文件、数据库、设备、系统配置、SQL 访问管理器，它们以树形结构显示在工程浏览器窗口的左侧。工程浏览器的使用和 Windows 的资源管理器类似。工程浏览器由菜单栏、工具栏、工程目录显示区、目录内容显示区、状态条、页标签组成。“工程目录显示区”以树形结构图显示大纲项节点，用户可以扩展或收缩工程浏览器中所列的大纲项，如图 3.15 所示。

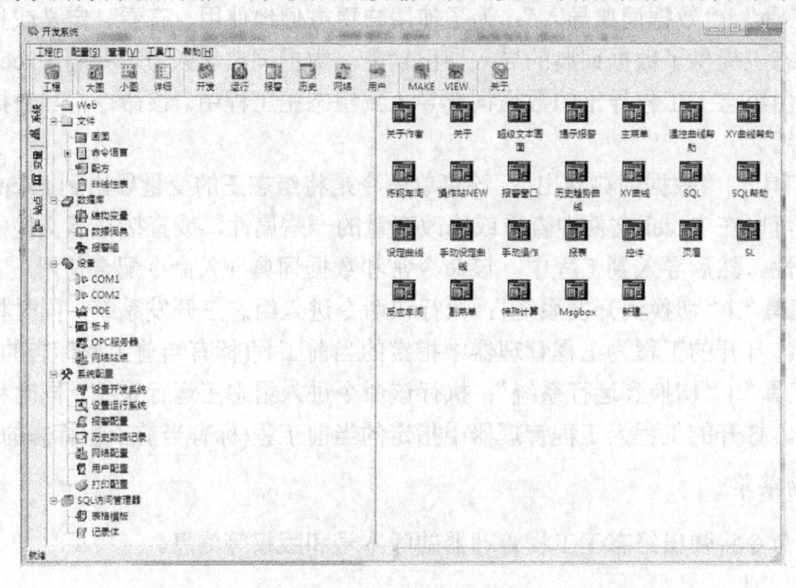

图 3.15　工程浏览器

下面详细介绍工程浏览器菜单命令的使用。

1. “工程”菜单

选择菜单栏上的“工程”菜单，弹出下拉菜单。

(1) “工程”|“启动工程管理器”：此菜单命令用于打开工程管理器，选择“工程”|“启动工程管理器”菜单，则弹出“工程管理器”界面，利用组态王工程管理器可以使用户集中管理本机上的所有组态王工程。

(2) “工程”|“导入”：此菜单命令用于将另一组态王工程的画面和命令语言导入到当前工程。选择“工程”|“导入”菜单，则弹出“画面和命令语言导入向导”界面，如图 3.16 所示。单击“取消”按钮，可退出画面和命令语言导入向导；单击“下一步”按钮，可进入“第一步：选择路径”界面，如图 3.17 所示。

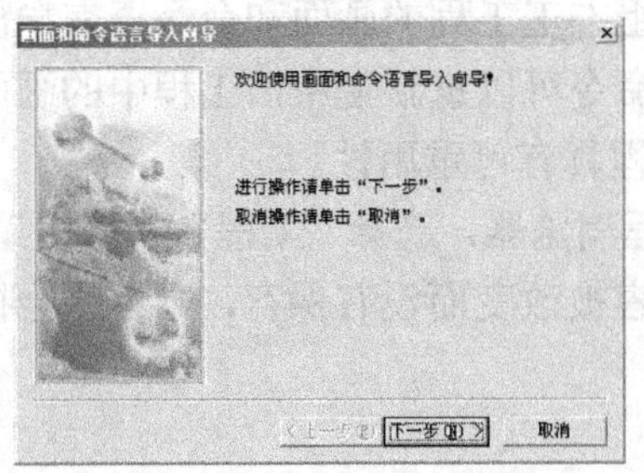
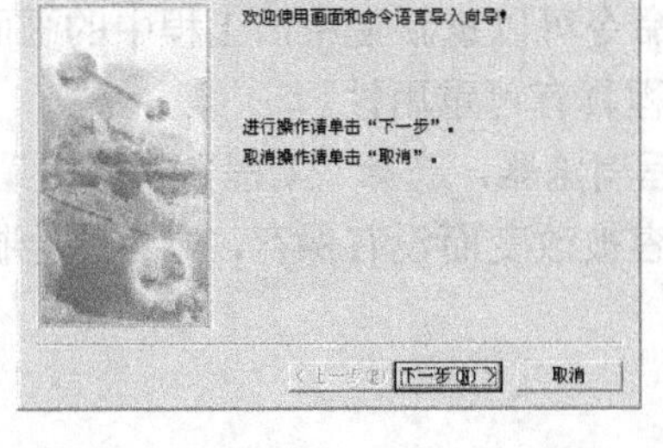

图 3.16　“画面和命令语言导入向导”界面

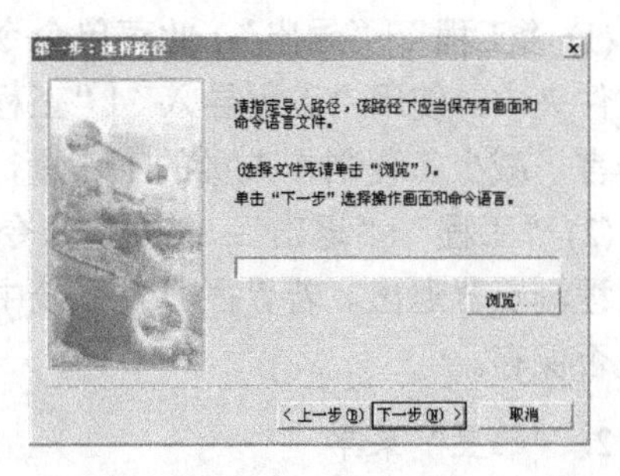

图 3.17　“第一步：选择路径”界面

在图 3.17 中的文本框中输入保存有组态王画面和命令语言文件的路径。若希望对路径进行选择，则单击“浏览”按钮，弹出“打开”对话框，如图 3.18 所示。

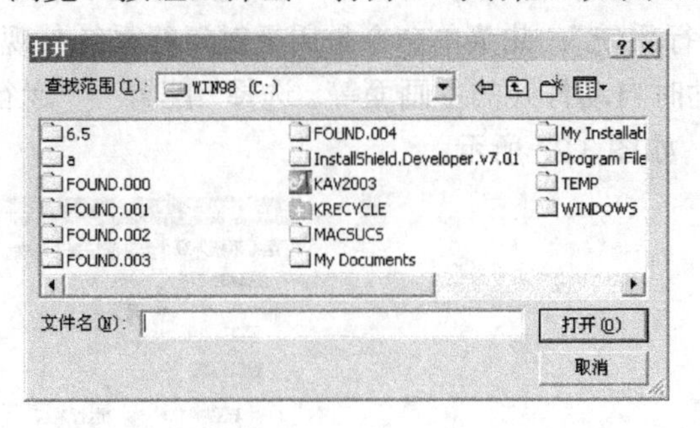

图 3.18　“打开”对话框

在对话框中选择正确的路径，如：“F:\Program Files\KingView6.5\Example\Demo2”，单击“打开”按钮，则返回到“第一步：选择路径”界面，选择的路径显示在路径文本框内，如图 3.19 所示。单击“上一步”按钮，可返回“画面和命令语言导入向导”界面；单击“下一步”按钮，可进入“第二步：选择画面和命令语言”界面，如图 3.20 所示。

单击“画面”和“命令语言”选项后面的“详细资料”按钮可以对二者进行详细选择。系统默认是全部选中画面进行导入。在对话框中选择想要导入的画面，可用鼠标对画面进行逐一选择，也可单击“全选”按钮全部选中。

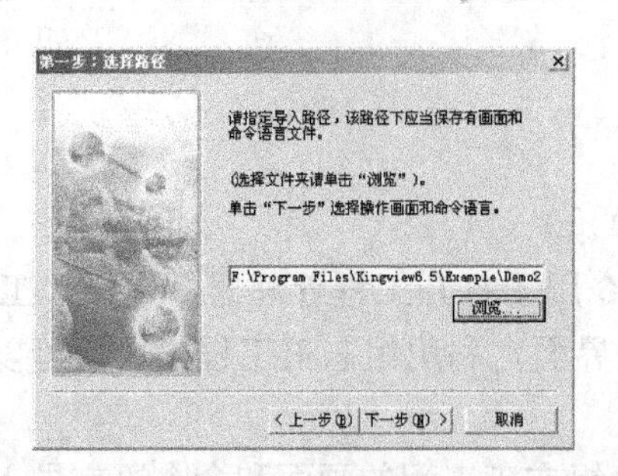

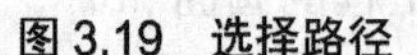

图 3.19　选择路径

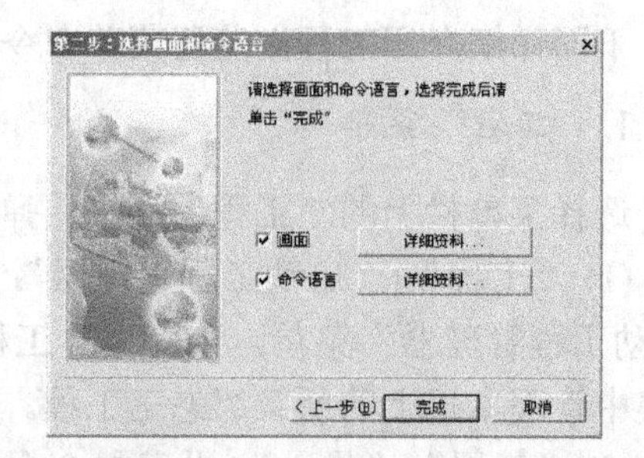

图 3.20　“第二步：选择画面和命令语言”界面

当导入命令语言结束后，就将其他组态王工程中的画面和命令语言导入到当前的组态王工程中。

(1) “工程”|“导出”：此菜单命令用于将当前组态王工程的画面和命令语言导出到指定文件夹中。使用“工程导入”|“工程导出”菜单命令可以重新使用旧工程中的画面和命令语言，减少工程制作人员的工作量，使组态王工程具有可重用性。

(2) “工程”|“退出”：此菜单命令用于关闭工程浏览器，选择“工程”|“退出”菜单，则工程浏览器退出。若界面开发系统中有的画面内容被改变而没有保存，则程序会提示选择是否保存。

2. “配置”菜单

选择菜单栏上的“配置”菜单，弹出下拉菜单。

(1) “配置”|“开发系统”：此菜单命令是用于对开发系统外观进行设置。选择“配置”|“开发系统”菜单，弹出“开发系统外观定制”对话框，如图 3.21 所示。

(2) “配置”|“运行系统”：此菜单命令是用于对运行系统外观、定义运行系统基准频率、设定运行系统启动时自动打开的主画面等。选择“配置”|“运行系统”菜单，弹出“运行系统设置”对话框，如图 3.22 所示。

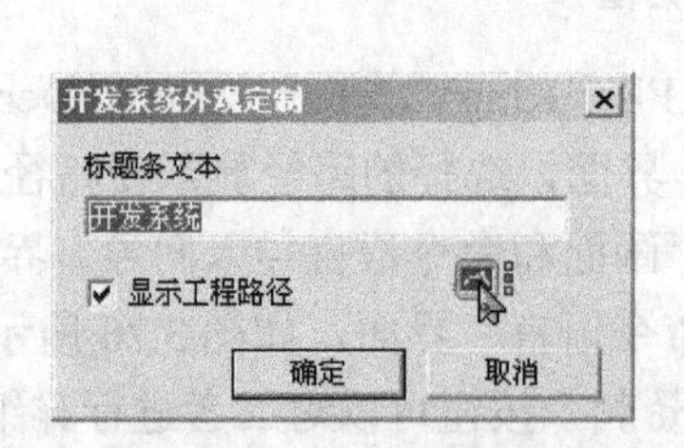

图 3.21　“开发系统外观定制”对话框

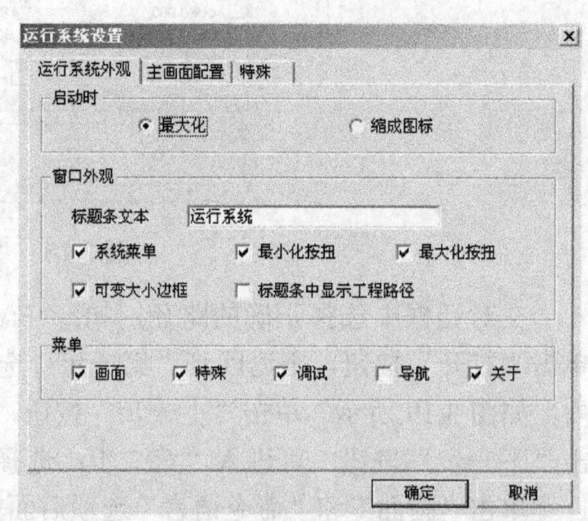

图 3.22　“运行系统设置”对话框

选择“主画面配置”选项卡，则此属性页弹出，同时属性页界面列表对话框中列出了

当前应用程序所有有效的画面，选中的画面加亮显示。此属性页规定 TouchView 画面运行系统启动时自动调入的画面，如果几个画面互相重叠，则最后调入的画面在前面显示。

(3) “配置”|“报警配置”：此菜单命令用于将报警和事件信息输出到文件、数据库和打印机中的配置。

(4) “配置”|“历史数据记录”：此菜单命令和历史数据的记录有关，是用于对历史数据记录文件保存路径和其他参数(如数据文件记录时数、记录起始时刻、数据保存天数)进行配置，从而可以利用历史趋势曲线显示历史数据。此外，也可进行分布式历史数据配置，使本机节点中的组态王能够访问远程计算机的历史数据。

(5) “配置”|“网络配置”：此菜单命令用于配置组态王网络。

(6) “配置”|“用户配置”：此菜单命令用于建立组态王用户、用户组，以及安全区配置。

(7) “配置”|“打印配置”：此菜单命令用于配置“画面”、“实时报警”、“报告”打印时的打印机。选择“配置”|“打印配置”菜单，弹出“打印配置”对话框，如图 3.23 所示。

其中，“画面打印”指定函数 PrintWindow( )使用的打印口；“实时报警”指定实时报警打印使用的打印口；“报告打印”指定报表打印函数，如 ReportPrint( )使用的打印口。各个列表框中列出了本机上用户定义的打印机名称，可任选其一。

(8) “配置”|“设置串口”：此菜单命令用于配置串口通信参数及对 Modem 拨号的设置。单击工程浏览器“工程目录显示区”中“设备”上“COM1”或“COM2”，然后选择“配置”|“设置串口”菜单；或是直接双击“COM1”或“COM2”。弹出“设置串口”界面，如图 3.24 所示。

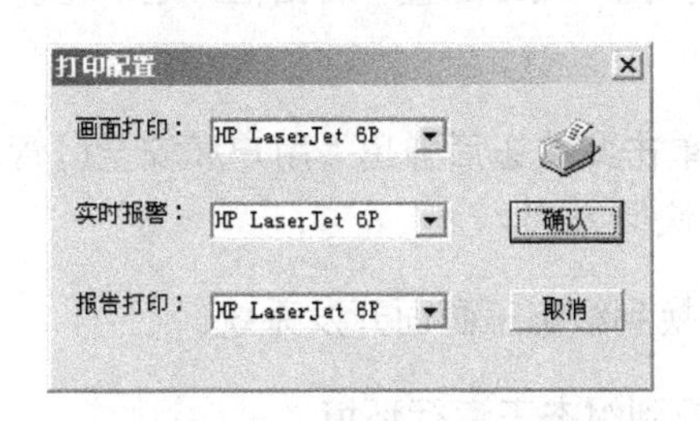

图 3.23　“打印配置”对话框

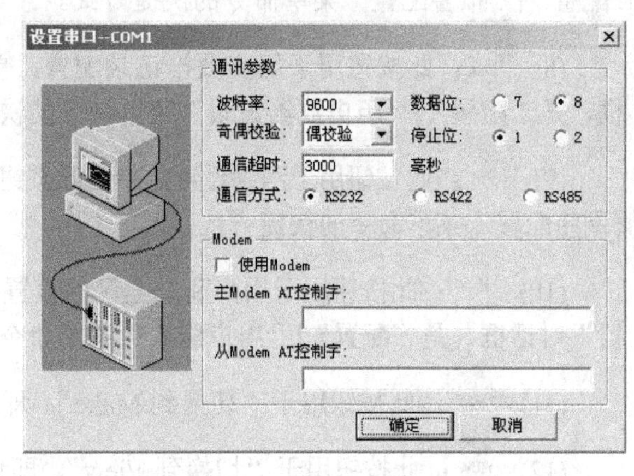

图 3.24　“设置串口”界面

3. 工程浏览器的工具按钮条

工具按钮条是工程浏览器中菜单命令的快捷方式。当鼠标放在工具条的任一按钮上时，立刻出现一个提示信息框标明此按钮的功能。工程浏览器的工具按钮条如图 3.25 所示。

工程	大图	小图	详细	开发	运行	报警	历史	网络	用户	MAKE	VIEW	关于

图 3.25　工程浏览器的工具按钮条

工具按钮条上的每一个按钮对应着一个菜单命令，分别介绍如下。

(1)  工程：此按钮用于打开“组态王工程管理”对话框，是“工程”|“启动工程管理器”菜单命令的快捷方式。

(2)  大图：此按钮用于设置目录内容显示方式为“大图标”方式，是“查看”|“大图标”菜单命令的快捷方式。

(3)  小图：此按钮用于设置目录内容显示方式为“小图标”方式，是“查看”|“小图标”菜单命令的快捷方式。

(4)  详细：此按钮用于设置目录内容显示方式为“详细资料”方式，是“查看”|“详细资料”菜单命令的快捷方式。

(5)  开发：此按钮用于配置组态王开发系统 TouchExplorer 的外观，是“配置”|“开发系统”菜单命令的快捷方式。

(6)  运行：此按钮用于配置组态王运行系统 TouchView 的外观，是“配置”|“运行系统”菜单命令的快捷方式。

(7)  开关状态：此按钮用于报警配置，单击此按钮后弹出“报警配置属性页”对话框，是“配置”|“报警配置”菜单命令的快捷方式。

(8)  ：此按钮用于历史数据记录配置，单击此按钮后弹出“历史记录配置”对话框，是“配置”|“历史数据记录”菜单命令的快捷方式。

(9)  网络：此按钮用于网络设置，单击此按钮后弹出“网络配置”对话框，是“配置”|“网络配置”菜单命令的快捷方式。

(10)  用户：此按钮用于用户和安全区的设置，单击此按钮后弹出“用户和安全区管理器”对话框，是“配置”|“用户配置”菜单命令的快捷方式。

(11)  MAKE：此按钮用于“切换到 Make”，即切换到组态王画面开发系统。

(12)  VIEW：此按钮用于“切换到 View”，即切换到组态王运行环境。

(13) 关于：此按钮用于提供组态王的系统帮助信息，是“帮助”|“关于”菜单命令的快捷方式。

本 章 小 结

组态王作为亚控公司推出工控组态软件产品，为用户建立了易用性强、动画功能丰富、技术性能卓越、稳定可靠及价格低廉的统一的工业自动化平台，具有非常广泛的应用前景。本章介绍了组态王软件发展的过程，学习了组态王的安装环境以及如何安装组态王软件，最后介绍了组态王软件的结构以及各按钮的作用。

知识拓展

加密锁驱动程序

工控组态软件为收费软件，组态王试用版本可以支持 64 点免费开发以及 64 点两小时运行，如果开发点数超过 64 点或者运行时间超过两小时，就必须购买加密锁并安装加密锁驱动程序。在安装加密锁之前，必须先安装其驱动程序。

【安装步骤】

启动组态王光盘中 Install.exe 文件。单击“安装加密锁驱动程序”按钮，启动加密锁驱动安装程序，如图 3.26 所示。

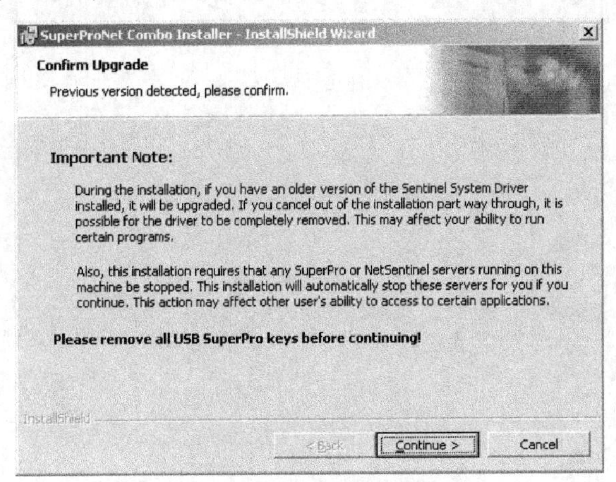

图 3.26 加密锁驱动安装

根据加密锁驱动安装向导安装加密锁驱动，方法同普通的软件安装方法相同。当驱动程序成功安装后，将包装盒中的加密锁取出，插到计算机的并口上，固定好锁上的螺丝。若需要用打印机，则只需将打印机电源线接到加密锁上。加密锁的存在，将不会影响打印机的使用。

【注意】加密锁驱动程序与组态王软件文件在同一张光盘上，该程序所在目录为“Sentinel”。

思考题与习题

1．组态王软件结构由＿＿＿＿＿＿、＿＿＿＿＿＿及＿＿＿＿＿＿三部分构成。
2．工程浏览器的作用是什么？
3．亚控公司主要有哪些产品？
4．组态王软件对系统硬件配置有什么要求？
5．组态王设备驱动程序的作用是什么？
6．试安装组态王软件，并学习使用工程管理器和工程浏览器。

第 4 章

组态王工程设计初步

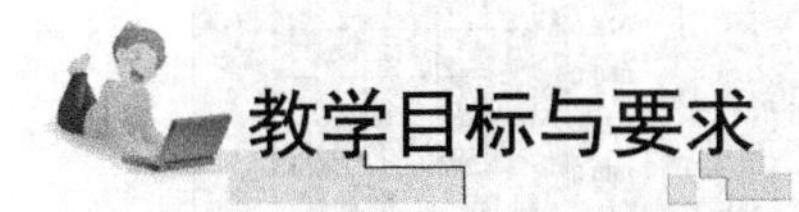

- ☞ 掌握组态王工程设计的步骤。
- ☞ 掌握创建组态王工程的方法。
- ☞ 理解组态王变量定义的方法。
- ☞ 掌握报警和事件的设置过程。
- ☞ 掌握组态王动画连接的步骤。

引言

工业监控系统的设计要求将工艺流程、系统性能指标、系统特性参数、运行状态、趋势、生产管理等信息通过丰富直观的画面逼真地展现给操作管理决策者。因为图形信息包含的信息量比其他形式如文字、符号、声音等大得多，是人机交互的有效手段，因此人机交互画面的设计在自动控制系统中占有重要地位。工业自动化组态软件的发展为这些画面的制作与连接提供了强有力的工具，为实现系统的监视、控制与管理等功能带来了极大的方便。

用户采用组态王可以方便地建立需要的图形界面。用户构图时可以像搭积木那样利用系统提供的图形对象完成画面的生成。同时，支持画面之间的图形对象复制，可重复使用以前的开发结果。在工程应用中，经常要实现对工业现场的监控，组态王软件能够一目了然地监测到硬件平台运行情况，使抽象的现场运行情况形象化。图 4.1 所示为反应车间监控系统的监控画面，利用组态王很方便设计出上位机界面，可以实时监控现场运行状态，了解现场的工作情况。

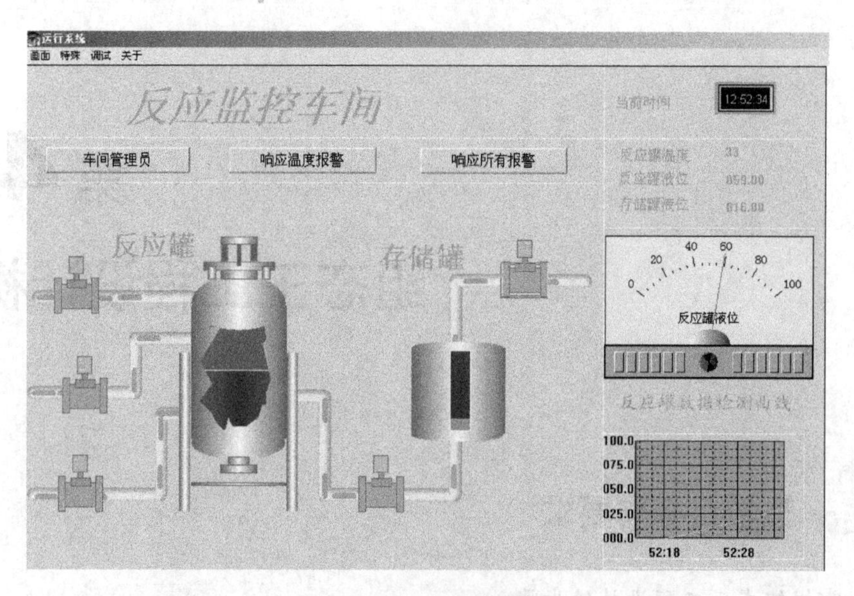

图 4.1　组态王监控界面

4.1　组态王工程设计步骤

1. 定义外部设备和数据库

其包括设备的定义和报警，变量的定义等。组态王把那些需要与之交换数据的设备或程序都作为外部设备。外部设备包括以下几种：下位机(PLC、仪表、模块、板卡、变频器等)，它们一般通过串行口和上位机交换数据；其他 Windows 应用程序，它们之间一般通过 DDE 交换数据；外部设备还包括网络上的其他计算机。

只有在定义了外部设备之后，组态王才能通过 I/O 变量和它们交换数据。为方便定义外部设备，组态王设计了“设备配置向导”引导用户一步步完成设备的连接。

2. 设计图形界面

在上位机上是通过可编程控制器操作站系统软件和组态软件来实现工艺流程图的实时监测、数据处理的。组态软件主要对系统的构成进行定义，定义过程参数、趋势、流程图、报表等。监控软件由各种监视画面和操作画面组成，主要包括总貌画面、流程图画面、趋势画、报表管理以及趋势打印、报表生成打印输出、操作调整等。

3. 建立动画连接

在组态王开发系统中制作的画面都是静态的，那么它们如何才能反映工业现场的状况呢？这就需要通过实时数据库，因为只有数据库中的变量才是与现场状况同步变化的。数据库变量的变化又如何导致画面的动画效果呢？通过“动画连接”，所谓“动画连接”，就是建立画面的图素与数据库变量的对应关系。这样，工业现场的数据，例如温度、液面高度等，当它们发生变化时，通过 I/O 接口，将引起实时数据库中变量的变化，如果设计

者曾经定义了一个画面图素与这个变量相关，例如指针，那么人们将会看到指针在同步偏转。

动画连接的引入是设计人机接口的一次突破，它提供了标准的工业控制图形界面，并且由可编程的命令语言连接来增强图形界面的功能。图形对象与变量之间有丰富的连接类型，给设计图形界面提供了极大的方便。“组态王”系统还为部分动画连接的图形对象设置了访问权限，这对于保障系统的安全具有重要的意义。图形对象可以按动画连接的要求改变颜色、尺寸、位置、填充百分数等，一个图形对象又可以同时定义多个连接。把这些动画连接组合起来，应用程序将呈现出令人难以想象的图形动画效果。

4. 运行和调试

“组态王”软件包由工程管理器 ProjectManage、工程浏览器 TouchExplorer 和画面运行系统 TouchView 三部分组成。其中，工程浏览器内嵌组态王画面制作开发系统，生成人机界面工程。画面制作开发系统中设计开发的画面工程在 TouchView 运行环境中运行。TouchExplorer 和 TouchView 各自独立，一个工程可以同时被编辑和运行，这对于工程的调试是非常方便的。

在运行组态王工程之前首先要在开发系统中对运行系统环境进行配置。规定 TouchView 画面运行系统启动时自动调入的画面，并设置运行系统的基准频率等一些特殊属性。

需要说明的是，这 4 个步骤并不是完全独立的。事实上，这 4 个部分常常是交错进行的。在用 TouchMak 构造应用程序之前，要仔细规划所做的项目。

4.2　组态王工程创建

组态王提供新建工程向导。利用向导新建工程，使用户操作更简便、简单。

【操作步骤】

(1) 启动组态王工程管理器，选择菜单栏中的“文件”|“新建工程”命令或单击工具条的“新建”按钮或选择快捷菜单“新建工程”命令后，弹出“新建工程向导一”对话框。单击“取消”按钮退出新建工程向导。单击“下一步”按钮继续新建工程。弹出“新建工程向导二——选择工程所在路径”对话框，如图 4.2 所示。

(2) 在对话框的文本框中输入新建工程的路径，如果输入的路径不存在，系统将自动提示用户。或单击“浏览”按钮，从弹出的路径选择对话框中选择工程路径(可在弹出的路径选择对话框中直接输入路径)。单击“上一步”按钮返回上一页向导对话框。单击“取消”按钮退出新建工程向导。单击“下一步”按钮进入“新建工程向导三——工程名称和描述”对话框，如图 4.3 所示。

(3) 在“工程名称”文本框中输入新建工程的名称，名称有效长度小于 32 个字符。在“工程描述”文本框中输入对新建工程的描述文本，描述文本有效长度小于 40 个字符。单击“上一步”按钮返回向导的上一页。单击“取消”按钮退出新建工程向导。单击“完成”按钮确认新建的工程，完成新建工程操作。新建工程的路径是向导二中指定的路径，在该路径下会以工程名称为目录建立一个文件夹。完成后弹出对话框提示“是否将新建的工程设为组态王当前工程”，如图 4.4 所示。

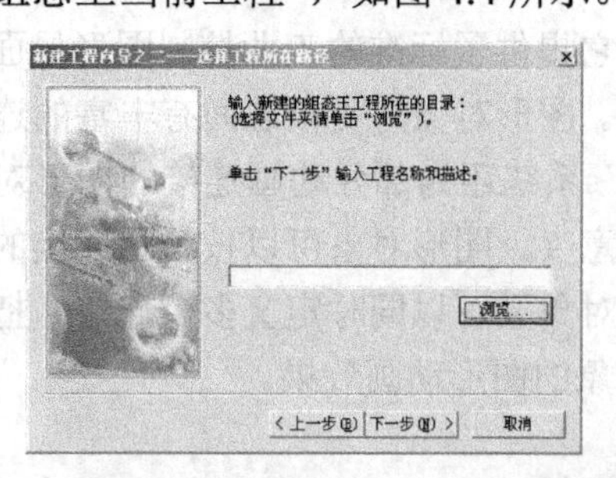

图 4.2 “新建工程向导二——选择工程所在路径”对话框

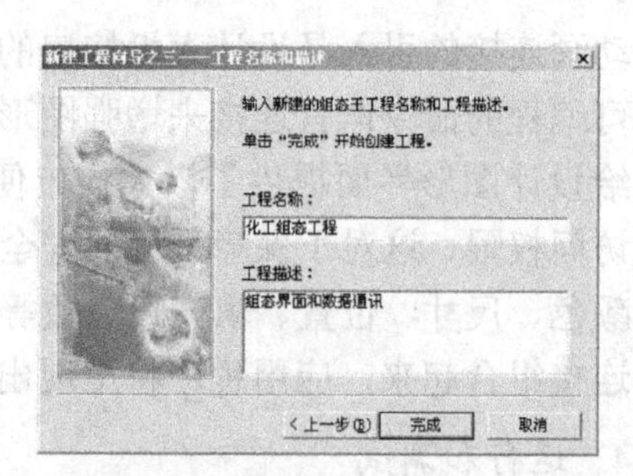

图 4.3 “新建工程向导三——工程名称和描述”对话框

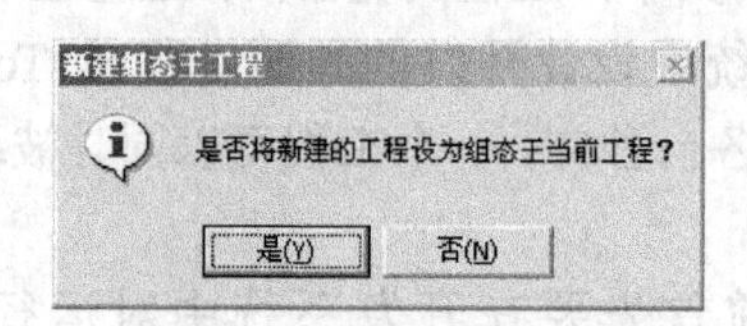

图 4.4 设为当前工程

(4) 单击“是”按钮将新建的工程设置为组态王的当前工程；单击“否”按钮不改变当前工程的设置。

完成以上操作就可以新建一个组态王工程的工程信息了。

【注意】此处新建的工程，在实际上并未真正创建工程，只是在用户给定的工程路径下设置了工程信息，当用户将此工程作为当前工程，并且切换到组态王开发环境时，才真正创建工程。

4.3 静态界面设计

在工程管理器中新建工程完毕后，单击工具条上“切换到开发系统”按钮，可以进入工程浏览器进行对工程设计的各项操作。

4.3.1 新建画面

进入组态王开发系统后，就可以为每个工程建立数目不限的画面，在每个画面上生成互相关联的静态或动态图形对象。这些画面都是由“组态王”提供的类型丰富的图形对象组成的。“组态王”采用面向对象的编程技术，使用户可以方便地建立画面的图形界面。使用工程管理器新建一个组态王工程后，进入组态王工程浏览器，新建组态王画面。新建画面的方法有以下 3 种。第一种：选择工程浏览器左边“工程目录显示区”中“画面”项，右面“目录内容显示区”中显示“新建”图标，双击该图标，弹出“新画面”对话框。第二种：选择工程浏览器左边“工程目录显示区”中“画面”项，右面“目录内容显示区”中显示“新建”图标，右击“新建”画面图标，显示快捷菜单，选择“新建画面”命令，

弹出“新画面”对话框。第三种：单击工具条 Make 按钮或右击工程浏览器空白处从显示的快捷菜单中选择“切换到 Make”命令，进入组态王“开发系统”。

【操作步骤】

(1) 选择“文件”|“新画面”菜单命令，弹出对话框如图 4.5 所示。

(2) 在对话框中可定义画面的名称、大小、位置、风格及画面在磁盘上对应的文件名。该文件名可由“组态王”自动生成，也可以根据自己的需要进行修改。在“画面名称”文本框处输入新的画面名称，如液位混合加热控制系统，其他属性目前不用更改，单击“确定”按钮进入内嵌的组态王画面开发系统，如图 4.6 所示。

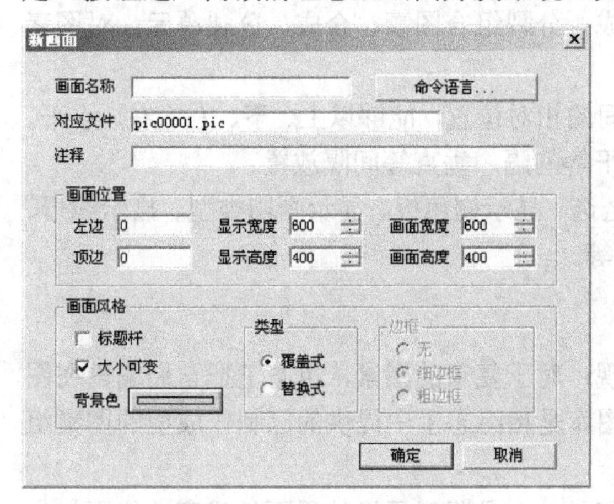

图 4.5 “新画面”对话框

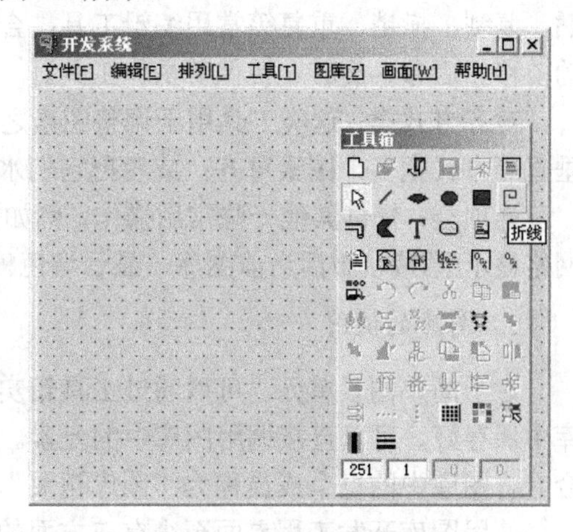

图 4.6 组态王开发系统

4.3.2 画面对象

组态王开发系统中的图形对象又称图素，“组态王”系统提供了矩形(或圆角矩形)、直线、折线、椭圆(或圆)、扇形(弧形)、点位图、多边形(多边线)、立体管道、文本等简单图素对象。利用这些简单图素对象可以构造复杂的图形画面。

组态王画面制作系统除了可以用上面的简单图素对象组成复杂的图素以外，系统还提供了按钮、实时(或历史)趋势曲线窗口、报警窗口、报表窗口等特殊的复杂图素对象。这些特殊的复杂图素将设计人员从重复的图形编程中解放出来，使他们能更专注于对象的控制。

1. 工具箱的使用

图形编辑工具箱是绘图菜单命令的快捷方式。每次打开一个原有画面或建立一个新画面时，图形编辑工具箱都会自动出现，如图 4.7 所示。在菜单“工具”|“显示工具箱”的左端有“√”号，表示选中菜单；没有“√”号，屏幕上的工具箱也同时消失，再一次选择此菜单，“√”号出现，工具箱又显示出来。

图 4.7 工具箱

【注意】如果由于不小心操作导致找不到工具箱了，从菜单中也打不开，则进入组态王的安装路径“KingView”下，打开 toolbox.ini 文件，查看最后一项[Toolbox]是否位置坐标不在屏幕显示区域内，用户可以自己在该文件中修改。注意不要修改别的项目。

工具箱中的工具大致分为 4 类。

画面类：提供对画面的常用操作，包括新建、打开、关闭、保存、删除、全屏显示等。

编辑类：绘制各种图素(矩形、椭圆、直线、折线、多边形、圆弧、文本、点位图、按钮、菜单、报表窗口、实时趋势曲线、历史趋势曲线、控件、报警窗口)的工具；剪切、粘贴、复制、撤销、重复等常用编辑工具；合成、分裂组合图素，合成、分裂单元；对图素的前移、后移、旋转、镜像等操作工具。

对齐方式类：这类工具用于调整图素之间的相对位置，能够以上、下、左、右、水平、垂直等方式把多个图素对齐；或者把它们水平等间隔、垂直等间隔放置。

选项类：提供其他一些常用操作，例如全选、显示调色板、显示画刷类型、显示线形、网格显示/隐藏、激活当前图库、显示调色板等。

2. 图库的使用

对于简单图素单元，可以通过工具箱实现；对于复杂的图素，组态王把它们编辑在图库中保存好，可以直接调用图库中的元素。图库是指组态王中提供的已制作成型的图素组合。将图库中的每个成员称为“图库精灵”。

使用图库开发工程界面至少有三方面的好处：一是降低了设计界面的难度，能更加集中精力于维护数据库和增强软件内部的逻辑控制，缩短开发周期；二是用图库开发的软件将具有统一的外观，方便学习和掌握；三是利用图库的开放性，可以生成自己的图库元素，“一次构造，随处使用”，节省了投资。

组态王为了便于用户更好地使用图库，提供图库管理器，如图 4.8 所示，图库中包含了画面设计所需要的元素，如按钮、传感器、管道、反应器等。

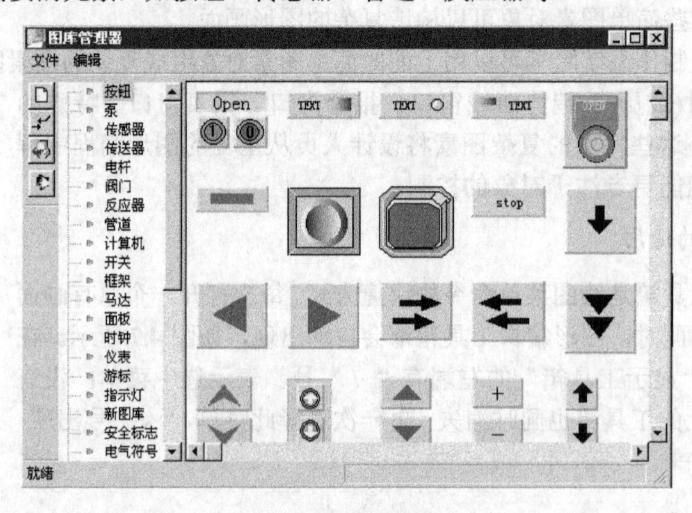

图 4.8　图库管理器

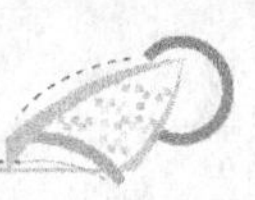

通过工具箱已有的图库元素可以构建出本章引言中的工程界面，也可以按照界面创建步骤自行练习设计工程界面。

4.4 变量定义

工程界面设计完毕以后，并不能把组态界面和现场数据连接起来，数据库是“组态王”最核心的部分。在组态王运行时，工业现场的生产状况要以动画的形式反映在屏幕上，同时在计算机前发布的指令也要迅速送达生产现场，所有这一切都是以实时数据库为中介环节，数据库是联系上位机和下位机的桥梁。

在数据库中存放的是变量的当前值，变量包括系统变量和用户定义的变量。变量的集合被形象地称为“数据词典”，数据词典记录了所有用户可使用的数据变量的详细信息。

组态王系统中定义的变量与一般程序设计语言，如 BASIC、PASCAL、C 语言，定义的变量有很大的不同，既能满足程序设计的一般需要，又考虑到工控软件的特殊需要。

1. 基本变量类型

变量的基本类型共有两类：内存变量、I/O 变量。I/O 变量是指可与外部数据采集程序直接进行数据交换的变量，如下位机数据采集设备(如 PLC、仪表等)或其他应用程序(如 DDE、OPC 服务器等)。这种数据交换是双向的、动态的，就是说，在“组态王”系统运行过程中，每当 I/O 变量的值改变时，该值就会自动写入下位机或其他应用程序；每当下位机或应用程序中的值改变时，“组态王”系统中的变量值也会自动更新。所以，那些从下位机采集来的数据、发送给下位机的指令，例如“反应罐液位”、“电源开关”等变量，都需要设置成“I/O 变量”。

内存变量是指那些不需要和其他应用程序交换数据、也不需要从下位机得到数据、只在“组态王”内需要的变量，如计算过程的中间变量，就可以设置成“内存变量”。

2. 变量的数据类型

组态王中变量的数据类型与一般程序设计语言中的变量比较类似，主要有以下几种。

实型变量：类似一般程序设计语言中的浮点型变量，用于表示浮点(float)型数据，取值范围 10e−38～10e+38，有效值为 7 位。

离散变量：类似一般程序设计语言中的布尔(BOOL)变量，只有 0、1 两种取值，用于表示一些开关量。

字符串型变量：类似一般程序设计语言中的字符串变量，可用于记录一些有特定含义的字符串，如名称，密码等，该类型变量可以进行比较运算和赋值运算。字符串长度最大值为 128 个字符。

整数变量：类似一般程序设计语言中的有符号长整数型变量，用于表示带符号的整型数据，取值范围为−2147483648～2147483647。

3. 特殊变量类型

特殊变量类型有报警窗口变量、历史趋势曲线变量、系统预设变量 3 种。这几种特殊类型的变量正是体现了“组态王”系统面向工控软件、自动生成人机接口的特色。

报警窗口变量：这是在制作画面时通过定义报警窗口生成的，在“报警窗口定义”对话框中有一选项为“报警窗口名”，在此处输入的内容即为报警窗口变量。此变量在数据词典中是找不到的，是组态王内部定义的特殊变量，可用命令语言编制程序来设置或改变报警窗口的一些特性，如改变报警组名或优先级、在窗口内上下翻页等。

历史趋势曲线变量：这是在制作画面时通过定义历史趋势曲线时生成的，在“历史趋势曲线定义”对话框中有一选项为“历史趋势曲线名”，在此处输入的内容即为历史趋势曲线变量(区分大小写)。此变量在数据词典中是找不到的，是组态王内部定义的特殊变量；可用命令语言编制程序来设置或改变历史趋势曲线的一些特性，如改变历史趋势曲线的起始时间或显示的时间长度等。

系统预设变量：预设变量中有 8 个时间变量是系统已经在数据库中定义的，用户可以直接使用。其主要有以下几种。

(1) $年：返回系统当前日期的年份。

(2) $月：返回 1～12 之间的整数，表示一年之中的某一月。

(3) $日：返回 1～31 之间的整数，表示一月之中的某一天。

(4) $时：返回 0～23 之间的整数，表示一天之中的某一钟点。

(5) $分：返回 0～59 之间的整数，表示一小时之中的某分钟。

(6) $秒：返回 0～59 之间的整数，表示一分钟之中的某个秒。

(7) $日期：返回系统当前日期。

(8) $时间：返回系统当前时间。

(9) $用户名：在程序运行时记录当前登录的用户的名字。

(10) $访问权限：在程序运行时记录当前登录的用户的访问权限。

以上变量由系统自动更新，只能读取时间变量，而不能改变它们的值。

(11) $启动报警记录：表明报警记录是否启动(1=启动；0=未启动)。在开发程序时，可通过按钮弹起命令预先设置该变量为 1，在程序运行时可按下按钮启动报警记录。

(12) $新报警：每当报警发生时，“$新报警”被系统自动设置为 1。由设计者负责把该值恢复到 0。

4. 基本变量的定义

基本变量包括内存离散、内存实型、内存长整数、内存字符串、I/O 离散、I/O 实型、I/O 长整数、I/O 字符串，这 8 种基本类型的变量是通过 “变量属性”对话框定义的，同时在“变量属性”对话框的属性卡片中设置它们的部分属性。

【操作步骤】

(1) 在工程浏览器中左边的目录树中选择“数据词典”项，右侧的内容显示区会显示当前工程中所定义的变量。双击“新建”图标，弹出“定义变量”属性对话框。组态王的变量属性由基本属性、报警配置、记录配置 3 个属性页组成。采用这种卡片式管理方式，用户只要单击卡片顶部的属性选项卡，则该属性卡片有效，用户可以定义相应的属性。“定义变量”对话框如图 4.9 所示。

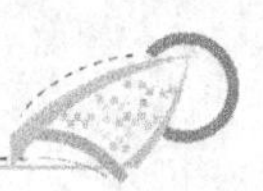

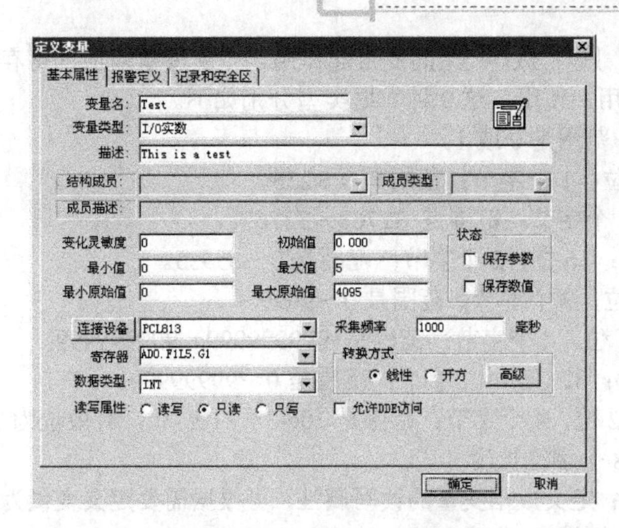

图 4.9　“定义变量”对话框

(2) 单击“确定”按钮，则定义的变量有效时保存新建的变量名到数据库的数据词典中。若变量名不合法，会弹出提示对话框提示修改变量名。单击“取消”按钮，则定义的变量无效，并返回“数据词典”界面。

“定义变量”对话框的“基本属性”选项卡中的各项用来定义变量的基本特征，各项意义解释如下。

(1) 变量名：唯一标识一个应用程序中数据变量的名字，同一应用程序中的数据变量不能重名，数据变量名区分大小写，最长不能超过 31 个字符。单击编辑框的任何位置进入编辑状态，此时可以输入变量名字，变量名可以是汉字或英文名字，第一个字符不能是数字。例如，温度、压力、液位、var1 等均可以作为变量名。变量的名称最多为 31 个字符。

(2) 变量类型：在对话框中只能定义 8 种基本类型中的一种，单击变量类型下拉列表框列出可供选择的数据类型，当定义有结构模板时，一个结构模板就是一种变量类型。

(3) 最小值：指该变量值在数据库中的下限。

(4) 最大值：指该变量值在数据库中的上限。

(5) 初始值：这项内容与所定义的变量类型有关，定义模拟量时出现编辑框可输入一个数值，定义离散量时出现开或关两种选择。定义字符串变量时出现编辑框可输入字符串，它们规定软件开始运行时变量的初始值。

(6) 连接设备：只对 I/O 类型的变量起作用，只需从“连接设备”下拉列表框中选择相应的设备即可。此列表框所列出的连接设备名是组态王设备管理中已安装的逻辑设备名。用户要想使用自己的 I/O 设备，首先单击“连接设备”按钮，则“定义变量”对话框自动变成小图标出现在屏幕左下角，同时弹出“设备配置向导”对话框，根据安装向导完成相应设备的安装，当关闭“设备配置向导”对话框时，“定义变量”对话框又自动弹出；也可以直接从设备管理中定义自己的逻辑设备名。

(7) 项目名：指当连接设备为 DDE 设备时，DDE 会话中的项目名。

(8) 寄存器：指定要与组态王定义的变量进行连接通信的寄存器变量名，该寄存器与指定的连接设备有关。

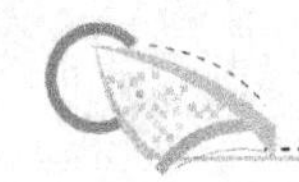

(9) 数据类型：只对 I/O 类型的变量起作用，定义变量对应的寄存器的数据类型，共有 9 种数据类型供用户使用，这 9 种数据类型分别如下。

① Bit：1 位；范围是 0 或 1。

② BYTE：8 位，1 个字节；范围是 0～255。

③ SHORT，2 个字节；范围是-32768～32767。

④ UNSHORT：16 位，2 个字节；范围是 0～65535。

⑤ BCD：16 位，2 个字节；范围是 0～9999。

⑥ LONG：32 位，4 个字节；范围是-999999999～999999999。

⑦ LONGBCD：32 位，4 个字节；范围是 0～99999999。

⑧ FLOAT：32 位，4 个字节；范围是 10e-38～10e-38，有效位为 7 位。

⑨ String：128 个字符长度。

(10) 读写属性：定义数据变量的读写属性，可根据需要定义变量为“只读”属性、“只写”属性、“读写”属性。

(11) 允许 DDE 访问：组态王用 COM 组件编写的驱动程序与外围设备进行数据交换，为了使其他程序对该变量进行访问，可通过选中“允许 DDE 访问”复选框，即可与 DDE 服务程序进行数据交换，项目名为“设备名.寄存器名”。

【注意】组态王变量名命名规则：变量名命名时不能与组态王中现有的变量名、函数名、关键字、构件名称等相重复；命名的首字符只能为字符，不能为数字等非法字符，名称中间不允许有空格、算术符号等非法字符存在；名称长度不能超过 31 个字符。

4.5 建立动画连接

4.5.1 “动画连接”对话框

给图形对象定义动画连接是在“动画连接”对话框中进行的。

在组态王开发系统中双击图形对象(不能有多个图形对象同时被选中)，弹出“动画连接”对话框，如图 4.10 所示。

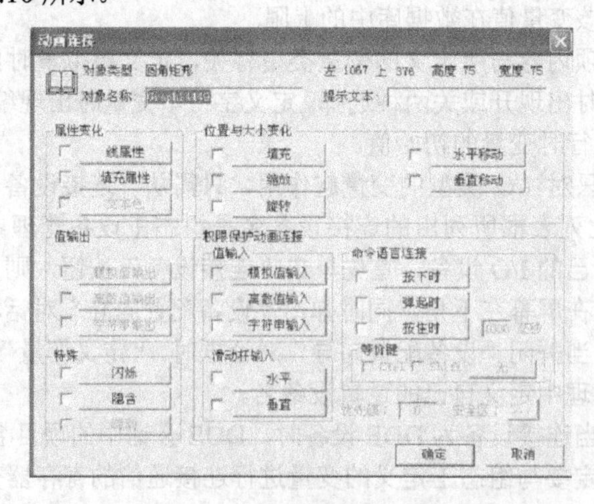

图 4.10 “动画连接”对话框

【注意】对不同类型的图形对象弹出的对话框大致相同。但是，对于特定属性对象，有些是灰色的，表明此动画连接属性不适应于该图形对象，或者该图形对象定义了与此动画连接不兼容的其他动画连接。

对话框的第一行标识出被连接对象的名称和左上角在画面中的坐标以及图形对象的宽度和高度。对话框的第二行提供“对象名称”和“提示文本”文本框。“对象名称”是为图素提供的唯一的名称，供以后的程序开发使用，暂时不能使用。“提示文本”的含义如下：当图形对象定义了动画连接时，在运行的时候，鼠标放在图形对象上，将出现开发中定义的提示文本。下面分组介绍所有的动画连接种类。

(1) 属性变化：共有 3 种连接(线属性、填充属性、文本色)，它们规定了图形对象的颜色、线型、填充类型等属性如何随变量或连接表达式的值变化而变化。单击任一按钮弹出相应的连接对话框。线类型的图形对象可定义线属性连接，填充形状的图形对象可定义线属性、填充属性连接，文本对象可定义文本色连接。

(2) 位置与大小变化：这 5 种连接(水平移动、垂直移动、缩放、旋转、填充)规定了图形对象如何随变量值的变化而改变位置或大小，不是所有的图形对象都能定义这 5 种连接。单击任一按钮弹出相应的连接对话框。

(3) 值输出：只有文本图形对象能定义 3 种值输出连接中的某一种。这种连接用来在画面上输出文本图形对象的连接表达式的值。运行时文本字符串将被连接表达式的值所替换，输出的字符串的大小、字体和文本对象相同。单击任一按钮弹出相应的输出连接对话框。

(4) 用户输入：所有的图形对象都可以定义为 3 种用户输入连接中的一种，输入连接使被连接对象在运行时为触敏对象。当 TouchView 运行时，触敏对象周围出现反显的矩形框，可由鼠标或键盘选中此触敏对象。按 Space 键、Enter 键或单击，会弹出输入对话框，可以从键盘输入数据以改变数据库中变量的值。

(5) 特殊：所有的图形对象都可以定义闪烁、隐含两种连接，这是两种规定图形对象可见性的连接。单击任一按钮弹出相应连接对话框。

(6) 滑动杆输入：所有的图形对象都可以定义两种滑动杆输入连接中的一种，滑动杆输入连接使被连接对象在运行时为触敏对象。当 TouchView 运行时，触敏对象周围出现反显的矩形框。按住鼠标左键拖动有滑动杆输入连接的图形对象可以改变数据库中变量的值。

(7) 命令语言连接：所有的图形对象都可以定义 3 种命令语言连接中的一种，命令语言连接使被连接对象在运行时成为触敏对象。当 TouchView 运行时，触敏对象周围出现反显的矩形框，可由鼠标或键盘选中。按 Space 键、Enter 键或单击，就会执行定义命令语言连接时用户输入的命令语言程序。单击相应按钮弹出连接的命令语言对话框。

(8) 等价键：设置被连接的图素在被单击执行命令语言时与鼠标操作相同功能的快捷键。

(9) 优先级：此编辑框用于输入被连接的图形元素的访问优先级级别。当软件在 TouchView 中运行时，只有优先级级别不小于此值的操作员才能访问它，这是“组态王”保障系统安全的一个重要功能。

(10) 安全区：此编辑框用于设置被连接元素的操作安全区。当工程处在运行状态时，只有在设置安全区内的操作员才能访问它，安全区与优先级一样是“组态王”保障系统安全的一个重要功能。

4.5.2 动画连接设置

在“动画连接”对话框中，单击任一种连接方式，将会弹出设置对话框，本节详细解释各种动画连接的设置。

1. 线属性连接

在“动画连接”对话框中，单击“线属性”按钮，弹出连接对话框。

线属性连接是使被连接对象的边框或线的颜色和线形随连接表达式的值而改变。定义这类连接需要同时定义分段点(阈值)和对应的线属性。利用连接表达式的多样性，可以构造出许多很有用的连接。

【举例】用线颜色表示离散变量 EXAM 的报警状态。

【解答】只需在连接表达式中输入“EXAM.Alarm”，然后把下面的两个笔属性颜色对应的值改为“0”(蓝色)、“1”(红色)即可。软件在运行时，当警报发生时(EXAM.Alarm ==1)，线就由蓝色变成了红色；当警报解除后，线又变为蓝色。在画面上画一圆角矩形，双击该图形对象，弹出的动画连接对话框如图 4.11 所示，按上述填好，单击“确定”按钮即可。

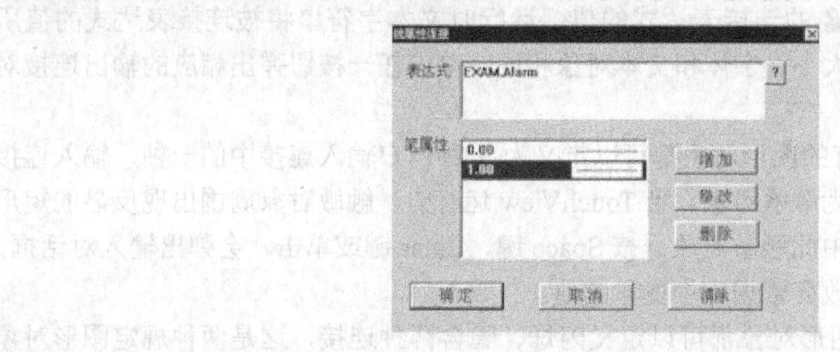

图 4.11 “线属性连接”对话框

“线属性连接”对话框中的“表达式”文本框用于输入连接表达式，单击“？”按钮可以查看已定义的变量名和变量域。

2. 填充属性连接

填充属性连接使图形对象的填充颜色和填充类型随连接表达式的值而改变，通过定义一些分段点(包括阈值和对应填充属性)，使图形对象的填充属性在一段数值内为指定值。

“填充属性”动画连接的设置方法如下：在“动画连接”对话框中单击“填充属性”按钮，弹出相应对话框。

【举例】为封闭图形对象定义填充属性连接，阈值为 0 时填充属性为白色，阈值为 100 时为黄色，阈值为 200 时为红色。

【解答】如图 4.12 所示，当画面程序运行时，当变量“温度”的值在 0～100 之间时，图形对象为白色；在 100～200 之间时为黄色；变量值大于 200 时，图形对象为红色。

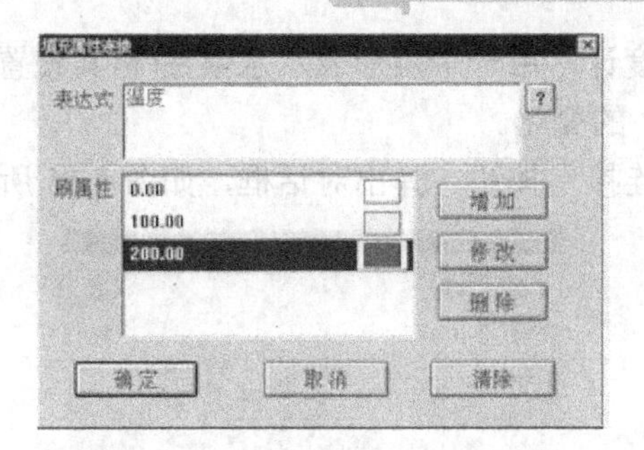

图 4.12　“填充属性连接”对话框

3. 水平移动连接

水平移动连接是使被连接对象在画面中随连接表达式值的改变而水平移动。移动距离以像素为单位，以被连接对象在画面制作系统中的原始位置为参考基准。水平移动连接常用来表示图形对象。

【举例】建立一个指示器，在画面上画一个三角形(将其设置“水平移动”动画连接属性)，以表示 shift 量的实际大小。

【解答】在“动画连接”对话框中单击“水平移动”按钮，弹出“水平移动连接”对话框，如图 4.13 所示。

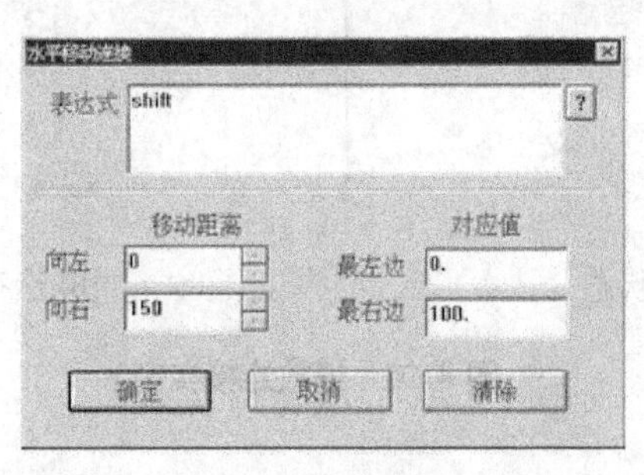

图 4.13　“水平移动连接”对话框

如图 4.14 所示，图 4.14(a)是设计状态，图 4.14(b)是在 TouchView 的运行状态中实际的水平运动。

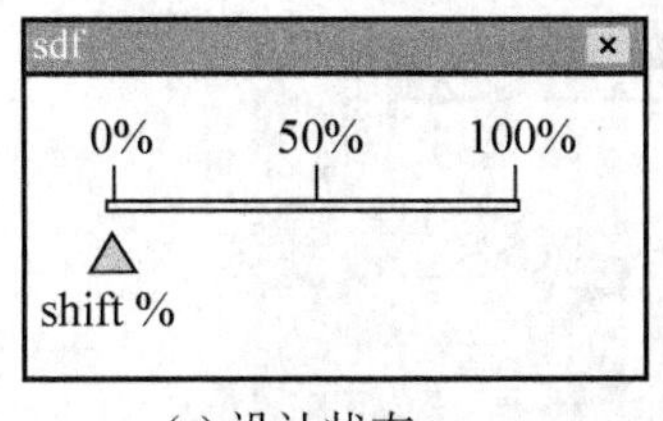

(a) 设计状态

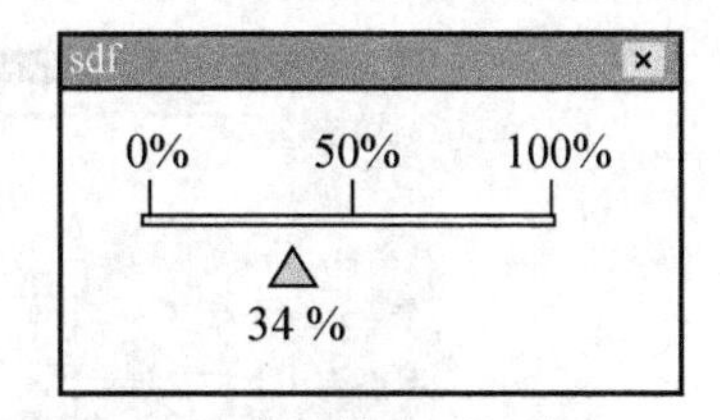

(b) 实际的水平运动

图 4.14　水平连接实例

4. 缩放连接

缩放连接是使被连接对象的大小随连接表达式的值而变化。

【举例】建立一个温度计，用一个矩形表示水银柱(将其设置“缩放连接”动画连接属性)，以反映变量“温度”的变化。

【解答】单击“缩放连接”按钮，弹出对话框，如图 4.15 所示。

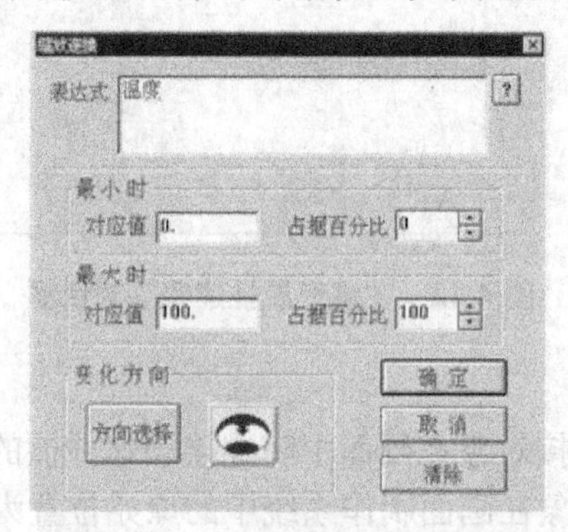

图 4.15 “缩放连接”对话框

如图 4.16 所示，图 4.16(a)是设计状态，图 4.16(b)是在 TouchView 中的运行状态。

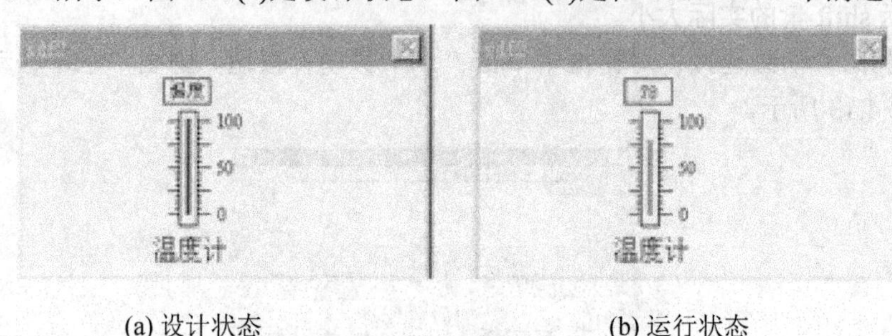

(a) 设计状态　　(b) 运行状态

图 4.16 缩放连接实例

5. 旋转连接

旋转连接是使对象在画面中的位置随连接表达式的值而旋转。

【举例】建立了一个有指针仪表，以指针旋转的角度表示变量“泵速”的变化。

【解答】在“动画连接”对话框中单击“旋转连接”按钮，弹出对话框，如图 4.17 所示。

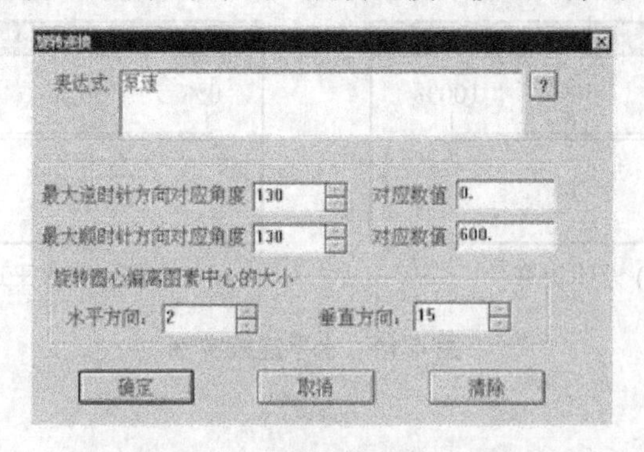

图 4.17 “旋转连接”对话框

如图 4.18 所示，图 4.18(a)是设计状态，图 4.18(b)是在 TouchView 中的运行状态。

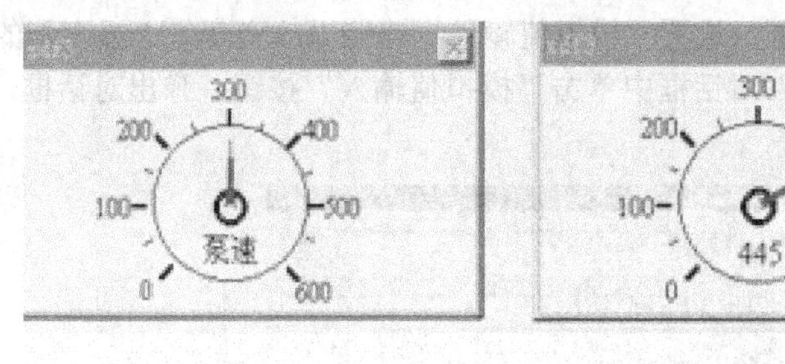

(a) 设计状态　　　　(b) 运行状态

图 4.18　旋转连接实例

6. 模拟值输出连接

模拟值输出连接是使文本对象的内容在程序运行时被连接表达式的值所取代。

【举例】建立文本对象以表示系统时间。为文本对象连接的变量是系统预定义变量$时、$分、$秒。

【解答】在“动画连接”对话框中单击“模拟值输出”按钮，弹出对话框，如图 4.19 所示。

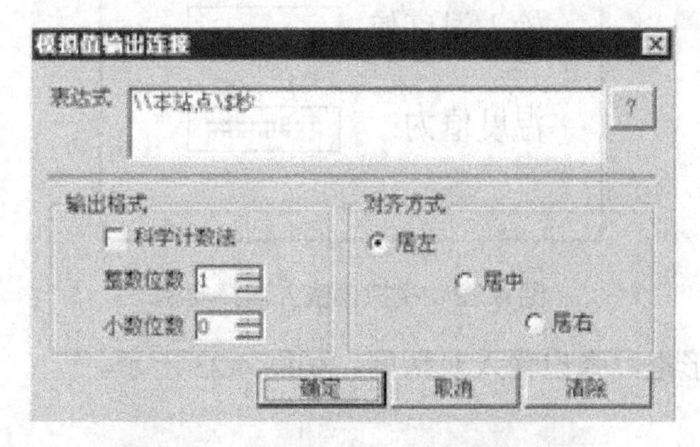

图 4.19　“模拟值输出连接”对话框

如图 4.20 所示，图 4.20(a)是设计状态，图 4.20(b)是在 TouchView 中的运行状态。

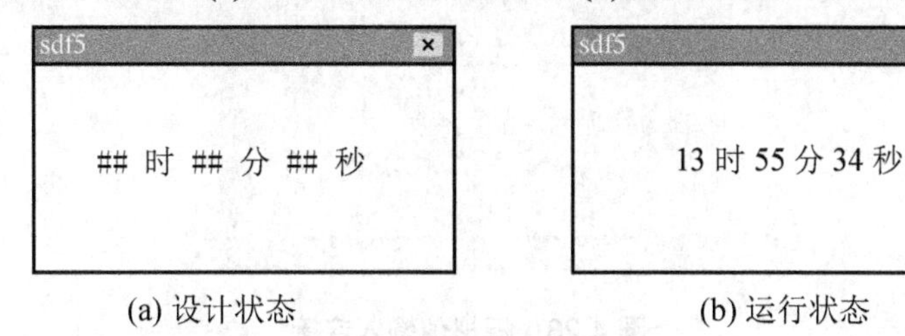

(a) 设计状态　　　　(b) 运行状态

图 4.20　模拟值输出实例

7. 模拟值输入连接

模拟值输入连接是使被连接对象在运行时为触敏对象，单击此对象或按指定快捷键将弹出输入值对话框，用户在对话框中可以输入连接变量的新值，以改变数据库中某个模拟型变量的值。

【举例】建立一个矩形框，设置“模拟值输入”连接以改变变量“温度”的值。

【解答】在“动画连接”对话框中单击“模拟值输入”按钮，弹出对话框，如图 4.21 所示。

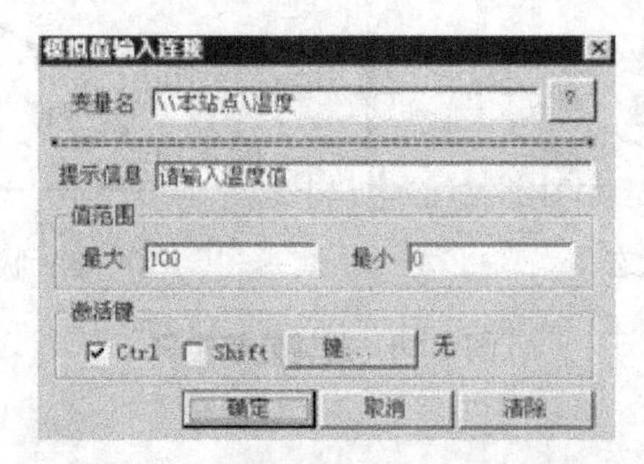

图 4.21 “模拟值输入连接”对话框

图 4.22 所示是该实例在组态王开发系统中的设计状态。

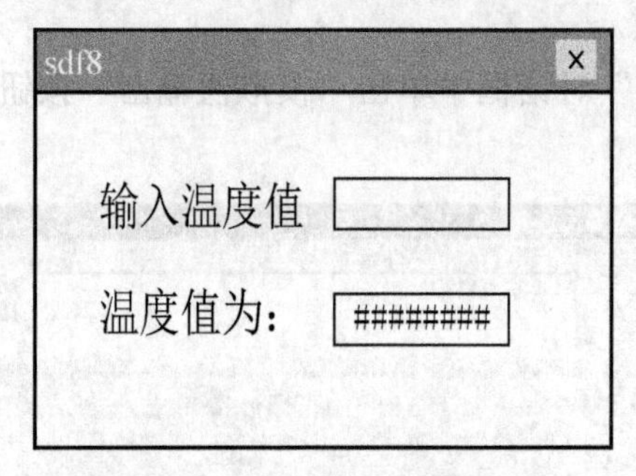

图 4.22 模拟值输入连接实例

在运行时单击矩形框，弹出输入对话框，如图 4.23 所示。

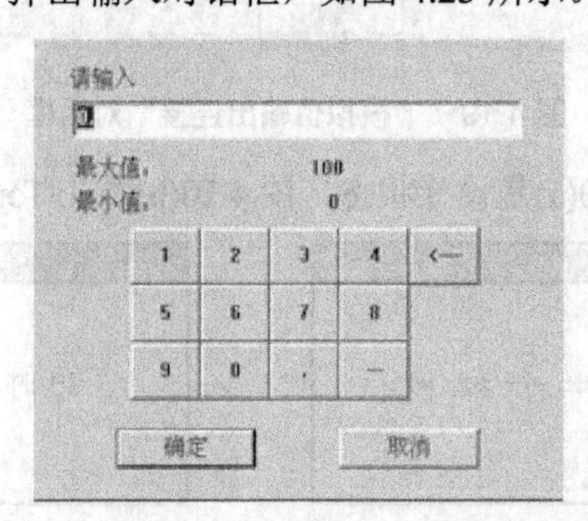

图 4.23 模拟值输入连接

在此对话框中可以输入变量的新值。如果在组态王工程浏览器中选中“系统配置”|“设置运行系统”命令，在弹出的对话框中选择“特殊”选项卡中的“使用虚拟键盘”选项，程序运行中弹出输入对话框的同时还将显示模拟键盘窗口，在模拟键盘上单击按钮的效果与键盘输入相同。

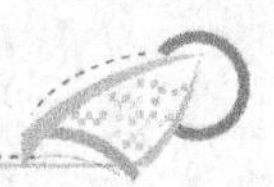

8. 闪烁连接

闪烁连接是使被连接对象在条件表达式的值为真时闪烁。闪烁效果易于引起注意，故常用于出现非正常状态时的报警。

【举例】建立一个表示报警状态的红色圆形对象，使其能够在变量“液位”的值大于 180 时闪烁。

【解答】在“动画连接”对话框中单击“闪烁”按钮，弹出对话框，如图 4.24 所示。

图 4.25 所示为系统在组态王开发系统中的设计状态。运行中当变量“液位”的值大于 180 时，红色对象开始闪烁。

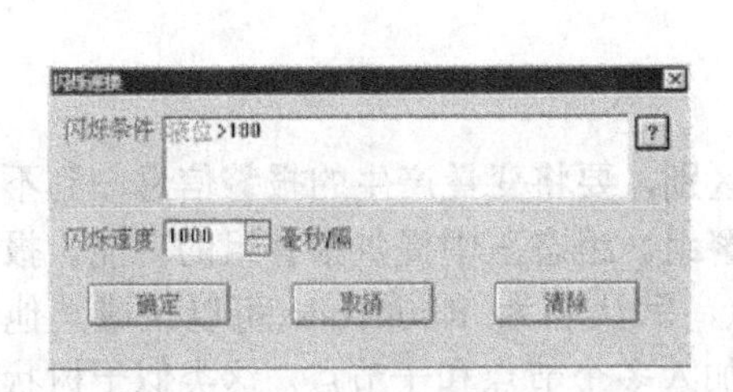

图 4.24　“闪烁连接”对话框

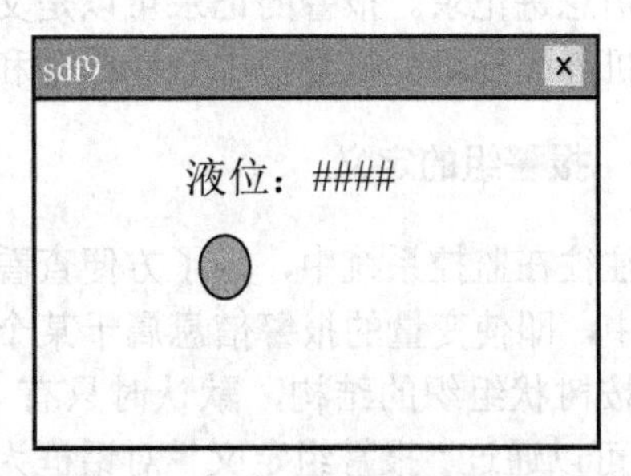

图 4.25　闪烁连接实例

9. 隐含连接

隐含连接是使被连接对象根据条件表达式的值而显示或隐含。

【举例】建立一个表示危险状态的文本对象“液位过高”，使其能够在变量“液位”的值大于 180 时显示出来。

【解答】在“动画连接”对话框中单击“隐含”按钮，弹出对话框，如图 4.26 所示。

图 4.27 所示为隐含连接在组态王开发系统中的设计状态。

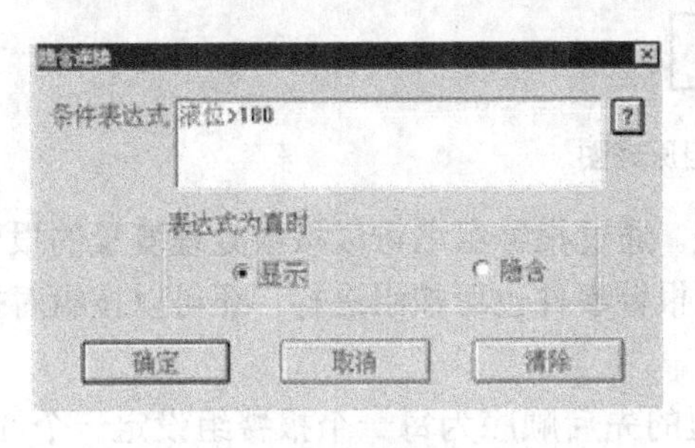

图 4.26　“隐含连接”对话框

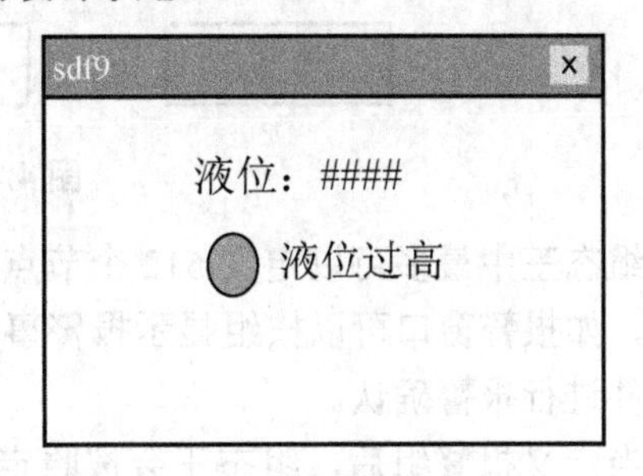

图 4.27　隐含连接实例

4.6　报警和事件

为保证工业现场安全生产，报警和事件的产生和记录是必不可少的。“组态王”提供了强有力的报警和事件系统，并且操作方法简单。

报警是指当系统中某些量的值超过了所规定的界限时，系统自动产生相应警告信息，表明该量的值已经超限，提醒操作人员。如炼油厂的油品储罐，当往罐中输油时，如果没有规定油位的上限，系统就产生不了报警，无法有效提醒操作人员，那么有可能会造成“冒罐”，形成危险。有了报警，就可以提示操作人员注意。报警允许操作人员应答。

事件是指用户对系统的行为、动作。如修改了某个变量的值，用户的登录、注销，站点的启动、退出等。事件不需要操作人员应答。

组态王中报警和事件的处理方法如下：当报警和事件发生时，组态王把这些信息存于内存中的缓冲区中，报警和事件在缓冲区中是以先进先出的队列形式存储，所以只有最近的报警和事件在内存中。当缓冲区达到指定数目或记录定时时间到时，系统自动将报警和事件信息进记录。报警的记录可以是文本文件、开放式数据库或打印机。另外，用户可以从人机界面提供的报警窗中查看报警和事件信息。

4.6.1 报警组的定义

往往在监控系统中，为了方便查看、记录和区别，要将变量产生的报警信息归到不同的组中，即使变量的报警信息属于某个规定的报警组。组态王中提供报警组的功能。报警组是按树状组织的结构，默认时只有一个根节点，默认名为 RootNode(可以改成其他名字)，可以通过“报警组定义”对话框为这个结构加入多个节点和子节点。这类似于树状的目录结构，每个子节点报警组下所属的变量，属于该报警组的同时，属于其上一级父节点报警组。如在上述默认 RootNode 报警组下添加一个报警组“A”，则属于报警组“A”的变量同时属于“RootNode”报警组。报警组原理图如图 4.28 所示。

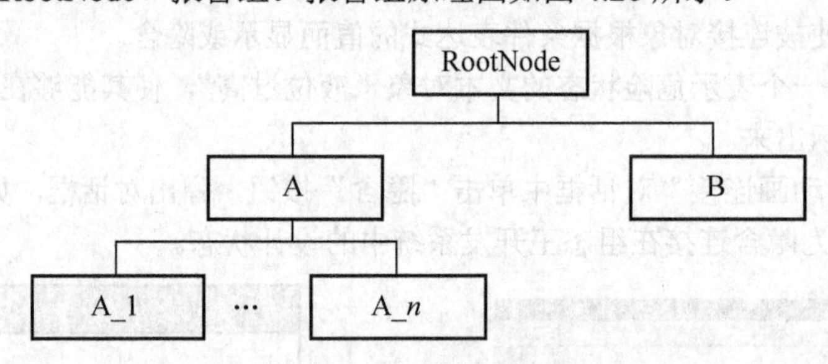

图 4.28　报警组原理图

组态王中最多可以定义 512 个节点的报警组。通过报警组名可以按组处理变量的报警事件，如报警窗口可以按组显示报警事件，记录报警事件也可按组进行，还可以按组对报警事件进行报警确认。

当定义报警组后，组态王会按照定义报警组的先后顺序为每一个报警组设定一个 ID 号，在引用变量的报警组域时，系统显示的都是报警组的 ID 号，而不是报警组名称(组态王提供获取报警组名称的函数 GetGroupName())。每个报警组的 ID 号是固定的，当删除某个报警组后，其他的报警组 ID 都不会发生变化，新增加的报警组也不会再占用这个 ID 号。

【操作步骤】

(1) 在组态王工程浏览器的目录树中选择“数据库”|“报警组”命令，如图 4.29 所示。

(2) 双击右侧的“请双击这儿进入<报警组>对话框”图标，弹出“报警组定义”对话框，如图 4.30 所示。

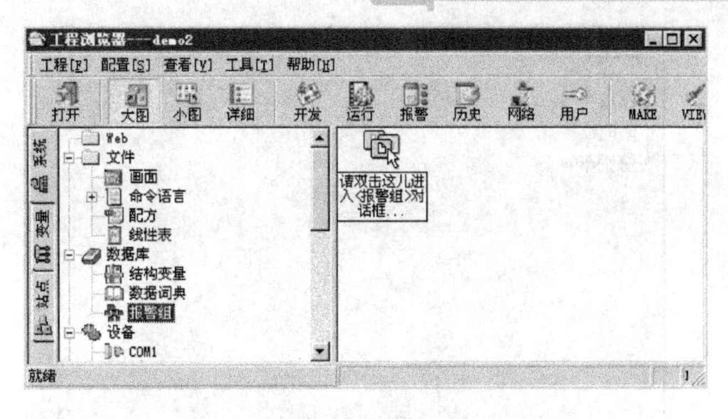

图 4.29　报警组定义

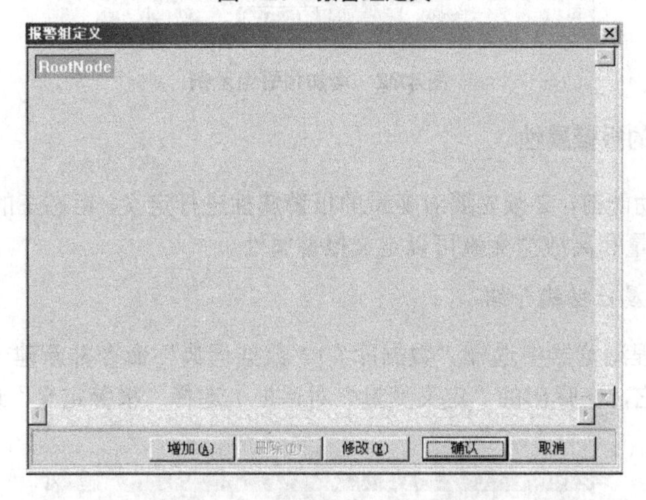

图 4.30　“报警组定义”对话框

(3) 如选中图 4.30 中的 RootNode 报警组，单击“增加”按钮，弹出“增加报警组”对话框，如图 4.31 所示，在弹出的对话框中输入“反应车间”，确定后，在 RootNode 报警组下，会出现一个“反应车间”报警组节点。

(4) 选中 RootNode 报警组，单击“增加”按钮，在弹出的“增加报警组”对话框中输入“炼钢车间”，确定后，在 RootNode 报警组下，会再出现一个“炼钢车间”报警组节点。

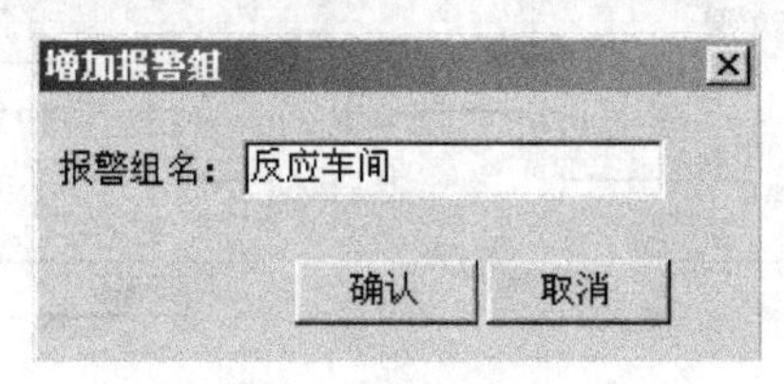

图 4.31　增加报警组对话框

(5) 中“反应车间”报警组，单击“增加”按钮，在弹出的“增加报警组”对话框中输入“液位”，则在“反应车间”报警组下，会出现一个“液位”报警组节点。最终增加结果如图 4.32 所示。

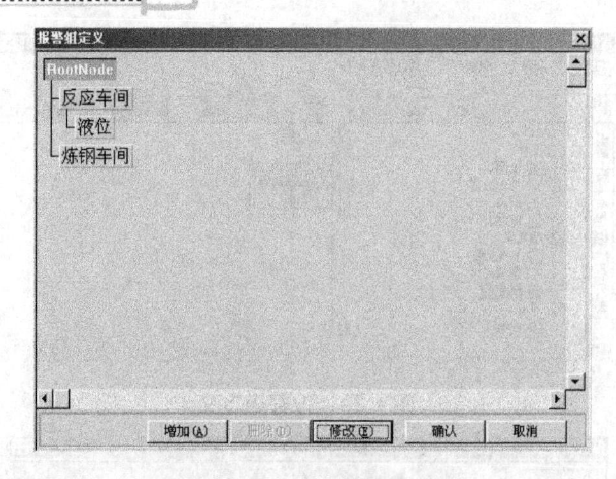

图 4.32 增加报警组示例

4.6.2 定义变量的报警属性

在使用报警功能前，必须先要对变量的报警属性进行定义。组态王的变量中模拟型(包括整型和实型)变量和离散型变量可以定义报警属性。

1. 通用报警属性功能介绍

在组态王工程浏览器中选择“数据库”|“数据词典”命令并新建一个变量或选择一个原有变量双击它，在弹出的“定义变量”对话框上选择“报警定义”选项卡，如图 4.33 所示。

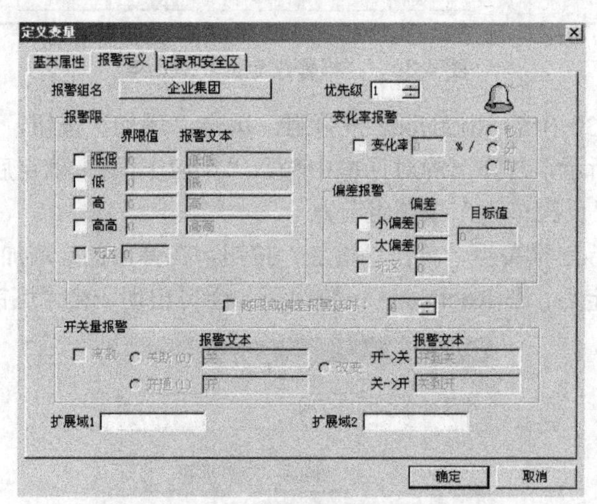

图 4.33 通用报警属性

“报警定义”选项卡可以分为以下几个部分。

(1) “报警组名”和“优先级”选项：单击“报警组名”选项后的按钮，会弹出“选择报警组”对话框，在该对话框中将列出所有已定义的报警组，选择其一，确认后，则该变量的报警信息就属于当前选中的报警组。如图 4.33 中选择“反应车间”报警组，则当前定义的变量就属于“反应车间”报警组，这样在报警记录和查看时直接选择要记录或查看

的报警组为“反应车间”报警组，则可以看到所有属于“反应车间”报警组的报警信息。在图 4.34 的“优先级”文本框中输入当前变量的报警优先级。

(2) 模拟量报警定义区域：如果当前的变量为模拟量，则这些选项是有效。

(3) 开关量报警定义区域：如果当前的变量为离散量，则这些选项是有效的。

(4) 报警的扩展域的定义：报警的扩展域共有两个，主要是对报警的补充说明、解释。在报警产生时的报警窗中可以看到。

【注意】 优先级主要是指报警的级别，主要有利于操作人员区别报警的紧急程度。报警优先级的范围为 1～999，1 为最高，999 为最低。

2. 模拟量变量的报警类型

模拟量主要是指整型变量和实型变量，包括内存型和 I/O 型的。模拟型变量的报警类型主要有 3 种：越限报警、偏差报警和变化率报警。

1) 越限报警

其指模拟量的值在跨越规定的高低报警限时产生的报警。越限报警的报警限共有 4 个：低低限、低限、高限、高高限。

在变量值发生变化时，如果跨越某一个限值，立即发生越限报警，某个时刻，对于一个变量，只可能越一种限，因此只产生一种越限报警。例如，如果变量的值超过高高限，就会产生高高限报警，而不会产生高限报警。另外，如果两次越限，就得看这两次越的限是否是同一种类型，如果是，就不再产生新报警，也不表示该报警已经恢复；如果不是，则先恢复原来的报警，再产生新报警。

越限类型的报警可以定义其中一种，任意几种或全部类型。图 4.34 所示为越限报警定义，有“界限值”和“报警文本”两列。

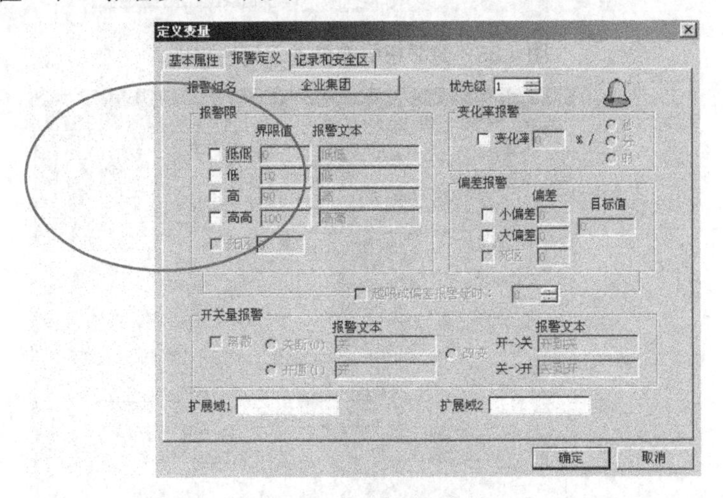

图 4.34　越限报警定义

在“界限值”列中选择要定义的越限类型，则后面的界限值和报警文本编辑框变为有效。在界限值中输入该类型报警越限值，定义界限值时应该：最小值<=低低限值<低限<高限<高高限<=最大值。在“报警文本”文本框中输入关于该类型报警的说明文字，报警

文本不超过 15 个字符。

【举例】实现液位变量设定报警限值，要求液位的高高报警值=900，高报警值=750，低报警值=150，低低报警值= 50。

【操作步骤】

(1) 在数据词典中新建内存整型变量，在变量的基本属性中设置变量名称为“液位测量”，变量类型选择“内存整数”选项(一般为 I/O 变量，这里定义内存型，只为说明操作方法)，定义其最小值为 0，最大值为 1000。定义后的基本属性如图 4.35 所示。

(2) 选择“定义变量”对话框的“报警定义”选项卡，如图 4.36 所示。选择“报警限”项目中的“低低”选项，后面的“界限值”和“报警文本”文本框变为有效，在“界限值”文本框中输入“50”，在“报警文本”文本框中输入“液位低低报警”。依次类推，分别选择其他几个项目，输入如图 4.36 所示的界限值和报警文本。

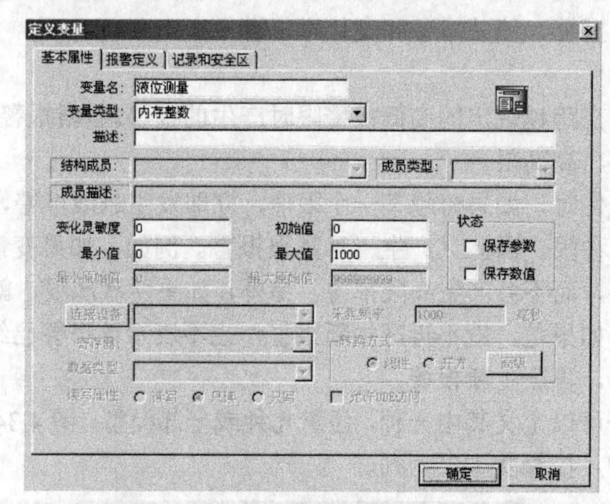

图 4.35　越限报警变量基本属性定义

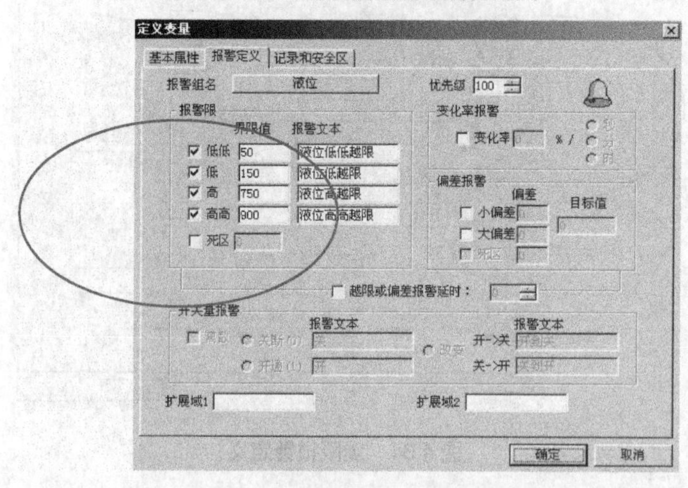

图 4.36　越限报警变量越限属性定义

(3) 定义报警组和优先级。单击“报警组名”后的按钮，在弹出的“选择报警组”对

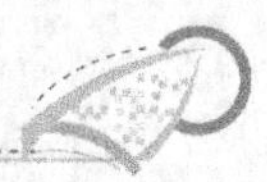

话框中选择报警组“液位”，在“优先级”文本框中输入优先级为“100”。

(4) 单击“确定”按钮，完成报警定义。

(5) 新建一个画面，在工具箱中单击“报警窗口”按钮，在画面上创建报警窗，双击报警窗口，在“报警窗口名”文本框中输入“越限报警窗”，选择“历史报警窗”选项，然后确定。

(6) 在工具箱上单击按钮 T，在画面上添加一个文本，双击该文本，定义该文本的动画连接，在模拟值输入中选择变量“液位测量”并确定。在模拟值输入中同样选择该变量，“值范围”最大值为 1000，最小值为 0。建立完动画连接后，保存当前画面。

(7) 在画面上右击，在弹出的菜单中选择“切换到 View”命令，进入组态王运行系统。打开刚才的画面，如图 4.37 所示。

(8) 在画面上液位测试变量输入“5”，报警窗口中出现一条报警信息，如图 4.38 所示。然后，分别输入 100、146、800、900，则会产生一系列的报警，在报警窗中显示出来，如图 4.39 所示。可以看到，当数据小于等于 50 时，产生低低限越限报警；当数据大于 50 且小于或等于 150 时，恢复低低限报警，产生低限越限报警；当数据大于 150 且小于 750 时，恢复低限报警，此时该变量没有报警；当数据大于等于 750 且小于 900 时，产生高限越限报警；当数据大于等于 900 时，恢复高限报警，产生高高限越限报警。反之，当数据逐步减小时，在相应的区域也会产生相应的报警和恢复。

运行系统

画面　特殊　调试　关于

事件日期	事件时间	报警日期	报警时间	变量名	报警类型	报警值/旧值	恢复值/新值	界限值	优先级	报警组名	扩展域1

液位测量　00

图 4.37　越限报警画面 1

运行系统

画面　特殊　调试　关于

事件日期	事件时间	报警日期	报警时间	变量名	报警类型	报警值/旧值	恢复值/新值	界限值	优先级	报警组名	扩展域1
—	—	02/11/22	13:13:21.720	液位测量	液位低低越限	5.0	—	50.0	100	液位	

液位测量　05

图 4.38　越限报警画面 2

运行系统

画面 特殊 调试 关于

事件日期	事件时间	报警日期	报警时间	变量名	报警类型	报警值/旧值	恢复值/新值	界限值	优先级	报警组名	扩展域1
—	—	02/11/22	13:19:52.080	液位测量	液位低低越限	5.0	—	50.0	100	液位	
02/11/22	13:19:58.340	02/11/22	13:19:52.080	液位测量	液位低低越限	5.0	146.0	50.0	100	液位	
—	—	02/11/22	13:19:58.340	液位测量	液位低越限	146.0	—	150.0	100	液位	
02/11/22	13:20:17.290	02/11/22	13:19:58.340	液位测量	液位低越限	146.0	368.0	150.0	100	液位	
—	—	02/11/22	13:20:23.990	液位测量	液位高越限	800.0	—	750.0	100	液位	
02/11/22	13:29:53.130	02/11/22	13:20:23.990	液位测量	液位高越限	800.0	900.0	750.0	100	液位	
—	—	02/11/22	13:29:53.130	液位测量	液位高高越限	900.0	—	900.0	100	液位	

液位测量 900

图 4.39 越限报警画面 3

2) 偏差报警

其指模拟量的值相对目标值上下波动超过指定的变化范围时产生的报警。偏差报警可以分为小偏差和大偏差报警两种。当波动的数值超出大小偏差范围时，分别产生大偏差报警和小偏差报警。偏差报警在使用时可以按照需要定义一种偏差报警或两种都使用。在变量变化的过程中，如果跨越某个界限值，则立刻会产生报警，而同一时刻，不会产生两种类型的偏差报警。

【举例】某一工序中要求压力在一定的范围内，不能太大，也不能太小，定义偏差报警来确定压力的值是否在要求的范围内。

【操作步骤】

(1) 在数据词典中新建内存实型变量，在变量的基本属性中设置变量名称为“压力测量”，变量类型选择“内存实数”选项(一般为 I/O 变量，这里定义内存型，只为说明操作方法)，定义其最小值为-1.5，最大值为 6。定义后的基本属性如图 4.40 所示。

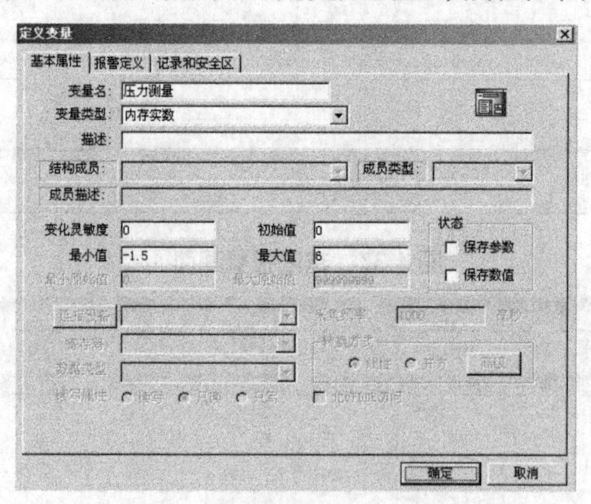

图 4.40 偏差报警基本属性定义

(2) 选择“定义变量”对话框的“报警定义”选项卡。选择“偏差报警”选项组中的“小偏差”和“大偏差”选项，则小偏差和大偏差的“偏差”文本框变为有效。在“偏差目标值”文本框中输入目标值 2；在“小偏差偏差”文本框中输入值 2，在“大偏差偏差”文本框中输入值 3。

(3) 选择相应的报警组和优先级，如图 4.41 所示。定义完成后，确定关闭对话框。

(4) 在画面中创建一个文本，定义动画连接，模拟值输出、值输入连接的变量为“压力测量”，值输入定义值输入范围为-1.5～6，保存画面。

(5) 修改变量的值，数据值增加：当数据变化到 4(2+2)时，产生小偏差报警；当变化到 5(2+3)时，恢复小偏差报警，产生大偏差报警。数据值减小：当数据小于 5 时，恢复大偏差报警，产生小偏差报警；当数据小于 4 时，恢复小偏差报警，没有报警；当数据小于 0(2-2)时，产生小偏差报警；当数据小于-1(2-3)时，恢复小偏差报警，产生大偏差报警。

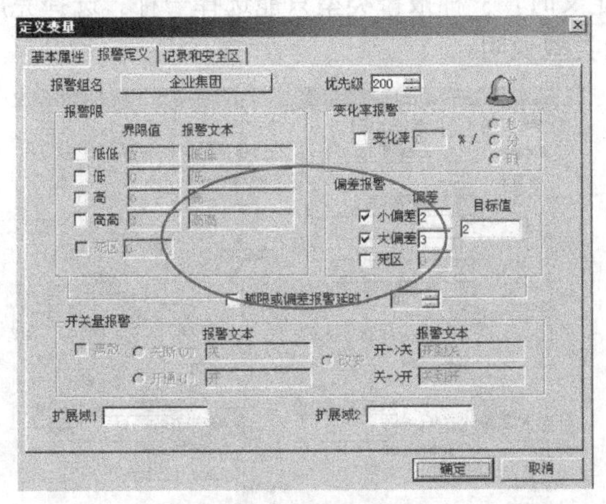

图 4.41　偏差报警属性定义

3) 变化率报警

变化率报警是指模拟量的值在一段时间内产生的变化速度超过了指定的数值而产生的报警，即变量变化太快时产生的报警。在系统运行过程中，每当变量发生一次变化，系统都会自动计算变量变化的速度，以确定是否产生报警。变化率报警的类型以时间为单位分为 3 种：%*x*/秒、%*x*/分、%*x*/时。

变化率报警定义如图 4.42 所示。选择“变化率”选项，在文本框中输入报警极限值，选择报警类型的单位。

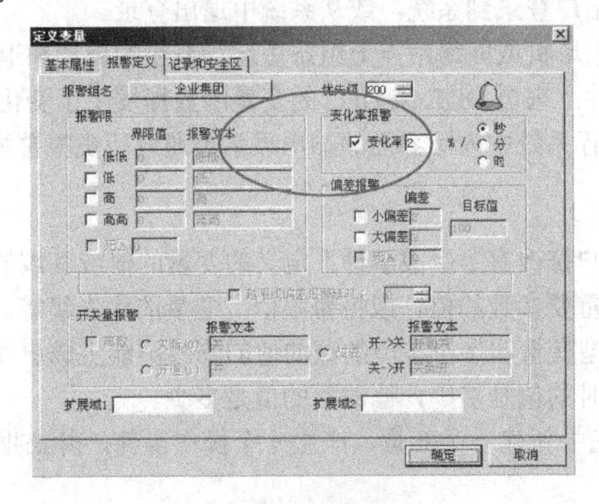

图 4.42　变化率报警定义

3. 离散型变量的报警类型

离散量有两种状态：1、0。离散型变量的报警有 3 种状态：1 状态报警，即变量的值由 0 变为 1 时产生报警；0 状态报警；即变量的值由 1 变为 0 时产生报警；状态变化报警，即变量的值由 0 变为 1 或由 1 变为 0 为都产生报警。

离散量的报警属性定义如图 4.43 所示。在“报警定义”选项卡中报警组名、优先级和扩展域的定义与模拟量定义相同。在“开关量报警”选项组内选择“离散”选项，3 种类型的选项变为有效。定义时，3 种报警类型只能选择一种。选择完成后，在报警文本中输入不多于 15 个字符的类型说明。

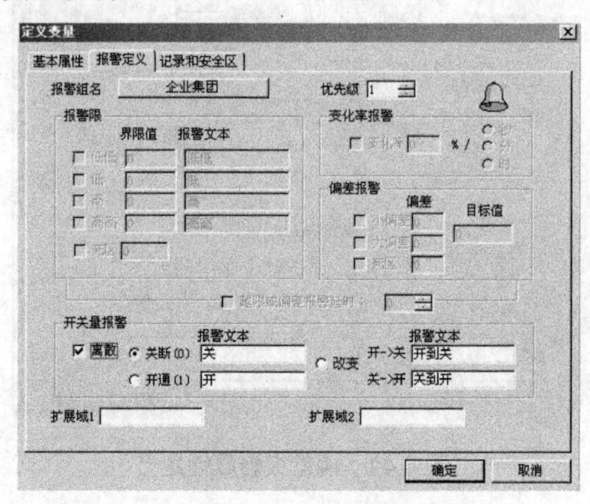

图 4.43 离散型变量的报警属性定义

4.6.3 事件类型及使用方法

事件是不需要用户来应答的。组态王中根据操作对象和方式等的不同，事件分为以下几类。

(1) 操作事件：用户对变量的值或变量其他域的值进行修改。

(2) 登录事件：用户登录到系统，或从系统中退出登录。

(3) 工作站事件：单机或网络站点上组态王运行系统的启动和退出。

(4) 应用程序事件：来自 DDE 或 OPC 的变量的数据发生了变化。

事件在组态王运行系统中人际界面的输出显示是通过历史报警窗实现的。

1. 操作事件

操作事件是指用户修改有“生成事件”定义的变量的值或其域的值进行修改时，系统产生的事件，如修改重要参数的值，或报警限值、变量的优先级等。这里需要注意的是，同报警一样，字符串型变量和字符串型的域的值的修改不能生成事件。操作事件可以进行记录，使用户了解当时的值是多少，修改后的值是多少。

【举例】在组态王中新建一个变量，产生一个操作事件，并在报警窗口显示所产生的操作事件。

【操作步骤】

(1) 在组态王数据词典中新建内存整型变量“操作事件”，选择“定义变量”对话框中的“记录和安全区”选项卡，如图 4.44 所示，在“安全区”栏中选择“生成事件”选项。单击“确定”按钮，关闭对话框。

(2) 新建画面，在画面上创建一个文本，定义文本的模拟值输入和模拟值输出连接，选择连接变量为“操作事件”。再创建一个文本，定义文本的模拟值输入和模拟值输出连接，选择连接变量“操作事件”的优先级域为“Priority”。

(3) 在画面上创建一个报警窗，定义报警窗的名称为“事件”，类型为“历史报警窗”。保存画面，切换到组态王运行系统。

(4) 打开该画面，分别修改变量的值和变量优先级的值，系统产生操作事件，在报警窗中显示，如图 4.45 所示。报警窗中第二行为修改变量的值的操作事件，其中事件类型为“操作”，域名为“值”；第三行为修改变量优先级的值，域名为“优先级”。另外，还可以看到旧值和新值。

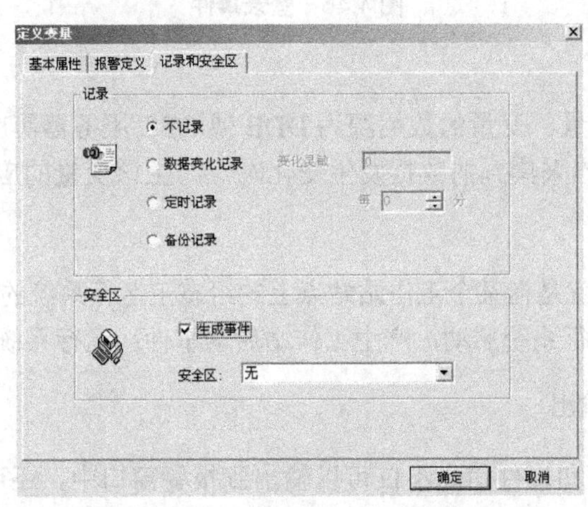

图 4.44　变量定义“生成事件”

事件日期	事件时间	事件类型	变量名	报警值/旧值	恢复值/新值	界限值	优先级	报警组名	域名	操作员
02/11/25	16:10:31.620	启动	—	—	—	—	—	—	—	—
02/11/25	16:10:43.920	操作	操作事件	2.0	7.0	—	88	—	值	无
02/11/25	16:10:56.880	操作	操作事件	200.0	88.0	—	88	—	优先级	无

图 4.45　生成的操作事件

2. 用户登录事件

用户登录事件是指用户向系统登录时产生的事件。系统中的用户，可以在工程浏览器\用户配置中进行配置，如用户名、密码、权限等。

当用户登录时，如果登录成功，则产生“登录成功”事件；如果登录失败或取消登录过程，则产生“登录失败”事件；如果用户退出登录状态，则产生“注销”事件。

【举例】在组态王工程中演示用户登录事件。

【操作步骤】

(1) 切换到组态王运行系统，打开画面。选择“特殊”|“登录开”菜单，在弹出的“用户登录”对话框中选择“系统管理员”选项，输入密码，单击“确定”按钮，产生登录成功事件。

(2) 选择该用户，在登录对话框上选择取消，产生登录失败事件。

(3) 选择“特殊”|“登录关”菜单，产生注销事件，如图 4.46 所示。

事件日期	事件时间	事件类型	变量名	报警值/旧值	恢复值/新值	界限值	优先级	报警组名	域名	操作员
02/11/25	16:55:10.940	启动	—	—	—	—	—	—	—	—
02/11/25	16:55:23.570	注销	—	—	—	—	—	—	—	无
02/11/25	16:55:23.630	登录成功	—	—	—	—	—	—	—	系统管理员
02/11/25	16:55:38.180	登录失败	—	—	—	—	—	—	—	系统管理员
02/11/25	16:55:44.440	注销	—	—	—	—	—	—	—	系统管理员

图 4.46　登录事件

3. 应用程序事件

如果变量是 I/O 变量，变量的数据源为 DDE 或 OPC 服务器等应用程序，对变量定义“生成事件”属性后，当采集到的数据发生变化时，产生该变量的应用程序事件。

4. 工作站事件

所谓工作站事件，就是指某个工作站站点上的组态王运行系统的启动和退出事件，包括单机和网络。组态王运行系统启动，产生工作站启动事件；运行系统退出，产生退出事件。

4.6.4　报警和事件的输出

对于系统中的报警和事件信息不仅可以输出到报警窗口中，还可以输出到文件、数据库和打印机中。此功能可通过报警配置属性窗口来实现，配置过程如下。

在“工程浏览器”窗口左侧的“工程目录显示区”中双击“系统配置”选项组中的“报警配置”选项弹出“报警配置属性”对话框。“报警配置属性”对话框分为 3 个属性页：文件配置页、数据库配置页、打印配置页。

文件配置页：在此属性页中用户可以设置将哪些报警和事件记录到文件中以及记录的格式、记录的目录、记录时间、记录哪些报警组的报警信息等。

4.7　组态王工程实例

【设计内容】建立一个反应车间的监控中心，完成图 4-1 所示反映车间监控系统监控画面设计。

【操作步骤】

1. 建立新工程

监控中心从现场采集生产数据，并以动画形式直观地显示在监控画面上；监控画面还将显示报警信息。反应车间需要采集4个现场数据(在数据字典中进行操作)：原料油液位(变量名：原料油液位，最大值 100，整型数据)，原料油罐压力(变量名：原料油罐压力，最大值100，整型数据)，催化剂液位(变量名：催化剂液位，最大值100，整型数据)，成品油液位(变量名：成品油液位，最大值100，整型数据)。

(1) 使用工程管理器。选择“开始”|“程序”|“组态王 6.5”|“组态王 6.5”命令。

(2) 建立新工程。在工程管理器中选择“文件夹”|“新建工程”命令，或者单击工具栏的“新建”按钮，出现“新建工程”对话框，在对话框中输入工程名称“我的工程”；在工程描述中输入“反应车间监控中心”，单击“完成”按钮弹出对话框询问“是否将该工程设为组态王当前工程”，如图 4.47 所示。

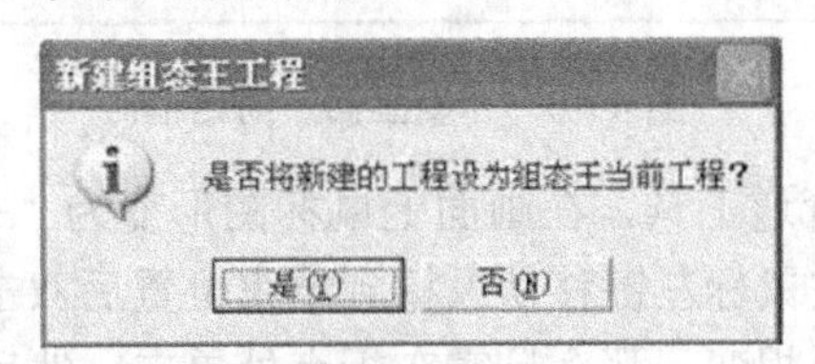

图 4.47　设为当前工程

(3) 单击“是”按钮，将新建工程设为组态王当前工程，当用户进入运行环境时系统默认运行此工程。

(4) 在工程管理器中选择“工具”|“切换到开发系统”命令，进“入工程浏览器”窗口，至此新工程已经建立，用户可以对工程进行二次开发了。

2. 监控中心设计画图

1) 建立新画面

在工程浏览器左侧的“工程目录显示区”中选择“画面”选项，在右侧视图中双击“新建”图标，弹出“新画面”对话框，新画面及属性设置如图 4.48 所示。在对话框中单击“确定”按钮，TouchExploer 按照用户指定的风格产生出一幅名为“监控中心”的画面。

2) 使用图形工具箱

在工具箱中单击文本工具 T，在画面上输入文字“反应车间监控画面”。如果要改变文本的字体、颜色和字号，那么先选中文本对象，然后在工具箱内选择字体工具 ABC，在弹出的“字体”对话框中修改文本属性。

3) 使用图库管理器

选择“图库”|“打开图库”命令或按 F2 键打开图库管理器。在图库管理器左侧图库名称列表中选择图库名称“反应器”，选中相应罐体后双击，图库管理器自动关闭，在工程画面上鼠标位置出现一标志，在画面上单击，该图素就被放置在画面上作为原料油罐并拖动边框到适当的位置，改变其适当大小并利用 T 工具标注此罐为“原料油罐”。重复上述的操作，在图库管理器中选择不同的图素，分别作为催化剂和成品油罐，并分别标注为“催化剂罐”、“成品油罐”。

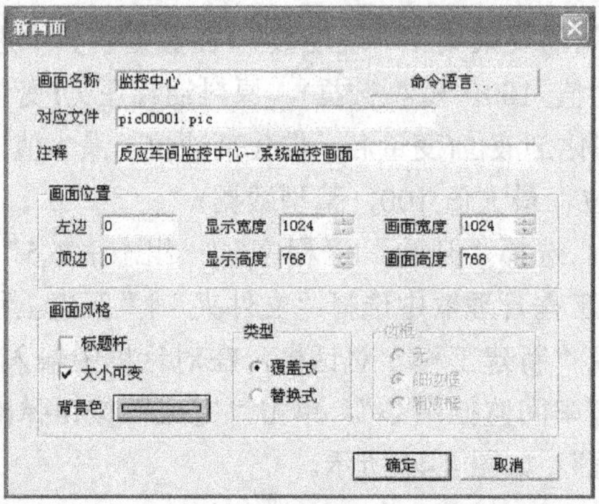

图 4.48 “新画面”对话框

选择工具箱中的立体管道工具，在画面上鼠标图形变为“+”形状，在适当位置作为立体管道的起始位置，按住鼠标左键移动鼠标到结束位置后双击，则立体管道在画面上显示出来。如果立体管道需要拐弯，那么只需在折点处单击，然后继续移动鼠标，就可实现折线形式的立体管道绘制。选中所画的立体管道，在调色板上单击“对象选择按钮区”中“线条色”按钮，在“选色区”中选择某种颜色，则立体管道变为相应的颜色。选中立体管道，在立体管道上，右击菜单中选择“管道宽度”命令来修改立体管道的宽度。

打开图库管理器，在阀门图库中选择相应阀门图素，双击后在反应车间监控画面上单击，则该图素出现在相应的位置，移动到原料油罐之间的立体管道上，并拖动边框改变其大小，并在其旁边标注文本：原料油出料阀，重复以上的操作在画面上添加催化剂出料阀和成品油出料阀。最后生成的画面如图 4.49 所示。

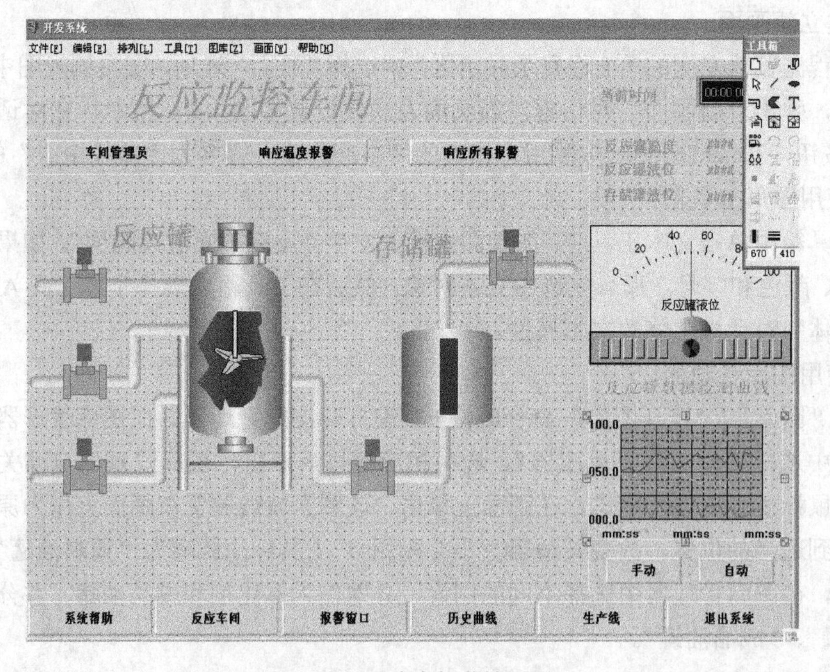

图 4.49 反应车间监控画面

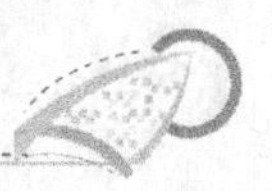

至此，一个简单的反应车间监控画面就建立起来了。选择“文件”|“全部存”命令将所完成的画面进行保存。

3. 定义数据变量

对于将要建立的“监控中心”，需要从下位机采集原料油的液位、原料油罐的压力、催化剂液位和成品油液位，所以需要在数据库中定义这 4 个变量。

在工程浏览器的左侧选择“数据词典”选项，在右侧双击“新建”图标，弹出“定义变量”对话框，如图 4.50 所示。

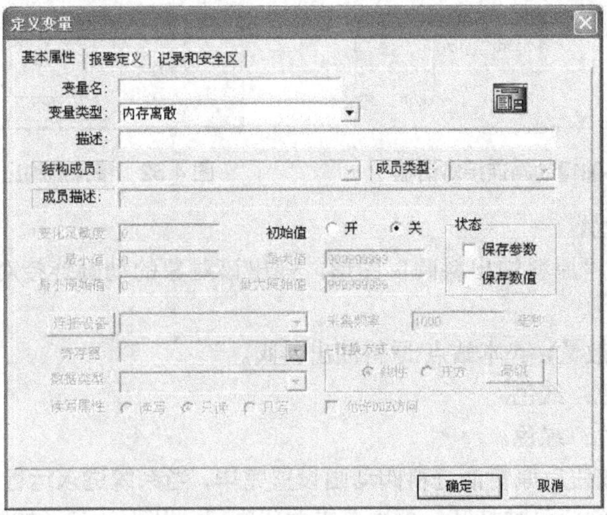

图 4.50　“定义变量”对话框

在对话框中添加变量如下：变量名为“原料油液位”，变量类型为“内存实数”。

英文字母的大小写无关紧要。设置完成后单击“确定”按钮。用类似的方法建立另 3 个变量，即“原料油罐压力”、“催化剂液位”和“成品油液位”。

此外，由于演示工程的需要，故还需建立 3 个离散内存变量，分别为“原料油出料阀”、“催化剂出料阀”、“成品油出料阀”。

4. 动画连接

1) 液位示值动画设置

在画面上双击“原料油罐”图形，弹出该对象的动画连接对话框，对话框设置如图 4.51 所示。单击“确定”按钮，完成原料油罐的动画连接。用同样的方法设置催化剂罐和成品油罐的动画连接，连接变量分别为“\\本站点\催化剂液位”、“\\本站点\成品油液位”。作为一个实际可用的监控程序，操作者可能需要知道罐液面的准确高度而不仅是形象地表示，这个动能由“模拟值动画连接”来实现。

在工具箱中选择 T 工具，在原料罐旁边输入字符串“####”，这个字符串是任意的，当工程运行时，字符串的内容将被用户需要输出的模拟值所取代。双击文本对象“####”，弹出动画连接对话框，在此对话框中选择“模拟量输出”选项弹出模拟量输出动画连接对话框，对话框设置如图 4.52 所示。单击“确定”按钮完成动画连接的设置。当系统处于运行状态时在文本框“####”中将显示原料油罐的实际液位值。用同样的方法设置催化剂罐和成品罐的动画连接，连接变量分别为“\\本站点\催化剂液位”、“\\本站点\成品油液位”。

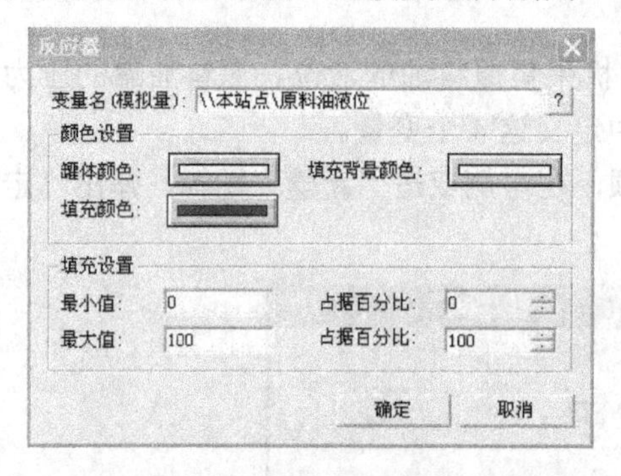

图 4.51　原料油罐动画连接对话框

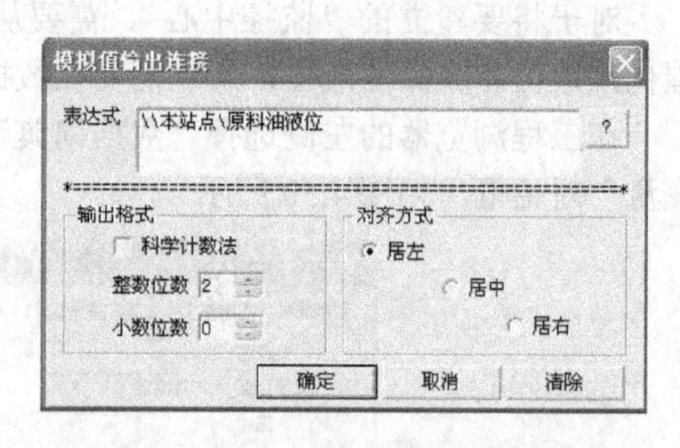

图 4.52　模拟量输出动画连接对话框

2) 阀门动画设置

在画面上双击“原料油出料阀”图形，弹出该对象的动画连接对话框。对话框设置如下。

(1) 变量名(离散量)：\\本站点\原料油出料阀。

(2) 关闭时颜色：红色。

(3) 打开时颜色：绿色。

单击“确定”按钮后原料油进料阀动画设置完毕，当系统进入运行环境时单击此阀门，其变成绿色，表示阀门已被打开，再次单击关闭阀门，从而达到了控制阀门的目的。

用同样的方法设置催化剂出料阀和成品油出料阀的动画连接，连接变量分别为“\\本站点\催化剂出料阀”、“\\本站点\成品油出料阀”。

3) 动画显示液体流动

对于反应车间监控画面，如何动态地显示立体管道中正在有液体流动呢？

在“数据词典”中定义变量“流体状态”，变量类型为“内存整数”，变量最大值为 2，变量最小值为“0”。

在画面上画一段短线，通过调色板改变线条的颜色，通过“工具”|“选中线形”菜单可选择短线的线形；另外复制生成两段，并排列成图 4.53 所示的状态。

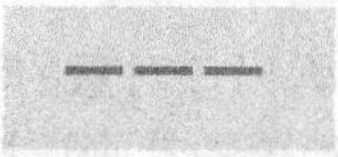

图 4.53　流体状态

定义双击第一个短线，弹出动画连接对话框，单击“隐含”按钮，在弹出的“隐含连接”对话框中进行图 4.54 所示的设置。

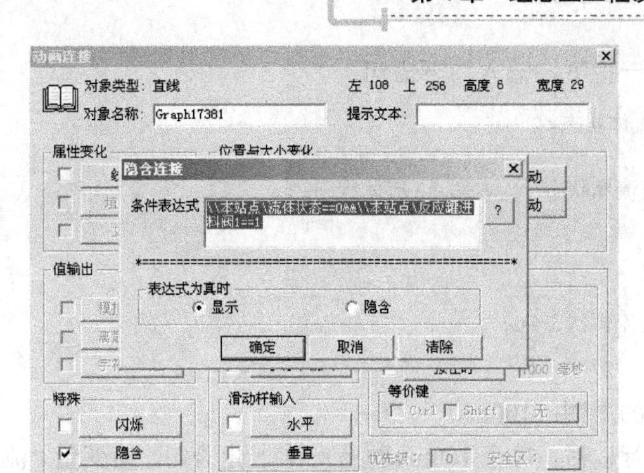

图 4.54　“隐含连接”对话框

当变量流体状态值为“0”，并且原料油进料阀打开时，该短线显示，否则隐含。

对另外两段短线的隐含连接条件分别如下。

(1) \\本站点\流体状态==1&&\\本站点\反应罐进料阀==1。

(2) \\本站点\流体状态==2&&\\本站点\反应罐进料阀==1。

(3) 对于“表达式为真时”选项，均选中显示。

至此，如果能够在程序中使变量“流体状态”在 0、1、2 之间循环，则 3 段短线就能循环显示，从而动态地表现了液体流动的形式。

使变量“流体状态”的值在 0、1、2 之间循环是通过命令语言来实现的。

在应用程序命令语言中实现：在工程浏览器左侧选择“应用程序命令语言”选项，双击右侧的 请双击这儿进... 图标，弹出“应用程序命令语言”对话框，如图 4.55 所示。

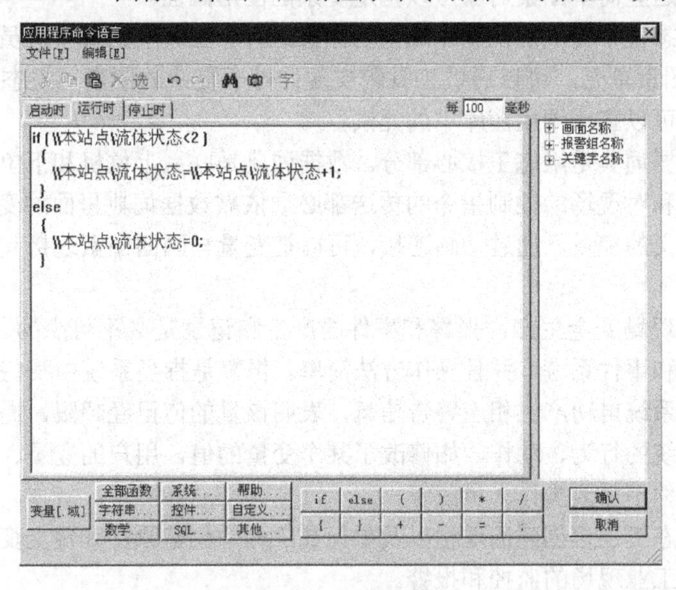

图 4.55　命令语言

在“运行时”一栏下，输入如下语句：

```
if(\\本站点\流体状态<2 )
  {
     \\本站点\流体状态=\\本站点\流体状态+1;
  }
else
  {
     \\本站点\流体状态=0;
  }
```

设置命令执行的周期：100ms。

这样在程序运行以后，每个 100ms 执行一次上述语句，使变量“流体状态”的值在 0、1、2 之间循环，从而使得 3 段短线能够循环显示。

利用同样的方法设置催化剂液罐和成品油液罐管道液体流动的画面。选择“文件”|“全部保存”命令，保存用户所做的设置。单击“文件”|“切换到 VIEW”命令，进入运行系统，在画面中可看到液位的变化值并控制阀门的开关，从而达到了监控现场的目的，如图 4.1 所示。

本 章 小 结

在组态王的工程管理器中提供了新建工程向导，利用向导用户能够方便简单地新建工程。

组态王开发系统中的图形对象又称图素，“组态王”系统提供了矩形(或圆角矩形)、直线、折线、椭圆(或圆)、扇形(或弧形)、点位图、多边形(多边线)、立体管道、文本等简单图素对象。利用这些简单图素对象可以构造复杂的图形画面。

图库是指组态王中提供的已制作成型的图素组合。图库中的每个成员被称为“图库精灵”。对于简单图素单元，可以通过工具箱实现；对于复杂的图素，组态王把它们编辑在图库中保存好，可以直接调用图库中的元素。

组态王的数据词典是组态王核心部分。数据词典是联系上位机和下位机的桥梁。工业现场的生产状况和对现场的控制指令的传送都必须依靠数据词典里面的变量。变量包括系统变量和用户定义的变量。通过动画连接，可以把变量与画面图素连接起来，实现画面的动画。

为保证工业现场安全生产，报警和事件的产生和记录是必不可少的。“组态王”提供了强有力的报警和事件系统，并且操作方法简单。报警是指当系统中某些量的值超过了所规定的界限时，系统自动产生相应警告信息，表明该量的值已经超限，提醒操作人员。事件是指用户对系统的行为、动作，如修改了某个变量的值，用户的登录、注销，站点的启动、退出等。事件不需要操作人员应答。

本章介绍组态王工程创建的过程以及如何在工程中创建画面和定义变量，并通过建立动画连接实现对工业现场的监控和报警。

知识拓展

图库开发包

在组态王的图库中，已经提供了很多实际应用中常用的元素，但是对比较特殊的元素，图库中并没有保存，此时可以通过图库管理器创建符合要求的元素。图库管理器集成了图库管理的操作，在统一的界面上，完成“新建图库”、“更改图库名称”、“加载用户开发的精灵”、“删除图库精灵”等操作。为了方便用户自己开发适用的图库，亚控公司为用户提供了“组态王开发工具”，其中之一为“图库开发包”。利用该开发包用户可以自己通过编程制作动态连接库类型的图库精灵。当利用图库开发包开发图库精灵时，需要用程序语言描述图素外观及其属性。为了方便用户，组态王在画面开发系统中提供了一个“精灵描述文本”的工具。精灵描述文本是指对利用组态王的绘图工具绘制出的图素进行描述的文本文件，其内容包括各个图素的线形、颜色、动画连接、操作权限、命令语言等信息，是一段类似 C 程序的文本，用户可以利用该段描述文本，用 C 等编程语言来制作自己的图库精灵。

【举例】在画面上设计一个按钮，代表一个开关，开关打开时按钮为绿色，开关关闭后变为红色，并且可以定义按钮为“置位”开关、“复位”开关或“切换”开关。

【操作步骤】

首先要绘制一个绿色按钮和一个红色按钮，用一个变量和它们连接，设置隐藏属性，最后把它们叠在一起，把这些复杂的步骤合在一起，这就是“按钮精灵”。利用组态王定义好的“按钮精灵”，只要把“按钮精灵”从图库复制到画面上，它就具有了“打开为绿色，关闭为红色”的功能，也可以根据用户具体需求改变颜色，并且可以设置开关类型的功能，如图 4.56 所示。

图库精灵

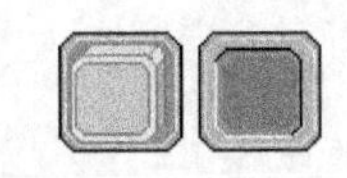

构成图库精灵的单元

图 4.56　图库精灵的组成

思考题与习题

1．新建一个工程，工程名称为“自己的姓名+学号”，并熟悉工程管理器、工程浏览器的使用。

2．基于组态王的系统工程的软件设计主要有以下几个步骤：＿＿＿＿＿、＿＿＿＿＿、＿＿＿＿＿、＿＿＿＿＿。

3．“组态王”采用＿＿＿＿＿的编程技术，使用户可以方便地建立画面的图形界面。

4．建立了一个有指针仪表，以指针旋转的角度表示变量“温度”的变化。

5．建立一个矩形对象，以表示变量“液位”的变化。

6．建立一个矩形框，设置“模拟值输入”连接以改变变量“给定值 SP”的值。

7．变量的基本类型共有(　　)两类。

A．内存变量　　B．字符变量　　C．I/O 变量　　D．数据变量

8．用线颜色表示离散变量“开关”的报警状态。

9．组态王的特殊变量类型有(　　)3 种。

A．报警窗口变量　　B．历史趋势曲线变量

C．系统预设变量　　D．内存变量

10．组态软件在编制动画时如何产生流水动画效果？

11．建立一个工程，实现液位的上下限报警，并用事件的形式体现。

12．封闭图形对象定义填充属性连接。当变量“混合液体温度”的值在 0～100 之间时，图形对象为绿色；在 100～200 之间时为黄色；变量值大于 200 时，图形对象为红色。

13．建立一个压力计，用一个矩形的缩放表示压力的变化(设置“缩放连接”动画属性)，以反映变量“压力”的变化。

14．建立一个表示报警状态的红色圆形对象，使其能够在变量“温度”的值大于 200 时闪烁。

第 5 章

组态王编程语言应用

教学目标与要求

- ☞ 熟悉脚本语言在组态王中的应用。
- ☞ 掌握命令语言的几种类型。
- ☞ 掌握组态王命令语言的语法结构。
- ☞ 熟悉常用的命令语言函数。

引言

脚本语言是扩充组态系统功能的重要手段。组态软件的脚本语言主要有以下几种。一是内置的类 C 语言或 Basic 语言，自行开发脚本语言，如组态王等，类 C/Basic 语言要求用户使用类似高级语言的语句书写脚本，使用系统提供的函数调用组合完成各种系统功能。二是采用微软的 VBA 的编程语言，如 iFIX 等组态软件，VBA 是一种相对完备的开发环境，采用 VBA 的组态软件通常使用 VBA 环境和组件技术，把组态系统中的对象以组件方式实现，使用 VBA 的程序对这些对象进行访问。由于 VisualBasic 是解释执行的，所以 VBA 程序的一些语法错误可能到执行时才能发现。三是采用面向对象的脚本语言，而面向对象的脚本语言提供了对象访问机制，对系统中的对象可以通过其属性和方法进行访问，比较容易学习、掌握和扩展，但实现比较复杂。

组态王具有强大的脚本语言处理功能，在语法上类似 C 语言的程序，利用这些程序可以增强应用程序的灵活性，使得组态软件具有部分高级语言编程环境的功能，能够实现复杂的逻辑操作、处理一些算法与决策处理功能。如在工程项目仿真演示时，在未连接外部设备，所有变量为内部变量时，为了体现动画的效果，需要利用编程语言实现相应的功能。要实现液位变化和流体动画，建立相关电气器件装置及位图，并将各个按钮、指示灯、阀门等器件装置与所建立的相应变量关联，进行动画连接。在应用程序命令语言中编写程序语言才能实现。

在图 5.1 所示的液体混合系统中，定义变量“原料油 A”表示物料 A 进入混合罐的液体物料，定义“原料油 B”为物料 B 进入混合罐的物料，定义两个阀门的关联变量分别为“原料油 A 出料阀”和“原料油 B 出料阀”，通过编程语言，可以通过两个出料阀来控制两种物料进入混合罐的比例，具体程序如下。

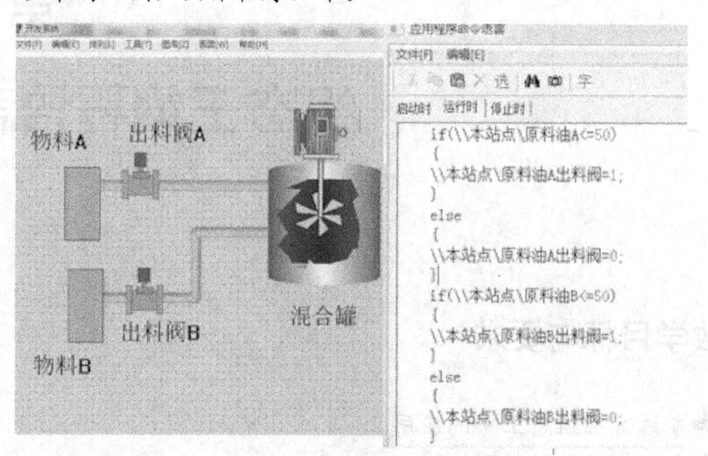

图 5.1　液体混合监控系统编程

5.1　命令语言类型

命令语言都是靠事件触发执行的，如定时、数据的变化、按键盘键、鼠标的单击等，根据事件和功能的不同，包括应用程序命令语言、热键命令语言、事件命令语言、数据改变命令语言、自定义函数命令语言、动画连接命令语言和画面命令语言等。命令语言具有完备的词法语法查错功能和丰富的运算符、数学函数、字符串函数、控件函数、SQL 函数和系统函数。各种命令语言通过“命令语言编辑器”编辑输入，在“组态王”运行系统中被编译执行。其中，应用程序命令语言、热键命令语言、事件命令语言、数据改变命令语言可以被称为“后台命令语言”，它们的执行不受画面打开与否的限制，只要符合条件就可以执行。另外，可以使用运行系统中的菜单“特殊”|“开始执行后台任务”和“特殊”|“停止执行后台任务”来控制所有这些命令语言是否执行，而画面和动画连接命令语言的执行不受影响。此外，也可以通过修改系统变量“$启动后台命令语言”的值来实现上述控制，该值置 0 时停止执行，置 1 时开始执行。

5.1.1　应用程序命令语言

在工程浏览器的目录显示区，选择“文件”|“命令语言”|“应用程序命令语言”命令，则在右边的内容显示区出现“请双击这儿进入<应用程序命令语言>对话框”图标，如图 5.2 所示。

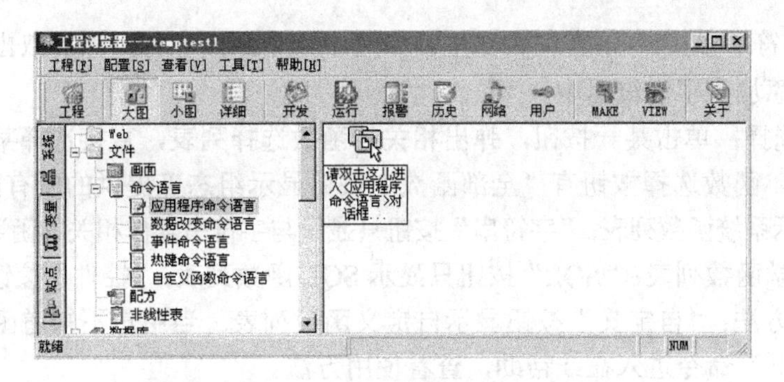

图 5.2　选择“应用程序命令语言”命令

双击图标，则弹出“应用程序命令语言”编辑器，如图 5.3 所示。

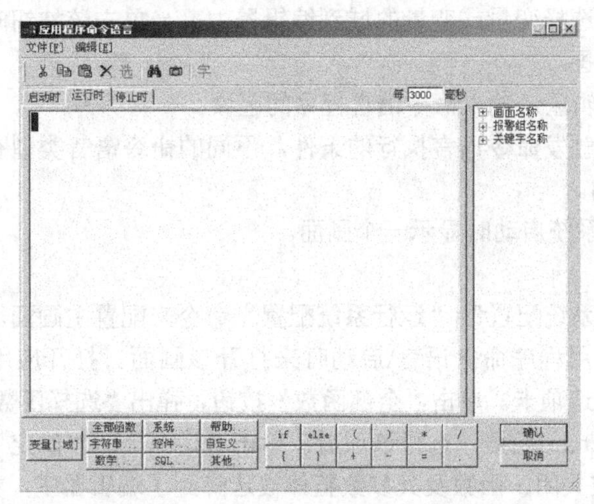

图 5.3　“应用程序命令语言”编辑器

1．认识命令语言编辑器

命令语言编辑器是组态王提供的用于输入、编辑命令语言程序的地方。编辑器的组成部分如图 5.3 所示。所有命令语言编辑器的大致界面和主要部分及功能都相同，唯一不同的是，按照触发条件的不同，界面上的“触发条件”部分会有所不同。编辑器各部分的大致功能如下。

(1) 菜单条：提供给编辑器的操作菜单，“文件”菜单下有两个菜单项：确认和取消。确认表示保存当前在编辑器中内容的修改，然后关闭编辑器；取消表示直接关闭编辑器，不保存当前在编辑器中内容的修改。这两个菜单项与编辑器右下角的“确认”和“取消”按钮的作用相同。“编辑”菜单提供使用编辑器编辑命令语言时提供的一些操作工具，其作用同工具条。

(2) 工具栏：提供命令语言编辑时的工具，包括剪切、复制、粘贴、删除、全选、查找、替换、更改命令语言编辑器中的内容的显示字体、字号等。

(3) 关键字选择列表：可以在这里直接选择现有的画面名称、报警组名称、其他关键字(如运算连接符等)到命令语言编辑器里。如选中一个画面名称，然后双击它，则该画面名称就被自动添加到了编辑器中。

(4) 函数选择：单击某一按钮，弹出相关的函数选择列表，直接选择某一函数到命令语言编辑器中。函数选择按钮有“全部函数”按钮显示组态王提供的所有函数列表；“系统”按钮只显示系统函数列表；“字符串”按钮只显示与字符串操作相关的函数列表；“数学”按钮只显示数学函数列表；“SQL”按钮只显示 SQL 函数列表；“控件”按钮选择 Active X 控件的属性和方法；“自定义”按钮显示自定义函数列表。当用户不知道函数的用法时，可以选择“帮助”命令进入在线帮助，查看使用方法。

(5) 运算符输入：单击某一个按钮，按钮上标签表示的运算符或语句自动被输入到编辑器中。

(6) 变量选择：选择变量或变量的域到编辑器中。当单击该按钮时，弹出变量浏览器“选择变量名”对话框。

(7) 命令语言编辑区：输入命令语言程序的区域。

(8) 触发条件：触发命令语言执行的条件，不同的命令语言类型有不同的触发条件，下面各节将详细介绍。

【举例】在运行系统启动时显示一个画面。

【操作步骤】

(1) 可以选择“系统配置”|“运行系统配置”命令来配置主画面。

(2) 可以使用应用程序命令语言\启动时来打开该画面。打开应用程序命令语言编辑器，选择“启动时”选项卡。单击“全部函数”按钮，弹出“选择函数”对话框，如图 5.4 所示。找到 ShowPicture 函数，选择该项后，单击对话框上的“确定”按钮后直接双击该函数名称，对话框被关闭，函数及其参数整体被选择到了编辑器中，如图 5.5 所示。

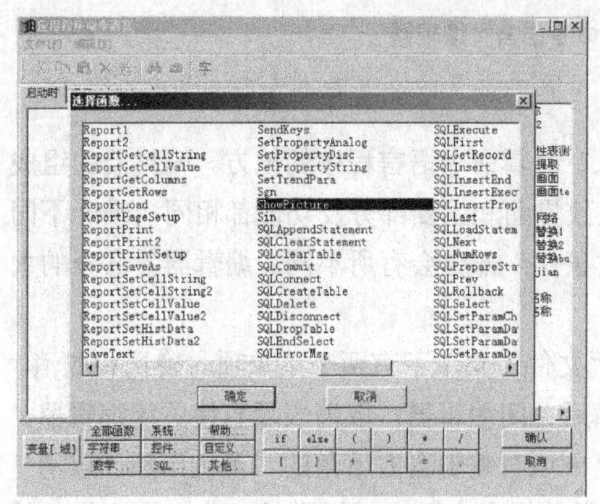

图 5.4　选择函数

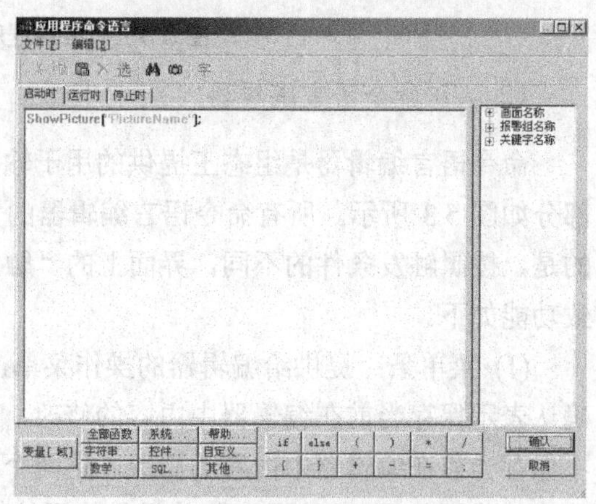

图 5.5　函数选择到编辑器中

函数 ShowPicture 中的参数为要显示的画面名称。选择函数默认的参数并删除(保留引号)，保留光标位于函数参数位置处(引号之间)；单击编辑器右侧列表中的“画面名称”上的“+”，展开画面名称列表，显示当前工程中已有画面的画面名称。选择要显示的画面名

称，并双击它，则该画面名称自动添加到了函数的参数位置。至此，该例中显示画面的程序编辑工作完成。

按照上面的例子，同样可以选择报警组名称、连接运算符、变量等到编辑器中。

2. 应用程序命令语言的定义

应用程序命令语言是指在组态王运行系统应用程序启动时、运行期间和程序退出时执行的命令语言程序。如果是在运行系统运行期间，则该程序按照指定时间间隔定时执行。

如图 5.6 所示，当选择“运行时”选项卡时，会有输入执行周期的文本框“每……毫秒”。输入执行周期，则组态王运行系统运行时，将按照该时间周期性地执行这段命令语言程序，无论打开画面与否。

选择“启动时”选项卡，在该编辑器中输入命令语言程序，该段程序只在运行系统程序启动时执行一次。

选择“停止时”选项卡，在该编辑器中输入命令语言程序，该段程序只在运行系统程序退出时执行一次。

5.1.2　数据改变命令语言

在工程浏览器中选择“命令语言”|“数据改变命令语言”命令，在浏览器右侧双击“新建”图标，弹出数据改变命令语言编辑器，如图 5.7 所示。数据改变命令语言触发的条件为连接的变量或变量的域的值发生了变化。

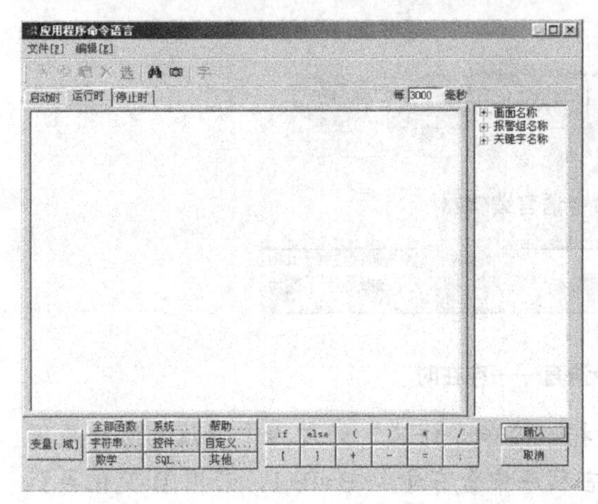

图 5.6　“应用程序命令语言”编辑器

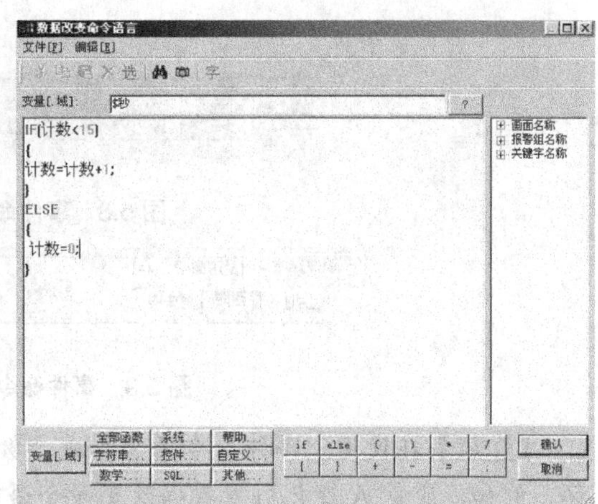

图 5.7　“数据改变命令语言”编辑器

在命令语言编辑器“变量[.域]”文本框中输入或通过单击“？”按钮来选择变量名称(如原料罐液位)或变量的域(如原料罐液位.Alarm)。这里可以连接任何类型的变量和变量的域，如离散型、整型、实型、字符串型等。当连接的变量的值发生变化时，系统会自动执行该命令语言程序。数据改变命令语言可以按照需要定义多个。

5.1.3 事件命令语言

事件命令语言是指当规定的表达式的条件成立时执行的命令语言。如某个变量等于定值，某个表达式描述的条件成立。在工程浏览器中选择“命令语言”|“事件命令语言”命令，在浏览器右侧双击“新建”图标，弹出事件命令语言编辑器，如图 5.8 所示。事件命令语言有三种类型：

发生时：事件条件初始成立时执行一次。

存在时：事件存在时定时执行，在“每……毫秒”文本框中输入执行周期，则当事件条件成立存在期间周期性执行命令语言，如图 5.9 所示。

消失时：事件条件由成立变为不成立时执行一次。

事件描述：指定命令语言执行的条件。

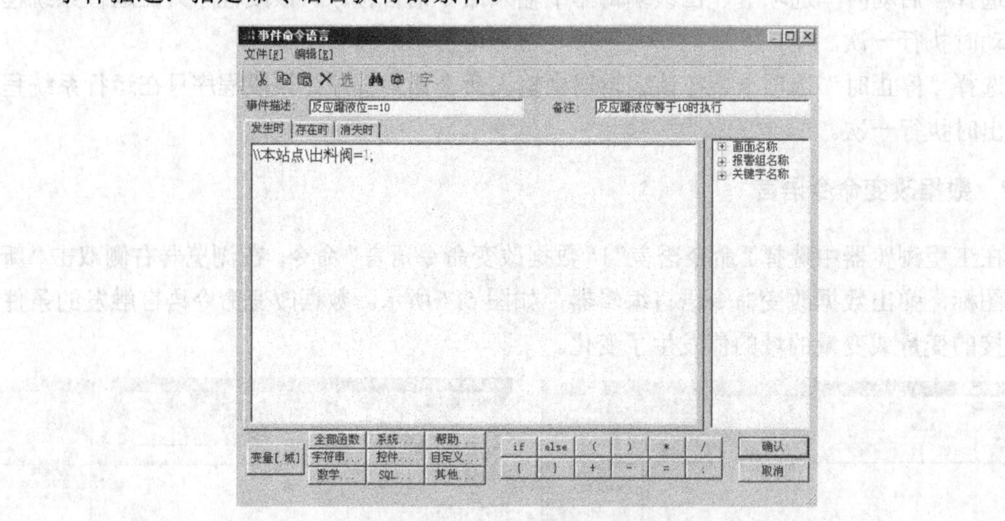

图 5.8 事件命令语言编辑器

图 5.9 事件命令语言——存在时

【注意】在使用“事件命令语言”或“数据改变命令语言”的过程中要注意防止死循环。例如，变量 A 变化引发数据改变命令语言程序中含有命令 B=B+1，若用 B 变化再引发事件命令语言或数据改变命令语言的程序中不能再有类似 A=A+1 的命令。数据改变命令语言和事件命令语言的条件如果引用远程变量，则下面的命令语言不执行。

5.1.4 热键命令语言

“热键命令语言”链接到指定的热键上，软件运行期间，随时按键盘上相应的热键都可以启动这段命令语言程序。热键命令语言可以指定使用权限和操作安全区。当输入热键命令语言时，在工程浏览器的目录显示区，选择“文件”|“命令语言”|“热键命令语言”，

双击右边的内容显示区出现“新建”图标，弹出“热键命令语言”编辑器，如图 5.10 所示。

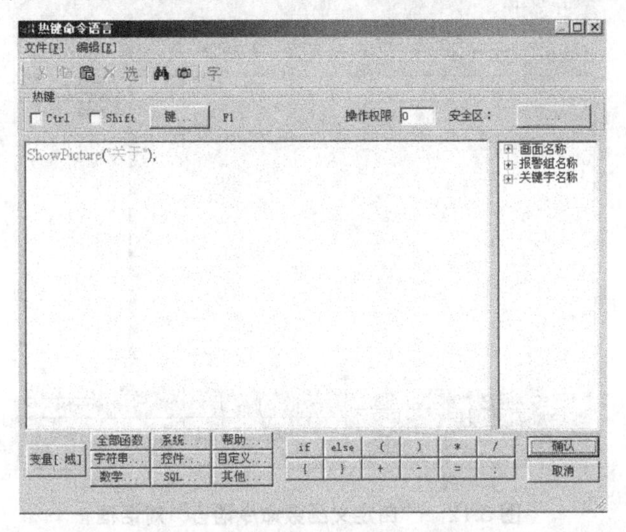

图 5.10　“热键命令语言”编辑器

当 Ctrl 和 Shift 键左边的复选框被选中时，表示此键有效。热键定义区的右边为键按钮选择区，单击此按钮，则弹出图 5.11 所示的对话框。

在此对话框中选择一个键，则此键被定义为热键，还可以与 Ctrl 和 Shift 键形成组合键。

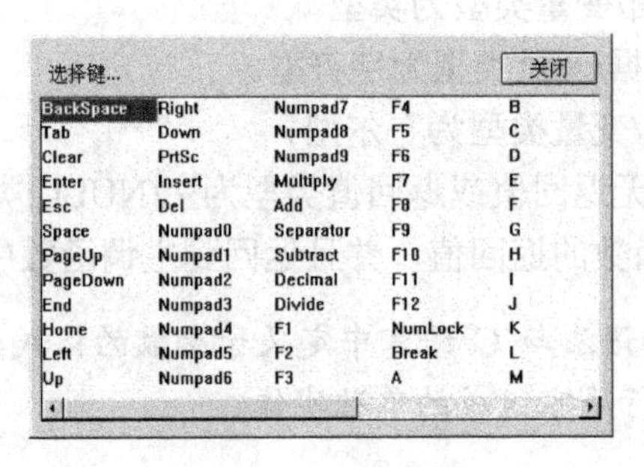

图 5.11　热键选择

5.1.5　用户自定义函数

如果组态王提供的各种函数不能满足工程的特殊需要，组态王还提供用户自定义函数功能。用户可以自己定义各种类型的函数，通过这些函数能够实现工程特殊的需要。如特殊算法、模块化的公用程序等，都可通过自定义函数来实现。

自定义函数是利用类似 C 语言来编写的一段程序，其自身不能直接被组态王触发调用，必须通过其他命令语言来调用执行。

当编辑自定义函数时，在工程浏览器的目录显示区，选择“文件”|“命令语言”|“自定义函数命令语言”命令，在右边的内容显示区出现“新建”图标，双击此图标，将出现“自定义函数命令语言”对话框，如图 5.12 所示。

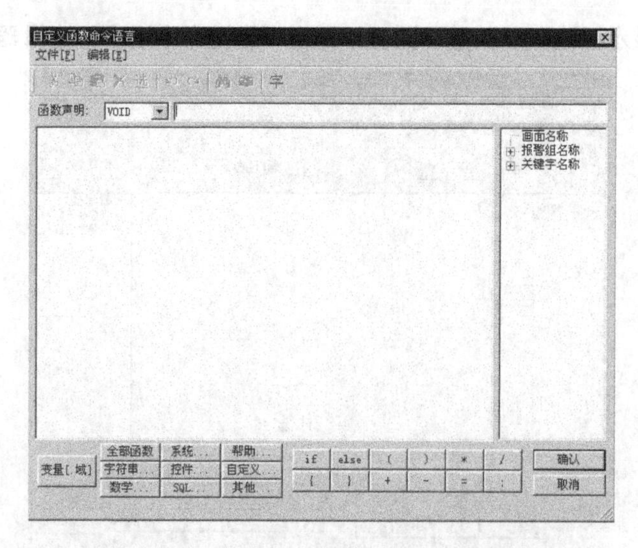

图 5.12 “自定义函数命令语言”对话框

1. 自定义函数的类型

自定义函数里有 6 个关键字，分别是 LONG、FLOAT、STRING、BOOL、VOID、RETURN，大小写均可，语法含义和 C 语言类似。

(1) LONG：表示数据/变量类型为整型。

(2) FLOAT：表示数据/变量类型为实型。

(3) STRING：表示数据/变量类型为字符型。

(4) BOOL：表示数据/变量类型为布尔型。

(5) VOID：表示函数无返回值或返回值类型为空(NULL)类型；

(6) RETURN：表示函数的返回值，并且返回到主调函数中。

【注意】自定义函数的语法与 C 语言中定义子函数的格式类似。自定义函数命令语言是由变量定义部分和可执行语言组成的单独实体。

2. 自定义函数的定义和使用

图 5.12 所示为自定义函数的编辑器。在“函数声明”选项后的列表框中选择函数返回值的数据类型，包括下面 5 种，即 VOID、LONG、FLOAT、STRING、BOOL，按照需要选择一种。如果函数没有返回值，则直接选择“VOID”。

在“函数声明”数据类型后的文本框中输入该函数的名称，不能为空。函数名称的命名应该符合组态王的命名规则，不能为组态王中已有的关键字或变量名。函数名后应该加小括号“( )”，如果函数带有参数，则应该在括号内声明参数的类型和参数名称。参数可以设置多个。

在“函数体(执行代码)”文本框中输入要定义的函数体程序内容。在函数内容编辑区内，可以使用自定义变量。函数体内容是指自定义函数所要执行的功能。函数体中的最后部分是返回语句。如果该函数有返回值，则使用 Return Value(Value 为某个变量的名称)。

对于无返回值的函数也可以使用 Return，但只能单独使用 Return，表示当前命令语言或函数执行结束。

自定义函数中的函数名称和在函数中定义的变量不能与组态王中定义的变量、组态王的关键字、函数名等相同。

【举例】 构建一个 VOID 型函数，实现阶乘，返回类型为"VOID"，函数名为"jiechen (long Ref,long Ret)"。

【解答】

函数体的内容为

```
VOID jiechen(long Ref,long Ret)
{//本函数为无返回值型函数，实现阶乘运算，参加运算的变量均在函数的参数中
//Ref 为参加运算的变量，Ret 为计算结果
long a;   //自定义变量，控制阶乘循环次数
long mul; //自定义变量，存储阶乘运算结果
a=1;
mul=1;
if(Ref<=0)
mul=1;
else
{ while(a<=Ref)
 {mul=mul*a;
  a=a+1;
}}
Ret=mul;
return;   //函数执行结束
}
```

当定义完成后，在组态王自定义函数内容区出现"VOID jiechen(long Ref,long Ret)"函数。如在按钮命令语言中调用，则实现一个数的阶乘运算，在组态王中定义整型变量为"因数，结果"，在按钮命令语言中输入"jiechen(因数,结果)"，则变量"结果"得到的值为计算结果。

【注意】 当很多的命令语言里需要一段同样的程序时，可以定义一个自定义函数，在命令语言里来调用，减少了手工的输入量，减小了程序的规模，同时也使程序的修改和调试变得更为简明、方便。

除了用户自定义函数外，组态王提供了 3 个报警预置自定义函数，利用这些函数，可以方便地在报警产生时做一些处理。

5.1.6　画面命令语言

画面命令语言就是与画面显示与否有关系的命令语言程序。画面命令语言定义在画面属性中。打开一个画面，选择"编辑"|"画面属性"菜单，或右击画面，在弹出的快捷菜单中选择"画面属性"菜单项，或按 Ctrl+W 键，打开"画面属性"对话框，在对话框上单击"命令语言"按钮，弹出"画面命令语言"编辑器，如图 5.13 所示。

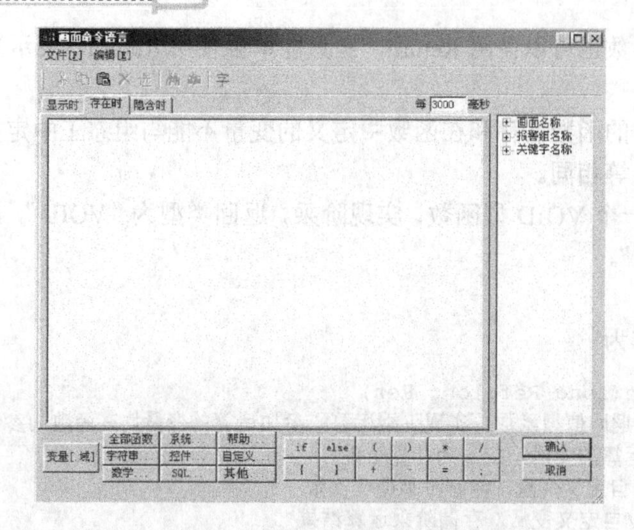

图 5.13 “画面命令语言”编辑器

画面命令语言分为 3 个部分：显示时、存在时、隐含时。

(1) 显示时：打开或激活画面为当前画面，或画面由隐含变为显示时执行一次。

(2) 存在时：画面在当前显示时，或画面由隐含变为显示时周期性执行，可以定义指定执行周期，在“存在时”选项卡中的“每……毫秒”文本框中输入执行的周期时间。

(3) 隐含时：画面由当前激活状态变为隐含或被关闭时执行一次。

只有画面被关闭或被其他画面完全遮盖时，画面命令语言才会停止执行。只与画面相关的命令语言可以写到画面命令语言里——如画面上动画的控制等，而不必写到后台命令语言中，如应用程序命令语言等，这样可以减轻后台命令语言的压力，提高系统运行的效率。

5.1.7 动画连接命令语言

对于图素，有时一般的动画连接表达式完成不了工作，而程序只需要单击一下画面上的按钮等图素才执行，如单击一个按钮，执行一连串的动作，或执行一些运算、操作等。这时，可以使用动画连接命令语言。该命令语言是针对画面上的图素的动画连接的，组态王中的大多数图素都可以定义动画连接命令语言。如在画面上放置一个按钮，双击该按钮，弹出“动画连接”对话框，如图 5.14 所示。

在“命令语言连接”选项中包含 3 个选项。

(1) 按下时：当鼠标在该按钮上按下时，或与该连接相关联的热键按下时执行一次。

(2) 弹起时：当鼠标在该按钮上弹起时，或与该连接相关联的热键弹起时执行一次。

(3) 按住时：当鼠标在该按钮上按住，或与该连接相关联的热键按住，没有弹起时周期性执行该段命令语言。按住时命令语言连接可以定义执行周期，在按钮后面的“毫秒”选项文本框中输入按钮被按住时命令语言执行的周期。

单击上述任何一个按钮都会弹出动画连接命令语言编辑器，如图 5.15 所示。其用法与其他命令语言编辑器用法相同。动画连接命令语言可以定义关联的动作热键，如图 5.14 所

示，单击“等价键”选项组中的“无”按钮，可以选择关联的热键，也可以选择 Ctrl、Shift 选项与之组成组合键。运行时，按此热键，效果同在按钮上单击相同。

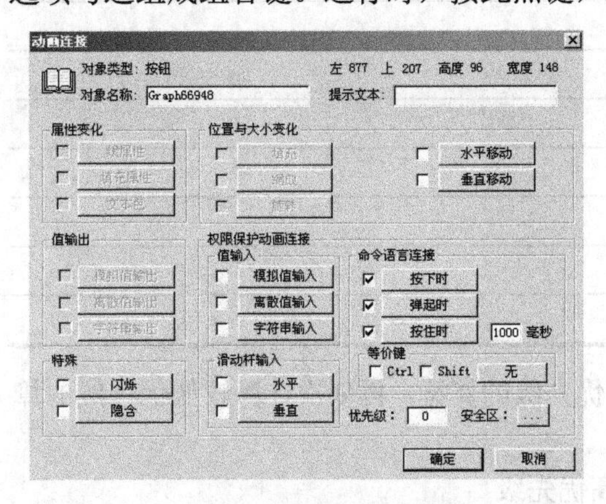

图 5.14　图素命令语言连接

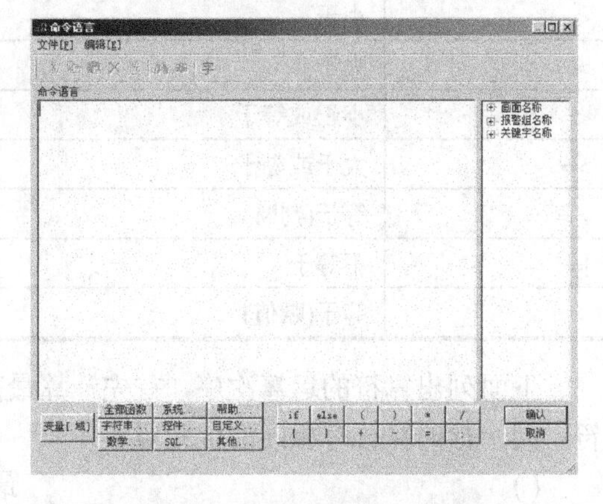

图 5.15　图素命令语言编辑器

【注意】定义有动画连接命令语言的图素可以定义操作权限和安全区，只有符合安全条件的用户登录后，才可以操作该按钮。

5.2　命令语言语法

命令语言程序的语法与一般 C 程序的语法没有大的区别，每一程序语句的末尾应该用分号“;”结束，在使用 if…else…、while( )等语句时，其程序要用花括弧“{ }”括起来。

5.2.1　运算符

用运算符连接变量或常量就可以组成较简单的命令语言语句，如赋值、比较、数学运算等。命令语言中可使用的运算符以及算符优先级与连接表达式相同。运算符见表 5-1。

表 5-1　运算符

~	取补码，将整型变量变成“2”的补码
*	乘法
/	除法
%	模运算
+	加法
−	减法(双目)
&	整型量按位与
|	整型量按位或
^	整型量异或
&&	逻辑与

续表

<table>
<tr><td>||</td><td>逻辑或</td></tr>
<tr><td><</td><td>小于</td></tr>
<tr><td>></td><td>大于</td></tr>
<tr><td><=</td><td>小于或等于</td></tr>
<tr><td>>=</td><td>大于或等于</td></tr>
<tr><td>= =</td><td>等于(判断)</td></tr>
<tr><td>!=</td><td>不等于</td></tr>
<tr><td>=</td><td>等于(赋值)</td></tr>
</table>

下面列出算符的运算次序，首先计算最高优先级的算符，再依次计算较低优先级的算符。同一行的算符有相同的优先级。

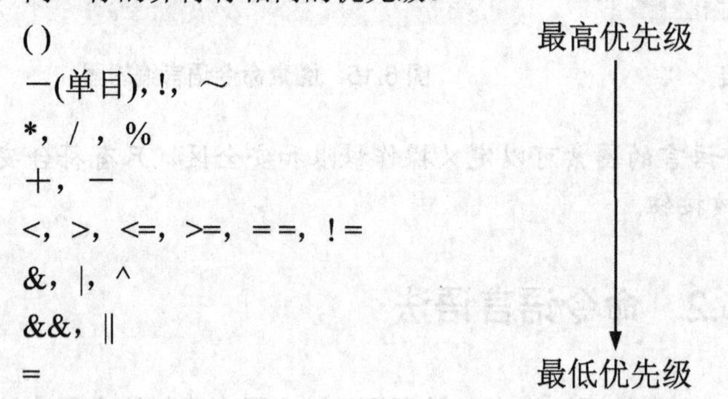

5.2.2 赋值语句

赋值语句用得最多，语法如下：变量(变量的可读写域)＝表达式；可以给一个变量赋值，也可以给可读写变量的域赋值。

【举例】采用赋值语句实现变量“自动开关”打开，“颜色”设定为黑色，设定“反应罐温度”的报警优先级为“3”。

【解答】

```
自动开关=1;                  表示将自动开关置为开(1 表示开, 0 表示关)
颜色=2;                      将颜色置为黑色(如果数字 2 代表黑色)
反应罐温度.priority=3;       表示将反应罐温度的报警优先级设为 3
```

5.2.3 if-else 语句

if-else 语句用于按表达式的状态有条件地执行不同的程序，可以嵌套使用。语法为

```
if(表达式)
{
一条或多条语句;
}
else
{
```

```
        一条或多条语句;
        }
```

if-else 语句里如果是单条语句可省略花括弧“{}”，多条语句必须在一对花括弧“{}”中，else 分支可以省略。

举例：

```
    if(step==3)
    {
        颜色="红色";
        反应罐温度.priority=1;
      }
    else
    {
    颜色="黑色";
    反应罐温度.priority=3;
    }
```

上述语句表示当变量 step 与数字 3 相等时，将变量颜色置为“红色”(变量“颜色”为内存字符串变量)，反应罐温度的报警优先级设为 1；否则变量颜色置为“黑色”，反应罐温度的报警优先级设为 3。

5.2.4　while( )语句

当 while( )括号中的表达式条件成立时，循环执行后面“{}”内的程序。语法如下：

```
while(表达式)
{
一条或多条语句;
}
```

同 if 语句一样，while 里的语句若是单条语句，可省略花括弧“{}”外，但若是多条语句必须在一对花括弧“{}”中。

举例：

```
    while(循环<=10)
    {
        ReportSetCellvalue("实时报表",循环, 1, 原料罐液位);
              循环=循环+1;
      }
```

当变量“循环”的值小于或等于 10 时，向报表第一列的 1～10 行添入变量“原料罐液位”的值。应该注意使 while 表达式条件满足，否则退出循环。

5.2.5　命令语言程序的注释方法

命令语言程序添加注释，有利于程序的可读性，也方便程序的维护和修改。组态王的所有命令语言中都支持注释。注释的方法分为单行注释和多行注释两种。注释可以在程序的任何地方进行。

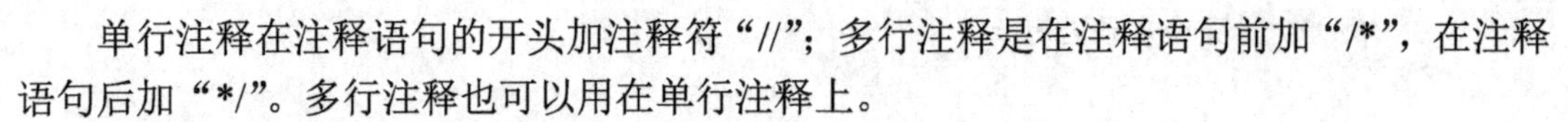

单行注释在注释语句的开头加注释符“//”；多行注释是在注释语句前加“/*”，在注释语句后加“*/”。多行注释也可以用在单行注释上。

【**举例**】对下列编程语句进行注释。

```
if(游标刻度>=10)
装桶速度=80;
if(游标刻度>=10)
装桶速度=80;
```

【**解答**】

```
if(游标刻度>=10)        //判断液位的高低
装桶速度=80;            //设置装桶速度
if(游标刻度>=10)        /*判断液位的高低*/
装桶速度=80;
```

5.3 命令语言函数及使用方法

“组态王”支持使用内建的复杂函数，其中包括字符串函数、数学函数、系统函数、控件函数、SQL 函数及其他函数。

5.3.1 常用命令语言函数

1. ShowPicture

此函数用于显示画面。

调用格式：ShowPicture("PictureName");

PictureName：画面名称。

2. ClosePicture

此函数用于将已调入内存的画面关闭，并从内存中删除。

语法格式：ClosePicture("PictureName");

PictureName：画面名称。

ShowPicture("PictureName")和 ClosePicture("PictureName")这两条命令是专门用来进行画面切换的。

3. Exit

此函数使组态王运行环境退出。

调用形式：Exit(Option);

参数：

Option：整型变量或数值。

0——退出当前程序；1——关机；2——重新启动 Windows。

4. 菜单制作命令语言

用户将经常要调用的功能做成菜单形式，方便用户管理，并且对该菜单可以设置权限，提高系统操作的安全性。

Menuindex：第一级菜单项的索引号。

childmenuindex：第二级菜单项的索引号。当没有第二级菜单项时，在命令语言中条件应为 childmenuindex==-1 或不写。

在命令语言编辑区中按照工程需要对 menuindex 和 childmenuindex 的不同值定义不同的功能。menuindex 和 childmenuindex 都是从等于 0 开始，menuindex==0 表示：一级菜单中的第一个菜单；childmenuindex==0 表示：所属一级菜单中的第一个二级菜单。

5.3.2　命令语言函数使用实例

在组态王中，可以利用组态王提供的函数实现相应的操作。

【举例】通过 Exit( )函数来实现退出组态王运行系统，返回到 Windows。

【操作步骤】

(1) 选择工具箱中的工具，在画面上画一个按钮，选中按钮并右击，在弹出的下拉菜单中执行“字符串替换”命令，设置按钮文本为“系统退出”。

(2) 双击按钮，弹出“动画连接”对话框，在此对话框中选择“弹起时”选项弹出命令语言编辑框，在编辑框中输入如下命令语言：Exit(0)。

(3) 单击“确认”按钮关闭对话框，当系统进入运行状态时单击此按钮系统将退出组态王运行环境。

【举例】利用菜单功能完成演示工程“两种液体混合加热”中画面之间的切换。

【操作步骤】

(1) 创建菜单：工具箱中有一个专门的“菜单”工具，单击“工具箱”|“菜单”按钮，或单击“工具”|“菜单”，鼠标光标变为“十”字形，首先将鼠标光标置于一个起始位置，此位置就是矩形菜单按钮的左上角。按住鼠标的左键并拖曳鼠标，牵拉出菜单按钮的另一个对角顶点即可。

(2) 菜单定义绘制出菜单后，更重要的是对菜单进行功能定义，即定义菜单下的各功能项及其功能，如图 5.16 所示。

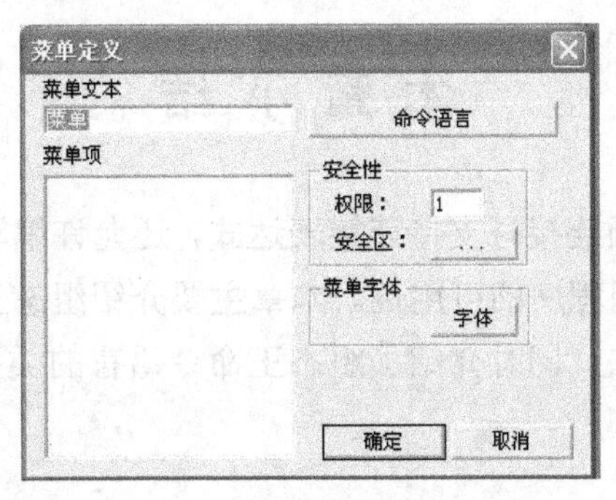

图 5.16　“菜单定义”对话框

(3) 命令语言：自定义菜单就是允许用户在运行时选择菜单各项执行已定义的功能。菜单制作命令语言格式如下：

```
if(menuindex==0)
Showpicture("画面 1 名称");
if(menuindex==1)
Showpicture("画面 2 名称");
if(menuindex==2&&childmenuindex==0)
Showpicture("画面 3 名称(子菜单第一级)");
if(menuindex==2&&childmenuindex==1)
Showpicture("子菜单 2");
if(menuindex==4)
Showpicture("画面 5 名称");
if(menuindex==5)
Exit(0 );
```

【举例】定义热键，当按 F1 键时，使原料油出料阀被开启或关闭。

【操作步骤】

(1) 在工程浏览器左侧的“工程目录显示区”内选择“命令语言”选项下的“热键命令语言”选项，双击“目录内容显示区”的“新建”图标弹出“热键命令语言”编辑器，如图 5.10 所示。

(2) 在该窗口中单击“键”按钮，在弹出的“选择键”对话框中选择 F1 键后关闭对话框。

(3) 在命令语言编辑区中输入如下命令语言：

```
if(\\本站点\原料油出料阀==1)
\\本站点\原料油出料阀=0;
else
\\本站点\原料油出料阀=1;
```

(4) 单击“确认”按钮关闭对话框。当系统进入运行状态时，按 F1 键执行上述命令语言：首先判断原料油出料阀的当前状态，如果是开启的则将其关闭，否则将其打开，从而实现了按钮开和关的切换功能。

本 章 小 结

组态王除了在定义动画连接时支持连接表达式，还允许编写命令语言来扩展应用程序的功能，极大地增强了应用程序的可用性。本章主要介绍组态王命令程序语言的应用，了解命令语言函数的使用方法，同时介绍了组态王命令语言的类型和语法。

知识拓展

组态王结构化程序设计方法

结构化程序设计(Structured Programming)是进行以模块功能和处理过程设计为主的详细设计的基本原则。其概念最早由荷兰计算机科学家艾兹格•W•迪科斯彻(E.W.Dijikstra)在1965年提出的，是软件设计发展过程中的一个重要的里程碑。它的主要观点是采用自顶向下、逐步求精的程序设计方法；使用3种基本控制结构构造程序，即任何程序都可由顺序、选择、循环3种基本控制结构所构造，其流程图如图5.17(a)、(b)、(c)所示。

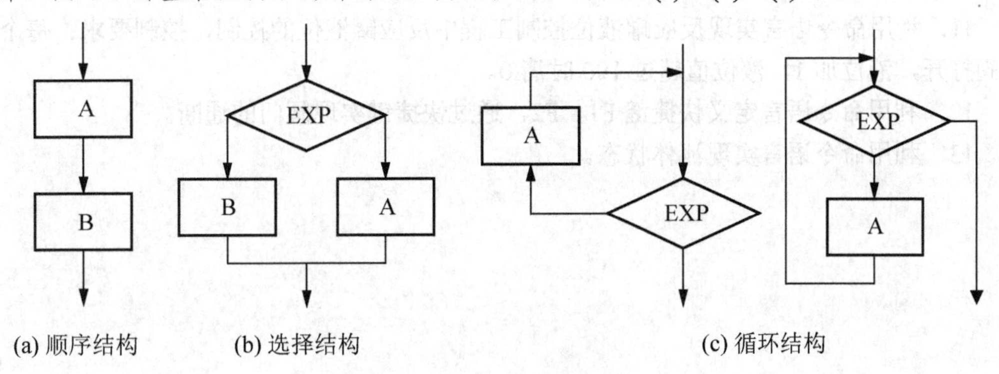

图 5.17　程序的基本控制结构流程图

结构化程序设计方法，它采用自顶向下逐步求精的设计方法和单入口单出口的控制结构。在总体设计阶段采用自顶向下逐步求精的方法，可以把一个复杂问题分解和细化成一个由许多模块组成的层次结构的软件系统。在详细设计或编码阶段采用自顶向下逐步求精的方法，可以把一个模块的功能逐步分解细化为一系列具体的处理步骤或某种高级语言的语句。所谓自顶向下，就是将复杂、大的问题划分为小问题，找出问题的关键、重点所在，然后用精确的思维定性、定量地去描述问题。所谓逐步求精，就是将现实世界的问题经抽象转化为逻辑空间或求解空间的问题。复杂问题经抽象化处理变为相对比较简单的问题。经若干步骤的抽象精化处理，最后到求解域中只是比较简单的编程问题。

思考题与习题

1．命令语言有哪些类型？

2．应用程序命令语言中“启动时”与“运行时”有什么区别？

3．事件命令语言有____________、____________、____________3种类型。

4．如何设置画面命令语言？

5．命令语言的运算符的优先级是什么？

6．动画连接命令语言主要有 3 个状态，分别为________________、________________、________________。

7．命令语言如何注释？

8．下列运算符中优先级最高的运算符是(　　)。

A．<　　　B．～　　　C．%　　　D．+

9．利用命令语言实现十字路口交通灯的控制，控制要求：东西向绿灯亮(20s)，黄灯闪(3s)；红灯亮(20s)；南北向红灯亮(20s)，黄灯闪(3s)，绿灯亮(20s)。

10．画面命令语言中要求画面打开时程序运行应把程序写在(　　)部分。

A．显示时　　　B．存在时　　　C．隐含时　　　D．停止时

11．利用命令语言实现反应罐液位控制工程中反应罐液位的控制，控制要求：每个进料阀打开，液位加 1，液位值超过 100 时清 0。

12．利用命令语言定义快捷键 F1、F2，通过快捷键实现阀门的通断。

13．利用命令语言实现流体状态。

第6章

组态王曲线应用

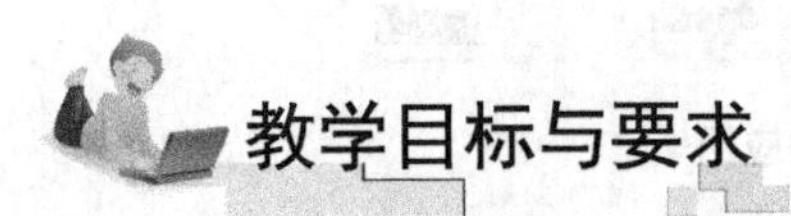

教学目标与要求

- ☞ 理解组态王工程中曲线的类型。
- ☞ 理解组态王工程中曲线的作用。
- ☞ 掌握历史趋势曲线及实时趋势曲线的应用。
- ☞ 掌握温控曲线和 X-Y 曲线的应用。
- ☞ 理解组态王中曲线的设置。

引言

趋势分析是控制软件必不可少的功能，“组态王”对该功能提供了强有力的支持和简单的控制方法。组态王的实时数据和历史数据除了在画面中以值输出的方式和以报表形式显示外，还可以曲线形式显示。组态王的曲线有趋势曲线、温控曲线和 X-Y 曲线等。趋势曲线有实时趋势曲线和历史趋势曲线两种。曲线外形类似于坐标纸，X 轴代表时间，Y 轴代表变量值，如图 6.1 所示。在趋势曲线中可以规定时间间距、数据的数值范围、网格分辨率、时间坐标数目、数值坐标数目以及绘制曲线的“笔”的颜色属性。当画面程序运行时，实时趋势曲线可以自动卷动，以快速反应变量随时间的变化；历史趋势曲线不能自动卷动，它一般与功能按钮一起工作，共同完成历史数据的查看工作。这些按钮可以完成翻页、设定时间参数、启动/停止记录、打印曲线图等复杂功能。温控曲线反映出实际测量值按设定曲线变化的情况。在温控曲线中，纵轴代表温度值，横轴对应时间的变化，同时将每一个温度采样点显示在曲线中，主要适用于温度控制，流量控制等。X-Y 曲线主要是用曲线来显示两个变量之间的运行关系，如电流-转速曲线等。

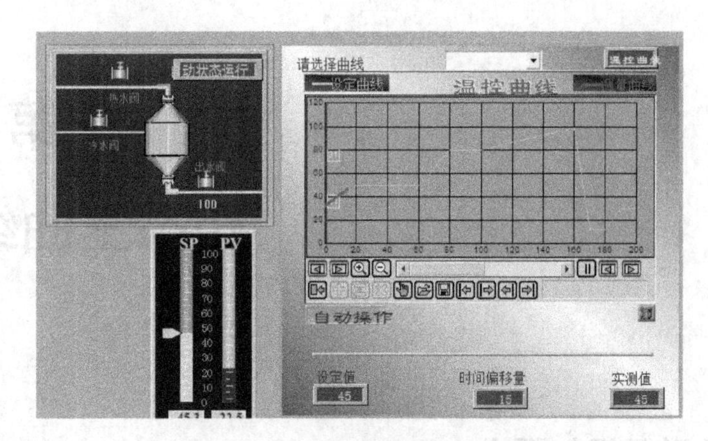

图 6.1　温控趋势曲线的应用

6.1　实时趋势曲线

在组态王开发系统中制作画面时，选择菜单“工具”|“实时趋势曲线”选项或单击工具箱中的“画实时趋势曲线”按钮，此时鼠标在画面中变为十字形，在画面中用鼠标画出一个矩形，实时趋势曲线就在这个矩形中绘出，如图 6.2 所示。

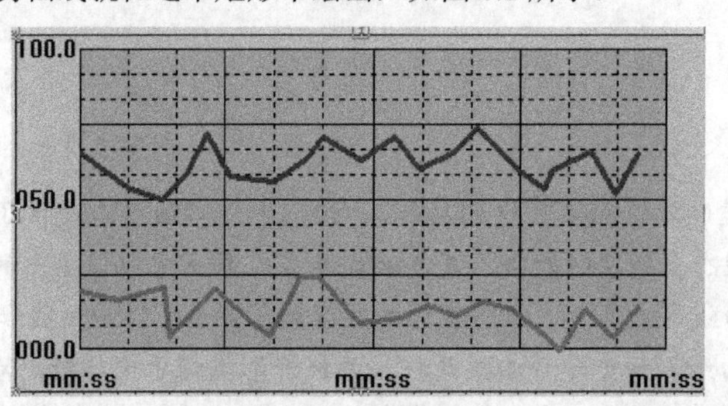

图 6.2　实时趋势曲线

实时趋势曲线对象的中间有一个带有网格的绘图区域，表示曲线将在这个区域中绘出，网格左方和下方分别是 X 轴(时间轴)和 Y 轴(数值轴)的坐标标注。此时，可以通过选中实时趋势曲线对象(周围出现 8 个小矩形)来移动位置或改变大小。在画面运行时，实时趋势曲线对象由系统自动更新。

在生成实时趋势曲线对象后，双击此对象，弹出“实时趋势曲线”对话框，选择“曲线定义”选项卡，如图 6.3 所示。本对话框通过选择对话框上端的两个选项卡在“曲线定义”和“标识定义”之间切换，如图 6.4 所示。

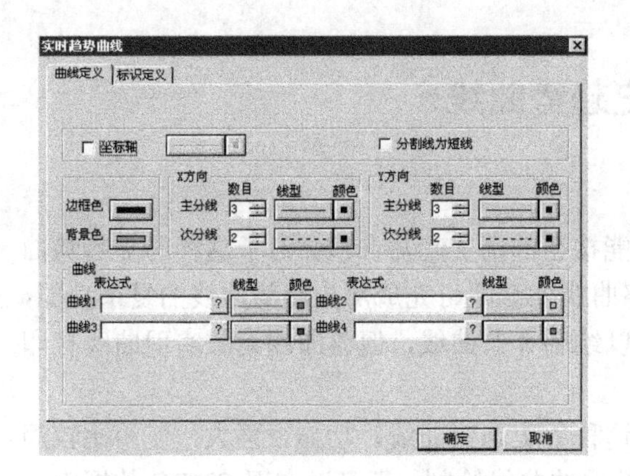

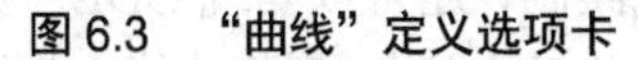
图 6.3　“曲线”定义选项卡

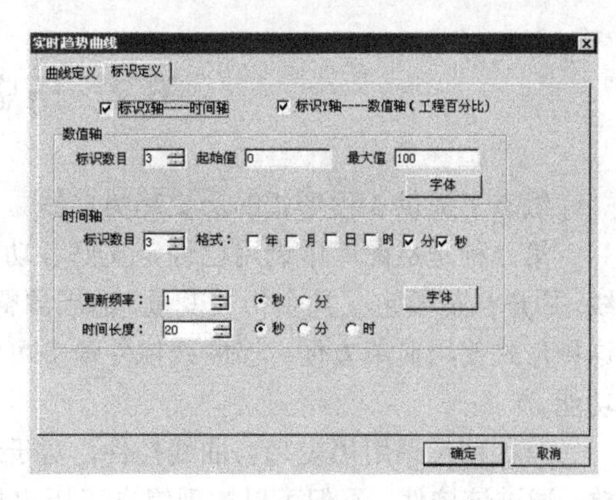

图 6.4　“标识定义”选项卡

“曲线定义”选项卡选项如下。

(1) 坐标轴：目前此项无效。

(2) 分割线为短线：选择分割线的类型。选中此项后在坐标轴上只有很短的主分割线，整个图纸区域接近空白状态，没有网格，同时下面的“次分线”选择项变灰。

(3) 边框色、背景色：分别规定绘图区域的边框和背景(底色)的颜色。单击这两个按钮的方法与坐标轴按钮类似，弹出的浮动对话框也与之大致相同，只是没有线型选项。

(4) X 方向、Y 方向：X 方向和 Y 方向的主分割线将绘图区划分成矩形网格，次分割线将再次划分主分割线划分出来的小矩形。这两种线都可改变线型和颜色。分割线的数目可以通过小方框右边“加减”按钮增加或减小，也可通过编辑区直接输入。可以根据实时趋势曲线的大小决定分割线的数目，分割线最好与标识定义(标注)相对应。

(5) 曲线：定义所绘的 1～4 条曲线 Y 坐标对应的表达式，实时趋势曲线可以实时计算表达式的值，所以它可以使用表达式。实时趋势曲线名的文本框中可输入有效的变量名或表达式，表达式中所用变量必须是数据库中已定义的变量。右边的“？”按钮可列出数据库中已定义的变量或变量域供选择。每条曲线可通过右边的线型和颜色按钮来改变线型和颜色。

“标识定义”选项卡选项如下。

(1) 时间轴、数值轴：选择是否为 X 或 Y 轴加标识，即在绘图区域的外面用文字标注坐标的数值。如果此项选中，左边的检查框中有小叉标记，同时下面定义相应标识的选择项也由灰变加亮。

(2) 数值轴(Y 轴)定义区：因为一个实时趋势曲线可以同时显示 4 个变量的变化，而各变量的数值范围可能相差很大，为使每个变量都能表现清楚，“组态王”中规定，变量在 Y 轴上以百分数表示，即以变量值与变量范围(最大值与最小值之差)的比值表示，所以 Y 轴的范围是 0(0%)～1(100%)。

(3) 标识数目：数值轴标识的数目，这些标识在数值轴上等间隔。

(4) 起始值：规定数值轴起点对应的百分比值，最小为 0。

(5) 最大值：规定数值轴终点对应的百分比值，最大为 100。

6.2 历史趋势曲线

组态王提供 3 种形式的历史趋势曲线。

第一种是从图库中调用已经定义好各功能按钮的历史趋势曲线，对于这种历史趋势曲线，用户只需要定义几个相关变量，适当调整曲线外观即可完成历史趋势曲线的复杂功能，这种形式使用简单方便；该曲线控件最多可以绘制 8 条曲线，但该曲线无法实现曲线打印功能。

第二种是调用历史趋势曲线控件，对于这种历史趋势曲线，功能很强大，使用比较简单。通过该控件，不但可以实现组态王历史数据的曲线绘制，还可以实现 ODBC 数据库中数据记录的曲线绘制，而且在运行状态下，可以实现在线动态增加/删除曲线、曲线图表的无级缩放、曲线的动态比较、曲线的打印等。

第三种是从工具箱中调用历史趋势曲线，对于这种历史趋势曲线，用户需要对曲线的各个操作按钮进行定义，即建立命令语言连接才能操作历史曲线，对于这种形式，用户使用时自主性较强，能做出个性化的历史趋势曲线；该曲线控件最多可以绘制 8 条曲线，该曲线无法实现曲线打印功能。

【注意】上述几种历史趋势曲线，都要进行相关配置，主要包括变量属性配置和历史数据文件存放位置配置。

6.2.1 历史趋势曲线配置

1. 定义变量范围

由于历史趋势曲线数值轴显示的数据是以百分比来显示，因此对于要以曲线形式来显示的变量需要特别注意变量的范围。如果变量定义的范围很大，如-999999～+999999，而实际变化范围很小，如-0.0001～+0.0001，那么曲线数据的百分比数值就会很小，在曲线图表上就会出现看不到该变量曲线的情况。

2. 对某变量作历史记录

对于要以历史趋势曲线形式显示的变量，都需要对变量作记录。在组态王工程浏览器中选择“数据库”项，再选择“数据词典”项，选中要作历史记录的变量，双击该变量，则弹出“定义变量”对话框，如图 6.5 所示。

选中“记录和安全区”选项卡，选择变量记录的方式。

3. 定义历史数据文件的存储目录

在组态王工程浏览器的菜单条上选择“配置”菜单，再从弹出的菜单命令中选择“历史数据记录”命令项，弹出“历史记录配置”对话框，如图 6.6 所示。

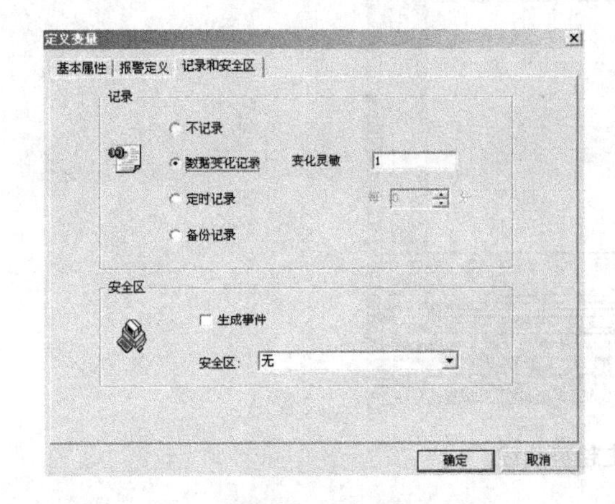

图 6.5　记录定义

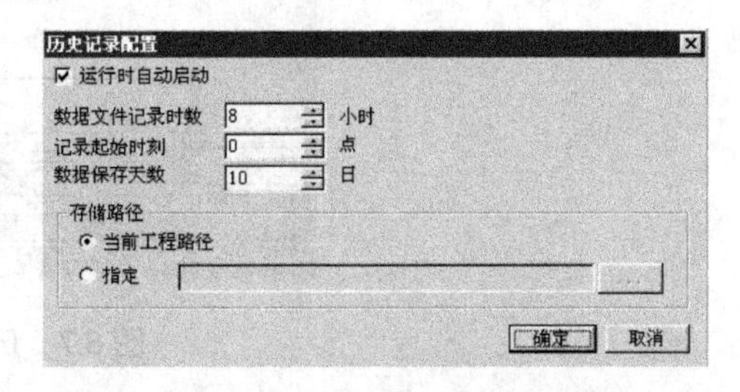

图 6.6　“定义记录配置”对话框

在此对话框中输入记录历史数据文件在磁盘上的存储路径和其他属性(如数据文件记录时数、记录起始时刻、数据保存天数)，也可进行分布式历史数据配置，使本机节点中的组态王能够访问远程计算机的历史数据。

4. 重启历史数据记录

在组态王运行系统的菜单条上选择“特殊”菜单项，再从弹出的菜单命令中选择“重启历史数据记录”命令，此选项用于重新启动历史数据记录。在没有空闲磁盘空间时，系统就自动停止历史数据记录。当发生此情况时，将显示信息框通知工程人员，工程人员将数据转移到其他地方后，空出磁盘空间，再选用此命令重启历史数据记录。

6.2.2　通用历史趋势曲线

1. 历史趋势曲线的定义

在组态王开发系统中制作画面时，选择菜单“图库”|“打开图库”项，弹出“图库管理器”，单击“图库管理器”中的“历史曲线”，在“图库”窗口内双击历史曲线(如果图库窗口不可见，则按 F2 键激活它)，然后“图库”窗口消失，鼠标在画面中变为直角形，鼠标移动到画面上适当位置，单击则历史曲线就复制到画面上了，如图 6.7 所示。此时，可以任意移动、缩放历史曲线。

历史趋势曲线对象的上方有一个带有网格的绘图区域，表示曲线将在这个区域中绘出，网格左方和下方分别是 X 轴(时间轴)和 Y 轴(数值轴)的坐标标注。

曲线的下方是指示器和两排功能按钮，可以通过选中历史趋势曲线对象(周围出现 8 个小矩形)来移动位置或改变大小。通过定义历史趋势曲线的属性可以定义曲线、功能按钮的参数、改变趋势曲线的笔属性和填充属性等，其中笔属性是趋势曲线边框的颜色和线型，填充属性是边框和内部网格之间的背景颜色和填充模式。

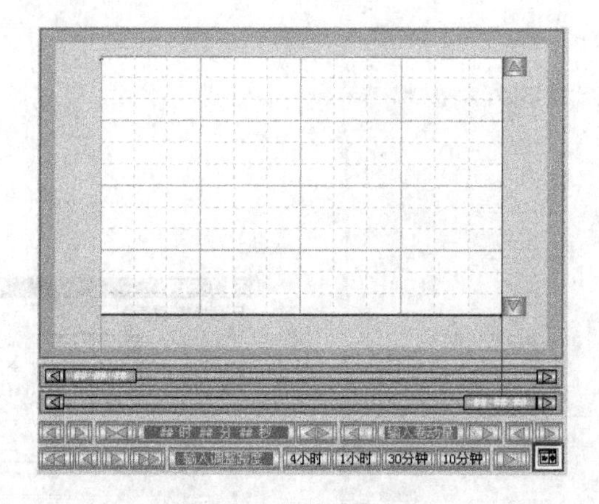

图 6.7　历史趋势曲线

2. “历史曲线向导”对话框

生成历史趋势曲线对象后，在对象上双击，弹出“历史曲线向导”对话框。历史趋势曲线对话框由 3 个选项卡即“曲线定义”、“坐标系”和“操作面板和安全属性”组成，如图 6.8 所示。

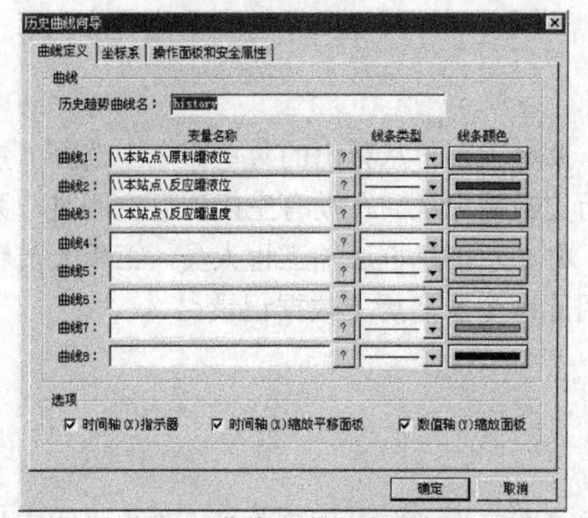

(a)“曲线定义”选项卡

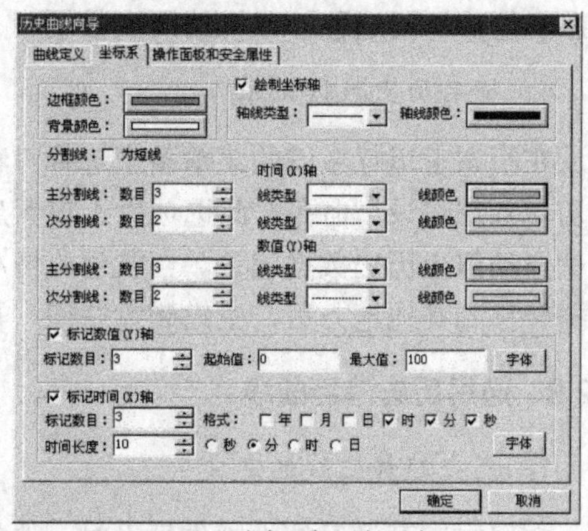

(b)“坐标系”选项卡

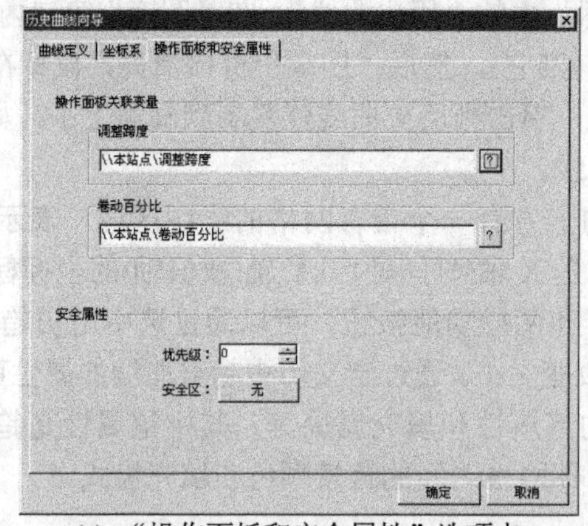

(c)“操作面板和安全属性”选项卡

图 6.8　“历史曲线向导”对话框

3．历史趋势曲线操作按钮

因为画面运行时不自动更新历史趋势曲线图表，所以需要为历史趋势曲线建立操作按钮，时间轴缩放平移面板就是提供一系列建立好命令语言连接的操作按钮，完成查看功能，如图 6.9 所示。

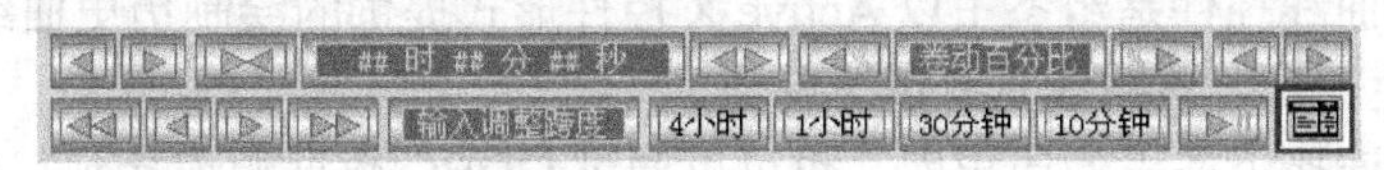

图 6.9　操作按钮

(1) 时间轴“单边卷动”按钮：其作用是单独改变使趋势曲线左端或右端的时间值。

(2) 时间轴“平动”按钮：其作用是使趋势曲线的左端和右端同时左移或右移。

(3) 时间轴“百分比平移”按钮：其作用是使趋势曲线的时间轴左移或右移一个百分比，百分比是指移动量与趋势曲线当前时间轴长度的比值。例如移动前时间轴的范围是 12:00～14:00，时间长度 120min，左移 10%即 12min 后，时间轴变为 11:48～13:48。

(4) “跨度调整和输入”按钮：选择或输入调整跨度量。

(5) 时间轴“缩放”按钮：建立时间轴上的“缩放”按钮是为了快速、细致地查看数据的变化。“缩放”按钮用于放大或缩小时间轴上的可见范围。

(6) 时间轴操作面板其他按钮。

“时间更新”按钮：将历史曲线时间轴的右端设置为当前时间，以查看最新数据。

“参数设置”按钮：在软件运行时设置记录参数，包括记录起始时间、记录长度等。在 TouchView 运行时可单击该按钮，弹出对话框，如图 6.10 所示。

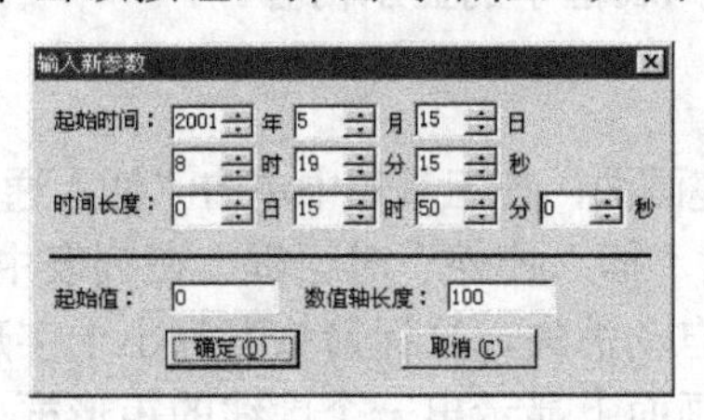

图 6.10　“设置参数”对话框

4．历史趋势曲线时间轴指示器

移动指示器，就可以查看整个曲线上变量的变化情况。移动指示器可以通过按钮，另外为使用方便，指示器也可以作为一个滑动杆，指示器已经建立好命令语言连接，具体有以下几种移动方式。

(1) 左指示器向左移动：弹起或按住第一排指示器的左端按钮时，左指示器向左移动。按住时的执行频率是 55ms。

(2) 左指示器向右移动：弹起或按住第一排指示器的右端按钮时，左指示器向右移动。按住时的执行频率是 55ms。

(3) 右指示器向左移动：弹起或按住第二排指示器的左端按钮时，右指示器向左移动。按住时的执行频率是 55ms。

(4) 右指示器向右移动：弹起或按住第二排指示器的右端按钮时，右指示器向右移动。按住时的执行频率是 55ms。

6.2.3 历史趋势曲线控件

KVHTrend 曲线控件是组态王以 Active X 控件形式提供的绘制历史曲线和 ODBC 数据库曲线的功能性工具。该曲线具有以下特点。

(1) 既可以连接组态王的历史库，也可以通过 ODBC 数据源连接到其他数据库上，如 Access、SQL Server 等。

(2) 当连接组态王历史库时，可以定义查询数据的时间间隔，如同在组态王中使用报表查询历史数据时使用查询间隔一样。

(3) 完全兼容了组态王原有历史曲线的功能。最多可同时绘制 16 条曲线。

(4) 可以在系统运行时动态增加、删除、隐藏曲线，还可以修改曲线属性。

(5) 曲线图表实现无级缩放。

(6) 可实现某条曲线在某个时间段上的曲线比较。

(7) 无效数据不显示。

(8) 数值轴可以使用工程百分比标识，也可用曲线实际范围标识，二者之间自由切换。

(9) 曲线支持毫秒级数据。

(10) 可直接打印图表曲线。

(11) 当通过 ODBC 数据源连接数据库时，可以自由选择数据库中记录时间的时区，根据选择的时区来绘制曲线。

(12) 可以自由选择曲线列表框中的显示内容。

1. 创建历史曲线控件

在组态王开发系统中新建画面，在工具箱中单击“插入通用控件”按钮或选择“编辑”|“插入通用控件”命令，弹出“插入控件”对话框，在列表中选择“历史趋势曲线”选项，单击“确定”按钮，对话框自动消失，鼠标箭头变为小十字形，在画面上选择控件的左上角，按住鼠标左键并拖动，画面上显示出一个虚线的矩形框，该矩形框为创建后的曲线的外框。当达到所需大小时，松开鼠标左键，则历史曲线控件创建成功，画面上显示出该曲线，如图 6.11 所示。

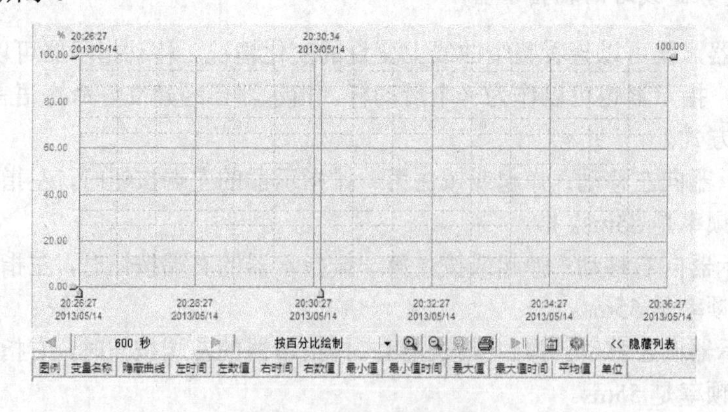

图 6.11 历史曲线控件

2. 设置历史曲线固有属性

历史曲线控件创建完成后，在控件上右击，在弹出的快捷菜单中选择“控件属性”命令，弹出历史曲线控件的固有属性对话框，如图 6.12 所示。

控件固有属性含有两个选项卡：曲线、坐标系。“曲线”选项卡中下半部分为说明定义在绘制曲线时，历史数据的来源，可以选择组态王的历史数据库或其他 ODBC 数据库为数据源。“曲线”选项卡中上半部分“曲线”列表是定义曲线图表初始状态的曲线变量、绘制曲线的方式、是否进行曲线比较等。单击“增加”按钮，弹出“增加曲线”对话框，如图 6.13 所示，在“变量名称”文本框中输入要添加的变量的名称，或在左侧的列表框中选择，该列表框中列出了本工程中所有定义了历史记录属性的变量，如果在定义变量属性时没有定义进行历史记录，则此处不会列出该变量。单击，则选中的变量名称自动添加到“变量名称”文本框中，一次只能添加一个变量，且必须通过单击该画面的“确定”按钮来完成这一条曲线的添加。选择曲线使用的数据来源，可同时支持组态王历史库和 ODBC 数据源。若选择 ODBC 数据源，则必须先配置数据源。具体配置方法如下：选择“控制面板”|“管理工具”|“数据源(ODBC)”命令，选择“用户 DSN”项，单击“添加”按钮，弹出“创建新数据源”对话框。选择所需数据源的驱动如“Microsoft Access Driver(*.mdb)”，单击“完成”按钮。弹出“ODBC Microsoft Access 安装”对话框。在“数据源名”文本框中定义一个数据源名称，用户可以自己设置，在数据库“选择”中选择曲线要访问的数据所在的数据库，此数据库的表至少有 3 个字段：时间字段、数据字段、毫秒字段。单击“确定”按钮，新创建的数据源就添加到“用户 DSN”列表中。当“数据来源”选择为“使用 ODBC 数据源”时，该界面下方的数据源详细定义选项将变为有效。选择完变量并配置完成后，单击“确定”按钮，则曲线名称添加到“曲线列表”中，可以增加多个变量到曲线列表中。选择已添加的曲线，则“删除”、“修改”按钮变为有效。

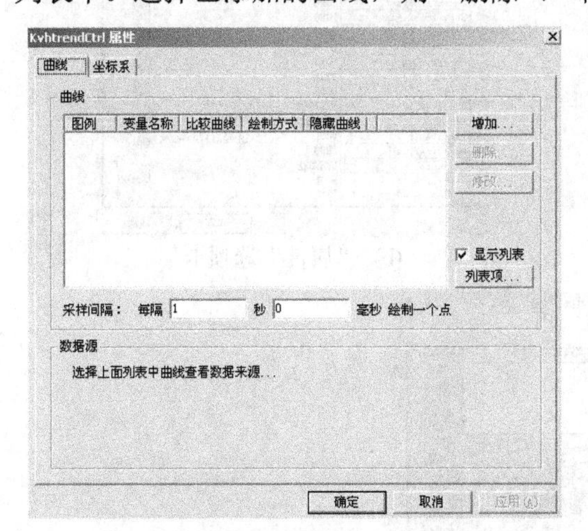

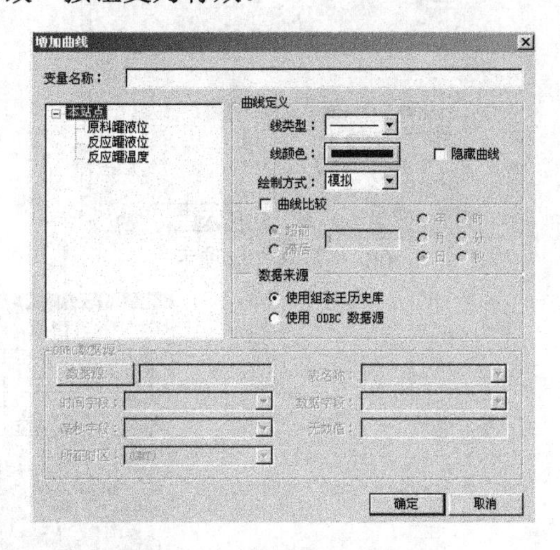

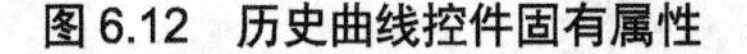
图 6.12　历史曲线控件固有属性

图 6.13　“增加曲线”对话框

选择“坐标系”选项卡，进入坐标系属性设置页，如图 6.14 所示。

图 6.14　“坐标系”选项卡

3. 历史曲线的动画连接

以上所述为设置历史曲线的固有属性，在使用该历史曲线时必定要使用到这些属性。由于该历史曲线以控件形式出现，因此该曲线还具有控件的属性，即可以定义“属性”和“事件”。该历史曲线的具体“属性”和“事件”详述如下。

选中并双击该控件，弹出“动画连接属性”对话框。“动画连接属性”对话框共有 3 个选项卡。“常规”选项卡定义该控件在组态王中的控件名、优先级、安全区，如“历史曲线”，该控件名在组态王当前工程中应该唯一。“属性”选项卡定义控件属性与组态王变量相关联的关系。“事件”选项卡定义控件的事件函数，如图 6.15 所示。

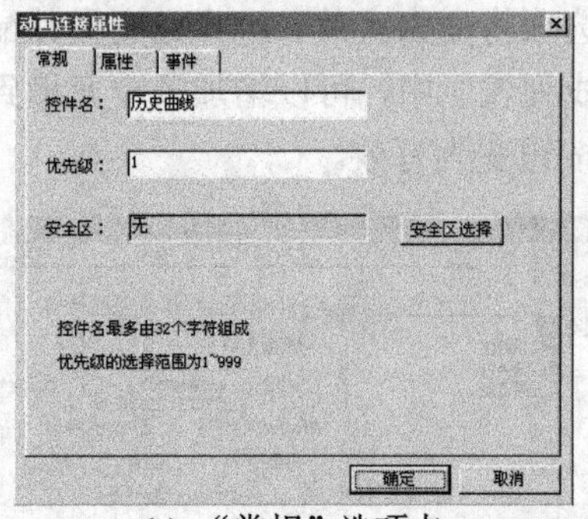

(a) “常规”选项卡

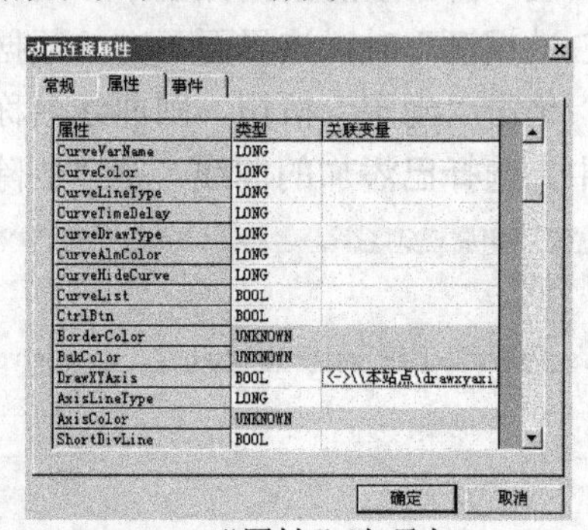

(b) “属性”选项卡

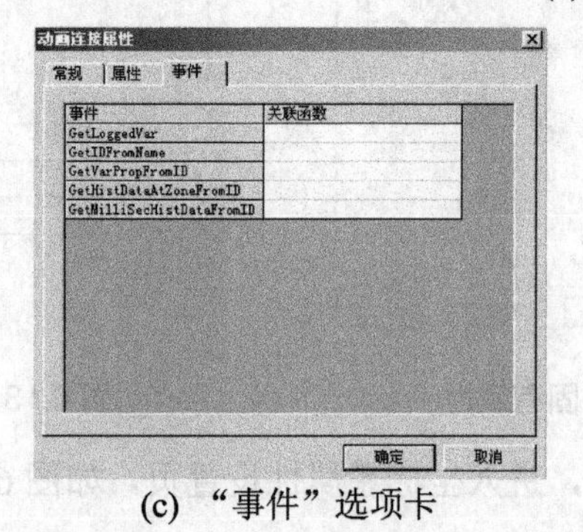

(c) “事件”选项卡

图 6.15　“动画连接属性”对话框

4. 运行时修改历史曲线属性

当历史曲线属性定义完成后，进入组态王运行系统，运行系统的历史曲线如图 6.16 所示。

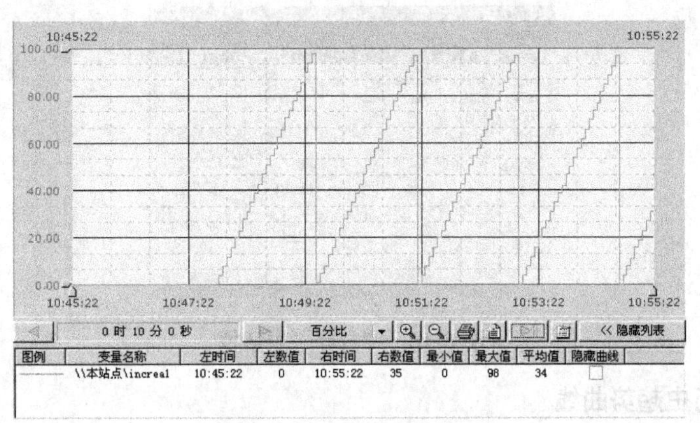

图 6.16　运行系统的历史曲线

拖动数值轴(Y 轴)指示器，可以放大或缩小曲线在 Y 轴方向的长度，一般情况下，该指示器标记为当前图表中变量量程的百分比。另外，可以修改该标记值为当前曲线列表中某一条曲线的量程数值。修改方法如下：单击图表下方工具条中的“百分比”按钮右侧的“箭头”按钮，弹出“曲线颜色”列表框。该列表框中显示的为每条曲线所对应的颜色(曲线颜色对应的变量可以从图表的列表中看到)，选择完曲线后，设置修改当前标记后数值轴显示数据的小数位数。选择完成后，数值轴标记显示的数据变为当前选定的变量的量程范围，标记字体颜色也相应变为当前选定的曲线的颜色，如图 6.17 所示。

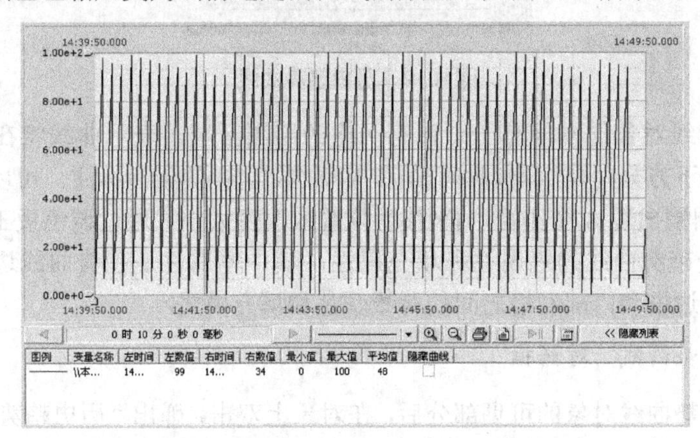

图 6.17　修改数值轴标记为变量实际量程

时间轴指示器所获得的时间字符串显示在时间指示器的顶部，时间轴指示器可以配合函数等获得曲线某个时间点上的数据。

曲线图表的工具条是用来查看变量曲线详细情况的。工具条的具体作用可以通过将鼠标放到按钮上时弹出的提示文本看到。

单击按钮弹出“打印”对话框，如图 6.18 所示。选择打印机，单击“属性”按钮，设置打印属性，如纸张大小、打印方向等。此时，可以将当前图表中显示的曲线及坐标系打印出来。

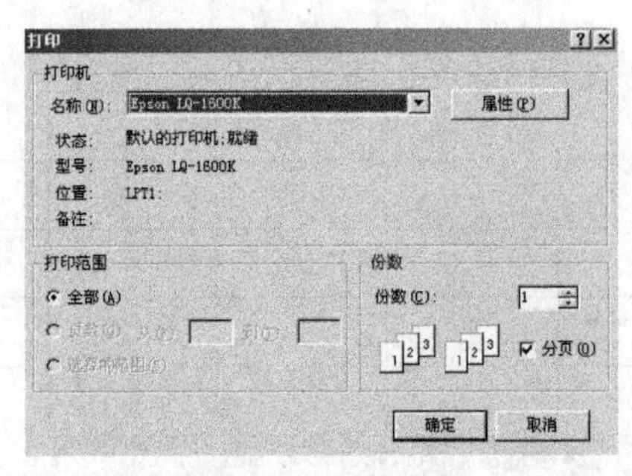

图 6.18 “打印”对话框

6.2.4 个性化历史趋势曲线

在组态王开发系统中制作画面时，选择菜单“工具”|“历史趋势曲线”项或单击工具箱中的“画历史趋势曲线”按钮，鼠标在画面中变为十字形。在画面中用鼠标画出一个矩形，历史趋势曲线就在这个矩形中绘出，如图 6.19 所示。

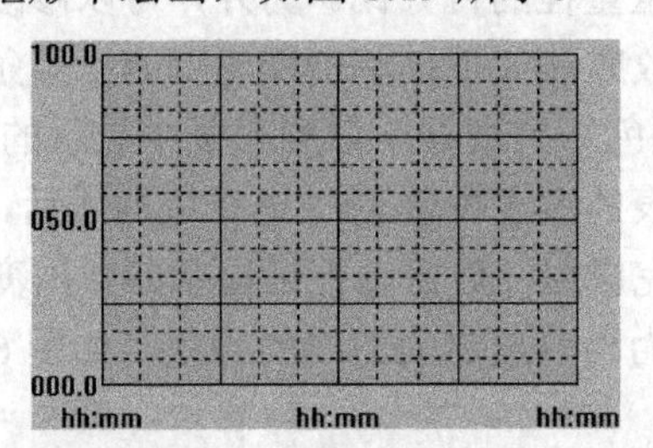

图 6.19 历史趋势曲线

历史趋势曲线对象的中间有一个带有网格的绘图区域，表示曲线将在这个区域中绘出，网格左方和下方分别是 X 轴(时间轴)和 Y 轴(数值轴)的坐标标注。可以通过选中历史趋势曲线对象(周围出现 8 个小矩形)来移动位置或改变大小。通过调色板工具或相应的菜单命令可以改变趋势曲线的笔属性和填充属性，其中笔属性是趋势曲线边框的颜色和线型，填充属性是边框和内部网格之间的背景颜色和填充模式。

1. “历史趋势曲线”对话框

生成历史趋势曲线对象的可见部分后，在对象上双击，弹出“历史趋势曲线”对话框。历史趋势曲线对话框由两个选项卡，即“曲线定义”和“标识定义”组成，如图 6.20 所示。

“曲线定义”选项卡可以定义历史趋势曲线在数据库中的变量名，选择是否在网格的底边和左边显示带箭头的坐标轴线。在线型按钮上单击，弹出“线型选择浮动”菜单，按住鼠标左键，向下移动，选择的线型会在按钮上显示出来，当需要的线型出现在按钮上后，松开鼠标。在颜色块按钮上单击，弹出“颜色选择浮动”菜单，拖动鼠标到颜色浮动菜单上后，松开鼠标左键，然后选择所需颜色。

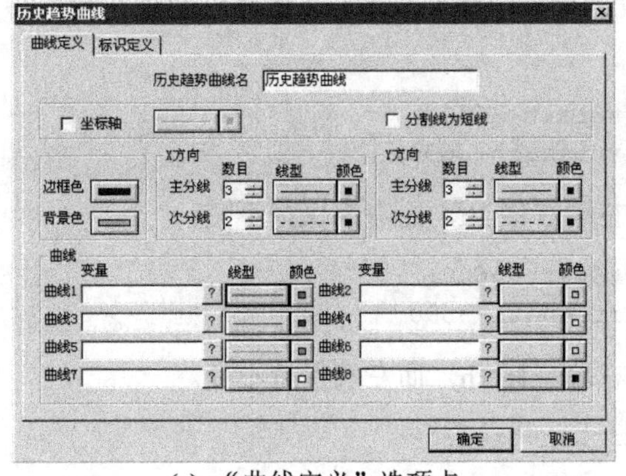

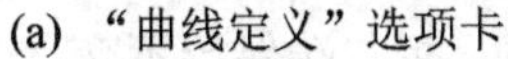
(a) “曲线定义”选项卡

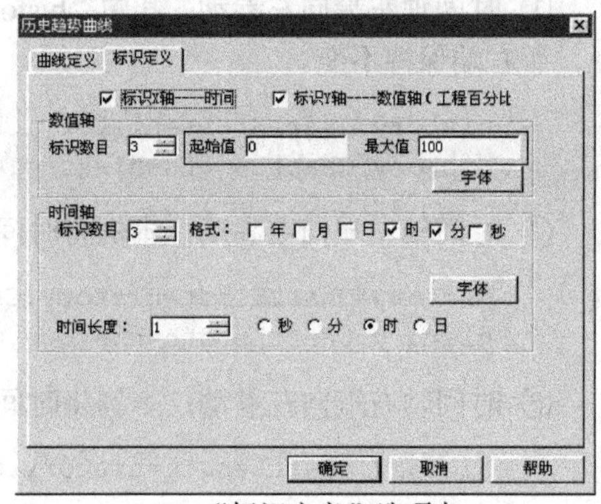

(b) “标识定义”选项卡

图 6.20　历史趋势曲线对话框

在“历史趋势曲线”对话框的上部，单击“标识定义”选项卡，可以选择是否为 X 或 Y 轴加标识，即在绘图区域的外面用文字标注坐标的数值。如果此项选中，左边的检查框中出现“√”号，同时下面定义相应标识的选择项也由灰变加亮。

2. 建立历史趋势曲线运行时的操作按钮

因为画面运行时不自动更新历史趋势曲线画面，所以需要为历史趋势曲线建立操作按钮，通过命令语言或使用函数改变历史趋势曲线变量的域，可以完成查看、打印、换笔等功能。

历史趋势曲线变量常用域见表 6-1。

表 6-1　历史曲线变量常用域

ChartLength：	历史趋势曲线的时间长度，长整型，可读可写，单位为 s
ChartStart：	历史趋势曲线的起始时间，长整型，可读可写，单位为 s
ValueStart：	历史趋势曲线的纵轴起始值，模拟型，可读可写
ValueSize：	历史趋势曲线的纵轴量程，模拟型，可读可写
ScooterPosLeft：	左指示器的位置，模拟型，可读可写
ScooterPosRight：	右指示器的位置，模拟型，可读可写
Pen1～Pen8：	历史趋势曲线显示的变量的 ID 号，可读可写，用于改变绘出曲线所用的变量

常用的按钮主要是定心与移动时间按钮和缩放按钮，此外建立输出动画连接查看数据也经常使用。

6.2.5　历史趋势曲线实例

【举例】设计一个历史趋势曲线，能够显示反应罐温度、原料罐液位和反应罐液位。

【操作步骤】

(1) 建立定心与移动时间按钮。

“单边卷动”按钮：其用途是单独改变趋势曲线左端或右端的时间值，命令语言连接程序如下。

① 时间轴左端向左卷动：其中“history”为历史趋势曲线名，本例将时间轴左端左移1h，而右端保持不变。

```
history.ChartStart=history.ChartStart-3600;
history.ChartLength=history.ChartLength+3600;
```

② 时间轴左端向右卷动：本例将时间轴左端右移1h，而右端保持不变。

```
history.ChartStart=history.ChartStart+3600;
history.ChartLength=history.ChartLength-3600;
```

③ 时间轴右端向左卷动：本例将时间轴右端左移1h，而左端保持不变。

```
history.ChartLength=history.ChartLength-3600;
```

④ 时间轴右端向右卷动：本例将时间轴右端右移1h，而左端保持不变。

```
history.ChartLength=history.ChartLength+3600;
```

⑤ 时间轴平动按钮：其作用是使趋势曲线的左端和右端同时左移或右移。
⑥ 时间轴向左平移：本例按要求将时间轴左右两端同时左移1h。

```
history.ChartStart=history.ChartStart-3600;
```

⑦ 时间轴向右平移：本例按要求将时间轴左右两端同时右移1h。

```
history.ChartStart=history.ChartStart+3600;
```

时间轴“百分比平移”按钮：其作用是使趋势曲线的时间轴左移或右移一个百分比，百分比是指移动量与趋势曲线当前时间轴长度的比值。例如移动前时间轴的范围是12:00～14:00，时间长度120min，左移10%即12min后，时间轴变为11:48～13:48。

① 时间轴百分比左移：本例按要求将时间轴两端同时左移10%。

```
HTScrollLeft(history, 10 );
```

② 时间轴百分比左移：本例将时间轴两端同时右移10%。

```
HTScrollRight(history, 10 );
```

(2) 建立指示器移动按钮：可以利用系统函数查看指示器处的变量值，再通过移动指示器，就可以查看整个曲线上变量的变化情况。移动指示器可以通过按钮，另外为使用方便，指示器也可以作为一个滑动杆。建立指示器的方法如下：单击工具箱内“历史趋势曲线”按钮，在画面上绘制历史趋势曲线对象，同时绘制指示器和移动指示器的按钮。指示器可以由矩形和一条竖直的直线两个图素构成，可以把矩形部分制作得更美观，但需要把制作矩形部分的所有图素合成为一个复合图素。指示器上的文本对象“##:##:##”将用来显示指示器对应的时间，如图6.21所示。

(3) 为指示器的矩形部分建立滑动杆输入连接。为建立滑动杆连接，需要知道历史曲线窗口的宽度。在曲线窗口下方绘制一条和窗口等宽的直线，双击此直线对象，从弹出的“动画连接”对话框的第一行可以知道此直线的宽度，然后删除直线。假设曲线窗口宽度为“390”，曲线名为“history”，为左指示器的矩形部分建立“水平滑动杆输入”动画连接，如图6.22所示。

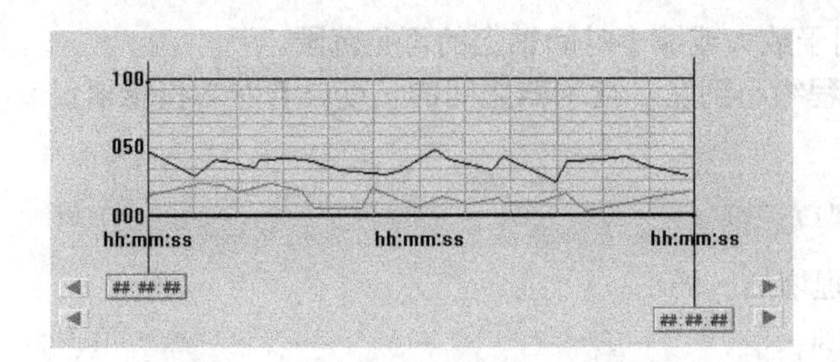

图 6.21 建历史趋势曲线的指示器按钮

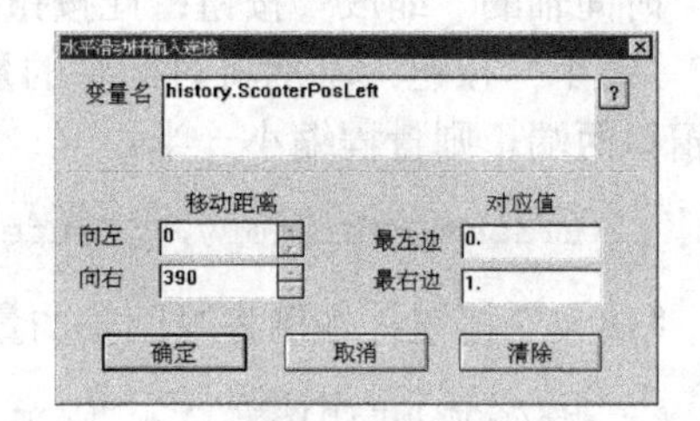

图 6.22 指示器建立水平滑动杆输入连接

(4) 为左指示器的竖直线和对象“##:##:##”建立“水平移动”动画连接，如图 6.23 所示。

(5) 为指示器的文本对象“##:##:##”建立“字符串输出”连接，如图 6.24 所示。

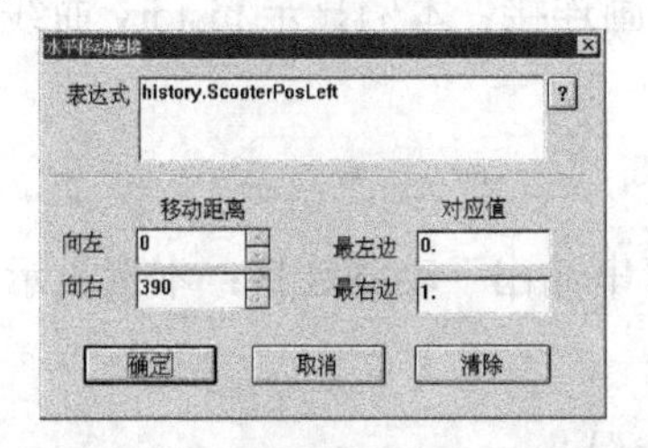

图 6.23 指示器文本建立水平移动连接

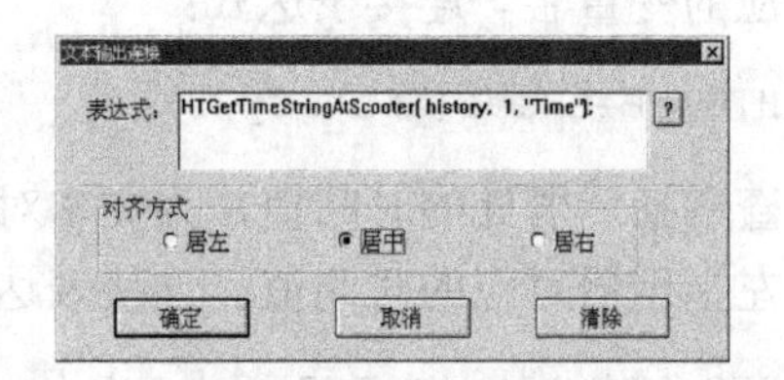

图 6.24 指示器文本建立输出

以上设置的是左指示器，右指示器的设置方法类似。为指示器移动按钮建立命令语言连接。为使指示器能快速移动，建议设置鼠标“弹起时”和“按住时”两种命令语言连接。

① 左指示器向左移动“弹起时”：

```
history.ScooterPosLeft=history.ScooterPosLeft-0.002;
“按住时”：(执行频率 55ms)
history.ScooterPosLeft=history.ScooterPosLeft-0.05;
```

② 左指示器向右移动“弹起时”：

```
history.ScooterPosLeft=history.ScooterPosLeft+0.002;
“按住时”：(执行频率 55ms)
history.ScooterPosLeft=history.ScooterPosLeft+0.05;
```

③ 右指示器向左移动“弹起时”：

```
history.ScooterPosRight=history.ScooterPosRight-0.002;
“按住时”：(执行频率 55ms)
history.ScooterPosRight=history.ScooterPosRight-0.05;
```

④ 右指示器向右移动“弹起时”：

```
history.ScooterPosRight=history.ScooterPosRight+0.002;
“按住时”：(执行频率 55ms)
history.ScooterPosRight=history.ScooterPosRight+0.05;
```

(6) 建立“缩放”按钮：建立时间轴上的“缩放”按钮是为了快速、细致地查看数据的变化。建立“缩小”按钮首先需要移动指示器。

时间轴的“缩放”按钮：此按钮用于放大或缩小时间轴上的可见范围。

“缩小”按钮：本例将时间轴的量程缩小到左右指示器之间的长度。若左右指示器已在窗口两端，则量程缩小一半。

```
HTZoomIn(history, "Center");
```

“放大”按钮：本例将时间轴的量程增加一倍。

```
HTZoomOut(history, "Center");
```

“时间更新”按钮：将历史曲线时间轴的右端设置为当前时间，以查看最新数据。

```
HTUpdateToCurrentTime(history);
```

(7) 建立输出动画连接查看数值。

查看变量名，为文本对象建立“字符串输出”动画连接：本例显示 history 曲线第三支笔对应的变量名。连接表达式：

```
HTGetPenName(history,3);
```

查看指示器处的时间值，为文本对象建立“字符串输出”动画连接：本例显示 history 曲线左指示器对应的时间值。连接表达式：

```
HTGetTimeStringAtScooter(history, 1,"Time");
```

查看指示器处的变量值，为文本对象建立“模拟值输出”动画连接：本例显示 history 曲线左指示器 2 号笔对应的变量值。连接表达式：

```
HTGetValueAtScooter(history, 1, 2,"Value");
```

查看区间内的统计值，为文本对象建立“模拟值输出”动画连接：本例显示 history 曲线 1 号笔对应的变量在左右指示器之间的最大值。使用相同的方法可以求出变量在这个区间上的最小值和平均值。连接表达式：

```
HTGetValueAtZone(history, 1,"MaxValue");
```

(8) 设置数值轴：当数值的变化比较小时，可以改变趋势曲线窗口内数值轴的范围来放大变量的变化幅度。例如右图将变量在 0%～30%的变化放大到整个窗口大小。这种功能一般是通过“滑动杆输入”或按钮来改变曲线的 ValueStart 和 ValueSize 属性而实现的。

改变数值轴的起始值，给图素增加“垂直滑动杆输入连接”，如图 6.25 所示。改变数值轴的截止值，给图素增加“垂直滑动杆输入连接”，如图 6.26 所示。

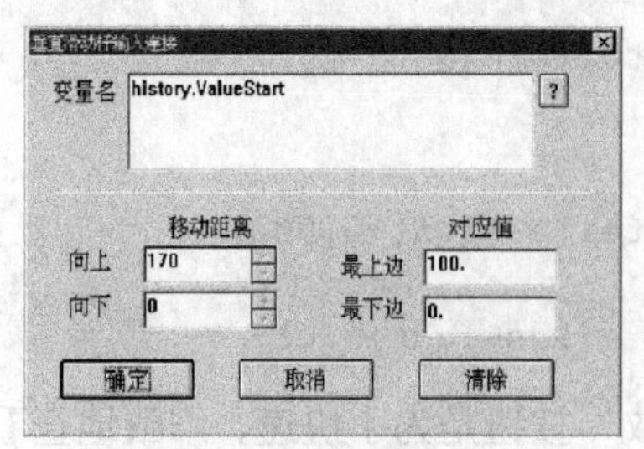

图 6.25　数值轴起始动画连接

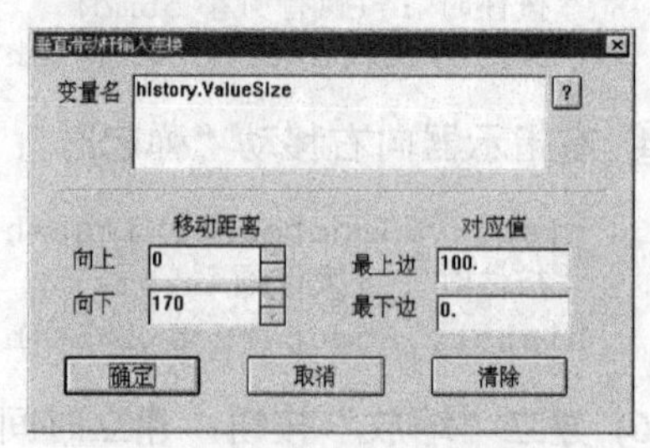

图 6.26　数值轴截止动画连接

(9) 显示数值轴：获取指定历史趋势曲线中的趋势笔所对应的实际值。

模拟值输出连接表达式：

```
HTGetPenRealValue(history,1,"end");
HTGetPenRealValue(history,1,"end")/2+HTGetPenRealValue(history,1,"start")/2
HTGetPenRealValue(history,1,"start")
```

以上分别对应着数值轴上的最大值、最小值和中间值。

设计完成后历史趋势曲线界面如图 6.27 所示。

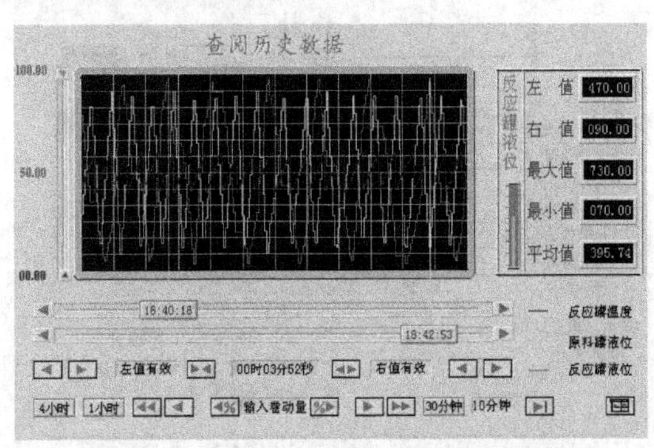

图 6.27　建好操作按钮的历史趋势曲线

6.3 温 控 曲 线

温控曲线在组态王中以控件形式提供。其操作步骤如下：单击工具箱中的“插入控件”按钮或选择“编辑”|“插入控件”菜单命令，则弹出“创建控件”对话框。在“创建控件”对话框内选择“趋势曲线”下的“温控曲线”控件。单击“创建”按钮，鼠标变成十字形。然后，在画面上画一个矩形框，温控曲线控件就放到画面上了。可以任意移动、缩放温控曲线控件，如同处理一个单元一样。在画面上放置的温控曲线控件如图 6.28 所示。

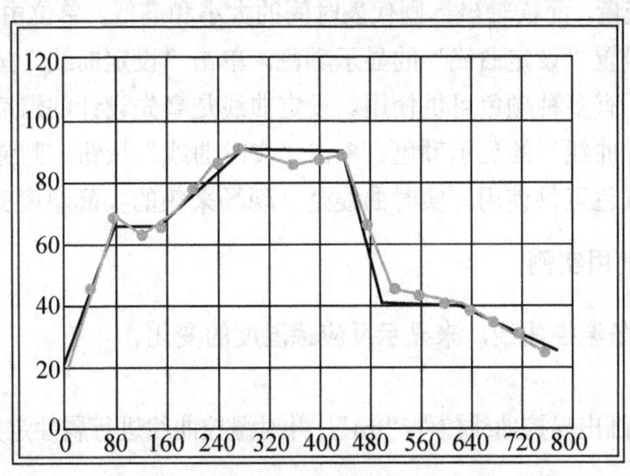

图 6.28　温控曲线

在温控曲线中，纵轴代表温度值，横轴对应时间的变化，同时将每一个温度采样点显示在曲线中，运行环境中还提供左右两个游标，把游标放在某一个温度的采样点上时，该采样点的注释值就可以显示出来。

6.3.1 温控曲线属性设置

双击温控曲线控件，则弹出温控曲线“属性设置”对话框，如图 6.29 所示。

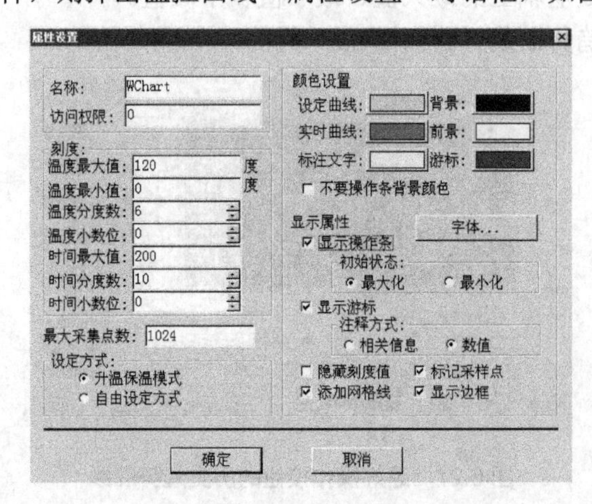

图 6.29　温控曲线“属性设置”对话框

温控曲线在组态王中的名称由字母和数字组成。温控曲线被操作的用户权限为 1～999 的整数。温度最大值文本框用于设定温控曲线纵轴坐标的最大值，在温控曲线中，纵轴代表温度变量，而纵轴坐标则代表温度的大小和高低。温度最小值文本框用于设定温控曲线纵轴坐标的最小值，温度的最小值可以为 0 或负值。温度分度数用于指定纵轴的最大坐标值和最小坐标值之间的等间隔数，通常默认值为 10 等份间隔。温度小数位用于设置纵轴坐标刻度值的有效小数位。时间最大值用于设定温控曲线横轴坐标的最大值，在温控曲线中，横轴代表时间变量，而横轴坐标则代表时间的大小和高低，单位由时间单位确定。“设定曲线”按钮用于设置“设定曲线”的显示颜色。单击“设定曲线”按钮，则弹出下拉式颜色列表框供选择，有多种颜色可供使用。设定曲线是事先设计的温度曲线。“实时曲线”按钮用于设置“实时曲线”的显示颜色。单击“实时曲线”按钮，则弹出下拉式颜色列表框供选择，有多种颜色可供使用。实时曲线是从现场采集的实际温度变化曲线。

6.3.2 温控曲线的使用实例

【举例】设置一条温控曲线，来显示反应罐温度的变化。

【操作步骤】

(1) 在画面上，画出温控曲线控件“tru”，并对温控曲线进行属性定义，如图 6.30 所示。

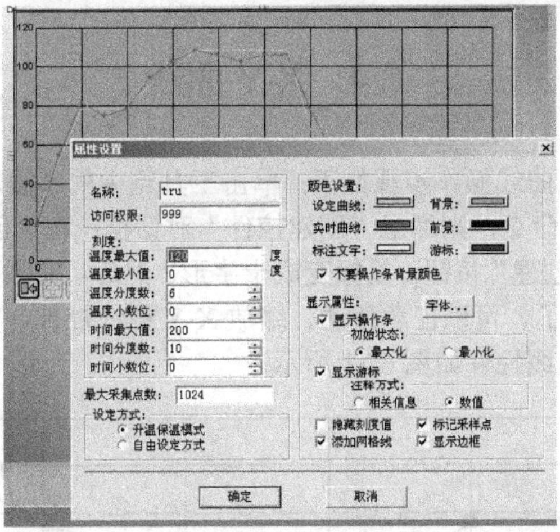

图 6.30　定义温控曲线属性

(2) 设定的温控曲线存储为 csv 文件。例如，此处设定的温控曲线 setsave.csv 文件为“SetData”。

```
20
39.000000
10.000000,20.000000,0
10.000000,20.000000,10
20.000000,20.000000,10
30.000000,20.000000,10
40.000000,20.000000,10
```

其中，“20”表示曲线点数，“39.000000”表示曲线第一点的位置；“10.000000,20.000000,0”表示第一段升温速率为 10，设定时间为 20，保温时间为 0；“10.000000,20.000000,10”表示第二段升温速率为 10，设定时间为 20，保温时间为 10；必须先生成该 csv 文件，数据是根据工程设备实际需要设定的。

在“画面属性”的“命令语言”中的“显示时”写上如下语句：

```
setchart=InfoAppDir()+"setsave.csv";
pvLoadData("tru", setchart, "SetValue");
```

表示从当前工程路径下调入设定的温控曲线 setsave.csv。

(3) 将采集来的数据生成实时曲线

利用函数 PvAddNewRealPt 可以在指定的温控曲线控件中增加一个采样实时值。如果需要在画面中一直绘制采集的数据，则可以在“命令语言”的“存在中”写入如下语句：

```
if(时间偏移量<200)
  pvAddNewRealPt("tru",1, 水温,"RV_TIME");
```

其中，“tru”为控件名称，“1”表示相对前一采样点的时间偏移量，“水温”为从设备中采集来的数据，“RV_TIME”为注释性字符串。绘点的速度可以通过改变“存在中”的执行周期来调整，这样就可以对照看出采集的数据是否与原来设定的曲线相一致。

6.4 X-Y 曲线

在画面上创建 X-Y 曲线操作步骤如下：单击工具箱中的“插入控件”按钮或选择“编辑”|“插入控件”菜单命令，则弹出“创建控件”对话框；在“创建控件”对话框内选择 X-Y 曲线控件；单击“创建”按钮，鼠标变成十字形。然后，在画面上画一个矩形框，X-Y 曲线控件就放到画面上了。可以任意移动、缩放 X-Y 曲线控件，如同处理一个单元一样。在画面上放置的 X-Y 曲线控件如图 6.31 所示。

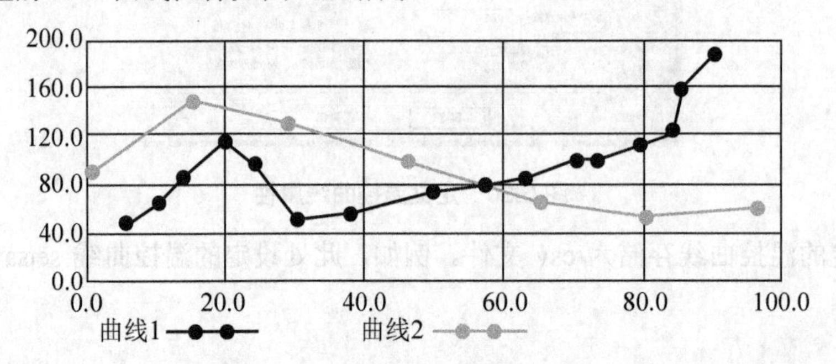

图 6.31 X-Y 曲线

在此控件中，X 轴和 Y 轴变量任意设定，因此 X-Y 曲线能用曲线方式反映任意两个变量之间的函数关系。

6.4.1 X-Y 曲线属性设置

双击 X-Y 曲线控件，则弹出 X-Y 曲线“属性设置”对话框，如图 6.32 所示。

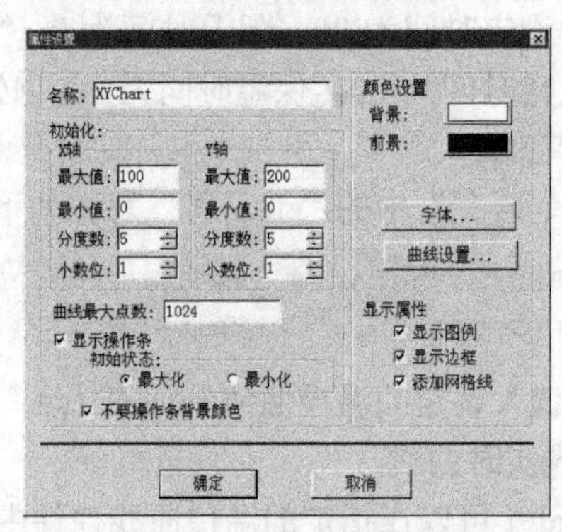

图 6.32 X-Y 曲线“属性设置”对话框

6.4.2 X-Y 曲线的使用实例

【举例】设置一条 X-Y 曲线，显示水温与热水阀开度之间的关系。

【操作步骤】

(1) 绘制 X-Y 曲线：在画面上，画出 X-Y 曲线控件“XY 曲线”，并对 X-Y 曲线进行属性定义，如图 6.33 所示。

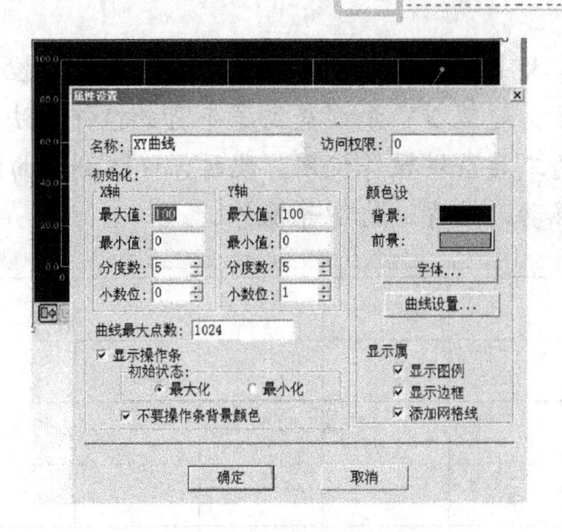

图 6.33　X-Y 曲线属性设置

(2) X-Y 曲线命令语言：利用函数 XYAddNewPoint 可以在指定的 X-Y 曲线控件中增加一个数据点。如果需要在画面中一直绘制采集的数据，则可以在“命令语言”的“存在中”写入如下语句：

```
XYAddNewPoint("XY 曲线",水温,热水阀,1);
```

或者是

```
XYAddNewPoint("XY 曲线",30,20,1);
```

后面这个语句表示在 XY 曲线中索引号为 1 的曲线上添加一个点，该点的坐标值为(30，20)。绘点的速度可以通过改变“存在中”的执行周期来调整。X-Y 曲线最多可以支持 8 条。

本 章 小 结

在组态王工程中，曲线可以反映变量的实时变化，也可以记录变量的变化趋势，反映出变量的变化规律。本章介绍了组态王中各种曲线的应用，其中主要介绍了实时趋势曲线、历史趋势曲线、温控曲线和 X-Y 曲线的设置和应用。

知识拓展

超级 XY 曲线控件

超级 XY 曲线控件是组态王以 Active X 控件形式提供的 XY 曲线，该曲线控件可以同时显示 8 条曲线。与组态王内置的 XY 曲线相比，功能更强大，使用更方便。

组态王开发系统中新建画面，在工具箱中单击“插入通用控件”按钮或选择菜单“编辑”|“插入通用控件”命令，弹出“插入控件”对话框，在列表中选择“超级 XY 曲线”选项，单击“确定”按钮，对话框自动消失，鼠标箭头变为小十字形，在画面上选择控件的左上角，按住鼠标左键并拖动，画面上显示出一个虚线的矩形框，该矩形框为创建后的

曲线的外框。当达到所需大小时，松开鼠标左键，则历史曲线控件创建成功，画面上显示出该曲线，如图 6.34 所示。超级 XY 曲线提供了丰富的控件方法供用户调用，另外在控件界面上提供了功能全面的工具条供操作使用。此时，可以利用曲线工具条功能对曲线进行属性修改、无法缩放、移动、保存、打印等操作。

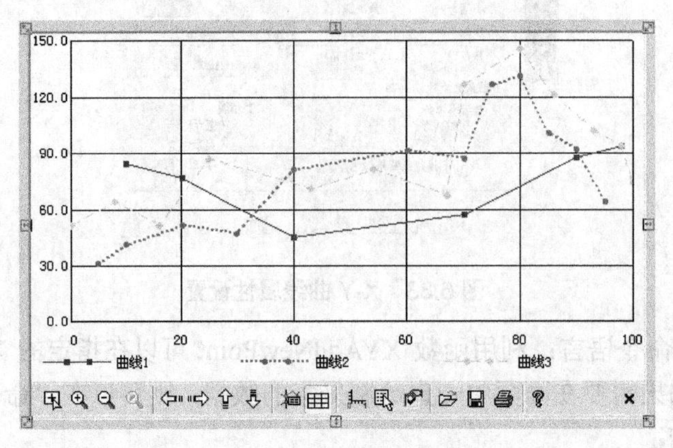

图 6.34　超级 XY 曲线

思考题与习题

1．组态王中主要有哪几种曲线？

2．组态王提供了______、______、______3 种形式的历史趋势曲线。

3．为什么要定义历史曲线表示的变量的范围？

4．在组态王中应用温控曲线的步骤是什么？

5．如何利用函数在指定的温控曲线控件中增加一个采样实时值？

6．X-Y 曲线最多可以支持______条曲线。

7．实时趋势曲线中 X 轴表示______，Y 轴表示______。

8．在反应罐液位工程中加入实时趋势曲线，显示反应罐液位，并写出设计步骤。

9．在反应罐液位工程中加入 X-Y 曲线，显示不同物料输入的关系。

10．设计一个温控工程，用温控曲线反映温度变化。

11．如何配置 3 种历史趋势曲线？

第7章 组态王控件应用

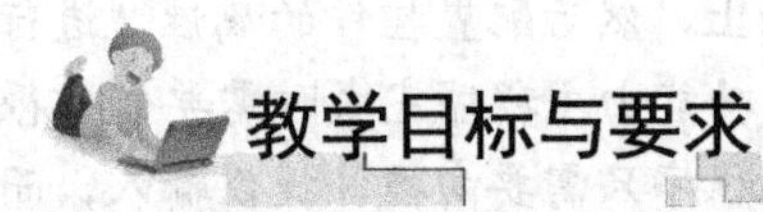

教学目标与要求

- 熟悉各种控件的相关知识。
- 熟悉控件的类型和种类。
- 掌握内置控件的设置及使用方法。
- 掌握 Active X 控件的设置及使用。

引言

控件是对数据和方法的封装。控件可以有自己的属性和方法。属性是控件数据的简单访问者。方法则是控件的一些简单而可见的功能。当使用现成的控件来开发应用程序时，控件工作在两种模式下：设计时态和运行时态。在设计时态下，控件显示在开发环境下的一个窗体中。在设计时态下，控件的方法不能被调用，控件不能与最终用户直接进行交互操作，也不需要实现控件的全部功能。在运行状态下，控件工作在一个确实已经运行的应用程序中。控件必须正确地将自身表示出来，它需要对方法的调用进行处理，并实现与其他控件之间有效的协同工作。

组态王的控件实际上是可重用对象，用来执行专门的任务。每个控件实质上都是一个微型程序，但不是一个独立的应用程序，通过控件的属性、方法等控制控件的外观和行为，接受输入并提供输出。例如，Windows 操作系统中的组合列表框就是一个控件，通过设置属性可以决定组合列表框的大小，要显示文本的字体类型以及显示的颜色。组态王的控件(如棒图、温控曲线、X-Y 曲线)就是一种微型程序，它们能提供各种属性和丰富的命令语言函数用来完成各种特定的功能，图 7.1 为组态王“创建控件”对话框。

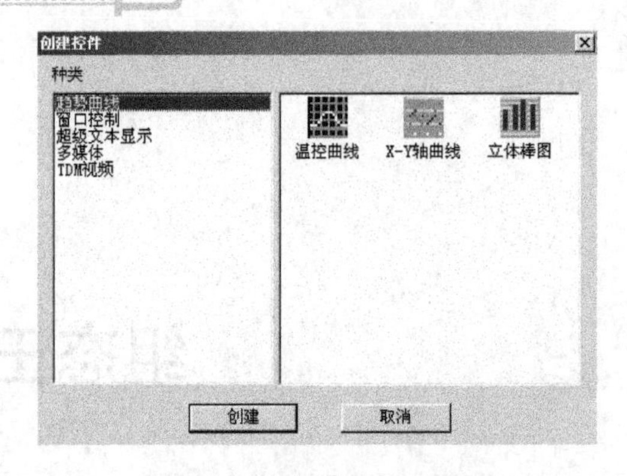

图 7.1 “创建控件”对话框

控件在外观上类似于组合图素，只需把它放在画面上，然后配置控件的属性，进行相应的函数连接，控件就能完成复杂的功能。当所实现的功能由主程序完成时需要制作很复杂的命令语言，或根本无法完成时，可以采用控件。主程序只需要向控件提供输入，而剩下的复杂工作由控件去完成，主程序无需理睬其过程，只要控件提供所需要的结果输出即可。另外，控件的可重用性也提供了方便。例如，画面上需要多个二维条图，用以表示不同变量的变化情况，如果没有棒图控件，则首先要利用工具箱绘制多个长方形框，然后将它们分别进行填充连接，每一个变量对应一个长方形框，最后把这些复杂的步骤合在一起，才能完成棒图控件的功能。而直接利用棒图控件，只要把棒图控件拷贝到画面上，对它进行相应的属性设置和命令语言函数的连接，就可实现用二维条图或三维条图来显示多个不同变量的变化情况。总之，使用控件将极大地提高工程开发和工程运行的效率。

7.1 组态王内置控件

组态王内置控件是组态王提供的、只能在组态王程序内使用的控件。它能实现控件的功能，组态王通过内置的控件函数和连接的变量来操作、控制控件，从控件获得输出结果。其他用户程序无法调用组态王内置控件。这些控件包括棒图控件、列表框、选项按钮、文本框、超级文本框、AVI 动画播放控件、视频控件、开放式数据库查询控件、历史曲线控件等。

7.1.1 立体棒图控件

棒图是指用图形的变化表现与之关联的数据变化的绘图图表。组态王中的棒图图形可以是二维条形图、三维条形图或饼图。

1. 创建棒图控件到画面

使用棒图控件，需先在画面上创建控件。单击工具箱中的“插入控件”按钮，或选择画面开发系统中的“编辑”|“插入控件”菜单。系统弹出“创建控件”对话框。在种类列表中选择“趋势曲线”选项，在右侧的内容中选择“立体棒图”图标，单击对话框上的“创

建”按钮，或直接双击“立体棒图”图标，关闭对话框。此时鼠标变成小十字形，在画面上需要插入控件的地方按住鼠标左键，拖动鼠标，画面上出现一个矩形框，表示创建后控件界面的大小。松开鼠标左键，控件在画面上显示出来，如图 7.2 所示。控件周围有带箭头的小矩形框，当鼠标放到小矩形框上，鼠标箭头变为方向箭头时，按住鼠标左键并拖动，可以改变控件的大小。当鼠标在控件上变为双十字形时，按住鼠标左键并拖动，可以改变控件的位置。

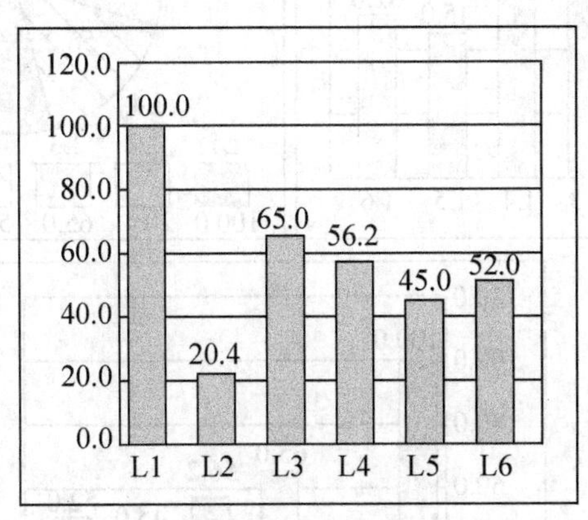

图 7.2　棒图控件

棒图每一个条形图下面对应一个标签，即 L1、L2、L3、L4、L5、L6。这些标签分别和组态王数据库中的变量相对应，当数据库中的变量发生变化时，则与每个标签相对应的条形图的高度也随之动态地发生变化，因此通过棒图控件可以实时地反映数据库中变量的变化情况。另外，还可以使用三维条形图和二维饼形图进行数据的动态显示。

2. 设置棒图控件的属性

双击棒图控件，则弹出棒图控件“属性”对话框，如图 7.3 所示。

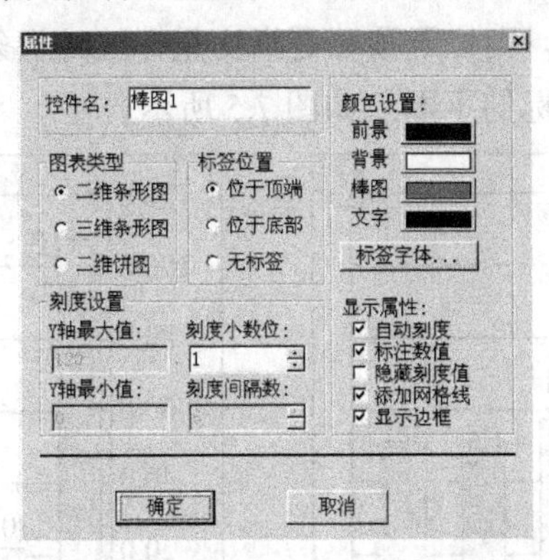

图 7.3　棒图控件“属性”对话框

此对话框用于设置棒图控件的控件名、图表类型、标签位置、颜色设置、刻度设置、字体型号、显示属性等各种属性。图表类型提供了二维条形图、三维条形图和二维饼形图 3 种类型，3 种类型显示效果如图 7.4 所示。

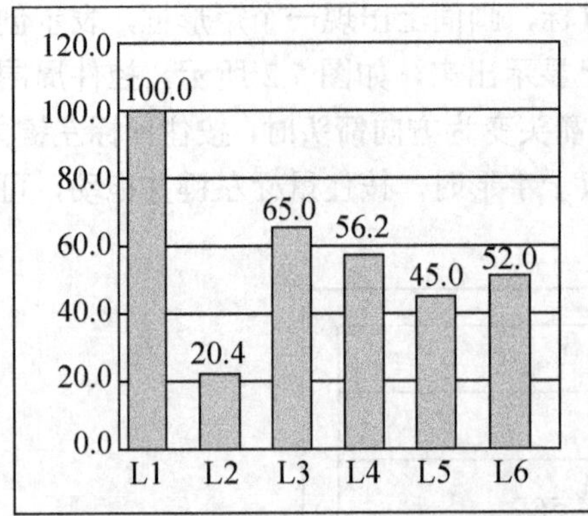

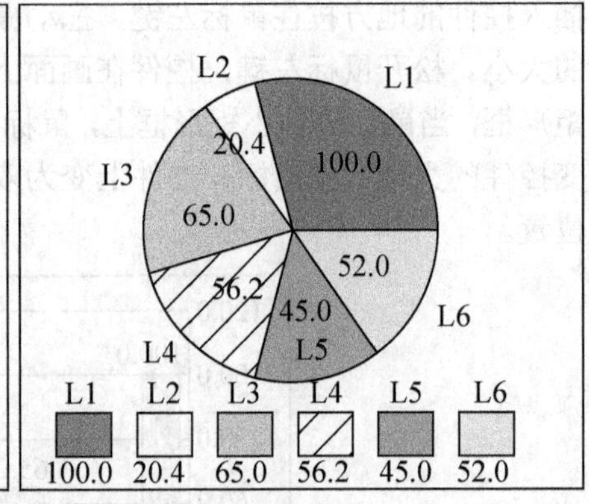

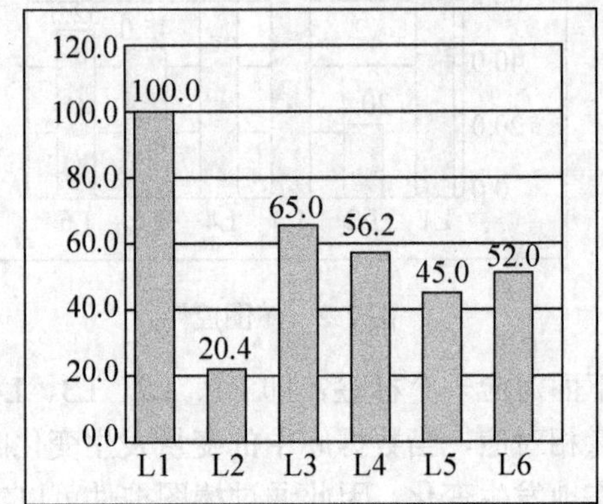

图 7.4　3 种类型棒图

标签位置用于指定变量标签放置的位置，提供位于顶端、位于底部、无标签 3 种类型。对于不同的图表类型，位于顶端、位于底部两种类型的含义有所不同：将图表类型设置为二维条形图、三维条形图时，则位于顶端是指变量标签处于条形图的上部，位于底部是指变量标签处于条形图和横坐标的下面，如图 7.5 所示。

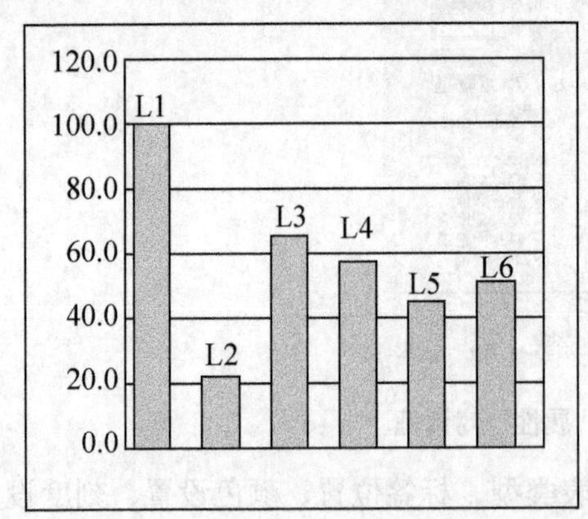

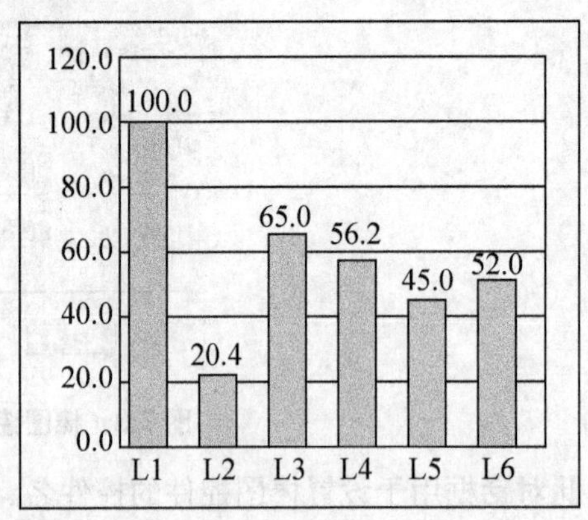

图 7.5　变量标签位置

3．棒图函数

设置完棒图控件的属性后，就可以准备使用该控件了。棒图控件与变量关联以及棒图的刷新都是使用组态王提供的棒图函数来完成的。组态王的棒图函数有以下几种。

```
chartAdd("ControlName", Value, "label")
```

此函数用于在指定的棒图控件中增加一个新的条形图。

```
chartClear("ControlName")
```

此函数用于在指定的棒图控件中清除所有的棒形图。

```
chartSetBarColor("ControlName", barIndex, colorIndex)
```

此函数用于在指定的棒图控件中设置条形图的颜色。

```
chartSetValue("ControlName", Index, Value)
```

此函数用于在指定的棒图控件中设定/修改索引值为 Index 的条形图的数据。

4．棒图控件应用

【举例】在画面上通过棒图显示变量“原料罐温度”和“反应罐温度”的值的变化。

【操作步骤】

(1) 在画面上创建棒图控件，定义控件的属性，如图 7.6 所示，棒图名称为“温度棒图”，图表类型选择“三维条形图”，其他选项为默认值。定义完成后，单击“确定”按钮，关闭属性对话框。

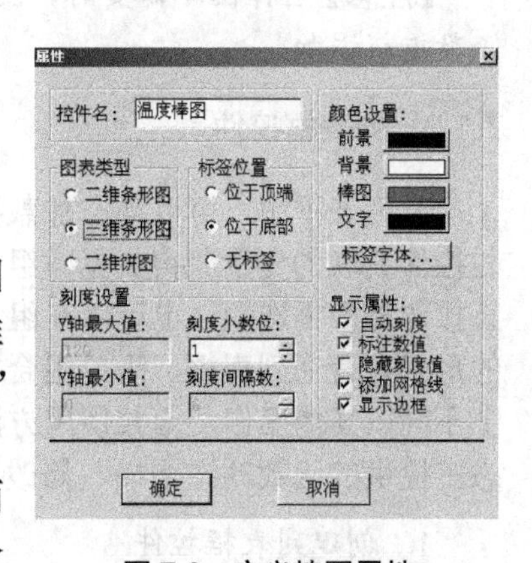

图 7.6　定义棒图属性

(2) 在画面上右击，在弹出的快捷菜单中选择“画面属性”命令，在弹出的“画面属性”对话框中单击“命令语言”按钮，单击“显示时”选项卡，在命令语言编辑器中，添加如下程序：

```
    chartAdd("温度棒图", \\本站点\原料罐温度, "原料罐" );
    chartAdd("温度棒图", \\本站点\反应罐温度, "反应罐" );
```

该段程序将在画面被打开为当前画面时执行，在棒图控件上添加两个棒图：第一个棒图与变量“原料罐温度”关联，标签为“原料罐”；第二个棒图与变量“反应罐温度”关联，标签为“反应罐”。选择画面命令语言编辑器的“存在时”选项卡，定义执行周期为 1000ms。在命令语言编辑器中输入如下程序：

```
    chartSetValue("温度棒图", 1, \\本站点\原料罐温度);
    chartSetValue("温度棒图", 2, \\本站点\反应罐温度);
```

这段程序将在画面被打开为当前画面时每 1000ms 用相关变量的值刷新一次控件。关闭命令语言编辑器，保存画面，则运行时打开该画面如图 7.7 所示。每隔 1000ms 系统会用相关变量的值刷新一次控件，而且控件的数值轴标记随绘制的棒图中最大的一个棒图值的变化而变化(这就是自动刻度)。

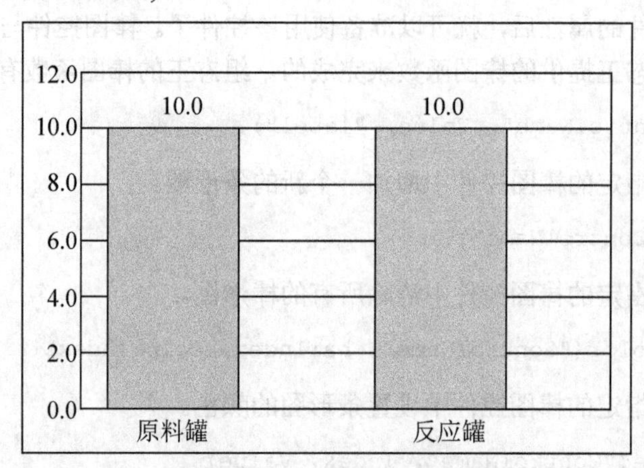

图 7.7　运行时的棒图控件

【注意】当棒图不需要时，使用 chartClear()函数清除当前的棒图，然后再用 chartAdd()函数重新添加。

7.1.2　列表框控件

在列表框中，可以动态加载数据选项，当需要数据时，可以直接在列表框中选择，使与控件关联的变量获得数据。组合框是文本框与列表框的组合，可以在组合框的列表框中直接选择数据选项，也可以在组合框的文本框中直接输入数据。组态王中列表框和组合框的形式有普通列表框、简单组合框、下拉式组合框、列表式组合框。它们只是在外观形式上不同，其他操作及函数使用方法都是相同的。列表框和组合框中的数据选项可以依靠组态王提供的函数动态增加、修改，或从相关文件(.csv 格式的列表文件)中直接加载。

1. 创建列表框控件

创建列表框控件的步骤如下：单击工具箱中的“插入控件”按钮，或选择画面开发系统中的“编辑”|“插入控件”菜单，系统弹出“创建控件”对话框。在种类列表中选择“窗口控制”选项，在右侧的内容中选择“列表框”图标，单击对话框上的“创建”按钮，或直接双击“列表框”图标，关闭对话框。此时鼠标变成小十字形，在画面上需要插入控件的地方按住鼠标左键，拖动鼠标，画面上出现一个矩形框，表示创建后控件界面的大小。松开鼠标左键，控件在画面上显示出来，如图 7.8 所示。控件周围有带箭头的小矩形框，当鼠标放到小矩形框上，鼠标箭头变为方向箭头时，按住鼠标左键并拖动，可以改变控件的大小。当鼠标在控件上变为双十字形时，按住鼠标左键并拖动，可以改变控件的位置。从外观上看，画面上放置的列表框控件与普通的矩形图素相似，但在进行动画连接和运行环境中是不同的。

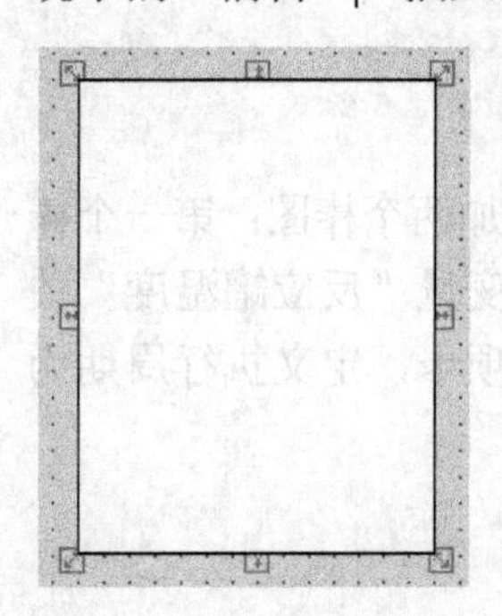

图 7.8　列表框控件

2．设置列表框控件的属性

在使用列表框控件之前，需要先对控件的属性进行设置，设置控件名称、关联的变量和操作权限等。

【操作步骤如下】

(1) 右击列表框控件，弹出浮动式菜单，如图 7.9 所示。

(2) 选择“动画连接”菜单命令，弹出“列表框控件属性”对话框，或双击列表框控件，弹出“列表框控件属性”对话框，如图 7.10 所示。

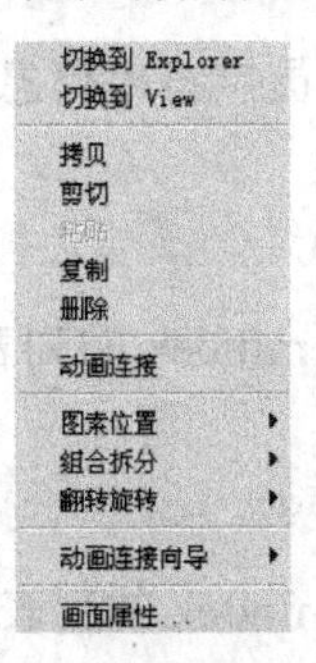

图 7.9　浮动式菜单

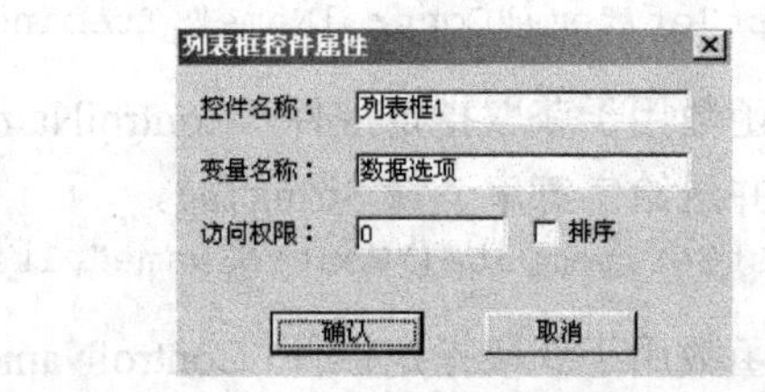

图 7.10　“列表框控件属性”对话框

一个列表框控件对应一个控件名称，而且是唯一的，不能重复命名，控件的命名应该符合组态王的命名规则。变量名称指定与当前列表框控件关联的变量，该变量为组态王数据字典中已定义的字符串型变量。

(3) 列表框属性定义完成后，单击“确认”按钮关闭对话框。

3．列表框控件函数

对于列表框控件中数据项的添加、修改、获取或删除等操作都是通过列表框控件函数实现的。主要列表框控件的函数如下。

```
listLoadList("ControlName","Filename")
```

此函数用于将 csv 格式文件“Filename”中的列表项调入指定的列表框控件“ControlName”中，并替换列表框中的原有列表项。列表框中只显示列表项的成员名称(字符串信息)，而不显示相关的数据值。

```
listSaveList("ControlName","Filename")
```

此函数用于将列表框控件“ControlName”中的列表项信息存入 csv 格式文件“Filename”中。如果该文件不存在，则直接创建。

```
listAddItem("ControlName","MessageTag")
```

此函数将给定的列表项字符串信息“MessageTag”增加到指定的列表框控件“ControlName”中并显示出来。组态王将增加的字符串信息作为列表框中的一个成员项“Item”，并自动给这个成员项定义一个索引号“ItemIndex”，索引号 ItemIndex 从 1 开始由小到大自动加 1。

```
listClear("ControlName")
```

此函数将清除指定列表框控件“ControlName”中的所有列表成员项。

```
istDeleteItem("ControlName",ItemIndex)
```

此函数将在指定的列表框控件“ControlName”中删除索引号为ItemIndex的成员项。

```
listDeleteSelection("ControlName")
```

此函数将删除列表框控件“ControlName”中当前选定的成员项。

```
listFindItem("ControlName","MessageTag",IndexTag)
```

此函数用于查找指定控件“ControlName”中与给定的成员字符串信息“MessageTag”相对应的索引号，并送给整型变量IndexTag。

```
listGetItem("ControlName",ItemIndex,"StringTag")
```

此函数用于获取指定控件“ControlName”中索引号为ItemIndex的列表项成员字符串信息，并送给字符串变量StringTag。

```
listGetItemData("ControlName",ItemIndex,NumberTag)
```

此函数用于获取指定控件“ControlName”中索引号为ItemIndex的列表项中的数据值，并送给整型变量NumberTag。

```
listInsertItem("ControlName",ItemIndex, "StringTag")
```

此函数将字符串信息StringTag插入到指定控件“ControlName”中列表项索引号为ItemIndex所指示的位置。如果ItemIndex=-1，则字符串信息StringTag被插入到列表项的最尾端。

4. 列表框和组合框控件应用

【举例】制作一个动态的列表，可以向列表框中动态添加数据，添加完成后，需要保存列表为文件，文件保存在当前工程路径下(如D:\Test)，在以后使用。需要时要从文件中读出列表信息。

【操作步骤】

(1) 在组态王数据词典中定义变量“列表数据”为字符串变量。在画面上创建列表框控件，并定义控件属性，如图7.11所示。

(2) 在画面上创建3个按钮，如图7.12所示。按钮的作用和连接的动画连接命令语言分别如下：“增加”按钮，即增加数据项，listAddItem("列表框1",列表数据)；“保存”按钮，即保存列表框内容，listSaveList("列表框1","D:\Test\list1.csv")；“加载”按钮，即将指定csv文件中的内容加载到列表框中来，listLoadList("列表框1","D:\Test\list1.csv")。

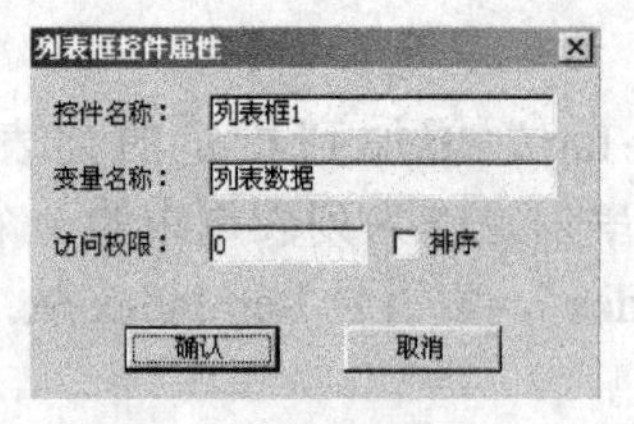

图7.11 定义列表框属性

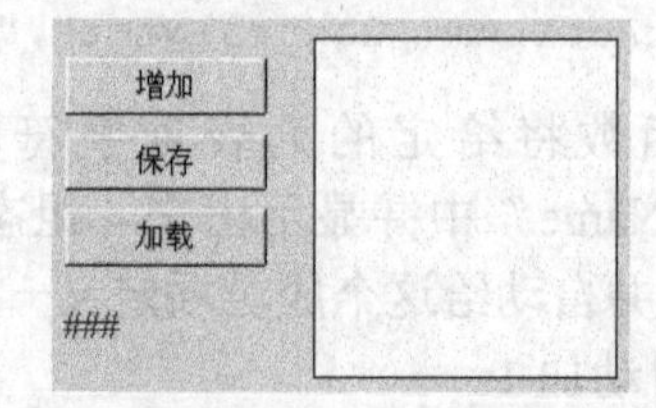

图7.12 创建列表框和操作按钮

(3) 在画面上创建一个文本图素，定义动画连接为字符串值输入和字符串值输出，连接的变量为“列表数据”。保存画面，切换到运行系统，在文本图素中输入数据项的字符串值，如“数据项 1”，如图 7.13 所示。单击“增加”按钮，则变量的内容增加到了列表框中。

(4) 按照上面的方法，可以向列表框中增加多个数据项。当在列表框中选中某一项时，与列表框关联的变量可以自动获得当前选择的数据项的字符串值，如图 7.14 所示。

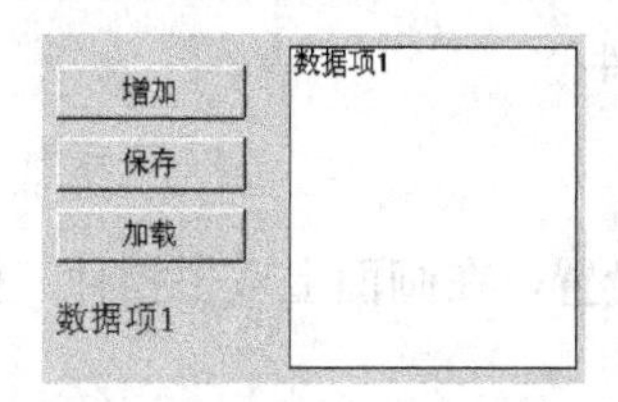

图 7.13　向列表框中增加数据项

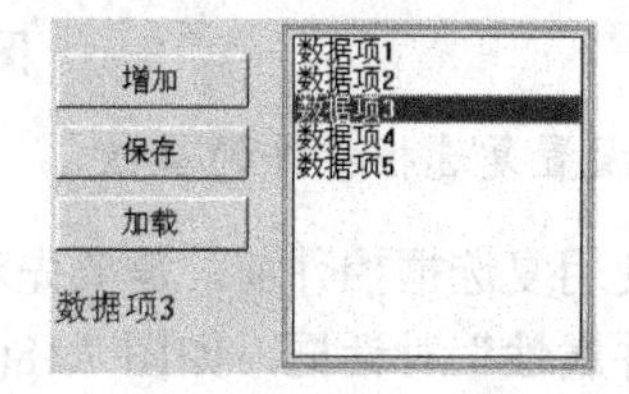

图 7.14　在列表框中选择数据项

可以将列表框中的数据项保存起来，单击“保存”按钮即可。当需要将保存的数据加载到列表框时，单击“加载”按钮，原保存的列表数据就被加载到当前列表框中来。

(5) 如果要将指定路径下(C:\Program Files\KingView)的扩展名为“.exe”的文件名列到列表框中来。可以在命令语言中使用函数 ListLoadFileName( )。操作步骤如下：在画面上增加按钮，定义为“可执行文件”，如图 7.15 所示。双击按钮，定义其动画连接\命令语言连接\弹起时为“ListLoadFileName("列表框 1", " C:\Program Files\KingView*.exe")”；保存画面，切换到运行系统，单击该按钮，可以将指定目录下扩展名为“*.exe”的文件名全部列到列表框中来，如图 7.16 所示。

图 7.15　增加调用按钮

图 7.16　执行函数结果

7.1.3　复选框控件

复选框控件可以用于控制离散型变量，如用于控制现场中的各种开关，做各种多种选项的判断条件等。复选框一个控件连接一个变量，其值的变化不受其他同类控件的影响。当控件被选中时，变量置为 1；不选中时，变量置为 0。

1. 创建复选框控件

在画面开发系统的工具箱中单击“插入控件”按钮，或选择菜单“编辑”|“插入控件”命令，在弹出“创建控件”对话框中，在种类列表中选择“窗口控制”选项，在右侧的内容中选择“复选框”图标，单击对话框上的“创建”按钮，或直接双击“复选框”图标，关闭对话框。此时鼠标变成小十字形，在画面上需要插入控件的地方按住鼠标左键，拖动鼠标，画面上出现一个矩形框，表示创建后控件界面的大小。松开鼠标左键，控件在画面

上显示出来。如图 7.17 所示。控件周围有带箭头的小矩形框，当鼠标放到小矩形框上，鼠标箭头变为方向箭头时，按住鼠标左键并拖动，可以改变控件的大小。当鼠标在控件上变为双十字形时，按住鼠标左键并拖动，可以改变控件的位置。

图 7.17　创建复选框控件

2. 设置复选框控件的属性

在使用复选框控件前，需要先对控件的属性进行设置，在画面上双击控件，弹出“复选框控件属性”对话框，如图 7.18(a)所示。

控件名称定义控件的名称，一个列表框控件对应一个控件名称，而且是唯一的，不能重复命名，控件的命名应该符合组态王的命名规则，如“switch”。变量名称表示与控件关联的变量名称，一般为离散型变量，如离散型变量“开关”。当复选框被选中时，该变量的值为 1；否则为 0。标题文本表示控件在画面上显示的提示文本、说明性的文本，如“电源开关”。定义完成的控件如图 7.18(b)所示。

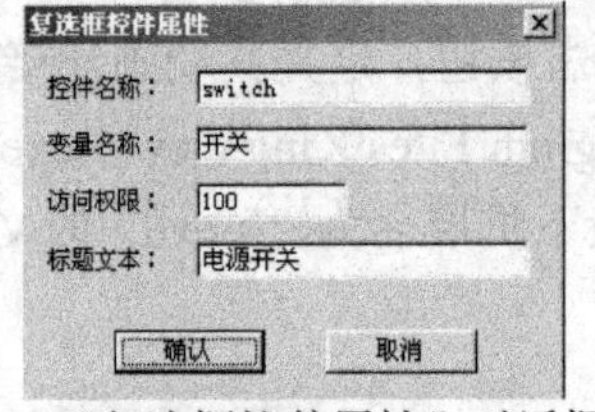

(a) “复选框控件属性”对话框

电源开关

(b) 完成的控件

图 7.18　复选框控件属性定义及结果

3. 复选框控件应用

【举例】设计复选框按钮，当按钮选中时开关状态为 1，没选中时开关状态为 0。

【操作步骤】

(1) 在画面上创建复选框控件，定义控件属性如图 7.18 所示。在画面上创建文本图素，定义文本的离散值输出动画连接，如图 7.19 所示。动画连接的变量为与控件关联的变量“开关”。保存画面，切换到运行系统。

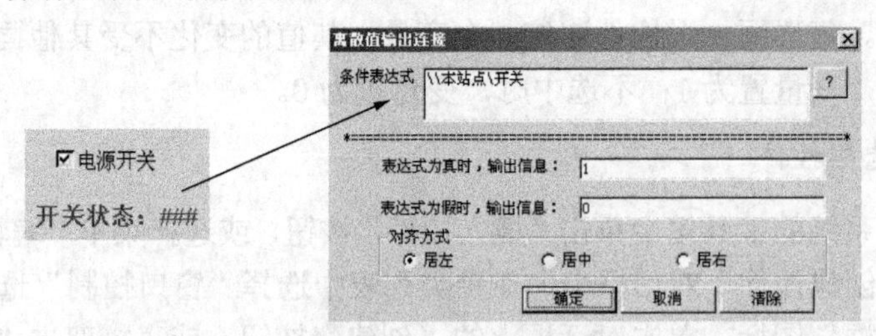

图 7.19　创建动画连接

(2) 运行系统中单击该复选框控件时，变量值的变化与控件选择关系的变化如图 7.20 所示。

□电源开关　　☑电源开关
开关状态：0　　开关状态：1

图 7.20　运行时用复选框控制变量的值

7.1.4　编辑框控件

编辑框控件用于输入文本字符串并送入指定的字符串变量中。输入时不会弹出虚拟键盘或其他的对话框。

1. 创建编辑框控件

在画面开发系统的工具箱中单击“插入控件”按钮，或选择菜单“编辑”|“插入控件”命令，在弹出“创建控件”对话框中，在种类列表中选择“窗口控制”选项，在右侧的内容中选择“编辑框”图标，单击对话框上的“创建”按钮，或直接双击“编辑框”图标，关闭对话框。此时鼠标变成小十字形，在画面上需要插入控件的地方按住鼠标左键，拖动鼠标，画面上出现一个矩形框，表示创建后控件界面的大小。松开鼠标左键，控件在画面上显示出来，如图 7.21 所示。控件周围有带箭头的小矩形框，当鼠标放到小矩形框上，鼠标箭头变为方向箭头时，按住鼠标左键并拖动，可以改变控件的大小。当鼠标在控件上变为双十字形时，按住鼠标左键并拖动，可以改变控件的位置。

2. 定义编辑框控件属性

控件创建后，要定义其属性，才能使用。双击控件，或选择控件，然后在控件上右击，在弹出的快捷菜单上选择“动画连接”命令，弹出图 7.22 所示的“编辑框控件属性”对话框。

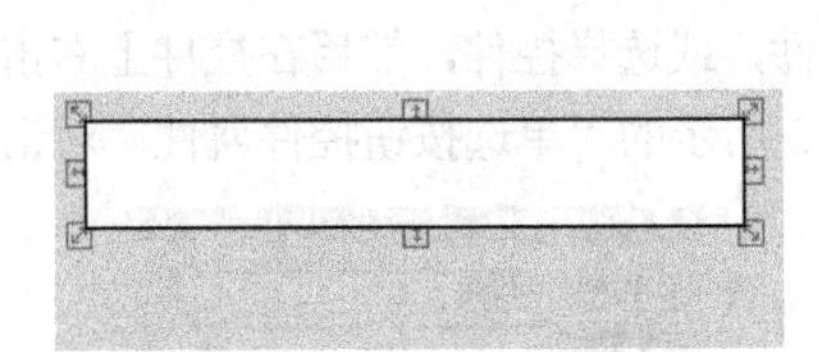

图 7.21　创建后的编辑框控件

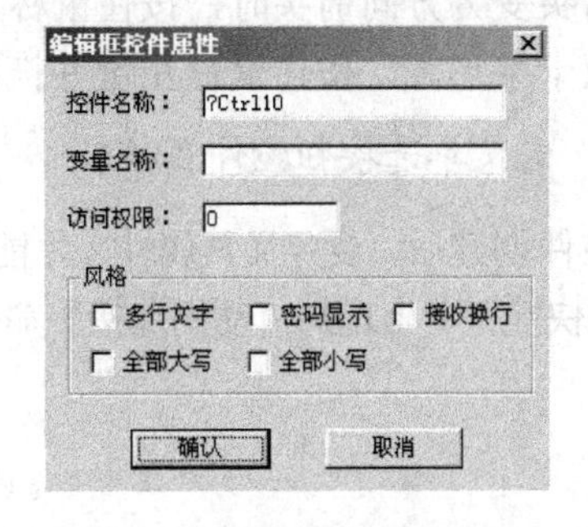

图 7.22　“编辑框控件属性”对话框

控件名称来定义控件的名称，一个列表框控件对应一个控件名称，而且是唯一的，不能重复命名，控件的命名应该符合组态王的命名规则。变量名称指定与当前编辑框控件关联的变量，该变量为组态王数据字典中已定义的字符串型变量。访问权限设置访问该列表框的操作级别，权限级别从 1～999。

3. 编辑框控件应用举例

【举例】设计一个可以输入密码的编辑框。

【操作步骤】

(1) 在画面上创建编辑框控件。在组态王中定义字符串变量“密码”。定义控件属性如图 7.22 所示。在“风格”选项中选择“密码显示”选项。定义完成后，单击“确认”按钮，关闭对话框。保存画面，切换到运行系统。

(2) 在运行系统中打开该画面，在编辑框中输入字符时，显示如图 7.23 所示。当在编辑框中输入字符时，全部显示为“*”，看不到实际输入内容。

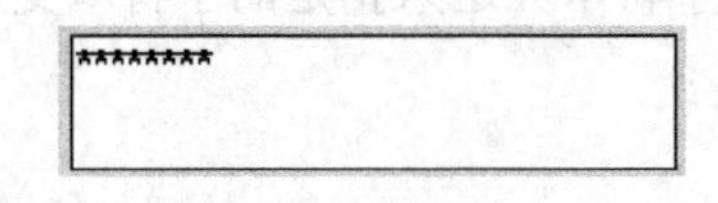

图 7.23 密码显示输入

7.1.5 单选按钮控件

当出现多选一的情况时，可以使用单选按钮来实现。单选按钮控件实际是由一组单个的选项按钮组合而成的。在每一组中，每次只能选择一个选项。

1. 创建单选按钮控件

在画面开发系统的工具箱中单击“插入控件”按钮，或选择菜单“编辑”|“插入控件”命令，在弹出“创建控件”对话框中，在种类列表中选择“窗口控制”选项，在右侧的内容中选择“单选按钮”图标，单击对话框上的“创建”按钮，或直接双击“单选按钮”图标，关闭对话框。此时鼠标变成小十字形，在画面上需要插入控件的地方按住鼠标左键，拖动鼠标，画面上出现一个矩形框，表示创建后控件界面的大小。松开鼠标左键，控件在画面上显示出来，如图 7.24 所示。控件周围有带箭头的小矩形框，当鼠标放到小矩形框上，鼠标箭头变为方向箭头时，按住鼠标左键并拖动，可以改变控件的大小。当鼠标在控件上变为双十字形时，按住鼠标左键并拖动，可以改变控件的位置。

2. 定义单选按钮控件属性

控件创建后，要定义其属性，才能使用。双击控件，或选择控件，然后在控件上右击，在弹出的快捷菜单上选择“动画连接”命令，弹出图 7.25 所示的“单选按钮控件属性”对话框。

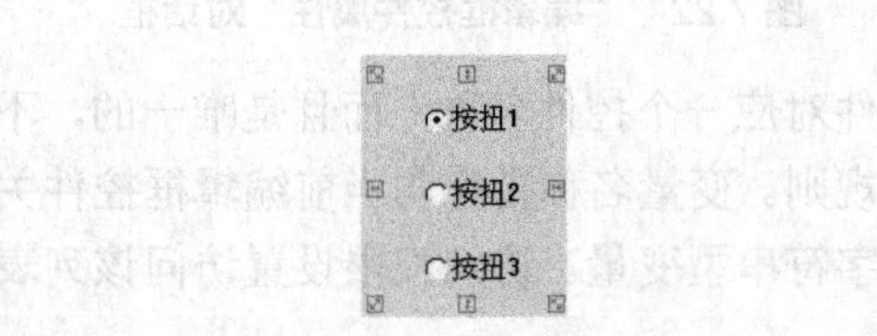

图 7.24 创建单选按钮控件

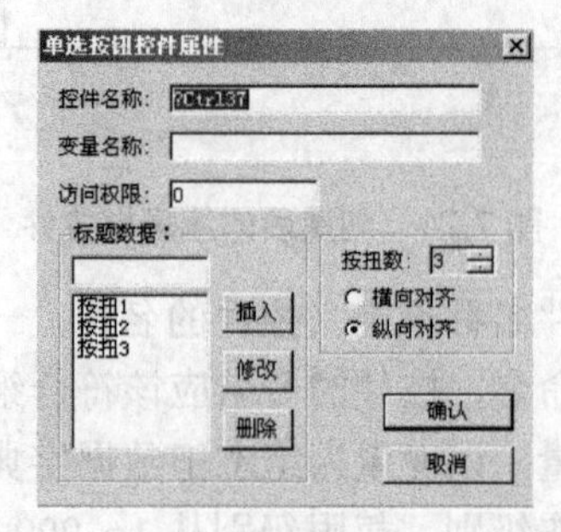

图 7.25 “单选按钮控件属性”对话框

控件名称定义控件的名称，一个单选按钮控件对应一个控件名称，而且是唯一的，不能重复命名，控件的命名应该符合组态王的命名规则，如“optionbutton1”。变量名称表示与控件关联的变量名称，一般为整型变量，如整型变量“单选项”。每选择一个单选按钮时，该整型变量将得到不同的数值。标题数据表示控件在画面上显示时每个单选按钮的标题文本，如“选项 1”、“选项 2”等。标题数据定义项由 1 个组合列表框和 3 个功能按钮组成。选择列表框中的某一项，可以“修改”当前选中的项的标题文本，也可以在当前位置的前边“插入”一项，或“删除”选择的项。

3. 单选按钮控件应用

【举例】设计单选按钮控件，选中选项用模拟量输出。

【操作步骤】

(1) 在画面上创建单选按钮控件，定义控件属性如图 7.26 所示。

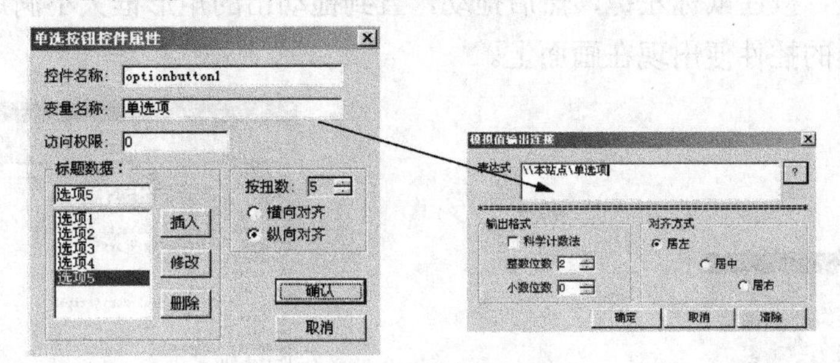

图 7.26　定义单选按钮控件属性

(2) 在画面上创建文本图素，定义图素的动画连接属性为“模拟值输出”，关联的变量为单选按钮中关联的变量。

(3) 定义完成后，保存画面，切换到组态王运行系统，打开该画面。单击不同的按钮选项时，得到的变量的值不相同，如图 7.27 所示。

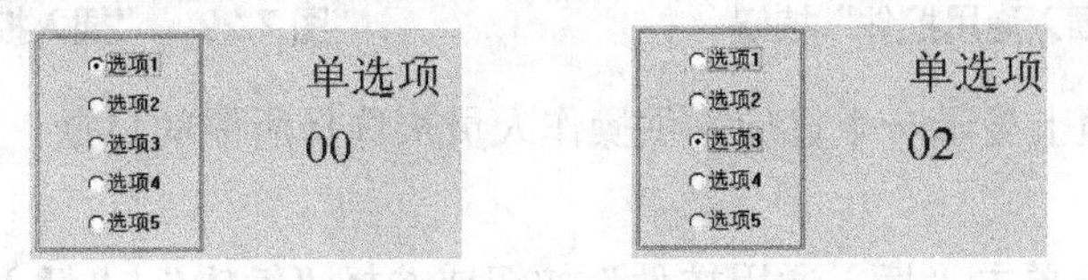

图 7.27　单选按钮的使用

7.2　组态王中 Active X 控件

随着 Active X 技术的应用，Active X 控件也普遍被使用。组态王支持符合其数据类型的 Active X 标准控件。这些控件包括 Microsoft Windows 标准控件和任何用户制作的标准 Active X 控件。这些控件在组态王中被称为“通用控件”。Active X 控件的引入在很大程度上方便了用户，用户可以灵活地编制一个符合自身需要的控件，或调用一个已有的标准控件，来完成一项复杂的任务，而无须在组态王中做大量的复杂的工作。一般的Active X控件都具有控件属性、控件方法、控件事件，用户在组态王中通过调用控件的这些属性、事件、方法来完成工作。

7.2.1 创建Active X控件

如图7.28所示，在组态王工具箱上单击“插入通用控件”按钮或选择菜单“编辑”|“插入通用控件”命令，弹出“插入控件”对话框，如图7.29所示。

在对话框的列表框中列出了本机上已经注册到Windows的Active X控件名称，用户从中通过单击来选择所需的控件，在列表框的下方的标签文本显示当前选中的Active X控件所对应的文件。单击“取消”按钮取消插入控件操作；选中控件名称后单击“确定”按钮或双击该列表项，插入控件对话框自动关闭，鼠标箭头变为小十字形，在画面上选择要插入控件的位置，按住鼠标左键，然后拖动，直到拖动出的矩形框大小满足所需，放开鼠标左键，则创建的控件便出现在画面上。

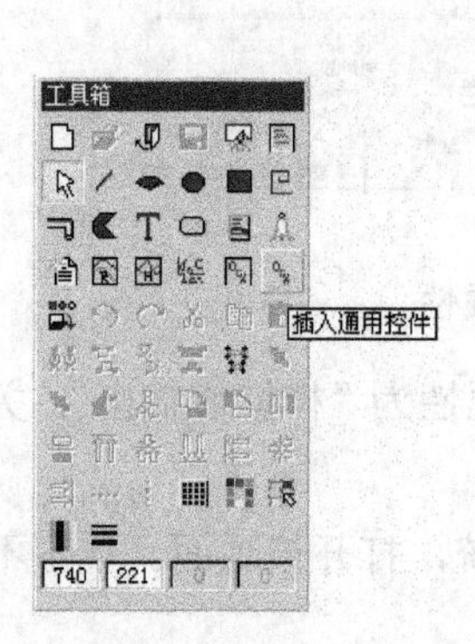

图7.28 “插入通用控件”按钮

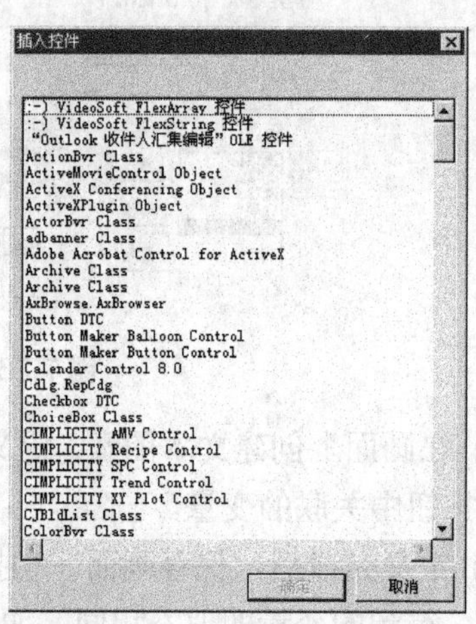

图7.29 “插入控件”对话框

【举例】在画面上显示一个日历，供操作人员来选择所需的日期。

【操作步骤】

(1) 在工具箱上单击“插入通用控件”按钮或选择“编辑”|“插入通用控件”菜单命令，会弹出图7.29所示的“插入控件”对话框。

(2) 在对话框的列表中找到Microsoft Date and Time Picker Control项，选中它，然后单击“确定”按钮，或直接双击该项。“插入控件”对话框自动关闭。创建后的控件如图7.30所示。

【注意】有些特殊的Active X控件在组态王中无法支持，所以当用户在创建控件时，会有图7.31所示的提示框，表明该控件无法在组态王中创建使用。

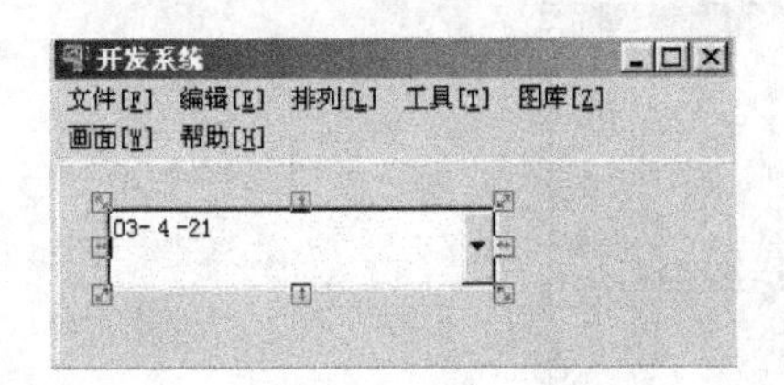

图 7.30　创建后的日历控件

图 7.31　无法创建控件

7.2.2　Active X 控件的固有属性

根据控件的特点，有些控件带有固定的属性设置界面，这些属性界面在组态王里被称为控件的“固有属性”。通过这些固有属性，可以设置控件的操作状态、控件的外观、颜色、字体或其他一些属性等。设置的固有属性一般为控件的初始状态。每个控件的固有属性页都各不相同。设置固有属性的方法如下。首先选中控件，在控件上右击，系统弹出快捷菜单，选择“控件属性”命令。如果用户创建的控件有属性页的话，则会直接弹出控件的属性页。如图 7.32 所示，以上节中创建的日历控件为例，在控件上右击，选择弹出的快捷菜单中的“控件属性”项，弹出图 7.33 所示的日历控件的固有属性页。在这个属性页中，可以设置日历控件的初始值、日期范围、格式、字体、各部分显示颜色等属性。大多数固有属性可以在运行时通过控件的属性来修改。

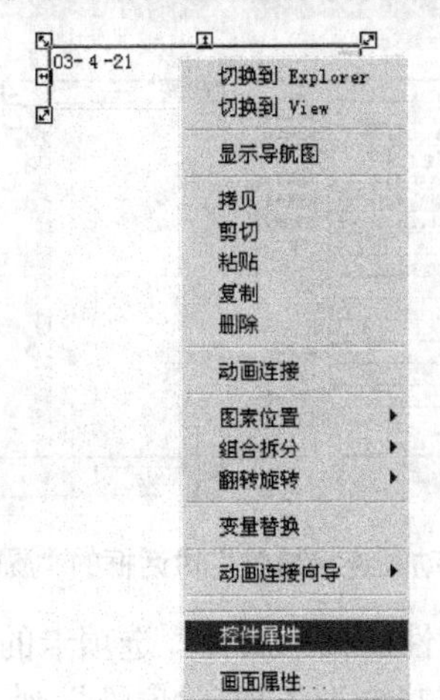

图 7.32　选择“控件属性”菜单命令

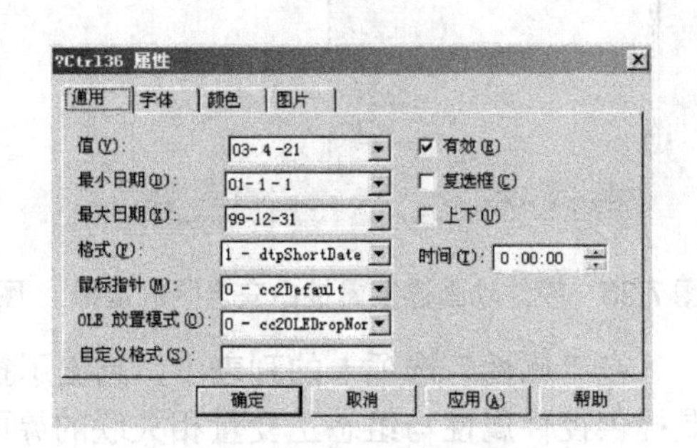

图 7.33　日历控件固有属性

7.2.3　Active X 控件的动画连接属性

在组态王中使用 Active X 控件，最重要的是要设置它的动画连接属性。动画连接属性是控件与组态王相联系的关键。在动画连接属性中要定义控件在组态王中的标记名称、安全级别等。

以创建的日历控件为例，双击控件，系统弹出控件“动画连接属性”对话框。如图 7.34 所示。动画连接属性页由 3 个选项卡组成：常规、属性和事件。首先显示的是“常规”选项卡。

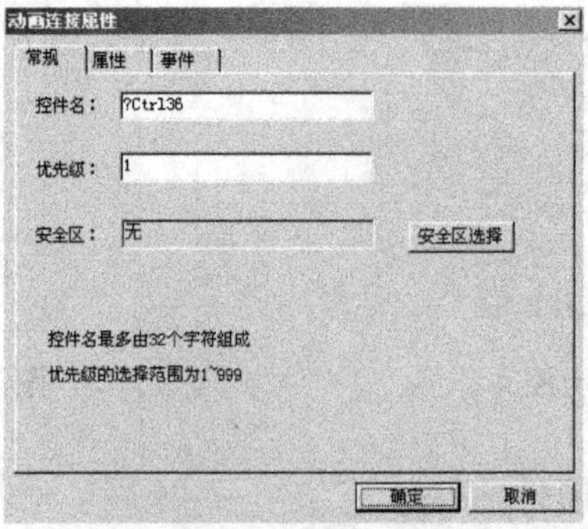

图 7.34　控件“动画连接属性”对话框的“常规”选项卡

控件名定义控件的名称，一个控件对应一个控件名称，而且是唯一的，不能重复命名，控件的命名应该符合组态王的命名规则，如“DatTimCtrl”。优先级、安全区定义控件的安全访问级别。优先级的输入范围为 1～999，单击“安全区选择”按钮，弹出图 7.35 所示的“选择安全区”对话框，单击中间的按钮，可以选入和选出安全区，当鼠标位于某个按钮上时，在对话框的底部有文字标签显示按钮的作用。可以选择已定义的安全区，也可以多选。运行时，只有符合该安全级别的用户登录后，才能操作控件，否则操作不了控件。

选择“动画连接属性”对话框的“属性”选项卡，如图 7.36 所示。

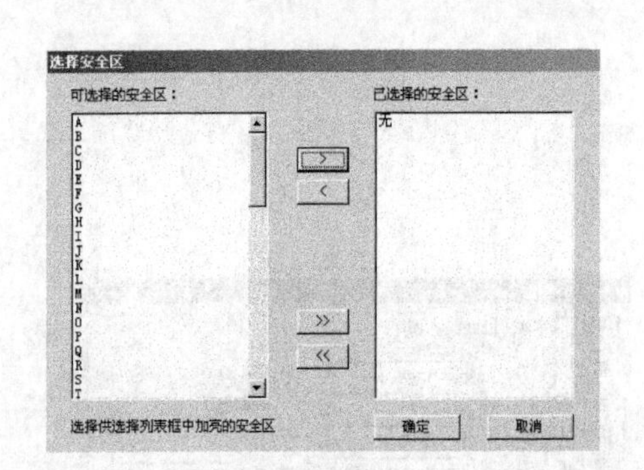

图 7.35　控件动画连接属性中安全区的选择

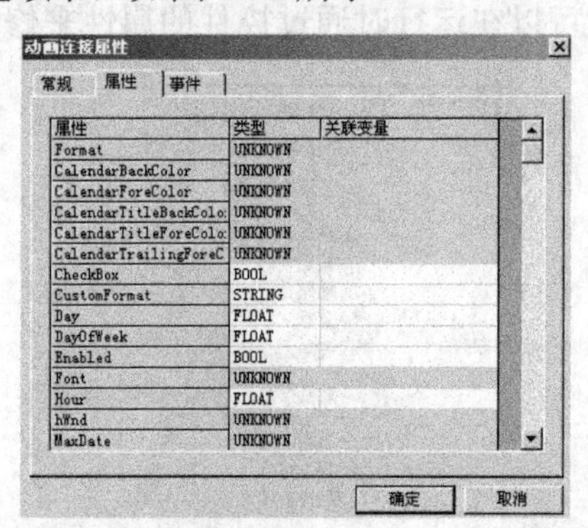

图 7.36　控件“动画连接属性”对话框的“属性”选项卡

在“属性”选项卡的列表中，列出了控件的所有属性。该“属性”选项卡的主要作用是提供控件属性与组态王变量相关联的界面。其中列表共分为 3 列：“属性”列、“类型”列和“关联变量”列。“属性”列列举了控件的所有属性；“类型”列标明了相应属性的数据类型；可以在动画连接属性中直接将相关属性与组态王的变量相关联。按照实际使用需要，在使用控件属性时，可以关联变量也可以不关联。当关联变量时，在允许关联属性的“关联变量”的表格中右击，弹出快捷菜单，菜单项共有 3 项内容，即添加、编辑、删除。

如果选择的属性没有关联变量，则“编辑”、“删除”项无效。如给日历的 Value 属性关联一个组态王变量。在 Value 属性关联变量表格中右击，选择添加后，弹出变量浏览器，如图 7.37 所示。

首先在变量浏览器中选择要关联的变量，然后选择属性和变量的关联方向。在关联变量选择的变量浏览器中有一个特殊的按钮 。单击该按钮弹出一个选择关联方向的对话框，如图 7.38 所示。

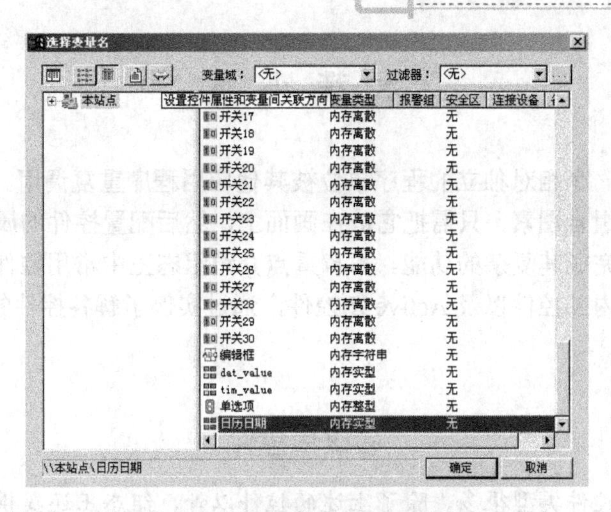

图 7.37　关联变量——变量浏览器

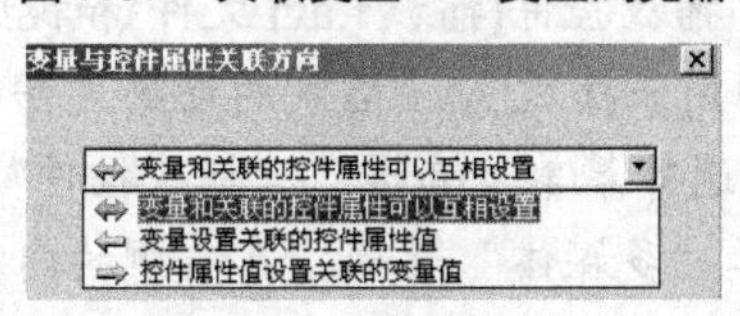

图 7.38　“变量与控件属性关联方向”对话框

变量和关联的控件属性可以互相设置表示无论变量的值或控件属性值是否发生变化，都可以设置对方的值。变量设置关联的控件属性值表示变量的值变化时，可以设置控件属性值，但控件属性值变化时，变量的值不会发生变化。控件属性值设置关联的变量值表示控件属性值变化时，可以设置变量的值，但变量的值变化时，控件属性的值不会发生变化。

根据实际需要设置关联方向。如在日历控件中选择“控件属性值设置关联的变量值”。设置完成后，关闭变量浏览器，在控件“动画连接属性”对话框中的 Value 格中出现了图 7.39 所示的内容。关联变量的前面出现的箭头“—>”标明关联方向。切换到组态王运行系统，当改变控件的属性 Value 值时，可以得到变化了的变量“日历日期”的值；但当修改变量的值时，控件的属性值并不变化。

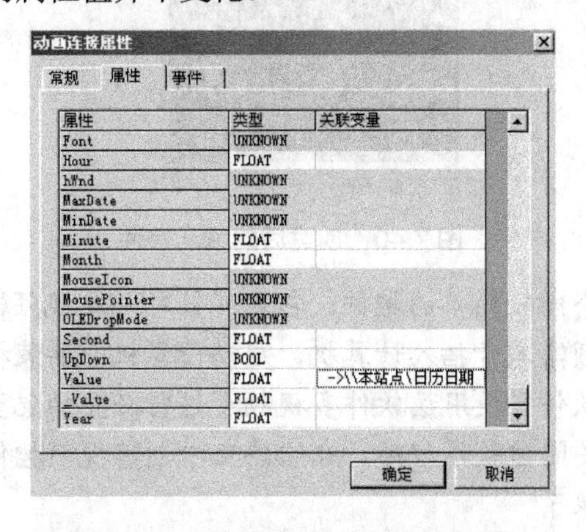

图 7.39　关联变量或的动画连接属性

本章小结

控件可以作为一个相对独立的程序单位被其他应用程序重复调用。组态王中提供的控件在外观上类似于组合图素，只需把它放在画面上，然后配置控件的属性进行相应的函数连接，控件就可以完成其复杂的功能。本章重点介绍组态王中常用控件的设置方法，其中主要介绍了组态王内部控件以及 Active X 控件，通过实例了解各控件的设置和应用。

知识拓展

多媒体控件

组态王提供的控件类型很多，除了上述的控件以外，组态王还提供了多媒体控件。组态王提供的多媒体控件有动画播放控件(播放*.avi 文件)和视频输出控件。

AVI 动画播放控件是专门用来播放 AVI 格式的动画文件的。在画面开发系统的工具箱中单击“插入控件”按钮，或选择菜单“编辑”|“插入控件”命令，在弹出的“创建控件”对话框中，在种类列表中选择“多媒体”选项，在右侧的内容中选择“AVI 动画”图标，单击对话框上的“创建”按钮，或直接双击“显示框”图标，关闭对话框。此时鼠标变成小十字形，在画面上需要插入控件的地方按住鼠标左键，拖动鼠标，画面上出现一个矩形框，表示创建后控件界面的大小。松开鼠标左键，控件在画面上显示出来，如图 7.40 所示。控件周围有带箭头的小矩形框，当鼠标放到小矩形框上，鼠标箭头变为方向箭头时，按住鼠标左键并拖动，可以改变控件的大小。当鼠标在控件上变为双十字形时，按住鼠标左键并拖动，可以改变控件的位置。AVI 动画控件的驱动是靠组态王提供的一个函数实现的，该函数为 PlayAvi("CtrlName", filename, option)。

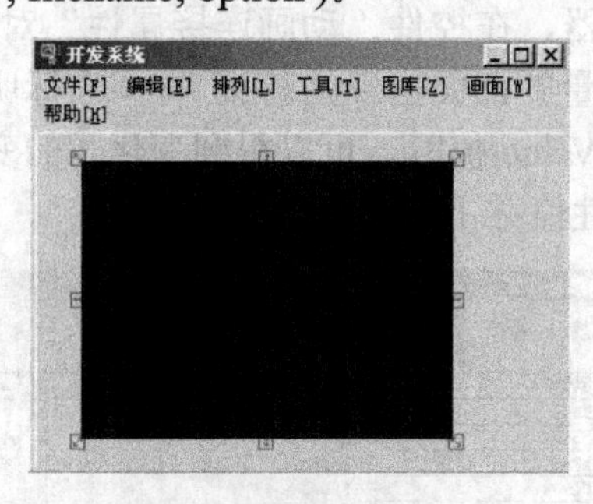

图 7.40　创建后的 AVI 控件

视频动画控件是一个比较简单的控件，它只能针对一路视频输入，无须用户进行过多的配置。首先用户将视频输入卡插入计算机，启动计算机并安装视频卡的驱动程序，一般视频卡都自带视频使用软件，使用该软件多视频卡进行必要的配置，并检查视频卡工作是否正常。一切正常后，关闭该软件程序，在组态王中创建视频控件，切换到组态王运行系统。就可以看到视频图像了。

【注意】在组态王运行系统中，不能用两个视频控件同时显示同一条视频信息。

思考题与习题

1．组态王内置控件主要有___________、___________、___________、___________、___________。

2．组态王的立体棒图控件形式主要有(　　)。

A．二维条形图　B．三维条形图　C．饼图

3．列表框控件的作用是什么？

4．编辑框控件的作用是什么？

5．如何创建 Active X 控件？

6．组态王主要支持哪些 Active X 控件？

7．日历控件的固有属性主要有哪些？

8．组态王中通用控件是指___________。

9．在组态王工程中插入棒图，并实现棒图的动画。

10．在组态王中练习列表框、复选框、编辑框控件的使用。

11．在组态王中加入一个 Active X 控件，并说明该控件的作用。

第8章

组态王与外部设备通信

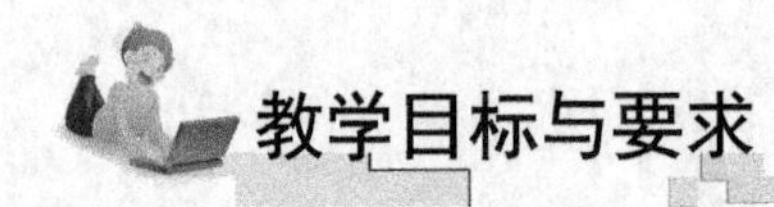

- 掌握组态王与外围设备的连接。
- 掌握DDE、板卡、PLC等设备的驱动程序的配置。
- 理解组态王仿真PLC的概念。
- 掌握组态王对设备进行数据采集。

引言

组态王工程的设计，是为了能够实时监控现场的信号，现场的信号是通过外部测控设备与上位机相连。组态王支持的硬件设备包括可编程控制器(PLC)、智能模块、板卡、智能仪表，变频器等，可以把每一台下位机看作一种设备，不必关心具体的通信协议，只需要在组态王的设备库中选择设备的类型，然后按照“设备配置向导”的提示逐步完成安装即可，使驱动程序的配置更加方便，如图8.1所示，组态王的工程为了读取现场信息，必须定义外部设备，只有在定义了外部设备之后，组态王才能通过I/O变量和它们交换数据。

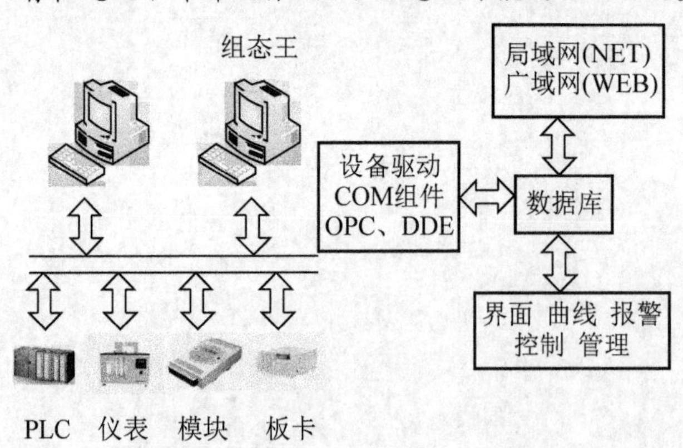

图8.1 组态王与外部测控设备相连

组态王支持以下几种通信方式：串口通信、数据采集板、DDE 通信、人机界面卡、网络模块、OPC 等。

8.1　组态王逻辑设备的管理

组态王的设备管理结构列出已配置的与组态王通信的各种 I/O 设备名，每个设备名实际上是具体设备的逻辑名称，每一个逻辑设备名对应一个相应的驱动程序，以此与实际设备相对应。组态王的设备管理增加了驱动设备的配置向导，只要按照配置向导的提示进行相应的参数设置，选择 I/O 设备的生产厂家、设备名称、通信方式，指定设备的逻辑名称和通信地址，则组态王自动完成驱动程序的启动和通信，不再需要人工进行设定。组态王采用工程浏览器界面来管理硬件设备，已配置好的设备统一列在工程浏览器界面下的设备分支。

8.1.1　组态王逻辑设备概念

组态王对设备的管理是通过对逻辑设备名的管理实现的，具体讲就是每一个实际 I/O 设备都必须在组态王中指定一个唯一的逻辑名称，此逻辑设备名就对应着该 I/O 设备的生产厂家、实际设备名称、设备通信方式、设备地址、与上位 PC 机的通信方式等信息内容。在组态王中，具体 I/O 设备与逻辑设备名是一一对应的，有一个 I/O 设备就必须指定一个唯一的逻辑设备名，特别是设备型号完全相同的多台 I/O 设备，也要指定不同的逻辑设备名。组态王中变量、逻辑设备与实际设备的对应关系如图 8.2 所示。

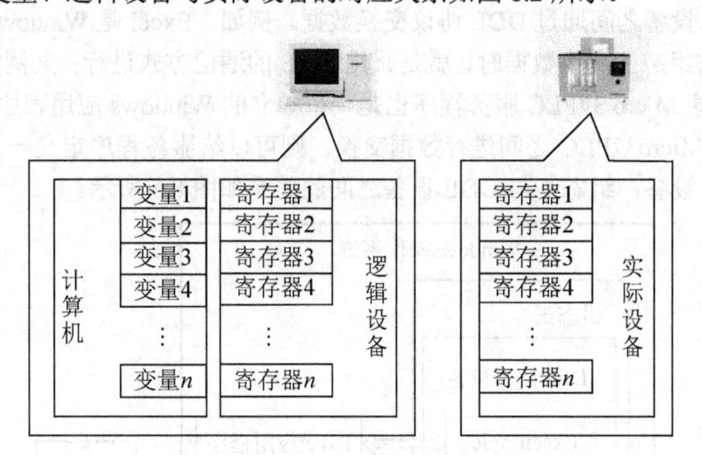

图 8.2　组态王中变量、逻辑设备与实际设备的对应关系

设有两台型号为三菱公司 FX2-60MR PLC 作为下位机控制工业生产现场，同时这两台 PLC 均要与装有组态王的上位机通信，那么必须给两台 FX2-60MR PLC 指定不同的逻辑名，如图 8.3 所示。其中，PLC1、PLC2 是由组态王定义的逻辑设备名，而不一定是实际的设备名称。

另外，组态王中的 I/O 变量与具体 I/O 设备的数据交换就是通过逻辑设备名来实现的，当在组态王中定义 I/O 变量属性时，就要指定与该 I/O 变量进行数据交换的逻辑设备名，I/O 变量与逻辑设备名之间的关系如图 8.4 所示。一个逻辑设备可与多个 I/O 变量对应。

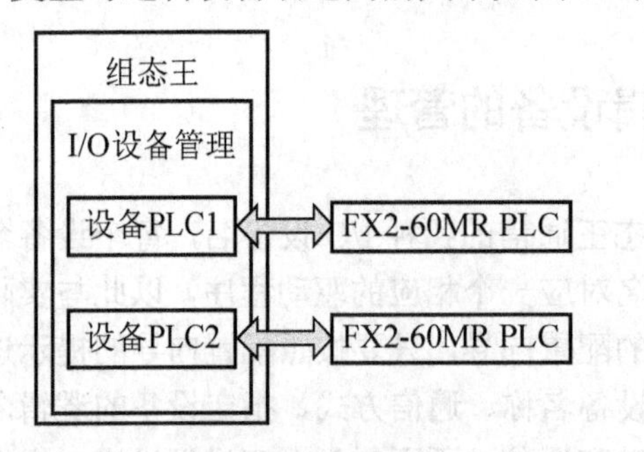

图 8.3　逻辑设备与实际设备示例

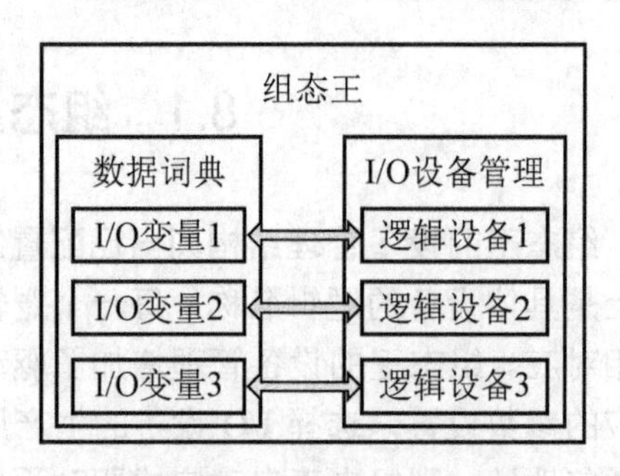

图 8.4　变量与逻辑设备间的对应关系

8.1.2　组态王逻辑设备的分类

组态王设备管理中的逻辑设备分为 DDE 设备、板卡类设备(即总线型设备)、串口类设备、人机界面卡、网络模块，根据实际情况通过组态王的设备管理功能来配置定义这些逻辑设备，下面分别介绍这 5 种逻辑设备。

1. DDE 设备

DDE 设备是指与组态王进行 DDE 数据交换的 Windows 独立应用程序，因此 DDE 设备通常就代表了一个 Windows 独立应用程序，该独立应用程序的扩展名通常为.exe 文件，组态王与 DDE 设备之间通过 DDE 协议交换数据。例如，Excel 是 Windows 的独立应用程序，当 Excel 与组态王交换数据时，就是采用 DDE 的通信方式进行；又例如，北京亚控公司开发的莫迪康 Micro 37PLC 服务程序也是一个独立的 Windows 应用程序，此程序用于组态王与莫迪康 Micro37PLC 之间进行数据交换，则可以给服务程序定义一个逻辑名称作为组态王的 DDE 设备，组态王与 DDE 设备之间的关系如图 8.5 所示。

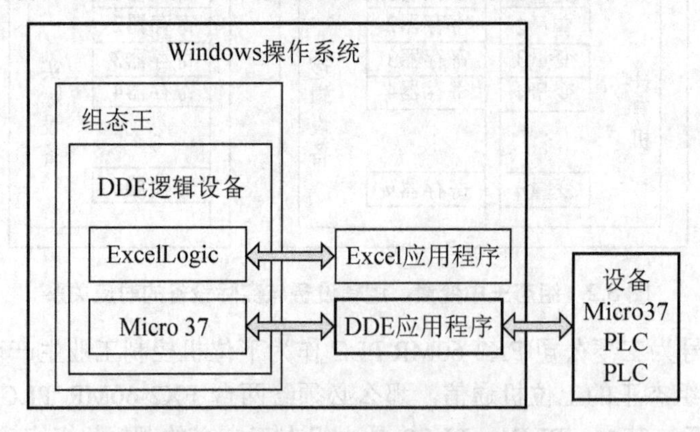

图 8.5　组态王与 DDE 设备之间的关系

通过此结构图，可以进一步理解 DDE 设备的含义，显然组态王、Excel、Micro 37 都是独立的 Windows 应用程序，而且都要处于运行状态，再通过给 Excel、Micro 37、DDE

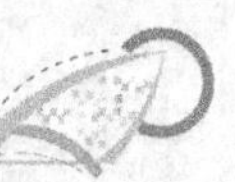

分别指定一个逻辑名称，则组态王通过 DDE 设备就可以和相应的应用程序进行数据交换。

2. 板卡类设备

板卡类逻辑设备实际上是组态王内嵌的板卡驱动程序的逻辑名称，内嵌的板卡驱动程序不是一个独立的 Windows 应用程序，而是以 DLL 形式供组态王调用，这种内嵌的板卡驱动程序对应着实际插入计算机总线扩展槽中的 I/O 设备，因此一个板卡逻辑设备也就代表了一个实际插入计算机总线扩展槽中的 I/O 板卡。组态王与板卡类逻辑设备之间的关系如图 8.6 所示。

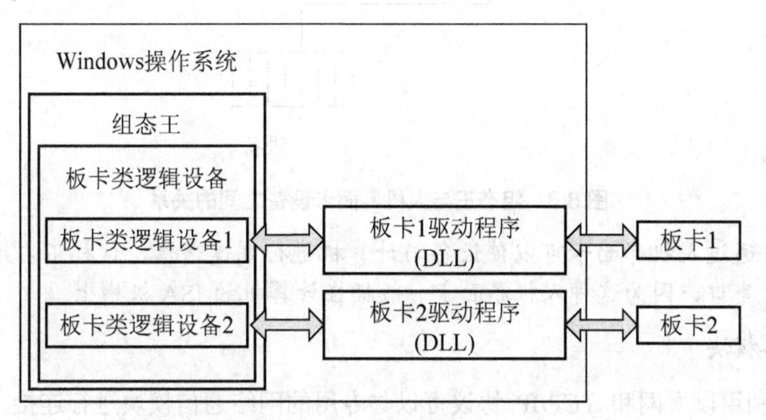

图 8.6　组态王与板卡类逻辑设备之间的关系

显然，组态王根据指定的板卡类逻辑设备自动调用相应内嵌的板卡驱动程序，因此只需要在逻辑设备中定义板卡逻辑设备，其他的事情就由组态王自动完成。

3. 串口类设备

串口类逻辑设备实际上是组态王内嵌的串口驱动程序的逻辑名称，内嵌的串口驱动程序不是一个独立的 Windows 应用程序，而是以 DLL 形式供组态王调用，这种内嵌的串口驱动程序对应着实际与计算机串口相连的 I/O 设备，因此一个串口逻辑设备也就代表了一个实际与计算机串口相连的 I/O 设备。组态王与串口类逻辑设备之间的关系如图 8.7 所示。

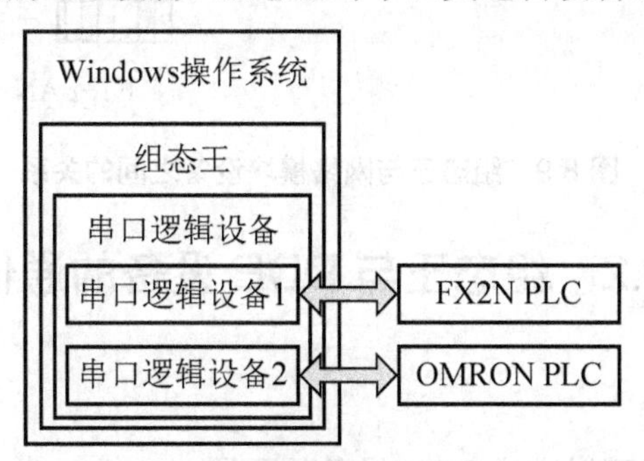

图 8.7　组态王与串口类逻辑设备之间的关系

4. 人机界面卡

人机界面卡又可称为高速通信卡，它既不同于板卡，也不同于串口通信，它往往由硬件厂商提供，如西门子公司的S7-300用的MPI卡、莫迪康公司的SA85卡。其工作原理和通信示意图如图8.8所示。

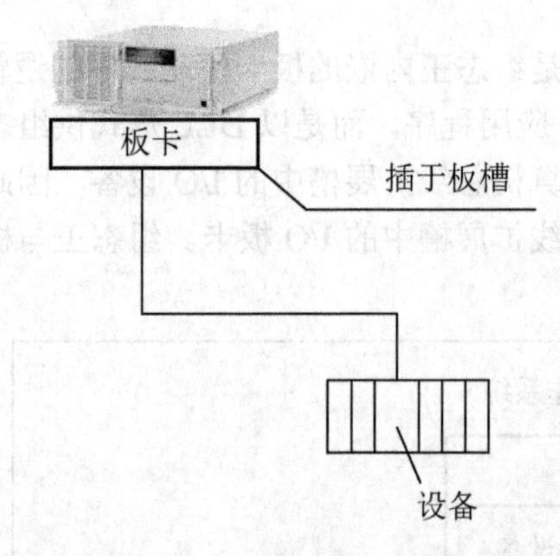

图8.8　组态王与人机界面卡设备之间的关系

【注意】通过人机界面卡可以使设备与计算机进行高速通信，这样不占用计算机本身所带RS-232串口，因为这种人机界面卡一般插在计算机的ISA板槽上。

5. 网络模块

组态王利用以太网和TCP/IP协议可以与专用的网络通信模块进行连接，例如，选用松下ET-LAN网络通信单元并通过以太网与上位机相连，该单元和其他计算机上的组态王运行程序使用TCP/IP协议，连接示意图如图8.9所示。

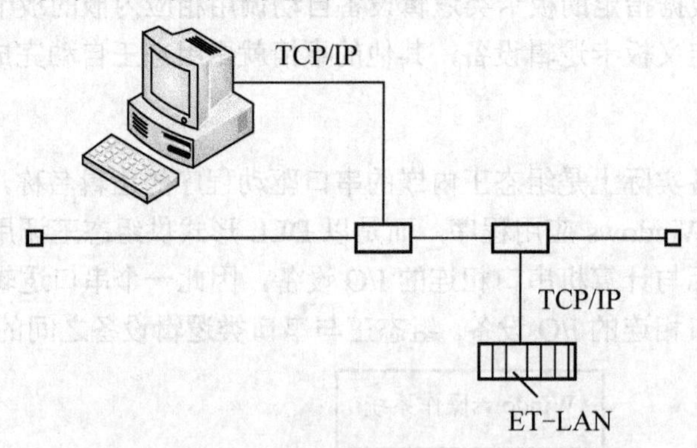

图8.9　组态王与网络模块设备之间的关系

8.2　组态王与DDE设备的通信

8.2.1　定义DDE设备

根据设备配置向导就可以完成DDE设备的配置。

【操作步骤】

(1) 在工程浏览器的目录显示区，单击大纲项设备下的成员DDE，则在目录内容显示区出现“新建”图标，如图8.10所示。

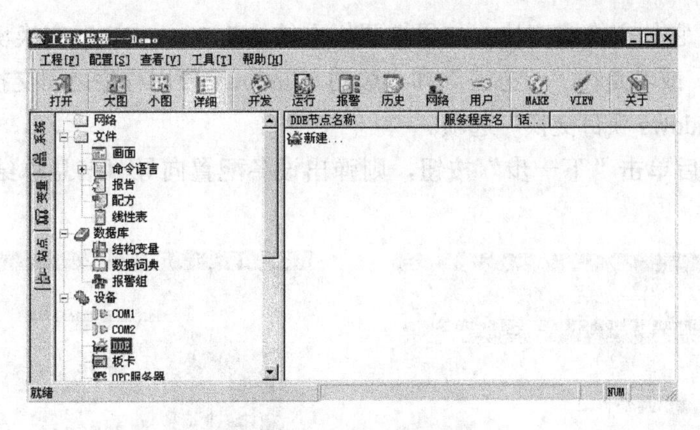

图 8.10　DDE 设备配置

(2) 选中“新建”图标后双击，弹出“设备配置向导”对话框；或者右击，则弹出浮动式菜单，选择“新建 DDE 节点”菜单命令，也弹出“设备配置向导”对话框，如图 8.11 所示，从树形设备列表区中选择 DDE 节点。单击“下一步”按钮，则弹出“逻辑名称”对话框，如图 8.12 所示，在对话框的编辑框中为 DDE 设备指定一个逻辑名称，如“ExcelToView”。

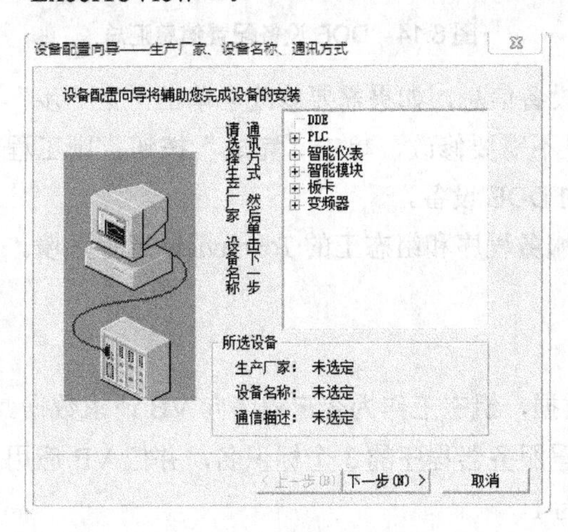

图 8.11　“设备配置向导”对话框

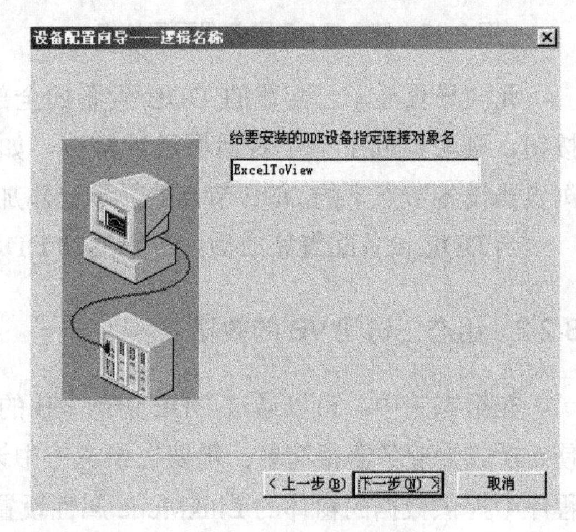

图 8.12　填入设备逻辑名称

(3) 单击“下一步”按钮，则弹出“设备配置向导”对话框，如图 8.13 所示，要为 DDE 设备指定 DDE 服务程序名、话题名、数据交换方式。若要修改 DDE 设备的逻辑名称，单击“上一步”按钮，则可返回上一个对话框。对话框中各项的含义如下。

① 服务程序名：与“组态王”交换数据的 DDE 服务程序名称，一般是 I/O 服务程序，或者是 Windows 应用程序。本例中是 Excel.exe。

② 话题名：本程序和服务程序进行 DDE 连接的话题名(Topic)。图 8.13 为 Excel 程序的工作表名 sheet1。

③ 数据交换形式：指 DDE 会话的两种方式，“高速块交换”是本公司开发的通信程

序采用的方式，它的交换速度快；如果按照标准的 Windows DDE 交换协议开发自己的 DDE 服务程序，或者是在“组态王”和一般的 Windows 应用程序之间交换数据，则应选择“标准的 Windows 项目交换”选项。

(4) 设置好后单击“下一步”按钮，则弹出设备配置向导“信息总结”对话框，如图 8.14 所示。

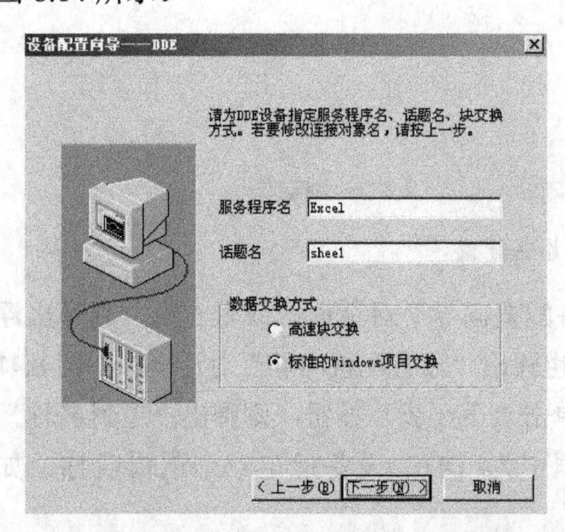

图 8.13 填入 DDE 服务器配置信息

图 8.14 DDE 设备配置信息汇总

此向导页显示已配置的 DDE 设备的全部设备信息，如果需要修改，单击“上一步”按钮，则可返回上一个对话框进行修改，如果不需要修改，单击“完成”按钮，则工程浏览器设备节点下的 DDE 节点处显示已添加的 DDE 设备。

当 DDE 设备配置完成后，分别启动 DDE 服务程序和组态王的 Touchview 运行环境。

8.2.2 组态王访问 VB 的数据

在组态王中，可以通过 DDE 访问 VB 的数据，组态王作为客户程序向 VB 请求数据。使 VB 成为服务器很简单：需要在组态王中设置服务器程序的 3 个标识名，并把 VB 应用程序中提供数据的窗体的 LinkMode 属性设置为 1。

【操作步骤】

(1) 运行 Visual Basic，选择 File|New Project 菜单，显示新窗体 Form1。设计 Form1，将窗体 Form1 的 LinkMode 属性设置为“1”(Source)，如图 8.15 所示。

(2) 修改 VB 中窗体和控件的属性。

窗体 Form1 属性：LinkMode 属性设置为“1”(Source)；LinkTopic 属性设置为“FormTopic”，这个值将在“组态王”中引用。

文本框 Text1 属性：Name 属性设置为“TextToView”，这个值也将在“组态王”中被引用。

生成 vbdde.exe 文件：在 Visual Basic 菜单中选择 File|Save Project 命令，为工程文件

命名为“vbdde.vbp”，这将使生成的可执行文件默认名是 vbdde.exe。选择菜单“File\Make EXE File”，生成可执行文件 vbdde.exe。

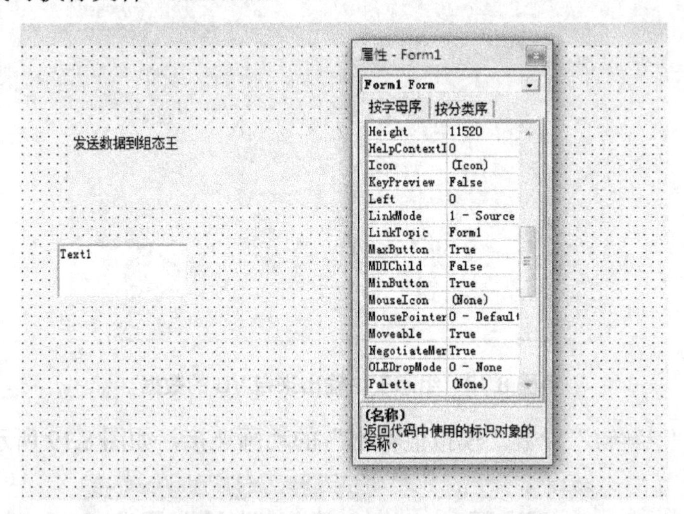

图 8.15　VB 中建立窗体和控件

(3) 在“组态王”中定义 DDE 设备：在工程浏览器中，从左边的工程目录显示区中选择“设备”| DDE 选项，然后在右边的内容显示区中双击“新建”图标，则弹出“设备配置向导”对话框，已配置的 DDE 设备的信息总结列表框如图 8.16 所示。定义 I/O 变量时要使用定义的连接对象名 VBDDE(也就是连接设备名)。

(4) 在工程浏览器中定义新变量：定义新变量，变量名为“FromVBToView”，项目名设为服务器程序中提供数据的控件名，此处是文本框 TextToView，连接设备为“dde”。“定义变量”对话框如图 8.17 所示。

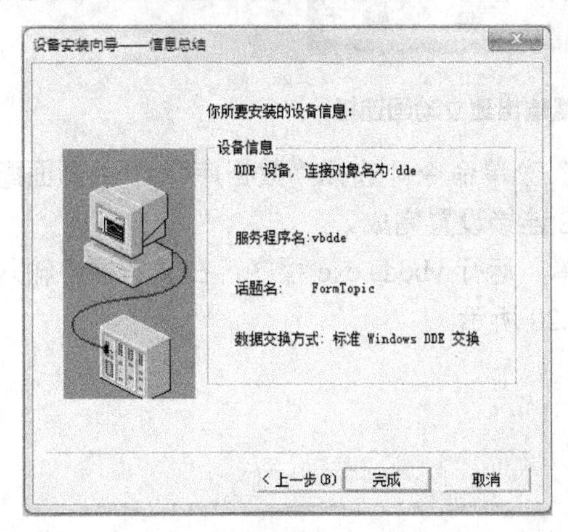

图 8.16　组态王中定义 DDE 设备

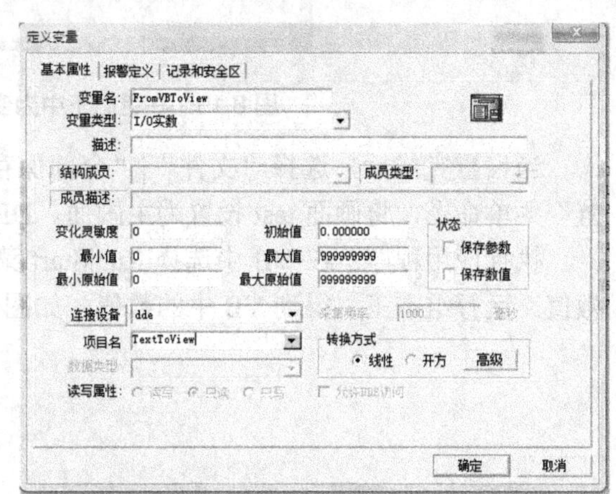

图 8.17　组态王中定义 I/O 变量

(5) 新建组态王画面名为“test”，如图 8.18 所示。

图 8.18　组态王中输出来自 VB 的数据

(6) 为对象“#####”设置“模拟值输出”的动画连接，如图 8.19 所示。

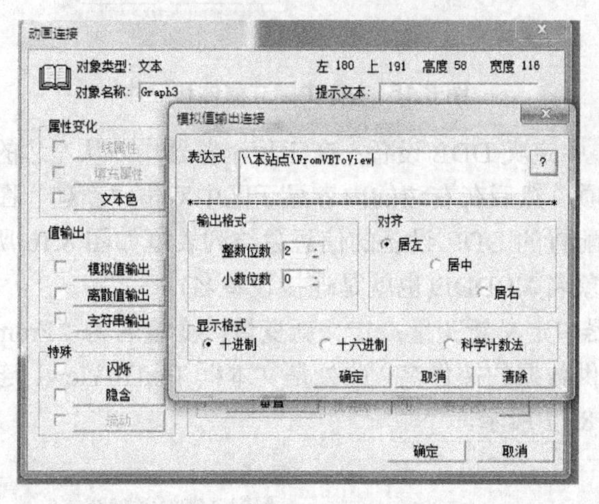

图 8.19　在组态王中为变量输出建立动画连接

当设置完成后，选择“文件”|“全部保存”菜单命令。选择“数据库”|“主画面配置”菜单命令，将画面 test 设置为主画面。DDE 连接设置完成。

执行应用程序：在 VB 中选择 Run|Start 菜单，运行 vbdde.exe 程序，在文本框中输入数值。运行组态王，得到 VB 中的数值，如图 8.20 所示。

图 8.20　组态王中为变量输出建立动画连接

8.2.3　VB 访问组态王数据

在组态王访问 VB 的例子中，组态王通过 DDE 读取 VB 的数据；反之，VB 也可以作为客户程序，通过 DDE 读取组态王中的实时数据。下例中组态王通过 PCL818L 板卡从下位机采集数据，VB 又向组态王请求数据。

【操作步骤】

(1) 在“组态王”中定义设备：在工程浏览器中，从左边的工程目录显示区中选择“设备”选项，然后在右边的内容显示区中双击“新建”图标，则弹出“设备配置向导”对话框定义 PCL818L 卡，已配置的设备的信息总结列表框如图 8.21 所示。

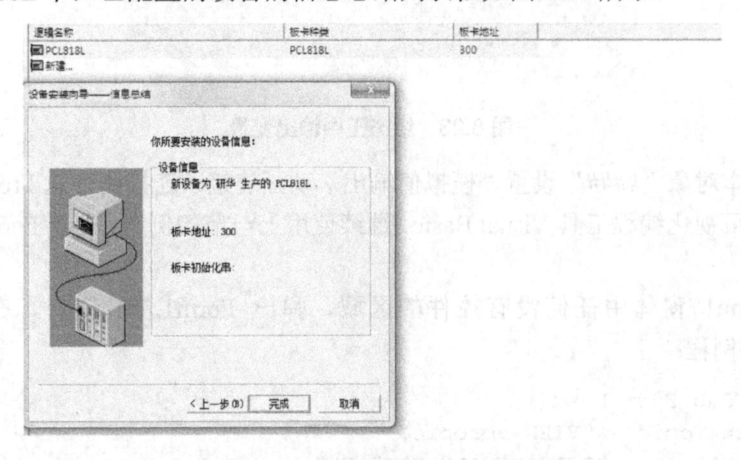

图 8.21　利用设备安装向导定义设备

(2) 在“组态王”中定义 I/O 变量：在工程浏览器左边的工程目录显示区中，依次选择“数据库”|“数据词典”选项，然后在右边的目录内容显示区中双击“新建”图标，弹出“定义变量”对话框，在此对话框中建立一个 I/O 实型变量，如图 8.22 所示。

变量名设为“FromViewToVB”，这个名称可以自主定义；项目名为“PCL818L.AD0.F1L5.G2”；选择“允许 DDE 访问”选项。变量名在“组态王”内部使用，项目名是供 VB 引用的，连接设备为 PCL818L。

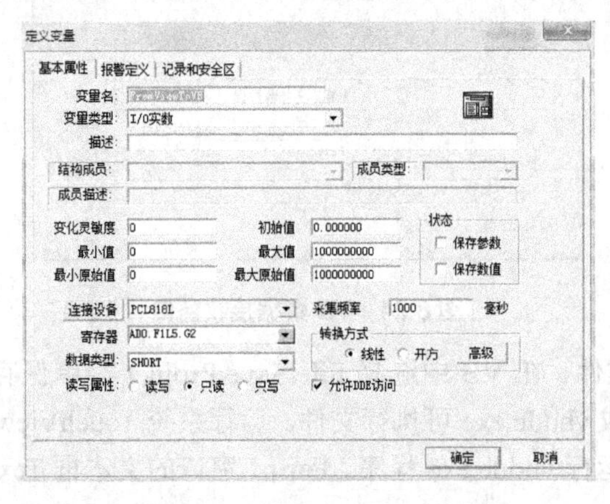

图 8.22　组态王定义 I/O 变量

(3) 创建画面：在组态王画面开发系统中建立画面 test1，如图 8.23 所示。

图 8.23　组态王中输出变量

(4) 为文本对象“####”设置“模拟值输出”动画连接，连接到变量 FromViewToVB。

(5) 运行可视化编程工具 Visual Basic，继续使用上一节的例子，设计 Form1，如图 8.24 所示。

双击 Form1 窗体中任何没有控件的区域，弹出 Form1.frm 窗口，在窗口内书写 Form_Load 子例程：

```
Private Sub Form_Load()
Text2.LinkTopic = "VIEW|vbtopic"
Text2.LinkItem = "PCL818L.AD0.F1L5.G2"
Text2.LinkMode = 1
End Sub
```

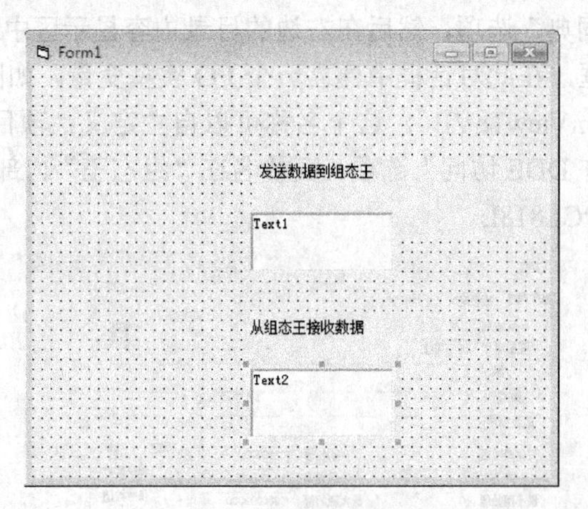

图 8.24　VB 数据接收窗口

(6) 生成可执行文件，在 VB 中选择 File|Save Project 菜单保存修改结果。选择 File|Make Exe File 菜单生成 vbdde.exe 可执行文件。运行系统 TouchView。在 Visual Basic 菜单中选择 Run|Start 菜单运行 vbdde.exe 程序。Form1 窗口的文本框 Text2 中显示出变量的值，如图 8.25 所示。

图 8.25　VB 接收组态王的数据

8.3　组态王与板卡设备的通信

下面以研华 PCL818L 板卡为例，介绍组态王板卡通信的设置。

研华公司提供各种模拟量、数字量板卡，种类多性能高，稳定性好，广泛应用于各种工业控制领域。组态王全面支持研华系列板卡。根据设备配置向导就可以完成板卡设备的配置。

【操作步骤】

(1) 在工程浏览器的目录显示区，单击大纲项设备下的成员板卡，则在目录内容显示区出现“新建”图标，双击“新建”图标，弹出“设备配置向导”列表对话框，如图 8.26 所示。

从树形设备列表区中选择板卡节点，然后选择要配置板卡设备的生产厂家、设备名称，如“板卡/研华/PCL818L”。单击“下一步”按钮，则弹出如下设备配置向导“生产厂家、设备名称通信方式”对话框，给要配置的板卡设备指定一个逻辑名称。单击“下一步”按钮，则弹出如下设备配置向导“板卡地址”对话框如图 8.27 所示。

在此界面为板卡设备指定板卡地址、初始化字、AD 转换器的输入方式(单端或双端)。对于 PCL818L 板卡，基地址选择范围 000H～3F0H，默认地址为 300H，板卡地址由板上的拨码开关决定。PCL818L 板卡的计数器 0 可作为外部计数用，必须在组态王中写初始化字 A、0(表示 TC0 接受外部时钟)，方可对外部脉冲计数。继续单击“下一步”按钮，则弹出如下设备配置向导“信息总结”对话框，汇总当前定义的设备的全部信息，如图 8.28 所示。

此向导页显示已配置的板卡设备的设备信息，如果需要修改，单击“上一步”按钮，则可返回上一个对话框进行修改，如果不需要修改，单击“完成”按钮，则工程浏览器设备节点下的板卡节点处显示已添加的板卡设备。

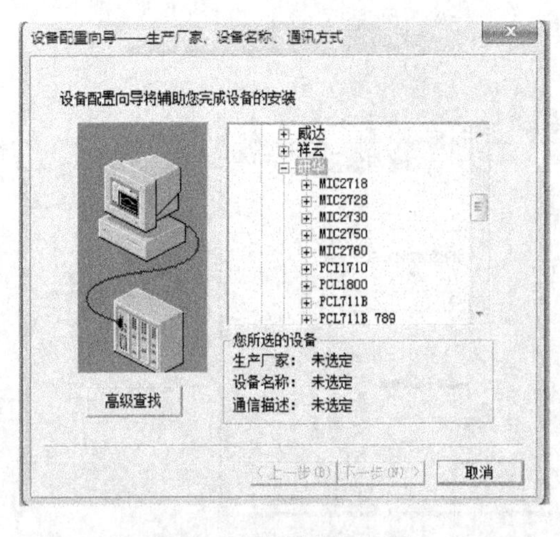

图 8.26 板卡配置向导

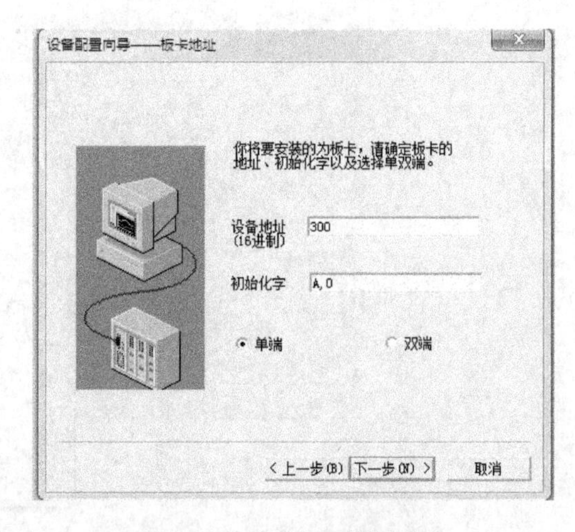

图 8.27 填入板卡配置信息

(2) 板卡设置定义完成以后，在数据字典里定义变量时就可以定义与板卡相关端口连接的变量，如图 8.29 所示。

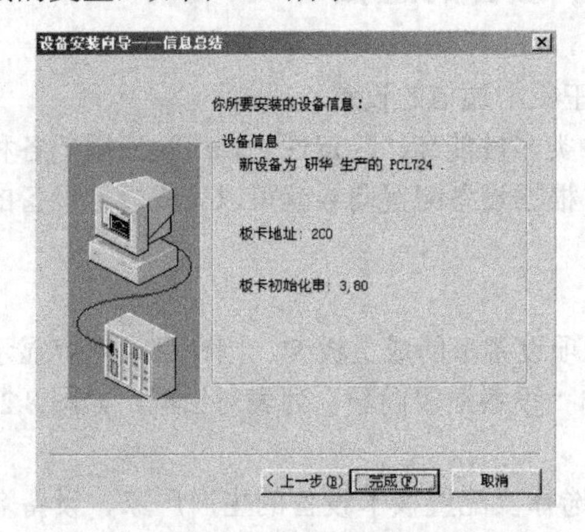

图 8.28 板卡配置信息汇总

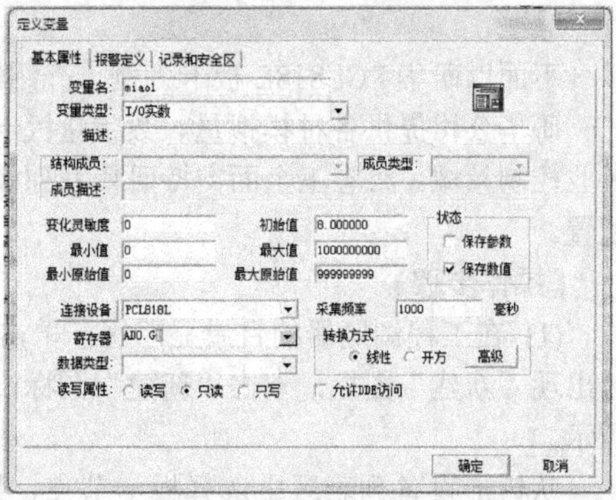

图 8.29 变量定义

(3) 设备连接选择 PCL818L，寄存器名直接选择所用 PCL818L 板卡的寄存器名，表 8-1 为各寄存器的名称以及范围。

表 8-1 PCL818L 板卡寄存器

寄存器名称	dd 取值	数据类型	变量类型	属性	寄存器说明
ADdd[.Gxxx]	0---15	short	I/O 实型	只读	模拟量输入
DAdd	0	short	I/O 实型	只写	模拟量输出
DIdd	0---15	bit	I/O 离散	只读	开关量输入按位读取
	0---1	byte	I/O 整型		按字节读取
	0	unshort	I/O 整型		按字读取

续表

寄存器名称	dd 取值	数据类型	变量类型	属性	寄存器说明
DOdd	0---15	bit	I/O 离散	只写	开关量输出按位操作
	0---1	byte	I/O 整型		按字节操作
	0	unshort	I/O 整型		按字操作
TCdd[.Mx]	0	unshort	I/O 整型	读写	计数器

8.4　组态王与串口设备的通信

串行通信方式是组态王与 I/O 设备之间最常用的一种数据交换方式，任何具有串行通信接口的 I/O 设备都可以采用此方式，大多数的可编程控制器(PLC)、智能模块、智能仪表都采用此方式。串口类逻辑设备实际上是组态王内嵌的串口驱动程序的逻辑名称，这种内嵌的串口驱动程序对应着实际与计算机串口相连的 I/O 设备，因此一个串口逻辑设备也就代表了一个实际与计算机串口相连的 I/O 设备。根据设备配置向导就可以完成串口设备的配置，组态王最多支持 128 个串口。

下面以西门子 S7-200 作为 I/O 设备来进行组态王串口设备的通信设置。

【操作步骤】

(1) 硬件连接与配置：西门子 PLC 与计算机的连接如图 8.30 所示，利用一根 PII 电缆，通过串口将 PLC 与计算机连接起来，为与组态王的通信提供硬件设备。在 PC/PPI 电缆上有一排拨码，1～3 位设置波特率，在组态设置时要与硬件波特率一致，第 4 位设置调制解调器的数据位(10 位或 11 位)，第 5 位设置通信方式，在使用 PPI 协议和组态王通信时，必须拨在 0(off)，即设置 PLC 为 PPI slave 模式。

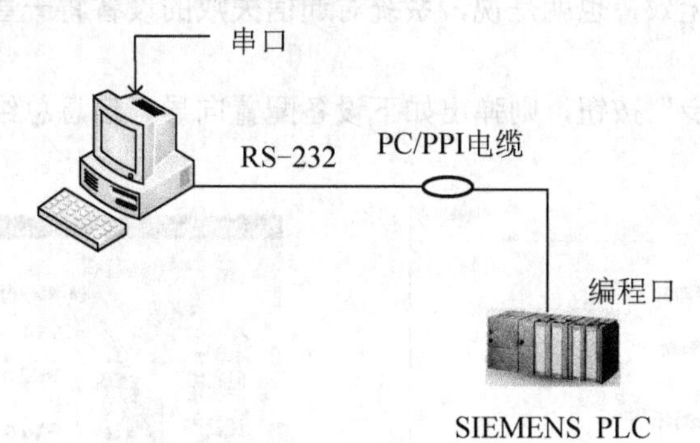

图 8.30　串口连接硬件

(2) 组态王设置：在工程浏览器的目录显示区，单击大纲项设备下的成员 COM1 或 COM2，则在目录内容显示区出现“新建”图标，双击“新建”图标，弹出“设备配置向导”对话框，从树形设备列表区中可选择 PLC、智能仪表、智能模块、板卡、变频器等节点中的一个。然后，选择要配置串口设备的生产厂家、设备名称、通信方式；PLC、智能仪表、智能模块、变频器等设备通常与计算机的串口相连进行数据通信。在“设备名称”对话框中定义逻辑设备的名称，在“选择串口号”对话框中选择所用串口的端口号，如图 8.31 所示。

单击“下一步”按钮，弹出“设备地址设置指南”对话框，如图 8.32 所示。串口设备指定设备地址，该地址应该对应实际的设备定义的地址，组态王的设备地址要与 PLC 的 PORT 口设置一致。西门子 S7-200PLC 默认地址为 2。

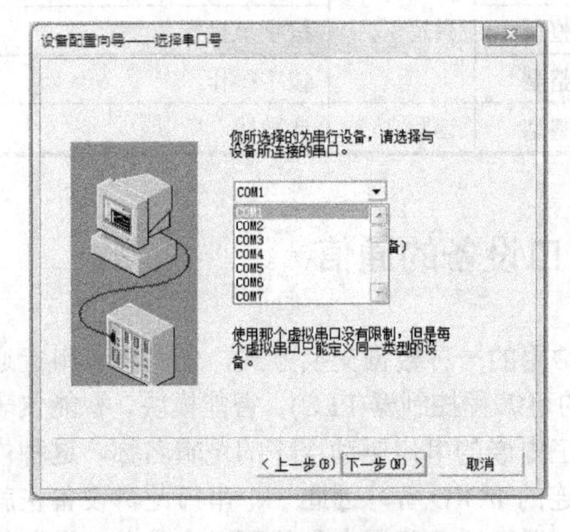

图 8.31　选择设备连接的串口

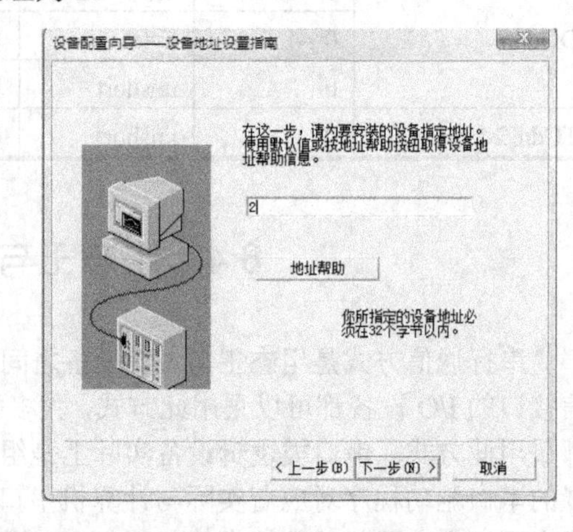

图 8.32　填入 PLC 设备地址

单击“下一步”按钮，则弹出 “通信参数”对话框，此向导页配置一些关于设备在发生通信故障时，系统尝试恢复通信的策略参数，如图 8.33 所示。

(1) 尝试恢复时间：在组态王运行期间，如果有一台设备如 PLC1 发生故障，则组态王能够自动诊断并停止采集与该设备相关的数据，但会每隔一段时间尝试恢复与该设备的通信，如图 8.33 所示，尝试时间间隔为 30 秒。

(2) 最长恢复时间：若组态王在一段时间之内一直不能恢复与 PLC1 的通信，则不再尝试恢复与 PLC1 通信，这一时间就是指最长恢复时间。如果将此参数设为 0，则表示最长恢复时间参数设置无效，也就是说，系统对通信失败的设备将一直进行尝试恢复，不再有时间上的限制。

继续单击“下一步”按钮，则弹出如下设备配置向导“信息总结”对话框，如图 8.34 所示。

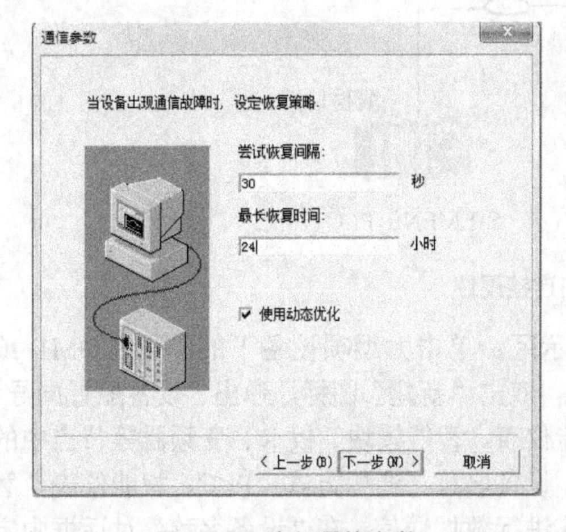

图 8.33　填入通信参数

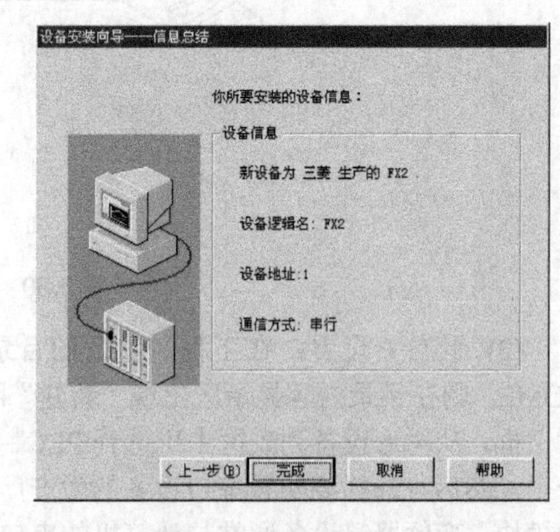

图 8.34　配置信息汇总

此向导页显示已配置的串口设备的设备信息，如果需要修改，单击“上一步”按钮，则可返回上一个对话框进行修改，如果不需要修改，单击“完成”按钮，则工程浏览器设备节点处显示已添加的串口设备。

对于不同的串口设备，其串口通信的参数是不一样的，如波特率、数据位、校验位等。所以，在定义完设备之后，还需要对计算机通信时串口的参数进行设置。上面在定义设备时，选择了 COM1 口，则在工程浏览器的目录显示区，选择“设备”选项，双击“COM1”图标，弹出“设置串口——COM1”对话框，如图 8.35 所示。

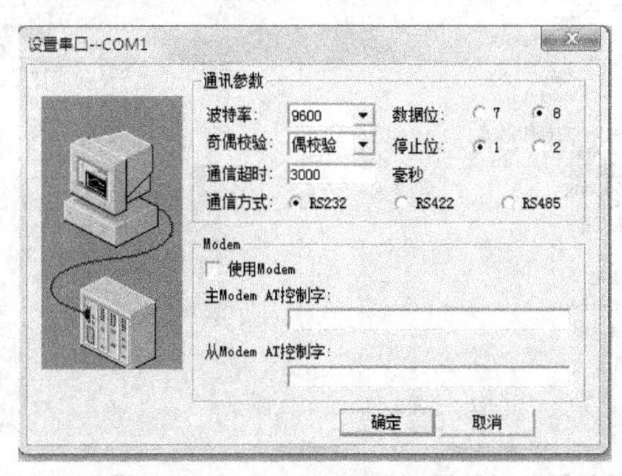

图 8.35　设置串口参数

【注意】在“通信参数”栏中，选择设备对应的波特率、数据位、奇偶校验、停止位等，这些参数的选择可以参考组态王的相关设备帮助或按照设备中通信参数的配置。“通信超时”为默认值，除非特殊说明，一般不需要修改。“通信方式”是指计算机一侧串口的通信方式，是 RS-232 或 RS-485，具体按实际情况选择相应的类型即可。

8.5　组态王与模拟设备的通信

程序在实际运行中是通过 I/O 设备和下位机交换数据的，当程序在调试时，可以使用仿真 I/O 设备模拟下位机向画面程序提供数据，为画面程序的调试提供方便。

组态王提供一个仿真 PLC 设备，用来模拟实际设备向程序提供数据，供用户调试。

8.5.1　仿真 PLC 的定义

在使用仿真 PLC 设备前，首先要定义它，实际 PLC 设备都是通过计算机的串口向组态王提供数据，所以仿真 PLC 设备也是模拟安装到串口 COM 上。

【操作步骤】

(1) 在组态王的工程浏览器中，从左边的工程目录显示区中选择大纲项设备下的成员名 COM1 或 COM2，然后在右边的目录内容显示区中双击“新建”图标，则弹出“设备配置向导”对话框，如图 8.36 所示。

(2) 在 I/O 设备列表显示区中，选中 PLC 设备，单击符号“+”将该节点展开，再选中“亚控”选项，单击符号“+”将该节点展开，选中“仿真PLC”设备，再单击符号“+”将该节点展开，选中“串行”选项。

(3) 单击“下一步”按钮，则弹出“逻辑名称”对话框，如图8.37所示，在文本框输入一个仿真PLC设备的逻辑名称，例如设定为“simu”。继续单击“下一步”按钮，则弹出“选择串口号”对话框，如图8.38所示。

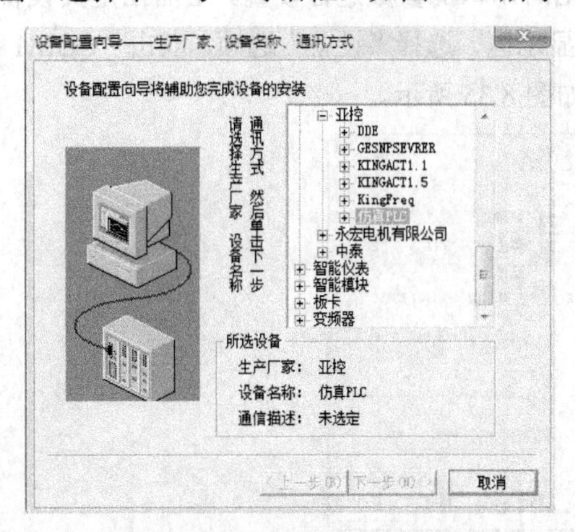

图8.36 “设备配置向导”对话框

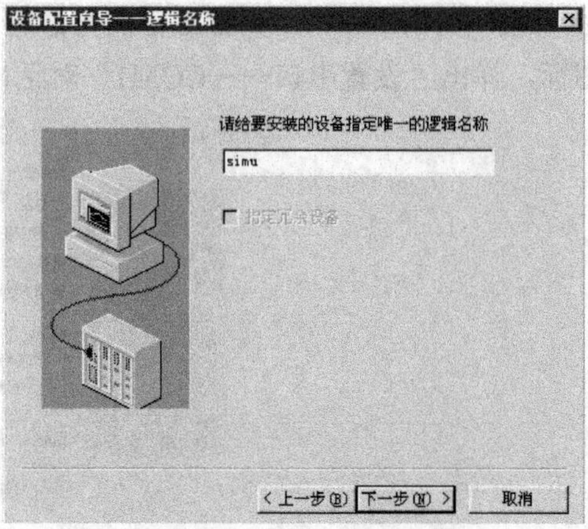

图8.37 填入逻辑名称图

(4) 在下拉式列表框中列出了32个串口设备(COM1～COM32)供用户选择，如从下拉式列表框中选中COM2串口。这里定义的串口是虚拟的，实际仿真PLC设备并不使用计算机的COM口，而且COM口也不需要配置。

(5) 继续单击“下一步”按钮，则弹出“设备地址设置指南”对话框，如图8.39所示。在文本框中输入仿真PLC设备的地址。继续单击“下一步”按钮，则弹出“通信参数”对话框，如图8.40所示。继续单击“下一步”按钮，单击“完成”按钮，则设备安装完毕。

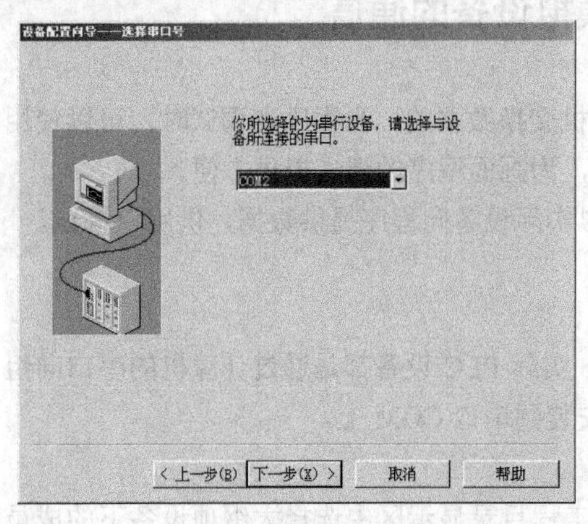

图8.38 选择串口

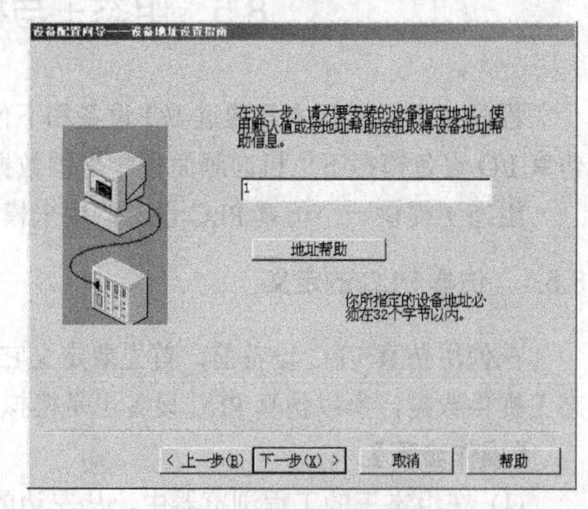

图8.39 设备地址设置

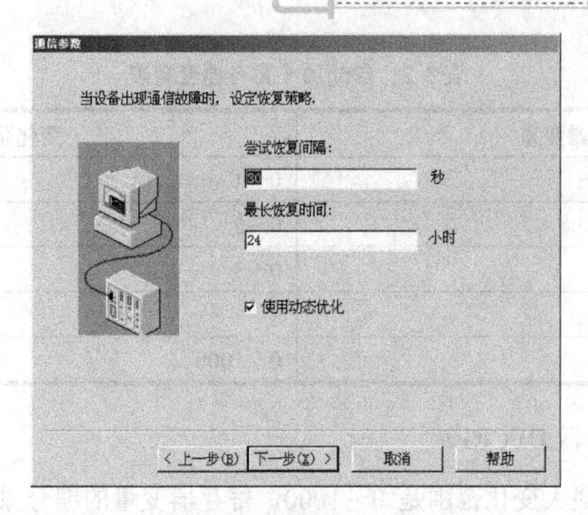

图 8.40　“通信参数”对话框

仿真 PLC 设备安装完毕后，可在工程浏览器进行查看，选择大纲项设备下的成员名 COM2，则在右边的目录内容显示区可以已安装的设备，如图 8.41 所示。

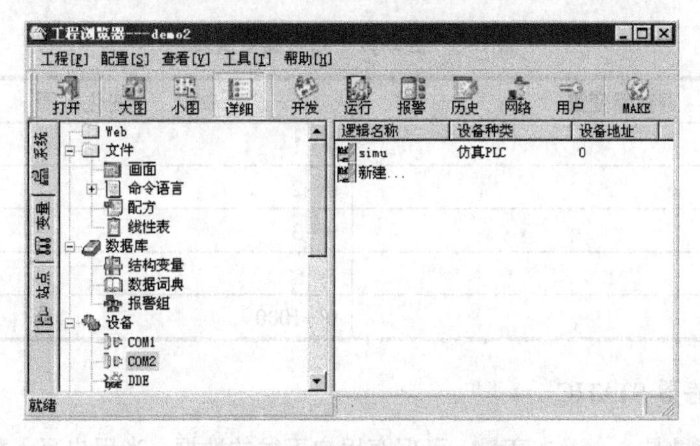

图 8.41　定义的仿真 PLC 设备

8.5.2　仿真 PLC 的寄存器

仿真 PLC 提供 5 种类型的内部寄存器变量，即 INCREA、DECREA、RADOM、STATIC、CommErr，其中 INCREA、DECREA、RADOM、STATIC 寄存器变量的编号从 1～1000，变量的数据类型均为整型(即 int)，对这 5 类寄存器变量分别介绍如下。

1. 自动加 1 寄存器 INCREA

该寄存器变量的最大变化范围是 0～1000，寄存器变量的编号原则是在寄存器名后加上整数值，此整数值同时表示该寄存器变量的递增变化范围。例如，INCREA100 表示该寄存器变量从 0 开始自动加 1，其变化范围是 0～100，关于寄存器变量的编号及变化范围见表 8-2。

表 8-2　自动加 1 寄存器变量表

寄存器变量	变化范围
INCREA1	0～1
INCREA2	0～2
INCREA3	0～3
⋮	⋮
INCREA1000	0～1000

2. 自动减 1 寄存器 DECREA

该寄存器变量的最大变化范围是 0～1000，寄存器变量的编号原则是在寄存器名后加上整数值，此整数值同时表示该寄存器变量的递减变化范围。例如，DECREA100 表示该寄存器变量从 100 开始自动减 1，其变化范围是 0～100，关于寄存器变量的编号及变化范围见表 8-3。

表 8-3　自动减 1 寄存器变量表

寄存器变量	变化范围
DECREA1	0～1
DECREA2	0～2
DECREA3	0～3
⋮	⋮
DECREA1000	0～1000

3. 静态寄存器 STATIC

该寄存器变量是一个静态变量，可保存用户下发的数据，当用户写入数据后就保存下来，并可供用户读出，直到用户再一次写入新的数据，此寄存器变量的编号原则是在寄存器名后加上整数值，此整数值同时表示该寄存器变量能存储的最大数据范围。例如，STATIC100 表示该寄存器变量能接收 0～100 中的任意一个整数，关于寄存器变量的编号及接收数据范围见表 8-4。

表 8-4　静态寄存器变量表

寄存器变量	接收数据范围
STATIC1	0～1
STATIC2	0～2
STATIC3	0～3
⋮	⋮
STATIC1000	0～1000

4. 随机寄存器 RADOM

该寄存器变量的值是一个随机值，可供用户读出，此变量是一个只读型，用户写入的数据无效，此寄存器变量的编号原则是在寄存器名后加上整数值，此整数值同时表示该寄存器变量产生数据的最大范围，例如，RADOM100 表示随机值的范围是 0～100，关于寄存器变量的编号及随机值的范围见表 8-5。

表 8-5　随机寄存器变量表

寄存器变量	随机值的范围
RADOM1	0～1
RADOM2	0～2
RADOM3	0～3
⋮	⋮
RADOM1000	0～1000

5. CommErr 寄存器

该寄存器变量为可读写的离散变量，用来表示组态王与设备之间的通信状态。CommErr=0 表示通信正常；CommErr=1 表示通信故障。用户通过控制 CommErr 寄存器状态来控制运行系统与仿真 PLC 通信，将 CommErr 寄存器置为打开状态时中断通信，置为关闭状态后恢复运行系统与仿真 PLC 之间的通信。

8.5.3 仿真 PLC 使用举例

【举例】以对常量寄存器 STATIC100 读写操作为例来说明如何使用仿真 PLC 设备。

【操作步骤】

(1) 仿真 PLC 的定义。仿真 PLC 的定义过程详见 8.5.1 节，假定定义后的设备信息如图 8.42 所示。

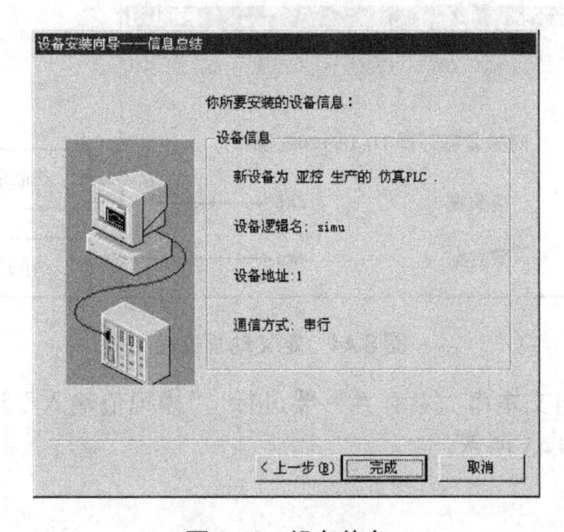

图 8.42　设备信息

(2) 定义 I/O 变量。定义一个 I/O 型变量 old_static，用于读写常量寄存器 STATIC100 中的数据。在工程浏览器中，从左边的工程目录显示区中选择大纲项数据库下的成员数据词典，然后在右边的目录内容显示区中双击“新建”图标，弹出“定义变量”对话框，如图 8.43 所示。

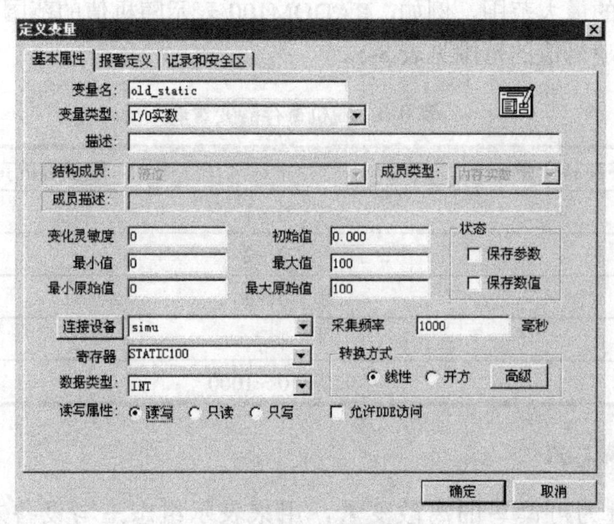

图 8.43 “定义变量”对话框(dd-static)

在此对话框中，变量名定义为“old_static”，变量类型为“I/O 实数”，连接设备选择“simu”，寄存器定为“STATIC100”，寄存器的数据类型定为“INT”，读写属性为“读写”(根据寄存器类型定义)，其他的定义见对话框，单击“确定”按钮，则 old_static 变量定义结束。

(3) 制作画面。在工程浏览器中，选择“工程”|“切换到 Make”菜单命令，进入到组态王开发系统，制作的画面如图 8.44 所示。对读数据和写数据的两个输出文本串“###”分别进行动画连接。

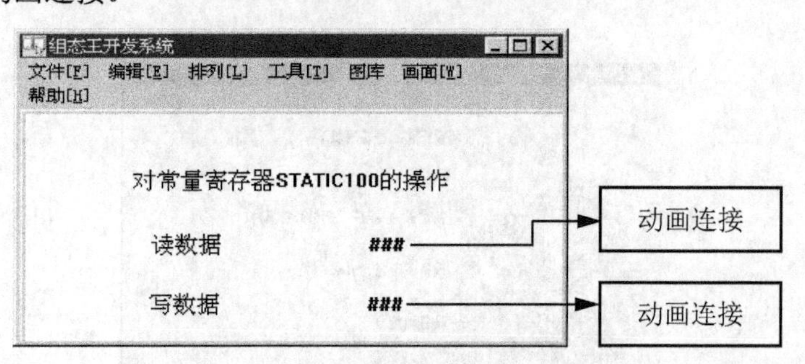

图 8.44 定义动画连接

其中写数据的输出文本串“###”要进行 “模拟值输入”连接，连接的表达式是变量 old_static，如图 8.45 所示。

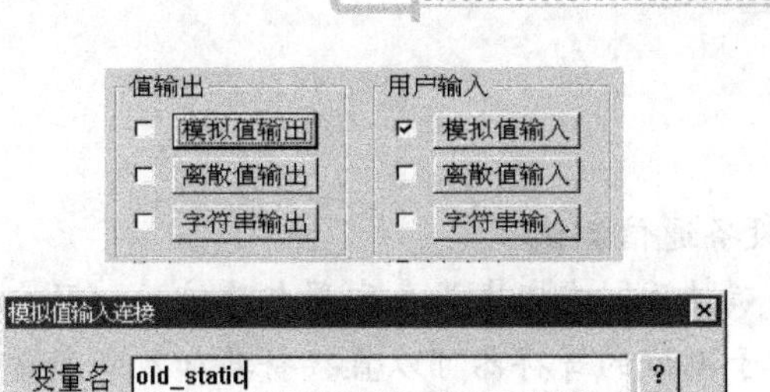

图 8.45　“模拟量输入”连接

读数据的输出文本串“＃＃＃”要进行“模拟值输出”连接(图 8.46)，连接的表达式是变量 old_static，方法同上。

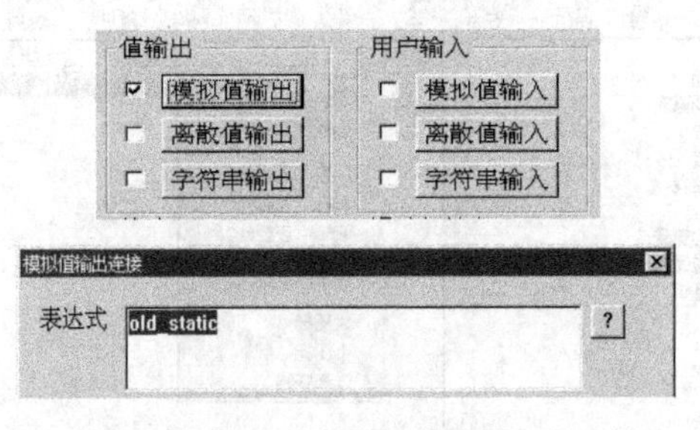

图 8.46　“模拟量输出”连接

(4) 运行画面程序。运行组态王运行程序，打开画面，运行画面如下：对常量寄存器 STATIC100 写入数据“80”，则可看到读出的数据值也是“80”。运行界面如图 8.47 所示。

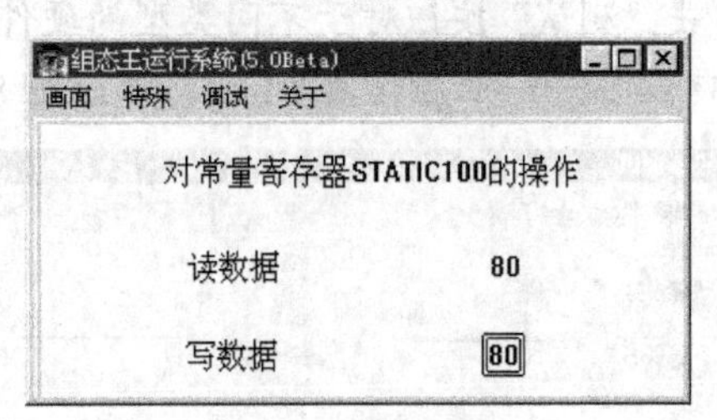

图 8.47　运行界面

本 章 小 结

组态王支持的硬件设备包括可编程控制器(PLC)、智能模块、板卡、智能仪表、变频器等。对于不同的硬件设施，只需为组态王配置相应的通信驱动程序即可。组态王驱动程序采用最新软件技术，使通信程序和组态王构成一个完整的系统。这种方式既保证了运行系统的高效率，也使系统能够达到很大的规模。本章重点介绍组态王与外部设备的通信，其中主要介绍了组态王通过 DDE 方式访问 DDE 设备以及组态王与板卡类设备和串口设备的通信，最后介绍了组态王内部模拟设备通信的实现。

知识拓展

1．开发环境下的设备通信测试

为保证对硬件的正确使用，在完成设备配置与连接后，用户在组态王开发环境中即可以对硬件进行测试。对于测试的寄存器可以直接将其加入到变量列表中。当用户选择某设备后，右击弹出浮动式菜单，除 DDE 外的设备均有菜单项“测试 设备名”。如定义亚控仿真 PLC 设备，在设备名称上右击，弹出快捷菜单，如图 8.48 所示。

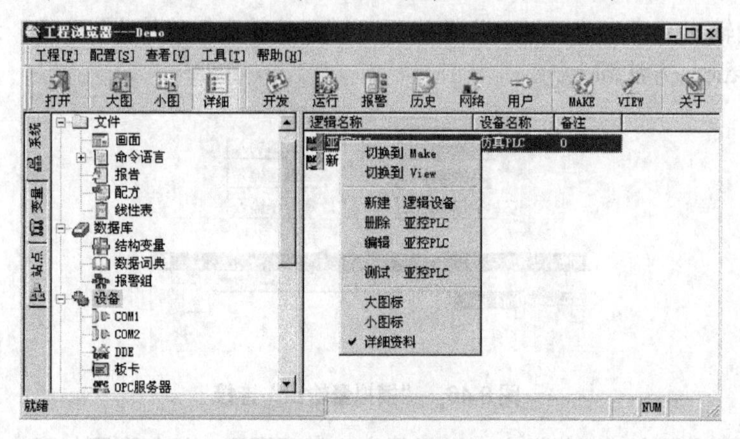

图 8.48 硬件设备测试

当使用设备测试时，单击“测试”按钮对于不同类型的硬件设备将弹出不同的对话框，如对于串口通信设备(如串口设备——亚控仿真 PLC)将弹出图 8.49 所示的对话框。

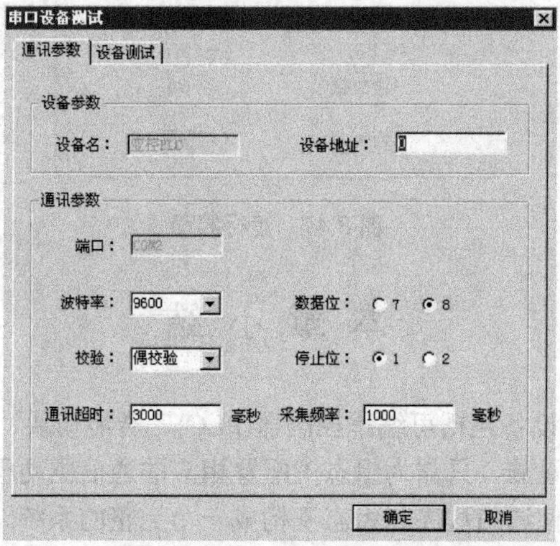

图 8.49 “串口设备测试”对话框中的“通信参数”选项卡

对话框共分为两个选项卡：通信参数、设备测试。“通信参数”选项卡中主要定义设备连接的串口的参数、设备的定义等。“设备测试”选项卡如图 8.50 所示。选择要进行通信测试的设备的寄存器。

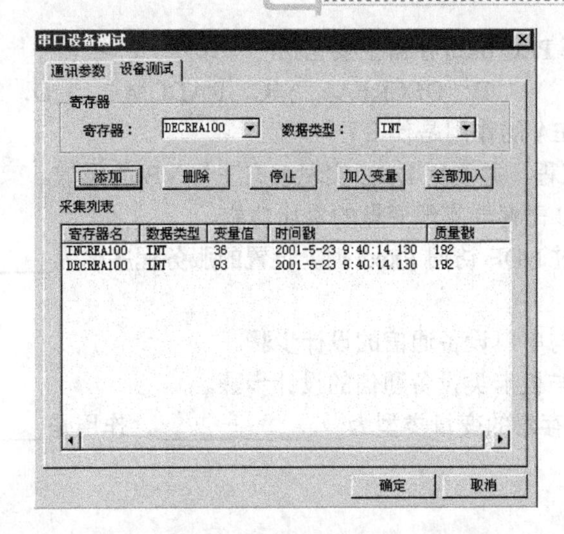

图 8.50　“串口设备测试”对话框中的“设备测试”选项卡

开发环境下的设备通信测试，使用户很方便地就可以了解设备的通信能力，而不必先定义很多的变量和做一大堆的动画连接，省去了很多工作，而且也方便了变量的定义。

【注意】 可以进行设备测试的有串口类设备、板卡类设备和 OPC 类设备，其他如 DDE、一些特殊通信卡等都暂不支持该功能。

2. 设备通信状态的判断和控制

组态王的驱动程序(除 DDE 外)为每一个设备都定义了 CommErr 寄存器，该寄存器表征设备通信的状态，是故障状态还是正常。另外，用户还可以通过修改该寄存器的值控制设备通信的通断。

在使用该功能之前，应该先为该寄存器定义一个 I/O 离散型变量，变量为读写型。当该变量的值为 0 或被置为 0 时，表示通信正常或恢复通信。当变量的值为 1 或被置为 1 时，表示通信出现故障或暂停通信。

另外，当某个设备通信出现故障时，画面上与故障设备相关联的 I/O 变量的数值输出显示都变为“？？？”号，表示出现了通信故障。当通信恢复正常后，该符号消失，恢复为正常数据显示。

思考题与习题

1. 能够和组态王连接的外部设备主要有哪些？
2. 什么叫组态王逻辑设备？
3. 组态王逻辑设备与外部设备的关系是什么？
4. 组态王逻辑设备可以分为____________、____________、____________、____________、____________这 5 类。
5. 什么叫 DDE 设备？

6．组态王中仿真 PLC 的寄存器主要包括(　　)。

A．INCREA　　B．DECREA　　C．RADOM　　D．STATIC

7．寄存器 INCREA 的作用是什么？

8．建立组态王工程，并利用 DDE 实现组态王与 VB 的通信。

9．利用仿真 PLC 寄存器实现变量的累加功能。

10．当组态王通过 DDE 访问 Excel 时，设置的服务程序名为______________，话题名为______________。

11．写出组态王与串口设备通信的设计步骤。

12．写出组态王与板卡类设备通信的设计步骤。

13．CommErr 寄存器的变量类型为______________，作用是______________。

第 9 章

组态王 PID 控制功能

教学目标与要求

- 掌握 PID 控制功能。
- 掌握 PID 控制器参数选择。
- 掌握组态王 PID 控件的使用方法。
- 了解组态王 PID 控件在监控系统中的应用。

引言

组态监控系统性能指标包括系统的稳定性、准确性与快速性，控制系统基于反馈理论，通过测量变量与期望值相比较，用误差来纠正调节控制系统的响应，达到控制系统性能指标要求。自动控制理论和应用的关键是做出正确的测量和比较后，如何才能更好地纠正系统。监控系统必须稳定才能正常工作，稳定性是指变化过程的振荡倾向及重新恢复平衡的能力，控制结果要求准确、控制精度高，通常用稳态误差来表示，同时控制过程要求延续时间短，系统恢复到稳态的速度快。比例积分微分(PID)控制器是技术最成熟、应用最广泛的控制器，当控制系统各个环节确定后，改变 PID 控制器参数，可以改善控制系统性能指标，达到控制目的。

图 9.1 为水箱液位控制系统应用示例，控制保持水箱里面液位的高度保持在一定的位置，系统通过调节水箱供水量达到液位控制目的。基于组态王的液位控制系统包括传感器、控制器、执行机构，当系统硬件确定后，系统的控制效果优劣主要取决于控制策略和控制算法。控制系统实现 PID 控制可以通过智能仪器、PLC 等控制器实现，也可通过监控软件如 PID 控件或者语言编程来实现。图 9.1 为采用 PID 控件的水箱液位控制系统组态画面。

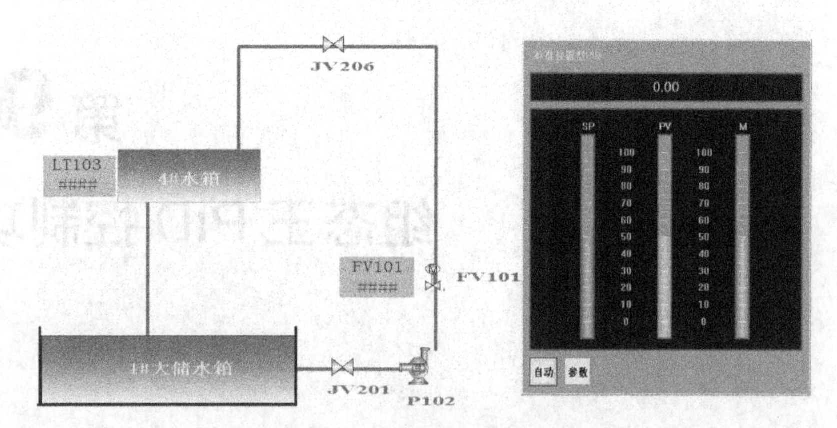

图 9.1　PID 组态控件示例

9.1　组态王 PID 控件

基于组态的控制系统可以通过 PID 控件实现预期控制目标，图 9.2 为 PID 控制功能块。通过设定值 SP 和当前测量值 PV 进行比较，当存在偏差时，控制器输出执行值 MV 减小偏差。

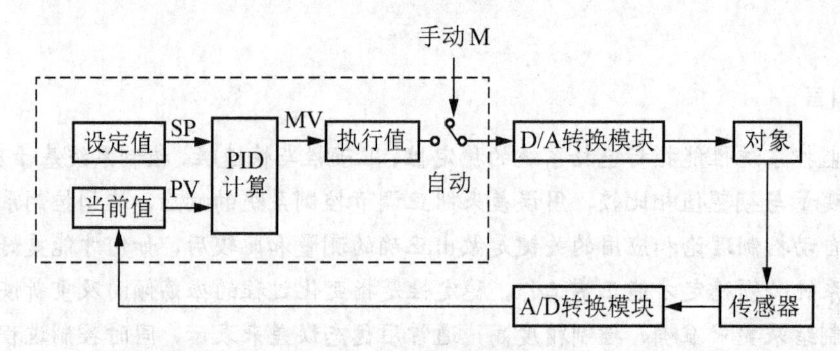

图 9.2　PID 控制功能块

PID 控件具有以下功能。

(1) 标准型 PID 控制算法，增量型输出和反向作用。

(2) 显示过程变量的精确值，显示范围为-999999.99～999999.99。

(3) 以百分比显示设定值(SP)、当前实际值(PV)和手动设定值(M)。

(4) 开发状态下可设置控件的总体属性、设定/反馈范围和参数设定。

(5) 运行状态下可设置 PID 参数和手动自动切换。

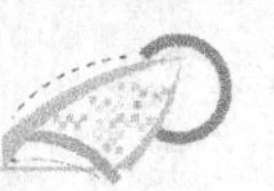

9.2　PID 控件使用说明

【操作步骤】

1．画面中插入控件

在组态王画面菜单中选择“编辑”|“插入通用控件”命令，或在工具箱中单击“插入通用控件”按钮，在弹出的对话框中选择 KingView Pid Control 选项，单击“确定”按钮。

2．控件画面

按住鼠标左键，并拖动，在画面上绘制出表格区域。控件画面如图 9.3 所示。

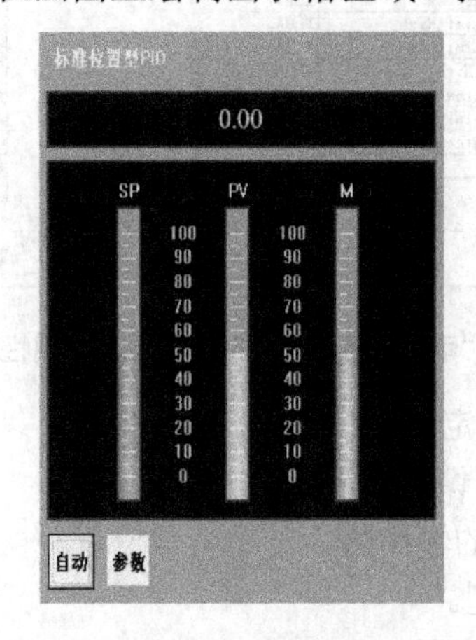

图 9.3　控件画面

3．设置动画连接

双击控件或右击选择右键菜单中“动画连接”命令，在弹出的属性页中设置控件名称等信息，如图 9.4 所示。

1) 常规

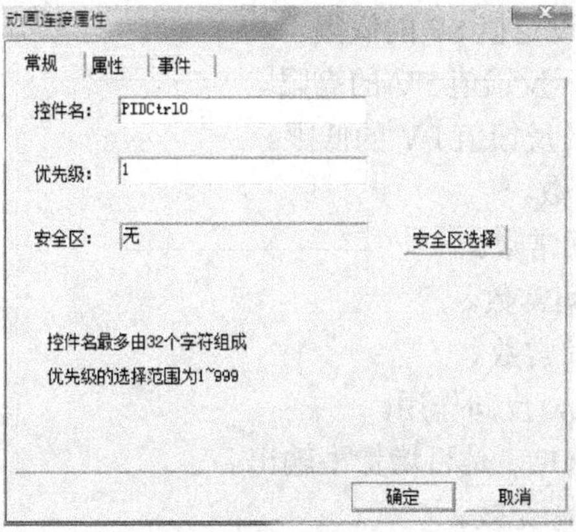

动画连接属性
常规 | 属性 | 事件
控件名: PIDCtrl0
优先级: 1
安全区: 无　安全区选择
控件名最多由32个字符组成
优先级的选择范围为1~999
确定　取消

图 9.4　“动画连接属性”对话框中的“常规”选项卡

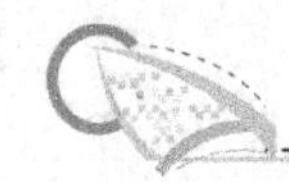

控件名：应符合组态王中关于名称定义的规定，例如 PIDCtrl0。

优先级：控件的操作优先级，范围在 1～999。

安全区：安全区只允许选择。

2) 属性、类型与关联对象

“动画连接属性”对话框的“属性”选项卡如图 9.5 所示。

图 9.5 “动画连接属性”对话框的“属性”选项卡

SP：FLOAT，控制器的设定值。

PV：FLOAT，控制器的反馈值。

YOUT：FLOAT，控制器的输出值。

Type：LONG，PID 的类型。

CtrlPeriod：LONG，控制周期。

FeedbackFilter：BOOL，反馈加入滤波。

FillterTime：LONG，滤波时间常数。

CtrlLimitHigh：FLOAT，控制量高限。

CtrlLimitLow：FLOAT，控制量低限。

InputHigh：FLOAT，设定值 SP 的高限。

InputLow：FLOAT，设定值 SP 的低限。

OutputHigh：FLOAT，反馈值 PV 的高限。

OutputLow：FLOAT，反馈值 PV 的低限。

Kp：FLOAT，比例系数。

Ti：LONG，积分时间常数。

Td：LONG，微分时间常数。

Tf：LONG，滤波时间常数。

ReverseEffect：BOOL，反向作用。

IncrementOutput：BOOL，是否增量型输出。

DeadBandLow：Long，无效。

Status：BOOL，手自动状态。

M：FLOAT，手动设定值。

PercentRange：FLOAT，手动时调节的调节幅度，默认是 1，可以在运行时，单击“参数”按钮在手动调节比率里面调节此参数。

【注意】在使用变量关联时，只有控件所处的画面处于激活状态，控制功能才会执行。

3) 命令语言中的使用

(1) 在使用变量关联时，只有控件所处的画面处于激活状态，控制功能才会执行，如果工程中存在多个画面，并且 PID 控件画面并不总是处于激活状态，则应该采用命令语言的方式使用 PID 控件。也就是说，在控件所处画面的画面命令语言中，使用赋值的方式，显示地交换 PID 控制值。选择画面命令语言中的控件，如图 9.6 所示。

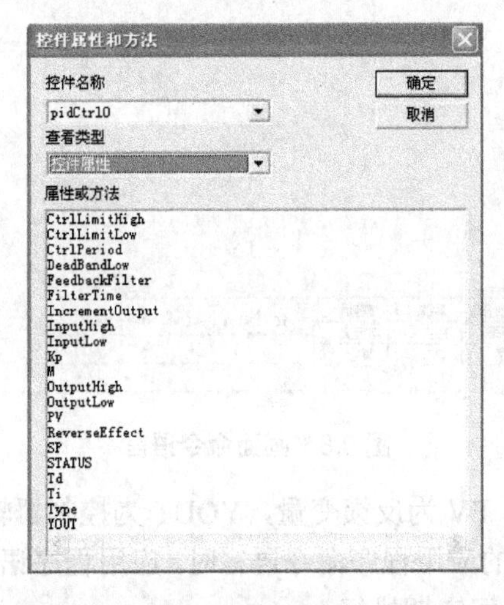

图 9.6　“控件属性和方法”对话框

在“控件属性和方法”对话框中的“属性或方法”列表中选择相应的选项，在存在时出现命令语言，如选择 SP 双击，显示如图 9.7 所示。

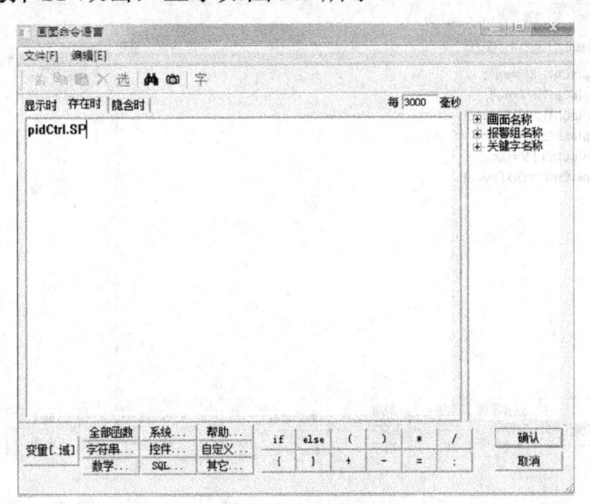

图 9.7　命令语言

显示时：当画面由隐含变为显示时，则“显示时”文本框中的命令语言就被执行一次。

存在时：只要该画面存在，则“存在时”文本框中的命令语言就反复按照设定的时间周期执行。

隐含时：当画面由显示变为隐含或关闭时，则“隐含时”文本框中的命令语言就被执行一次。输入命令语言，画面命令语言如图 9.8 所示。

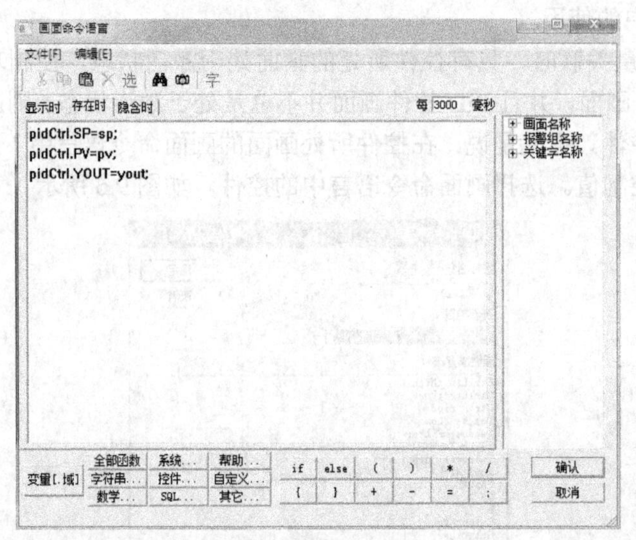

图 9.8 画面命令语言

其中，SP 为设定变量，PV 为反馈变量，YOUT 为控制器输出变量。

(2) 在使用工程浏览器的应用程序命令语言时，应用程序语言可以在程序启动时执行、关闭时执行或在程序运行期间定期执行。

应用程序命令语言的运行时程序如图 9.9 所示。

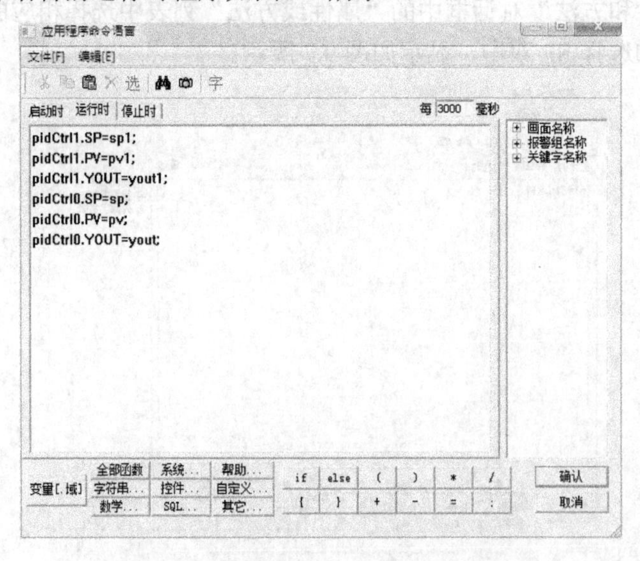

图 9.9 应用程序命令语言的运行时程序

4. 设置控件属性

选择控件右键菜单中“控件属性”命令，弹出控件固有属性页，可分别设置如下属性。

1) 总体属性

“总体属性”选项卡如图 9.10 所示。

控制周期：PID 的控制周期，为大于 100 的整数，且控制周期必须大于系统的采样周期。

反馈滤波：PV 值在加入到 PID 调节器之前可以加入一个低通滤波器。

输出限幅：控制器的输出限幅 YOUT 的值。

2) 设定/反馈变量范围

“设定/反馈变量范围”选项卡如图 9.11 所示。

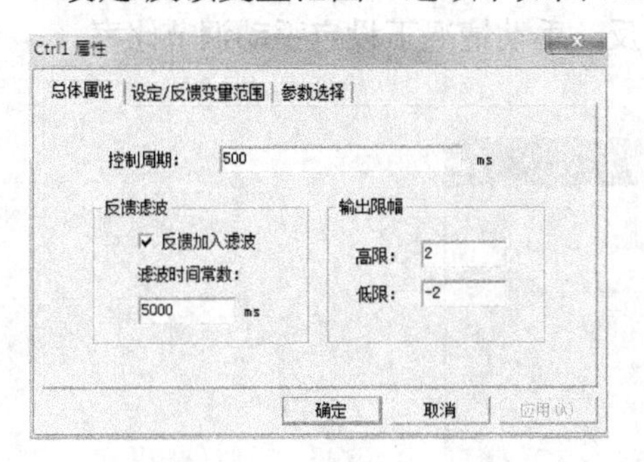

图 9.10　“总体属性”选项卡

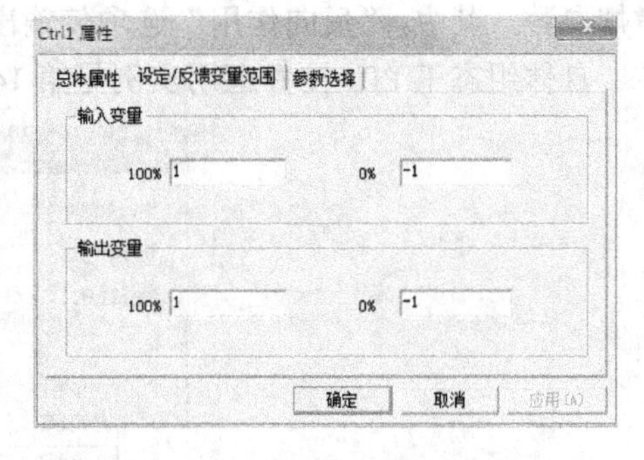

图 9.11　“设定/反馈变量范围”选项卡

输入变量：设定值 SP 或者反馈值 PV 对应的最大值(100%)和最小值(0%)的实际值。设定值 SP 与反馈值 PV 一般最大值、最小值相同。

输出变量：输出值 YOUT 对应的最大值(100%)和最小值(0%)的实际值。

3) 参数选择

“参数选择”选项卡如图 9.12 所示。选择使用标准型 PID。

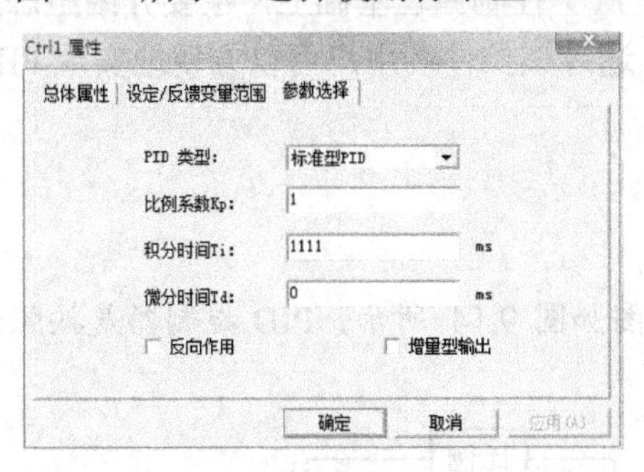

图 9.12　“参数选择”选项卡

比例系数 Kp：设定比例系数，一般取值范围为 1～10。

积分时间 Ti：设定积分时间常数，就是积分项的输出量每增加与比例项输出量相等的值所需要的时间，一般取值范围为 1000～5000ms。

微分时间 Td：设定微分时间常数，就是对于相同的输出调节量，微分项超前于比例项响应的时间，一般取值为0。

反向作用：输出值取反。

增量型输出：控制器输出为增量型。

5. 运行时的操作

自动时，控制器调节作用投入。

手动时，控制器输出为手动设定值经过量程转换后的实际值。手动设定为“M”，是YOUT的值。手动值设定(上/下)，每次单击手动设定值增加/减少1%。

6. 运行时参数设置

“PID参数设置”对话框如图9.13所示，涉及比例系数、积分时间、微分时间的PID常规参数。其中，“反向作用”选项使输出值取反。手动情况下设定手动调节比率。

具体组态王PID控件应用实例见第14章。

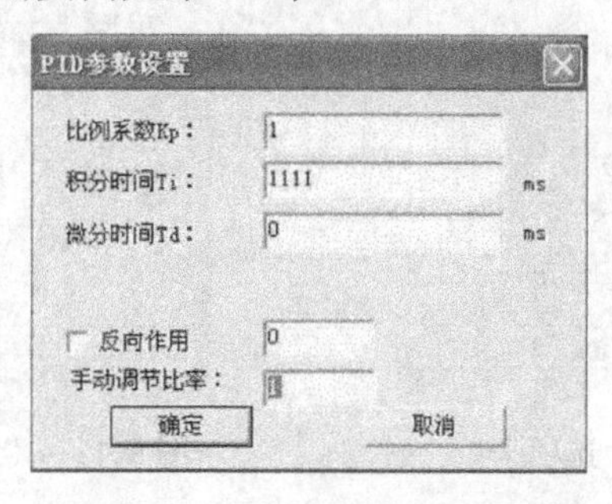

图9.13 “PID参数设置”对话框

本章小结

PID控制本章在介绍PID控制原理基础上，主要介绍组态王PID功能、组态王提供KingView PID控件用法，通过该控件，用户可以方便地实现PID控制功能。

知识拓展

1. PID控制原理

PID控制系统原理框图如图9.14所示。PID控制器是按照偏差的比例P、积分I、微分D进行控制。

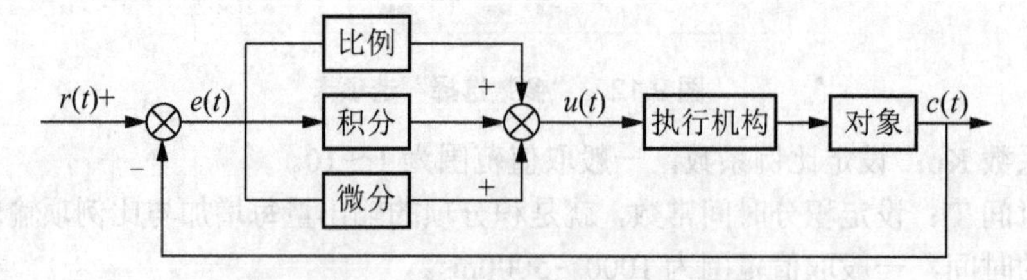

图9.14 PID控制系统原理框图

PID 控制器将给定值 $r(t)$与测量值 $c(t)$的偏差 $e(t)$的比例、积分、微分通过线性组合构成控制量，对控制对象进行控制。

PID 控制器输出 $u(t)$:

$$u(t)=K_{\mathrm{P}}\left[e(t)+\frac{1}{T_{\mathrm{I}}}\int_{0}^{t}e(t)\mathrm{d}t+T_{\mathrm{D}}\frac{\mathrm{d}e(t)}{\mathrm{d}t}\right] \tag{9-1}$$

式中：$e(t)$——控制器输入偏差，$e(t)=r(t)-c(t)$；

$u(t)$——控制器的输入；

K_{P}——比例增益；

T_{I}——积分时间；

T_{D}——微分时间。

比例控制与偏差信号 $e(t)$呈比例关系，一旦产生偏差，控制器立即产生控制作用以减小偏差。积分控制主要用于消除偏差，提高系统的控制精度，积分作用的强弱取决于积分时间常数 T_{I}，T_{I}越大，积分作用越弱，反之则越强。微分环节能反应偏差信号的变化趋势，并能在偏差信号的值变大之前，在系统中加入有效的修正信号加快系统的控制，具有超前控制功能，减小调节时间，微分作用的强弱取决于微分时间 T_{D}，T_{D} 越小，微分控制作用越弱，反之则越强。

组态控制系统是计算机控制系统，为了能让计算机处理控制连续算式，连续算式必须离散化为周期采样偏差算式，要得出 PID 控制器的差分方程，才能用来计算输出值，对式(9-1)离散化处理，令 $t=nT$，T 为采样周期，n 为采样序号，数字计算机处理的算式如下。

$$\begin{aligned}u(n)&=K_{\mathrm{P}}\left\{e(n)+\frac{T}{T_{\mathrm{I}}}\sum_{i=0}^{n}e(i)+\frac{T_{\mathrm{D}}}{T}\left[e(n)-e(n-1)\right]\right\}+u_{0}\\&=u_{\mathrm{P}}(n)+u_{\mathrm{I}}(n)+u_{\mathrm{D}}(n)+u_{0}\end{aligned} \tag{9-2}$$

式中：$u_{\mathrm{P}}(n)=K_{\mathrm{P}}e(n)$，称为比例项；

$u_{\mathrm{I}}(n)=K_{\mathrm{P}}\frac{T}{T_{\mathrm{I}}}\sum_{i=0}^{n}e(i)$，称为积分项；

$u_{\mathrm{D}}(n)=K_{\mathrm{P}}\frac{T_{\mathrm{D}}}{T}\left[e(n)-e(n-1)\right]$，称为微分项。

$u(0)$为控制量的基值，偏差为 0 时的初值。

从式(9-2)可以看出积分项是从第 1 个采样周期到当前采样周期所有误差项的函数，微分项是当前采样和前一次采样的函数，比例项仅是当前采样的函数。

数字 PID 控制器的控制算法通常分为位置型控制算法与增量型控制算法，表达式分别如式(9-3)与式(9-4)所示。

$$u(n)=K_{\mathrm{P}}\left\{e(n)+\frac{T}{T_{\mathrm{I}}}\sum_{i=0}^{n}e(i)+\frac{T_{\mathrm{D}}}{T}\left[e(n)-e(n-1)\right]\right\}+u_{0} \tag{9-3}$$

$$\begin{aligned}\Delta u(n)&=u(n)-u(n-1)\\&=K_{\mathrm{P}}\left[e(n)-e(n-1)\right]+K_{\mathrm{P}}\frac{T}{T_{\mathrm{I}}}e(n)+K_{\mathrm{P}}\frac{T_{\mathrm{D}}}{T}\left[e(n)-2e(n-1)+e(n-2)\right]\end{aligned} \tag{9-4}$$

在很多情况下，PID 控制并不一定需要比例、积分、微分全部 3 项参与控制，需要根据被控对象特性选择控制单元，但比例控制单元是必不可少的，如比例控制、比例积分控制、比例微分控制。

2. PID 控制器参数选择

控制系统要求被控过程是稳定的，能迅速和准确地跟踪给定值的变化，超调量小，在不同干扰下，系统被控参数能保持在给定值，在系统与环境参数发生变化时控制应保持稳定。要实现系统目标，必须根据具体过程的要求，选择控制参数。PID 控制器的参数整定是控制系统设计的核心内容，应该根据被控对象的特性确定 PID 控制器的比例系数、积分时间、微分时间的大小，对被控参数与设定值的偏差进行控制，目的是使偏差逐渐趋向于零，从而实现较好的控制效果。

对于数字 PID 控制器，采样周期越小，数字模拟越精确，控制效果越接近连续控制。在大多数情况下，缩短采样周期可改善控制回路性能，但缩短采样周期会增加计算负担，对于缓慢变化的对象无需很高的采样频率，过多的采样实际意义不大。

PID 控制器参数整定的方法有很多，主要有理论整定与工程整定。理论整定方法依据系统的数学模型，经过理论计算确定控制器参数，该方法通常不直接应用，需通过工程实际进行调整和修改。PID 控制器参数的工程整定方法主要有临界比例法、反应曲线法和衰减法等方法，按照工程经验对控制器参数进行整定，在控制系统的试验中进行调整完善，方法简单、易于掌握，在工程实际中被广泛采用。

思考题与习题

1．什么是 PID 控制器？

2．当应用控制器控制时，PID 控制参数主要是(　　)。

A．比例系数　　B．积分时间

C．比例时间　　D．微分时间

3．简述组态王 PID 控件的功能与使用方法。

4．当采用组态王 PID 控件进行控制系统设计时，需要设置的控件属性包括(　　)。

A．比例系数　　B．积分时间

C．比例时间　　D．微分时间

5．如何采用组态王 PID 控件实现液位控制系统？

第 10 章 组态王与 OPC 设备的通信

教学目标与要求

- ☞ 理解 OPC 相关知识。
- ☞ 掌握组态王与 OPC 的连接及使用。
- ☞ 掌握组态王作为 OPC 客户端和服务器的设置方法。
- ☞ 掌握网络 OPC 的配置过程。

引言

随着工业生产规模不断扩大，工控系统需要集成的现场信息数量和种类不断增多，由于不同厂家的设备具有不同的通信机制，迫使工控软件中包含了越来越多的底层通信模块。由于不同工控软件中的通信模块访问接口不尽相同，因而造成了工控软件相互之间不能通信，软件资源不能共享的普遍的问题。此外，当把 DCS 中所有的过程数据传送到生产管理系统时，必须按照各个供应厂商的各个机种开发特定的接口应用程序。由于程序中软件硬件接口的复杂性，导致将来系统升级时的工作量会相应增大。硬件设备的改进很可能导致整个软件的改动，给工控软件的设计和维护造成了极大的不便。

在 OPC 出现以前，传统的监控系统采用图 10.1 所示的方式。软件开发商需要开发大量的驱动程序来连接这些设备。即使硬件供应商在硬件上做了一些小小改动，应用程序就可能需要重写；同时，由于不同设备甚至同一设备不同单元的驱动程序也有可能不同，故软件开发商很难同时对这些设备进行访问以优化操作。硬件供应商也在尝试解决这个问题，然而由于不同客户有着不同的需要，同时也存在着不同的数据传输协议，故一直没有完整的解决方案。

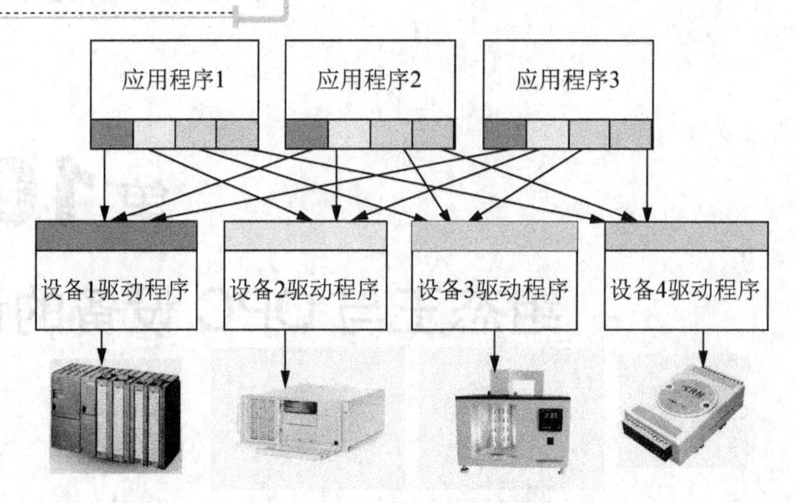

图 10.1　传统的监控系统

OPC 提出以后，这个问题得到了解决，即把 OLE 应用于工业控制领域。OPC 是一个工业标准，OPC 是 OLE for Process Control 的缩写，它是由一些世界上著名的自动化系统和硬件、软件公司和 Microsoft(微软)紧密合作而建立的。OPC 建立 OLE 规范之上，是以 OLE/COM 机制作为应用程序的通信标准。它为工业控制领域提供了一种标准的数据访问机制。对象的嵌入和链接 OLE 是组件对象模型 COM 的前身，原本用来将 Office 文档嵌入到其他文档中。现在的 OLE 包容了许多新的特征，如统一数据传输、结构化存储和自动化，已经成为独立于计算机语言、操作系统甚至硬件平台的一种规范，是面向对象程序设计概念的进一步推广。

OPC 提出了一套统一的规范，采用典型的 Client/Server 模式，如图 10.2 所示。针对硬件设备的驱动程序由硬件厂商或专门的公司完成，提供具有统一 OPC 接口标准的 SERVER 程序，软件厂商只需按照 OPC 标准编写 CLIENT 程序访问(读/写)SERVER 程序，即可实现与硬件设备的通信。

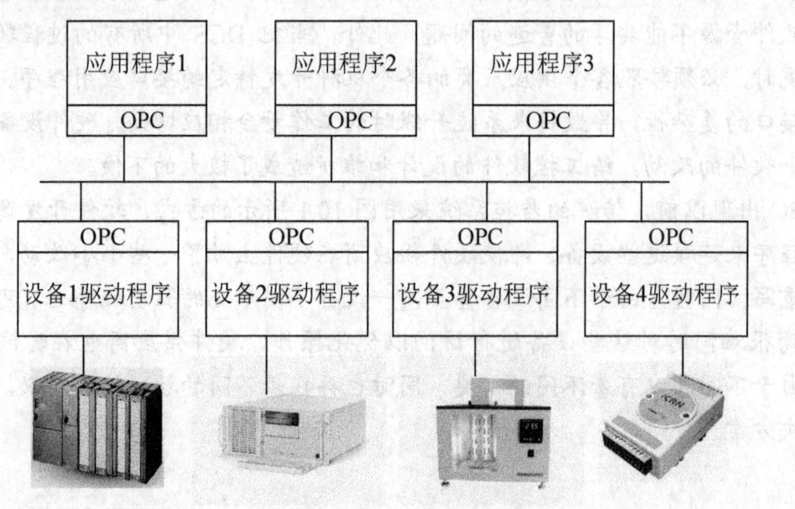

图 10.2　OPC 设备连接

硬件供应商只需提供一套符合 OPC Server 规范的程序组，无须考虑需求；多种不同的软件和硬件可以组合在一起；不同制造商的不同设备之间可以交换数据，无须重写大量的设备驱动程序；所有不同的设备可以使用相同的方式编程；很容易通过 C++、Visual Basic、VBA 编制自己的应用程序；可以在网络上使用(DCOM，分布式组件对象模型)。OPC 扩展了设备的概念。只要符合 OPC 服务器的规范，OPC 客户都可与之进行数据交互，而无须了解设备究竟是 PLC 还是仪表，甚至在数据库系统上建立了 OPC 规范，OPC 客户也可与之方便地实现数据交互。

10.1　OPC 的基本结构

10.1.1　OPC 规范

OPC 规范包括 OPC 服务器和 OPC 客户两个部分，在硬件供应商和软件开发商之间建立了一套完整的“规则”，只要遵循这套规则，数据交互对二者来说都是透明的，硬件供应商无须考虑应用程序的多种需求和传输协议，软件开发商也无须了解硬件的实质和操作过程。

OPC 技术本质是采用了 Microsoft 的 COM/DCOM(组件对象模型/分布式组件对象模型)技术：COM 主要是为了实现软件复用和互操作，并且为基于 Windows 的程序提供了统一的、可扩充的、面向对象的通信协议；DCOM 是 COM 技术在分布式计算领域的扩展，使 COM 可以支持在局域网、广域网甚至 Internet 上不同计算机上的对象之间的通信。

COM 标准为组件软件和应用程序之间的通信提供了统一的标准，包括规范和实现两部分，规范部分规定了组件间的通信机制。由于 COM 技术的语言无关性，故在实现时不需要特定的语言和操作系统，只要按照 COM 规范开发即可。然而，由于特定的原因，目前 COM 技术仍然是以 Windows 操作系统为主，在非 Windows 操作系统上开发 OPC，具有很大的难度。COM 的模型是 C/S(客户/服务器)模型，OPC 技术的提出就是基于 COM 的 C/S 模式，因此 OPC 的开发分为 OPC 服务器开发和 OPC 客户程序开发，对于硬件厂商，一般需要开发适用于硬件通信的 OPC 服务器。对于组态软件，一般需要开发 OPC 客户程序。对于 OPC 服务器的开发，由于多种编程语言在实现时都提供了对 COM 的支持，如 Microsoft C/C++、Visual Basic、Borland 公司的 Delphi 等。但是，开发 OPC 服务器的语言最好是 C 或者是 VC++语言。对于 OPC 客户程序的开发，可根据实际需求，选用比较合适的、能够快速开发的语言。

OPC 包括一整套接口、属性和方法的标准集，提供给用户用于过程控制和工业自动化应用。OPC 规范有以下几种。

(1) OPC Data Access。该规范是最早的 OPC 规范，它主要用于从控制设备获取数据提供给其他的 OPC 客户端。其最新的发行版本为 OPC Data Access 3.0 版。同早期版本相比，它的优势在于增强的浏览能力和同 OPC XML-DA 规范协作的能力。

(2) OPC Alarms&Events。该规范不同于 OPC Data Access 规范提供的连续数据的访

问，它提供了必要时的报警和事件通知能力。具体内容包括过程报警、操作员行为通知、报文消息和跟踪/审核消息。

(3) OPC Batch。该规范支持了用于批处理的专门需求的OPC基本原理。它提供了用于设备性能(符合588.01标准)，该标准用于柔性制造和批处理控制)和当前操作环境的交换接口。

(4) OPC Data exchange。该规范提供了通过以太网总线通信实现服务器到服务器的数据交换能力。它不仅提供了多厂商之间设备或软件的交互协作能力，还增加了远程配置、诊断和监视、管理服务。

(5) OPC Historical Data Access。该规范提供了访问历史数据的能力。它能以统一的风格返回从简单系列的数据日志系统到复杂的SCADA系统。

(6) OPC Security。所有的OPC服务器提供的信息对于一个企业来说都是非常重要的。而不正确的更新，对于一个企业可能造成的后果将是非常严重的。该规范提供了如何控制客户端对服务器的访问，以保护敏感信息和阻止未授权用户对过程控制参数的修改。

(7) OPC XML-DA。该规范对于使用XML暴露现场层数据提供了灵活、稳定的原则和格式。它利用了Microsoft和其他公司在SOAP(Simple Object Access Protocol，简单对象访问协议)和网络服务方面的工作成果。

(8) OPC Complex Data。该规范允许服务器暴露和描述更为复杂的数据类型，如二进制结构和XML文档等。它需要和OPC Data Access规范或者OPCXML-DA规范协同使用。

(9) OPC Commands。该规范给OPC客户端和服务器端识别、发送和监视在设备上执行的控制命令的接口。

OPC Data Access规范是OPC所有规范中应用最为广泛的一个。事实上，OPC服务器的核心是数据访问服务器，其他类型的OPC服务器都是在数据访问服务器的基础上通过增加对象、扩展接口而来的。OPC Data Access规范主要用于从控制设备获取实时数据并提供给具有OPC客户端的应用程序。

10.1.2 OPC工作原理

OPC规范以OLE/DCOM为技术基础，而OLE/DCOM支持TCP/IP等网络协议，因此可以将各个子系统从物理上分开，分布于网络的不同节点上。OPC基金会采用一套标准的OLE/COM接口制定了OPC标准。它由两部分组成：一部分是OPC服务器，它与数据源连接，数据源可以是智能仪表、PLC等控制设备，OPC服务器把从现场硬件设备采集到的数据通过自己的接口提供给相关的用户；一部分是OPC客户端，它通过OPC接口与OPC服务器相连从而得到服务器提供的各种信息。OPC是数据源与客户端进行连接的接口标准，它的本质是在现场设备和应用软件之间进行数据传输。OPC系统结构如图10.3所示。

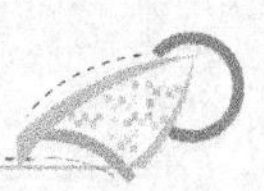

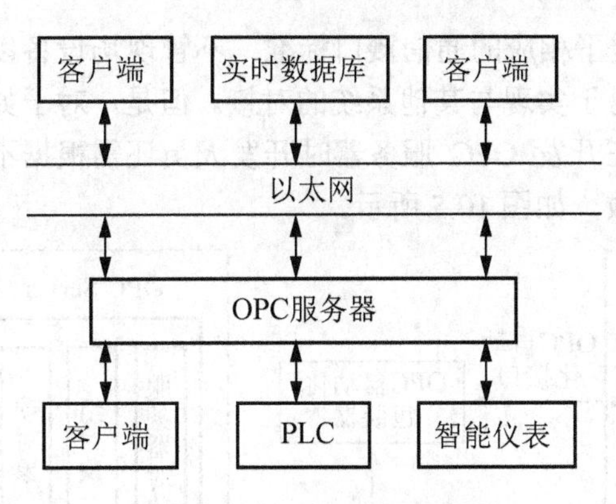

图 10.3　OPC 系统结构

由图 10.3 可知，因控制系统的结构不同，OPC 服务器和 OPC 客户端之间的连接方式也有所不同，一种是 OPC 客户端通过 OPC 接口直接与 OPC 服务器进行连接，一种是处于远程的 OPC 客户端通过网络(以太网)间接地与 OPC 服务器进行连接以获取所需要的数据，正是因为后一种连接方式的实现，使 OPC 实现了远程调用，使得应用程序的分布与系统硬件的分布无关，便于系统硬件配置，同时使 OPC 接口变得更为通用，得以广泛应用于工业控制领域。

10.1.3　OPC 接口

OPC 规范提供了两套接口方案，即定制接口和自动化接口。定制接口效率高，通过该接口，客户能够发挥 OPC 服务器的最佳性能，采用 C++语言的客户一般采用定制接口方案；自动化接口使解释性语言和宏语言访问 OPC 服务器成为可能，是为基于脚本编程语言而定义的标准接口，可以使用 Visual Basic、Delphi、Power Builder 等编程语言开发 OPC 服务器的客户应用。这两套标准接口的制定极大地方便了服务器和用不同语言开发的客户应用之间的通信，使用户对开发工具的选择有了较大的自由。

OPC 接口可以潜在地应用在许多应用程序中。它们可以用于从最低层设备中读取未加工的数据，再转化至 SCADA 或者 DCS 系统；也可以用于从 SCADA 或者 DCS 系统中采集数据输入到应用程序中。OPC 是为从某一网络节点中的某一服务器中采集数据而设计的，同时又能够形成 OPC 服务器。该服务器允许客户应用软件在由许多不同的 OPC 供应商提供的服务器中传输数据，并可通过单一的对象在不同的节点上运行，其工作特点如图 10.4 所示。

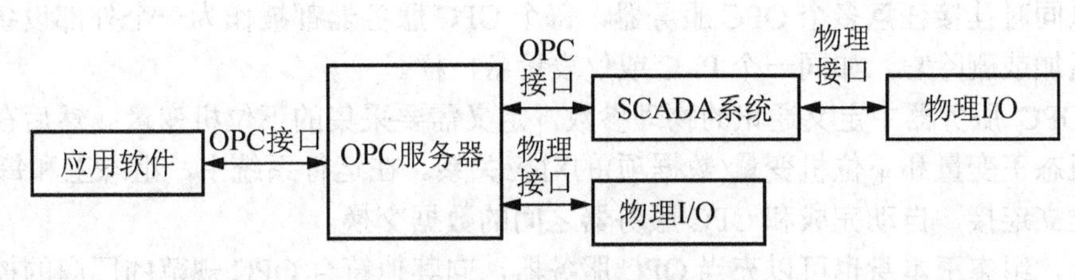

图 10.4　OPC 客户/服务器关系

虽然 OPC 规范规定了相应的通信接口标准，不管现场设备以何种形式存在，客户都以统一的方式去访问，易于实现与其他系统的对接。但是，对于如何来实现这些接口的方法并没有给出。所以，在开发 OPC 服务器时开发人员还需根据不同的硬件设备的特点来实现各个接口的成员函数，如图 10.5 所示。

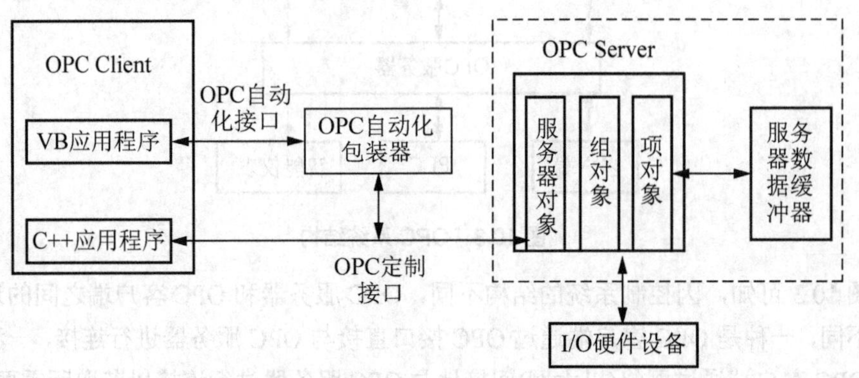

图 10.5　OPC 自动化接口与定制接口

10.1.4　组态王 OPC 通信的说明

OPC 客户和 OPC 服务器进行数据交换可以有两种不同的方式，即同步方式和异步方式。同步方式实现较为简单，当客户数目较少而且同服务器交互的数据量也比较少的时候可以采用这种方式；异步方式实现较为复杂，需要在客户程序中实现服务器回调函数。然而，当有大量客户和大量数据交互时，异步方式的效率更高，能够避免客户数据请求的阻塞，并可以最大限度地节省 CPU 和网络资源。异步意味着程序继续执行后面的操作，只要读或写的任务送达马上申请读写，并由 OPC 服务器返回回调函数的执行结果。

随着 OPC 的广泛应用，出现了很多种 OPC 规范和版本，而且不同的版本通常都有不同的附加特性。OPC 标准详细说明了其本身的警报和事件、历史数据存取和安全性等内容。在所有 OPC 规范中，应用最广泛的是 OPC Data Access(OPCDA)，它用于将实时数据从 PLC、DCS 和其他控制设备转移到 HMI 和其他显示客户端。TRACE MODE HMI 完全支持 OPCDA 规范。OPC 描述了 OPC 服务器和 OPC 客户端这两个程序模块间的相互作用。举一个有关 OPC 的例子：一个程序通过通信协议从 PLC 获取数据，并通过 OPC 服务器协议将数据传送到支持 OPC 客户端接口的另一个程序，如 HMI。在这里，OPC 服务器是 PLC 和 HMI 软件间的网关。

组态王充分利用了 OPC 服务器的强大性能，提供方便高效的数据访问能力。在组态王中可以同时挂接任意多个 OPC 服务器，每个 OPC 服务器都被作为一个外部设备，可以定义、增加或删除它，如同一个 PLC 或仪表设备一样。

在 OPC 服务器中定义通讯的物理参数，定义需要采集的下位机变量；然后在组态王中定义组态王变量和下位机变量(数据项)的对应关系。在运行系统中，组态王和每个 OPC 服务器建立连接，自动完成和 OPC 服务器之间的数据交换。

同时，组态王本身也可以充当 OPC 服务器，向其他符合 OPC 规范的厂商的控制系统提供数据。

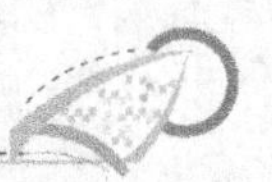

在作为 OPC 服务器的组态王中定义相关的变量，并和采集数据的硬件进行连接；然后在充当客户端的其他应用程序中与 OPC 服务器(组态王运行系统)建立连接，并且添加数据项目。在应用程序运行时，客户端将按照指定的采集频率对组态王的数据进行采集。

【注意】组态王作为 OPC 服务器的名称为“KingView.View.1”。

10.2　组态王 OPC 通信实例

组态王在原有的 OPC 客户端的基础上添加了 OPC 服务器的功能，实现了组态王对 OPC 的服务器和客户端的统一。通过组态王 OPC 服务器功能，用户可以更方便地实现其他支持 OPC 客户的应用程序与组态王之间的数据通信和调用。

OPC 之间的通信是以变量为单位的，在 OPC 服务器上定义相关的变量和要采集的硬件进行连接，并生成唯一表示此变量的 ID 标识。此变量中保存着变量的数值、变量相关的信息，外部的程序能够访问的就是此变量的所有信息，即 OPC 服务器与外部的数据的传输是通过变量进行对应的。

10.2.1　组态王作为 OPC 客户端

以广州致远电子有限公司的 ZOPC Server 为例讲解 OPC Server 的使用方法，实现组态王作为客户端与 ZOPC Server 的通信。

【操作步骤】

1. 在 OPC 服务器中定义数据项

OPC 服务器作为一个独立的应用程序，可能由硬件制造商、软件开发商或其他第三方提供，因此数据项定义的方法和界面都可能有所差异。ZOPC Server 应用程序是一个高级的 I/O 服务器，提供友好的界面，支持 DDE、AdvanceDDE 和 FastDDE 等数据访问方式。ZOPC_Server 支持操作所有的 ZLGCAN 系列接口卡、iCAN 系列功能模块和 ZLGDeviceNet 系列板卡及 Modbus 模块。只要在 PC 上插上这些板卡中的任何一种或几种，再运行本服务器软件，在服务器软件中进行一些相关配置以后，就可以使用任何一种支持 OPC 协议的客户端软件(例如组态软件：组态王 KingView、MCGS、WinCC、InTouch 等)来连接到此服务器，通过此服务器来跟 CAN 网络、iCAN 网络或 DeviceNet 网络、Modbus 网络进行数据的传输。下面以 NDAM-3800 模块为例，假设它挂接在 IP 地址为“192.168.0.207”以太网主设备上。运行 ZOPC_Server 软件，把服务器的工作区切换到 Modbus 工作区，如图 10.6 所示。

添加新设备：在使用 ZOPC_Server 服务器时，需要在相应的“设备操作”中选择添加新的设备选项。工业以太网教学实验开发平台上，各个模块间通信协议采用的是 Modbus/TCP 协议，固在“设备操作”下拉菜单中选择 Modbus 选项，并在 Modbus 子菜单项中选择并添加新设备“Add　Device”，将出现图 10.7 所示的对话框。

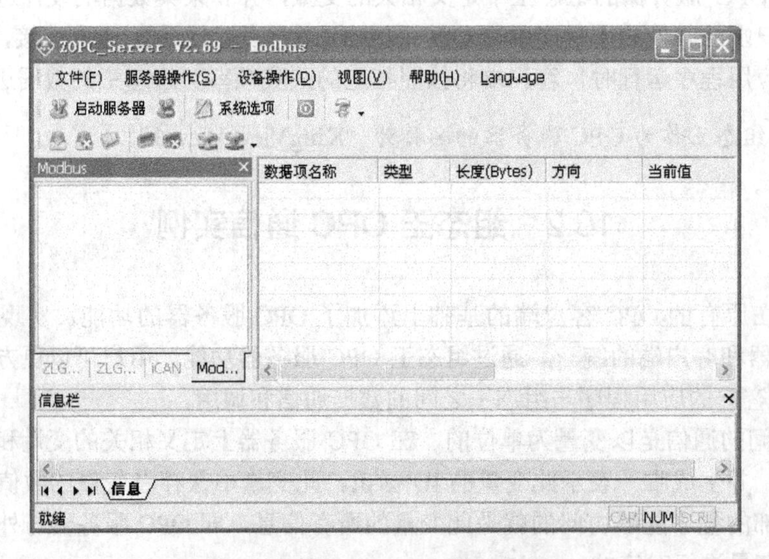

图 10.6　ZOPC_Sever 服务器软件

Device Properties
Device IP:
Port: 502
Refresh Cycle: 100 ms
OK　Cancel

图 10.7　ZOPC Device Properties 对话框

按表 10-1 所示设置设备属性。

添加从站：在“Modbus”面板上单击选中“192.168.0.207”节点，然后右击并选择 Add Slave 菜单，如图 10.8 所示；再在弹出的 Add Slave 对话框中，按表 10-2 所示参数输入从站配置，再单击 Add 按钮，如图 10.9 所示。

表 10-1　OPC 设备属性的配置

配置项	数值	说明
Device IP	192.168.0.207	该 IP 用于索引所安装的多个主站设备
Port	502	Modbus 操作端口
Refresh Cycle	100	刷新周期

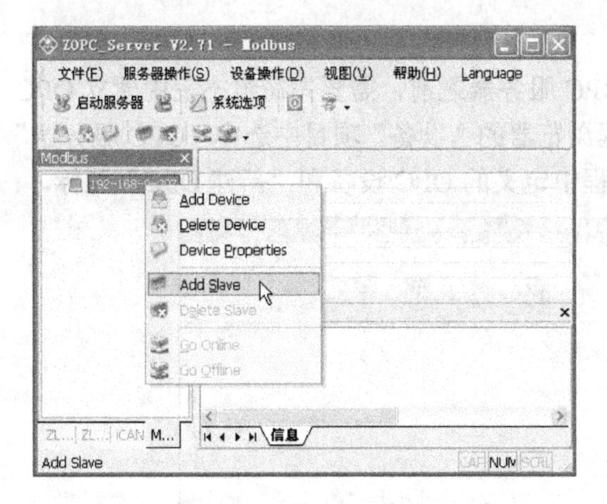

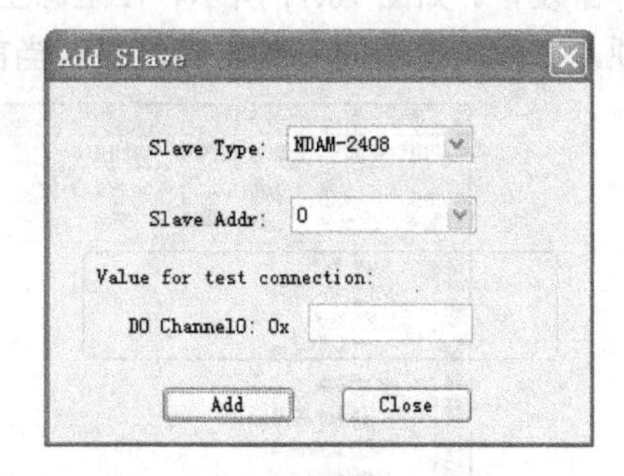

图 10.8　添加从设备

图 10.9　添加从站

表 10-2　ZOPC 从设备属性的配置

配置项	数值	说明
Slave Type	NDAM-3800	从设备型号：一个主设备可带多个设备
Slave Addr	1	从设备 ID 号：区别同一主设备的多个从设备
DO Channel0	1	连接测试值：填 0 或 1，用于检测连接情况

展开面板中的列表，单击选中 SlaveStatus 选项，在 ZOPC_Server 的 Modbus 面板上将会出现图 10.10 所示的从设备及其输入输出数据项。执行“服务器操作”|“启动服务器”命令，然后在 Modbus 面板上单击选中“192.168.0.207”节点的子节点“NDAM-3800_1”，右击，在弹出菜单选择 Go Online 命令。如果设备连接无误，则网络中的从站设备图标会由✕变为▷，此时 OPC 服务器的设置已经完成，OPC 的客户端可以从服务器中读写数据，如图 10.10 所示。

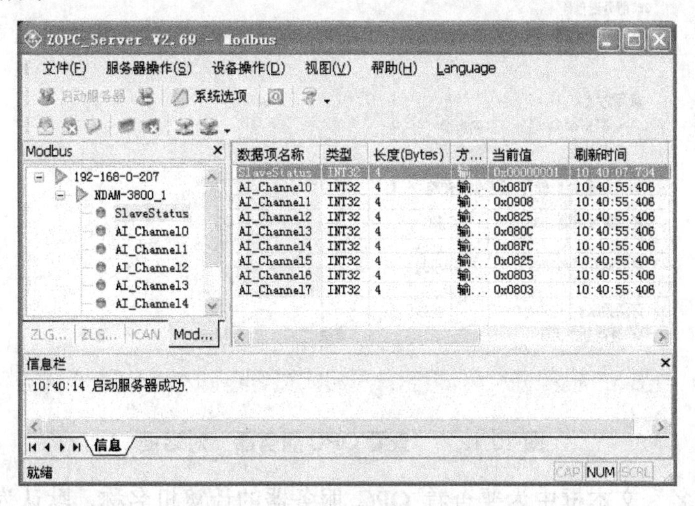

图 10.10　服务器运行界面

2. 建立和删除 OPC 设备

组态王中支持多 OPC 服务器。在使用 OPC 服务器之前，需要先在组态王中建立 OPC 服务器设备。如图 10.11 所示，在组态王工程浏览器的“设备”项目中选中“OPC 服务器”选项，工程浏览器的右侧内容区显示当前工程中定义的 OPC 设备和“新建 OPC”图标。

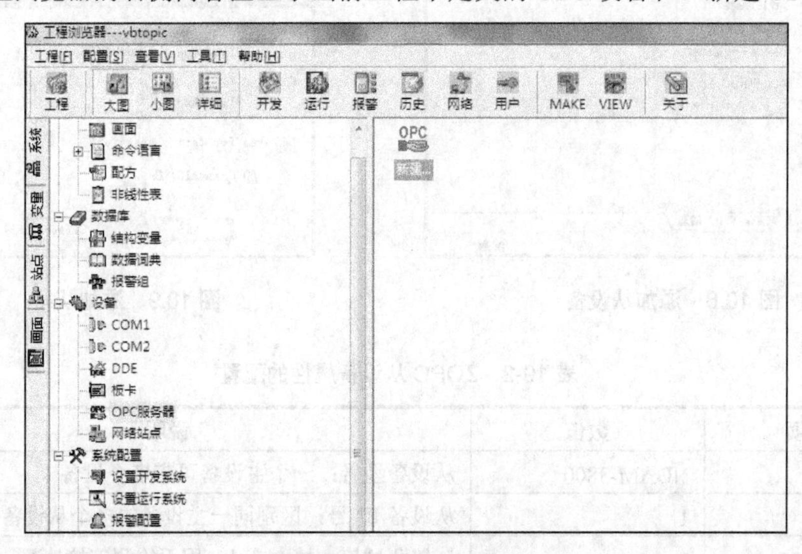

图 10.11 OPC 设备

双击“新建”图标，组态王开始自动搜索当前的计算机系统中已经安装的所有 OPC 服务器，然后弹出“查看 OPC 服务器”对话框，如图 10.12 所示。

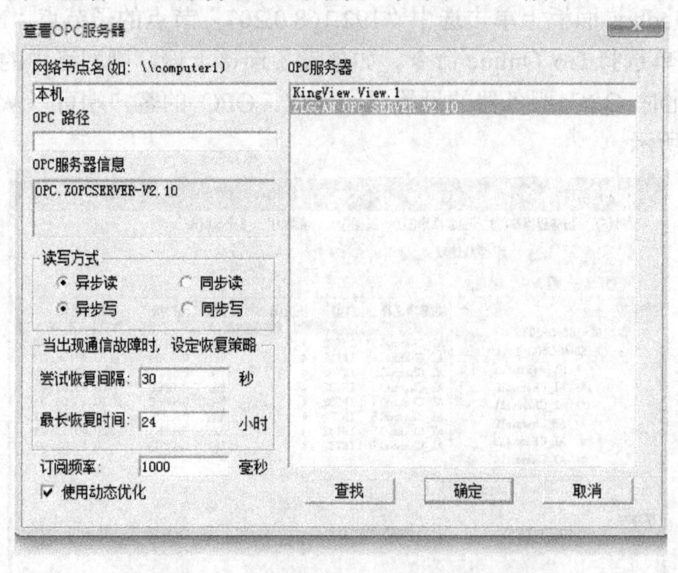

图 10.12 “查看 OPC 服务器”对话框

“网络节点名”文本框中为要查看 OPC 服务器的计算机名称，默认为“本机”。单击“查找”按钮，如果查找成功，则在“OPC 服务器”列表中显示目标站点的所有已安装的

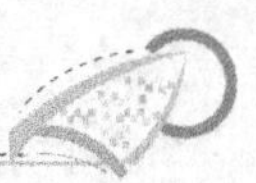

OPC 服务器名称；如果没有查找到，则提示查找失败。“OPC 服务器信息”文本框中显示“OPC 服务器”列表中选中的 OPC 服务器的相关说明信息。如选中“ZLGCAN OPC SERVER V2.10”选项，则在信息中显示“OPC.ZOPCSERVER-V2.10”。“读写方式”选项是用来定义该 OPC 设备对应的 OPC 变量在进行读写数据时采用同步或异步方式。“尝试恢复间隔”和“最长恢复时间”选项用来设置当组态王与 OPC 服务器之间的通信出现故障时，系统尝试恢复通信的策略参数。用户可以在列表中选择所需的 OPC 服务器，单击“确定”按钮，“查看 OPC 服务器”对话框自动关闭，OPC 设备建立成功。如选择图中的“ZLGCAN OPC SERVER V2.10”选项，建立的 OPC 设备如图 10.13 所示。

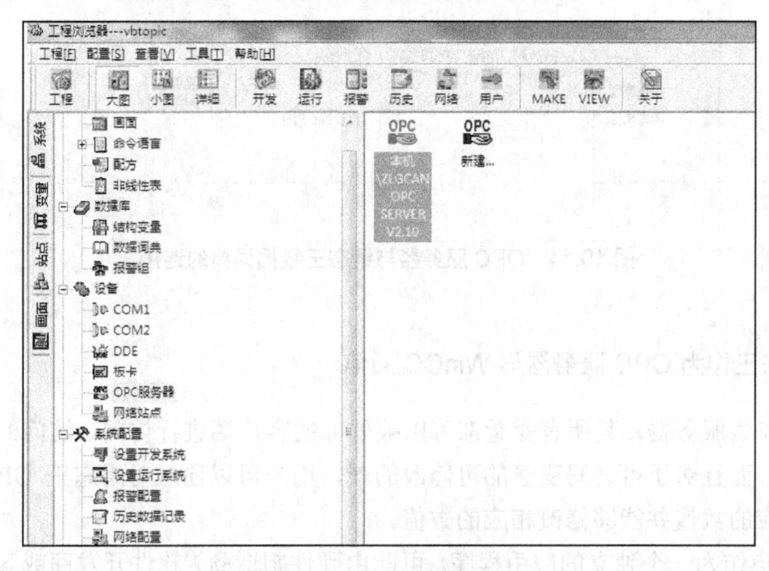

图 10.13　OPC 服务器的建立

对于已经建立的 OPC 设备，如果用户确认不再需要，可以将它删除，选中要删除的 OPC 设备，右击，在弹出的快捷菜单中选择“删除”命令，单击“是”按钮，则将该设备从组态王中删除。

3. OPC 服务器与组态王数据词典的连接

OPC 服务器与组态王数据词典的连接如同 PLC 或板卡等外围设备与组态王数据词典的连接一样。在组态王工程浏览器中，选中数据词典，在工程浏览器右侧双击“新建”图标，选择 I/O 类型变量，在连接设备处选择 OPC 服务器，如图 10.14 示。

在寄存器下拉式菜单中列出了在 OPC 服务器中定义过的所有项目名及数据项，项目名和数据项以树型结构排列，如果某个分支下还有项目的话，则双击该分支，隐藏在该分支下的数据项会自动列出来。双击选择对应的数据项，则选择的数据项会自动添加到“寄存器”中。这样，就可以实现组态王与 OPC 服务器间的数据交换。

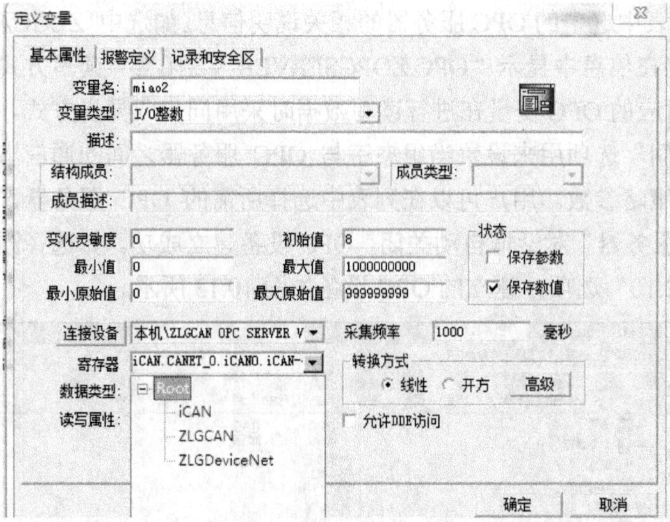

图 10.14　OPC 服务器与组态王数据词典的连接

10.2.2　组态王作为 OPC 服务器与 WinCC 通信

组态王作为服务器，其所有变量都可以被外部的客户端进行访问，访问的对象是变量或变量的域，而且对于可读写变量的可修改的域，用户可以通过对组态王 OPC 服务器的访问得到相应的数值并能够修改相应的数值。

OPC 客户作为一个独立的应用程序，可能由硬件制造商、软件开发商或其他第三方提供，因此数据项定义的方法和界面都可能有所差异。

【举例】以 WinCC 作为 OPC 客户端为例说明组态王 OPC 服务器的使用，WinCC 通过组态王读取单容水箱的液位。

【操作步骤】

1. 新建组态王工程

启动“组态王”工程管理器(ProjManager)，选择“文件”|“新建工程”菜单命令或单击“新建”按钮。

在工程浏览器的“数据库”项中选择“数据词典”选项，新建一个 PID_PV_Value 的变量，如图 10.15 所示。连接设备为百特仪表，仪表逻辑设备名称为“baite1”，连接的寄存器为“REAL1”，数据类型为“FLOAT”。

当使用工程管理器新建一个组态王工程后，进入组态王工程浏览器，新建组态王画面。选择工程浏览器左边的“工程目录显示区”中“画面”项，右面“目录内容显示区”中显示“新建”图标，右击“新建”画面图标，显示快捷菜单，如图 10.16 所示。

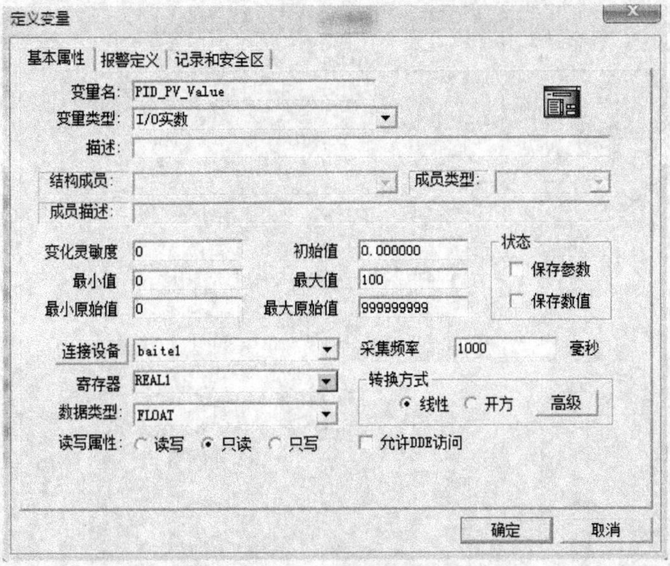

图 10.15　新建变量

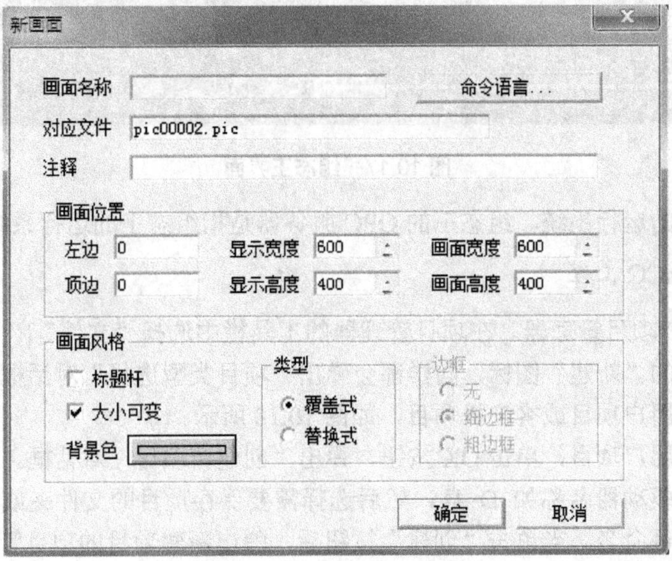

图 10.16　“新画面”对话框

单击“确定”按钮，新建画面完成，进入“开发系统”。按照前面介绍的界面制作方法设计组态界面，如图 10.17 所示，把变量“测量值 PV1”与界面中的水箱液位后的“##.##”进行模拟量输出动画连接。组态王运行时“##.##”就动态显示水箱液位值。

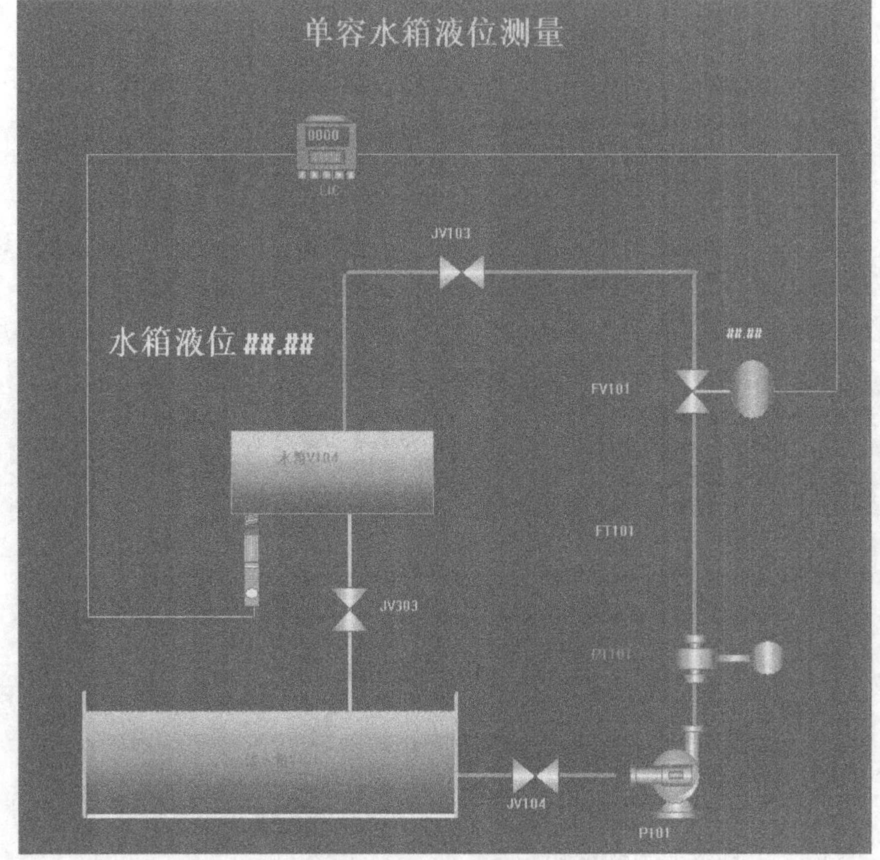

图 10.17　组态王界面

启动组态王的运行系统，组态王的 OPC 服务器是指组态王的运行系统。

2. 新建 WinCC 工程

启动 WinCC 项目管理器。在项目管理器的工具栏中选择“文件”|“新建”菜单命令或单击菜单栏中的“新建”图标，同样都会弹出“项目类型选择”对话框。用户可以选择单用户项目、多用户项目或客户机项目，如图 10.18 所示。

这里选择单用户项目，单击 OK 按钮，弹出“创建新项目”对话框。在对话框中选择保存新建项目的驱动器名称如 D 盘，然后选择需要保存项目的文件夹或者新建一个文件夹，再为新建项目命名。当单击“创建”按钮后，弹出新建项目的项目管理器。

创建了一个项目如“yewei”后，在 WinCC 项目管理器浏览窗口中右击项目名称“yewei”，并选择“属性”选项，弹出 Project properties 对话框，如图 10.19 所示。

在 WinCC 项目管理器浏览窗口中右击“计算机”，选择“属性”选项，弹出 Computer list properties 对话框，如图 10.20 所示。

计算机列表中显示项目创建的所有计算机列表。选择要设置属性的计算机，单击 Properties 按钮，弹出“计算机属性”对话框。

图 10.18 “项目类型选择”对话框

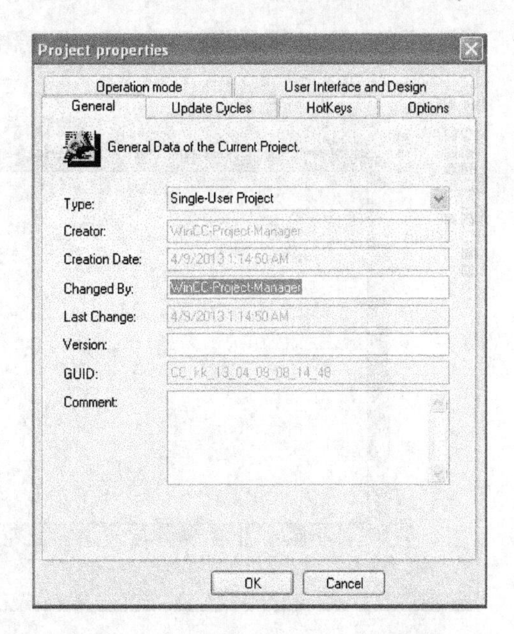

图 10.19 Project properties 对话框

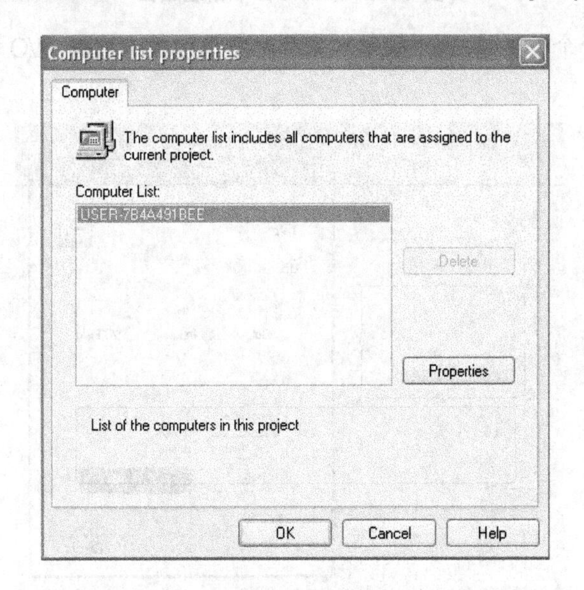

图 10.20 Computer list properties 对话框

设置计算机属性的步骤：选择“计算机”|“属性”|“运行系统”|“运行语言”|“起始画面”命令。

在 WinCC 项目管理器浏览窗口中右击“图形编辑器”，选择“新建画面”命令，打开图形编辑器，初始图形文件名是“NewPdl0.Pdl”，可以根据自己需要进行重命名。打开新建画面如图 10.21 所示。

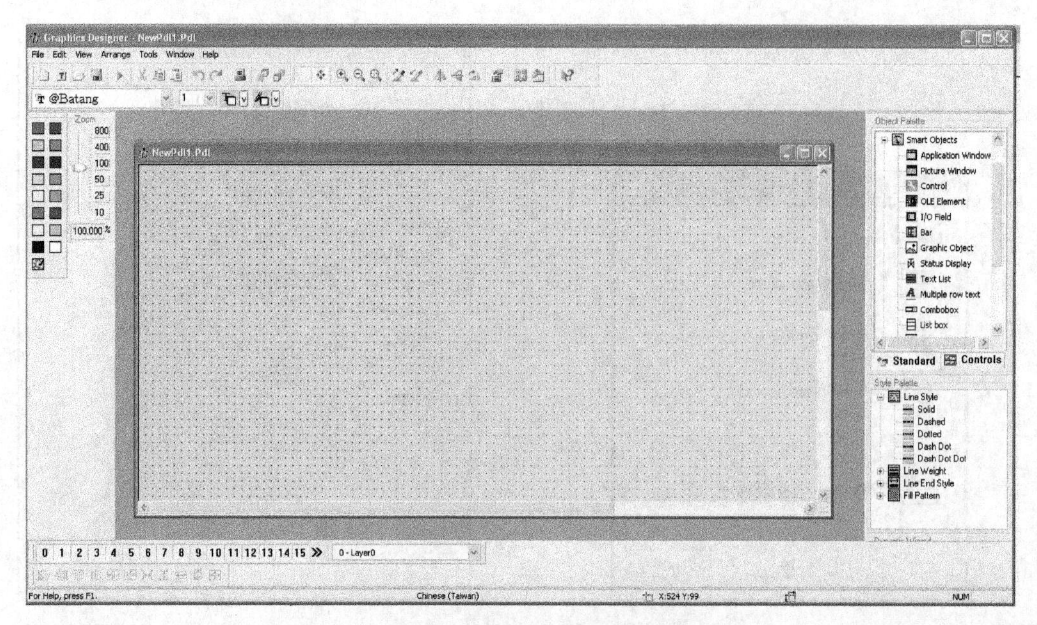

图 10.21 WinCC 中新建画面

在画面上放置一个 I/O 域，从“智能对象”对象选项板中选择“I/O 域”对象，如图 10.22 所示。

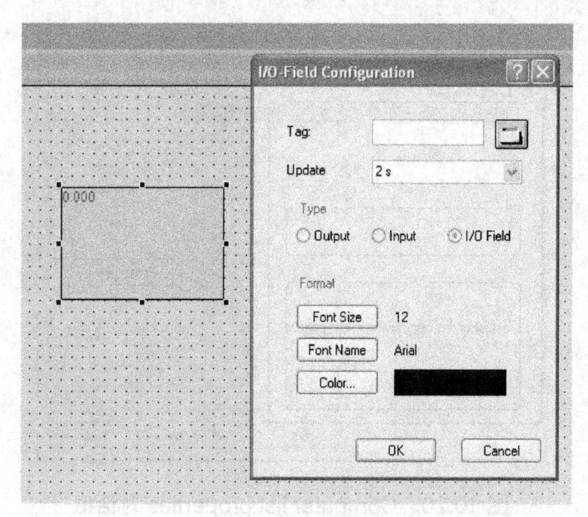

图 10.22 I/O 域设定

在“变量”域中单击文件夹图标打开变量管理器选择，如图 10.23 所示。

在管理器中选择 OPC 项，找到组态王 OPC 服务器的名称“KingView.View.1”，把 I/O 域与组态王中的变量“PID_PV_Value”关联起来，单击“确定”按钮关闭对话框并且保存画面。单击图形编辑器中的“运行(激活)”按钮，激活 WinCC 项目。

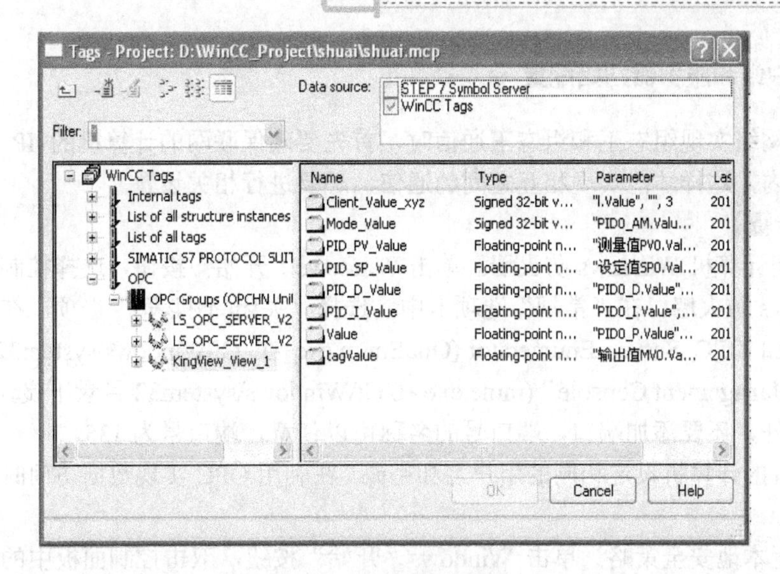

图 10.23　变量管理器

在 KingView 服务器和 WinCC 客户端的画面中，显示组态变量的数值。当 KingView 服务器的液位发生变化时，随后 WinCC 客户端的 I/O 域将显示变化的值，如图 10.24 所示。

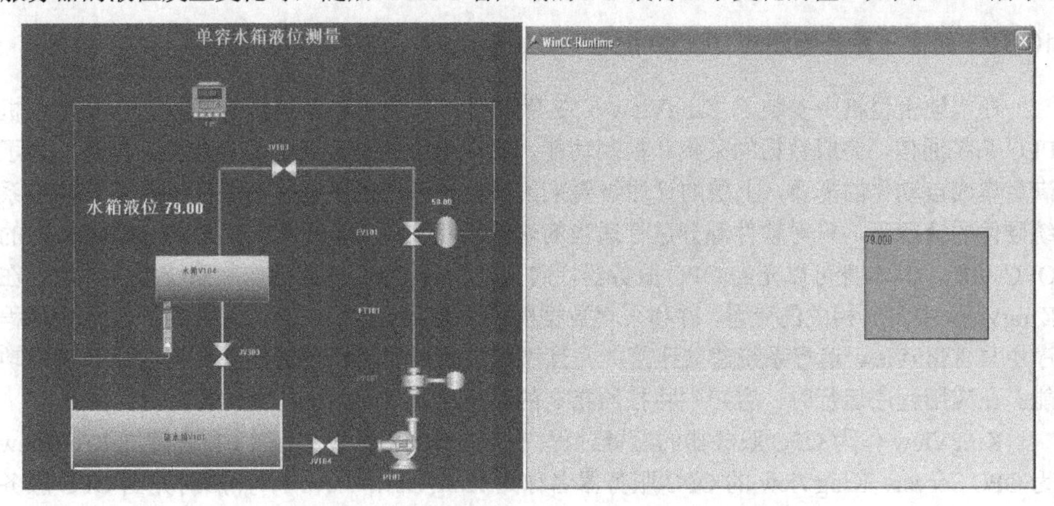

图 10.24　组态王与 WinCC 通过 OPC 通信

10.3　组态王网络 OPC 通信实例

组态王支持网络 OPC 功能，组态王与组态王之间可以通过网络以 OPC 方式进行通信，同样其他 OPC Client/OPC Server 也可以通过网络与组态王之间以 OPC 方式进行通信。组态王作为 OPC Server 时只能在 Windows NT/2000/XP 上使用。

在使用网络 OPC 模式前，需要使用 DCOM 配置工具对系统进行配置。本节主要介绍组态王和组态王之间通过网络互联，其他 OPC 程序连接方法相同。

10.3.1　客户端和服务器初始配置

在通过网络实现组态王和组态王通信时，首先要确保联网的计算机的 IP 地址必须在同一个网段内，这样才能实现相互之间的通信，还要进行相关设置。

【操作步骤】

(1) 关闭计算机 Windows 防火墙。单击 Windows“开始”按钮，选择控制面板，最后选择 Windows 防火墙。在“常规”选项卡中，选择“关闭(不推荐)”选项。在“例外”选项卡中，添加 OPC Server Enumerator (OpcEnum.exe 在 C:\Windows\system32 目录下)和“Microsoft Management Console”(mmc.exe 在 C:\Windows\system32 目录下)选项到“例外”列表中。此外，还要添加端口，端口号的名称可以任意，端口号为 135。

(2) 所有的计算机设定相同的用户名和密码。在利用 OPC 实现数据访问时用户名和密码必须匹配。

(3) 设置本地安全策略。单击 Windows“开始”按钮，双击控制面板中的管理工具，然后选择本地安全策略。在目录树下，找到安全设置\本地策略\安全选项。找到“网络访问:本地账户的共享和安全模式”选项，双击打开它，在本地安全设置中选择“经典-本地用户以自己的身份验证”选项。

10.3.2　组态王服务器端的 DCOM 配置

在本地上位机中安装了 KingView 6.53 版软件，作为系统的监控组态软件，与下位机 PLC 系统通信，完成数据的采集和控制功能，实现整个控制系统的集中监控。同时，为了满足集成自动化的需要，上层的管理级要采集该监控系统的数据，在保证不修改该监控系统硬件的情况下，只对软件部分进行适当的修改便可实现数据的传输。利用 KingView 的 OPC 功能，其本身可以充当 OPC 服务器，向其他符合 OPC 规范的控制系统提供数据。在 KingView 中定义相关的变量，并和采集数据的硬件连接；然后在充当客户端的其他应用程序中与 KingView 运行系统建立连接，并且添加数据项目，以便能实现数据通信和调用功能。在应用程序运行时，客户端将按照指定的频率采集 KingView 的数据。

KingView 作为 OPC 服务器的配置过程：在 KingView 开发系统中，首先建立 KingView 为 OPC Server，KingView 的 OPC 服务器名称为 KingView. View. 1；然后对充当 OPC 服务器的上位机进行 DCOM 程序的配置。DCOM 配置过程如下：单击“开始”按钮，运行 dcomcnfg 命令进入组件服务，如图 10.25 所示。

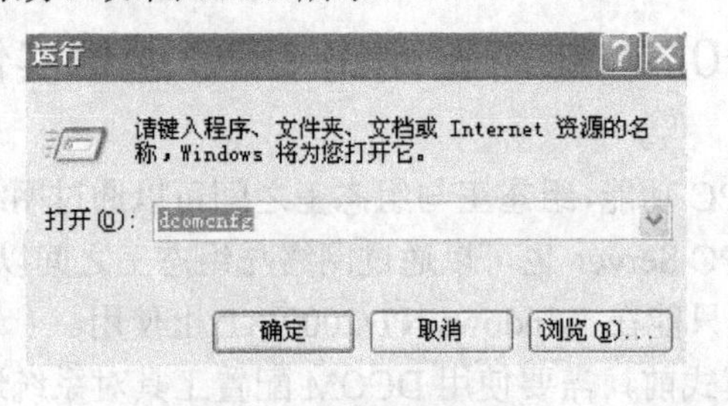

图 10.25　XP 运行程序

打开组件服务\计算机\我的电脑，如图 10.26 所示。右击打开“属性”对话框，设置默认属性，勾选“在此计算机上启用分布式 COM”复选框。注意：如果此项做了改变需要重新启动计算机才能生效。默认身份验证级别为“连接”，默认模拟级别为“标识”，如图 10.27 所示。

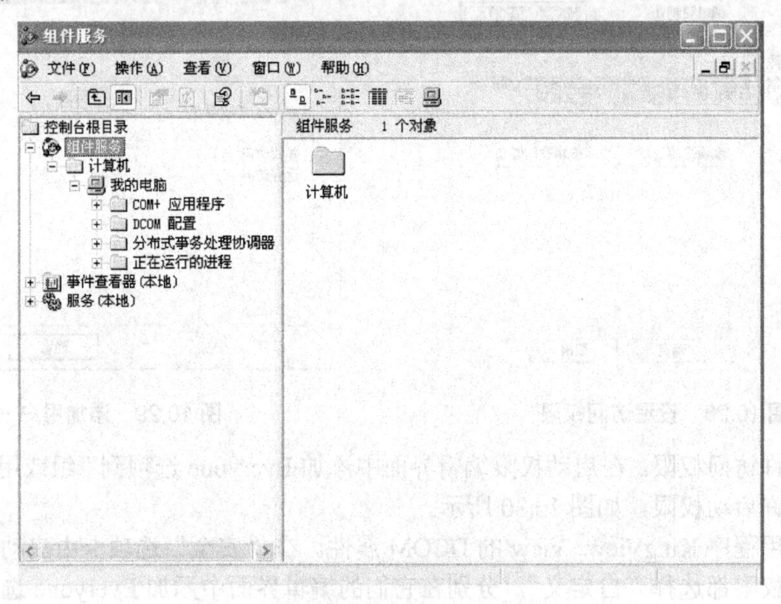

图 10.26　组件服务图

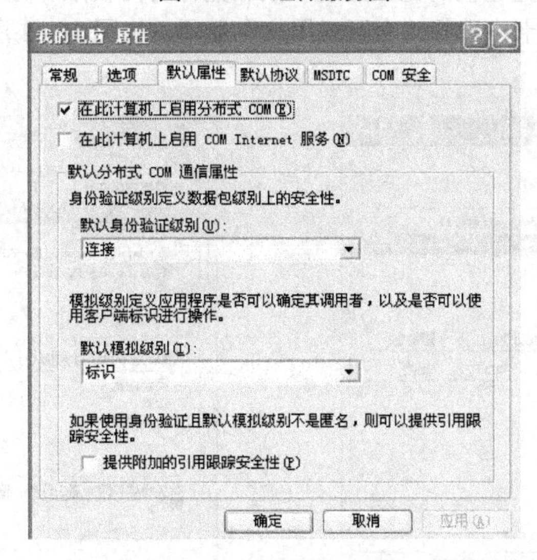

图 10.27　属性对话框

选择“COM 安全”选项卡设置访问权限和启动权限，如图 10.28 所示。在访问权限编辑界面中添加 Everyone 选项到“组或用户名称”列表，如图 10.29 所示。

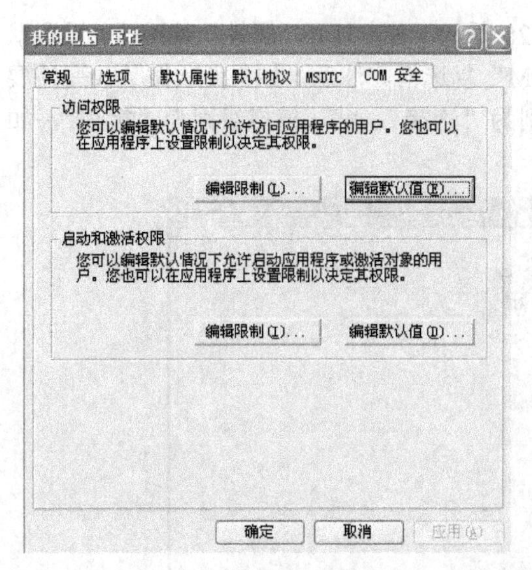

图 10.28　设置访问权限

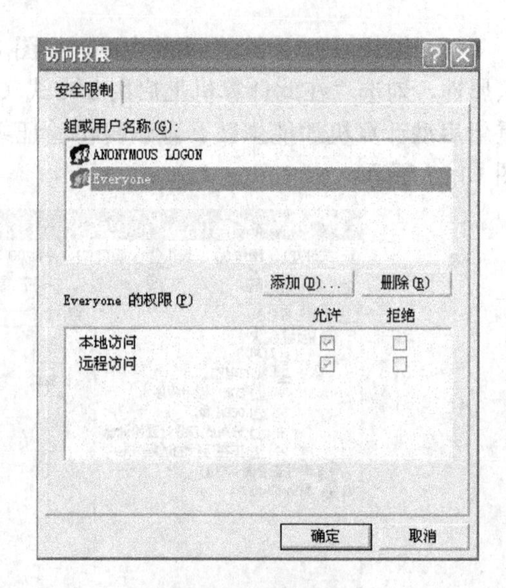

图 10.29　添加用户

设置允许访问权限。在启动权限编辑界面中添加 Everyone 选项到“组或用户名称”列表，设置允许启动权限，如图 10.30 所示。

设置应用程序 KingView. View 的 DCOM 属性。在“安全”选项卡中启动权限、访问权限和配置权限都选择“自定义”，分别在它们的编辑界面中添加 Everyone 选项到“组或用户名”列表。分别设置它们的允许启动权限、允许访问权限和允许配置权限如图 10.31 所示。在“标识”选项卡中选择“交互式用户”选项，如图 10.32 所示。单击“确定”按钮，设置完成。

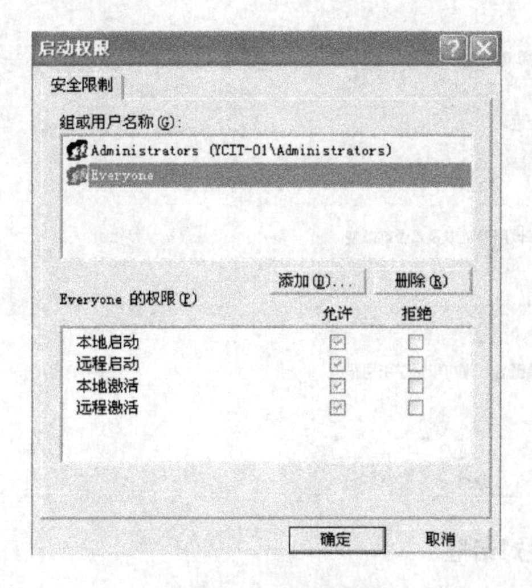

图 10.30　启动权限

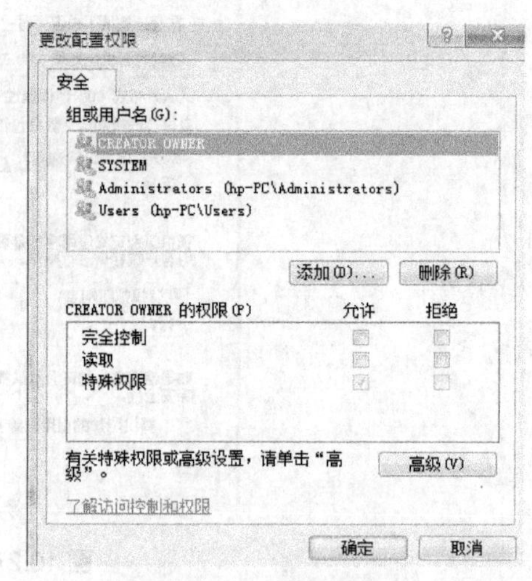

图 10.31　更改配置权限

右击 OpcEnum 选择“属性”选项，打开“属性”对话框如图 10.33 所示。在“常规”选项卡中将身份认证级别设置为“连接”。在“位置”选项卡中勾选“在此计算机上运行应用程序”复选框。在安全选项卡中启动权限、访问权限和配置权限都设为“自定义”。

在标识选项卡中选择“下列用户”选项，输入本机的用户名和相应的密码，单击“确定”按钮，设置完成。

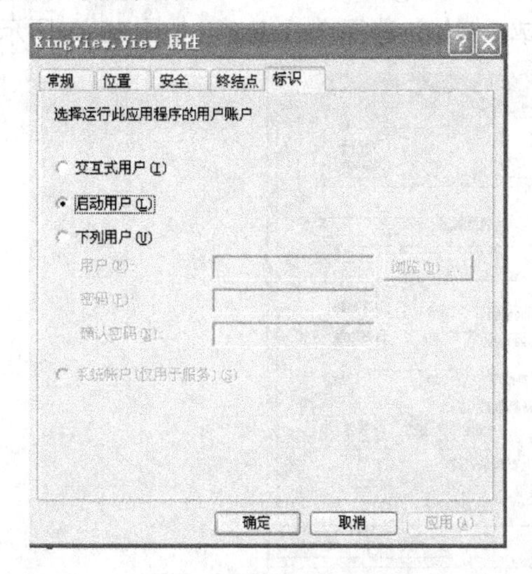

图 10.32　标识设置图

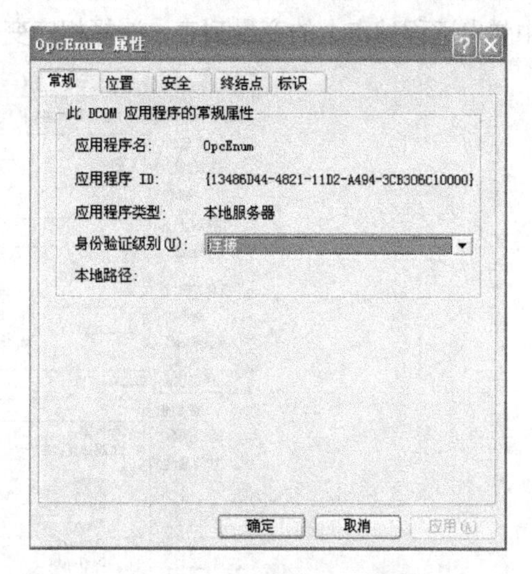

图 10.33　OpcEnum 配置

10.3.3　组态王客户端通过 OPC 连接服务器

组态王作为客户端通过网络 OPC 连接服务器时，首先必须参照上节的 DCOM 设置方法对客户端进行 DCOM 设置，客户端的组态王作为 OPC 客户端，可以通过网络 OPC 功能与组态王 OPC 服务器连接。

【操作步骤】

(1) 定义 OPC 服务器。在工程浏览器中，选择“OPC 服务器”选项，然后双击“新建”图标，弹出“查看 OPC 服务器”对话框，在“网络节点名”文本框中输入服务器的机器节点名，如运行组态王的服务器为“test”，则输入“\\test”，单击“查找”按钮后，列表中会列出 test 机器上所有的 OPC 服务程序，选中“KingView.View.1”选项，然后单击“确定”按钮，OPC 服务器就定义好了，如图 10.34 所示。

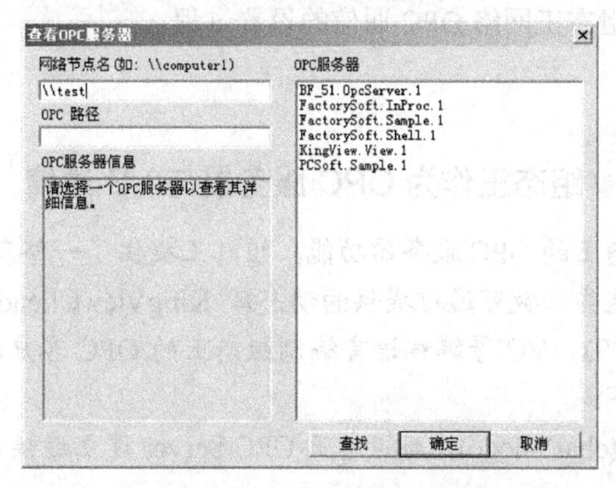

图 10.34　组态王 OPC 服务器

(2) 客户端定义变量。在客户端定义变量与组态王 OPC 服务器上的变量建立连接。例如定义 test，连接设备中选择刚才定义的 OPC 服务器“KingiVew.View.1”，在“寄存器”选项中弹出远程站点上的变量列表，选择相应变量的域。例如，选择“a.value”，如图 10.35 所示。

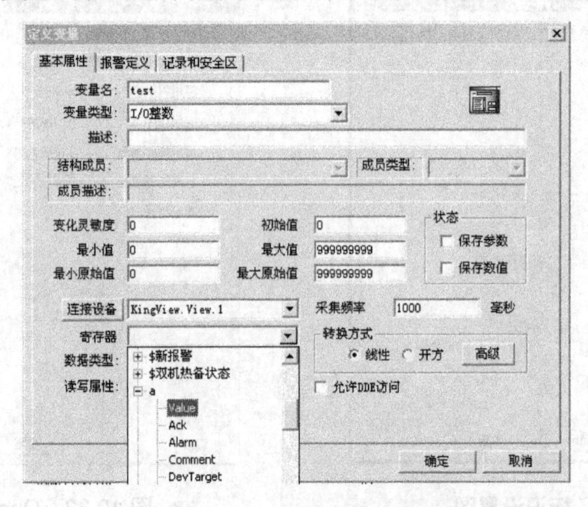

图 10.35　定义 OPC 变量

(3) 启动客户端运行系统，就实现了组态王通过网络 OPC 交换数据。

本 章 小 结

OPC 作为一个重要的工业标准，目的是为工厂底层设备或者控制室数据库中的大量数据源之间的通信提供一种标准的通信机制。它把硬件厂商和应用软件开发者分离开来，大大提高了双方的工作效率，因而，OPC 越来越受到重视。组态软件与 OPC 服务器之间的数据交换是应用程序间交换数据的关系，组态软件不需要包含各自设备的驱动程序，这可减少多个设备驱动程序同时存取可能引起的冲突。本章重点介绍组态王中 OPC 的基本机构，包括了 OPC 的规范以及工作原理等，通过实例了解组态王作为服务器和客户端实现 OPC 通信，并介绍了组态王网络 OPC 通信的设置过程。

知识拓展

组态王作为 OPC 服务器与 VB 通信

为了方便使用组态王的 OPC 服务器功能，组态王提供了一整套与组态王的 OPC 服务器连接的函数接口，这些函数可通过提供的动态库 KingViewCliend.dll 来实现。用户使用该动态库可以自行用 VB、VC 等编程语言编制组态王的 OPC 客户端程序。动态库中提供的接口内容及用法如下：

(1) int StartCliend(char* node); 与组态王 OPC Server 建立连接入口参数：node 为机器节点名称。

(2) int ReadItemNo( ); 得到组态王 OPC 中列出的项目总数。

(3) int GetItemNames(char* sName,WORD　wItemId)；得到某个项目的名称。

(4) int AddTag(BSTR sRegName,WORD *TagId,WORD *TagDataType)；将某个项目添加采集列中。

(5) int WriteTag(WORD TagId,BOOL bVal,long lVal,float fVal,char* sVal); 修改一个可读写变量的可读写的域的值。

(6) int ReadTag(WORD TagId,BOOL *bVal,long *lVal,float *fVal,char* sVal)；读数据

(7) int StopCliend( )；断开与组态王 OPC_Server 的连接。

以上提供的函数，在整个的调用过程中有相应的次序和功能，用户需要先调用 StartCliend( )函数，启动与组态王的连接，用户可以通过此函数的 NODE 参数，来控制与哪台计算机的组态王进行连接。

如用户不知道应该读取的项目在组态王中的表现形式，用户可以通过调用 ReadItemNo( )函数，然后通过返回的数目，依次调用 GetItemNames 得到项目的名称。如用户已经知道了要读取的变量名称，用户可以通过以下方法合成项目名称，因为组态王的 OPC 服务器对外部暴露的项目支持到域，用户可以使用组态王变量名称+“.”+域名称，如变量名为锅炉温度，如果用户需要读取它的值，用户合成项目名称是“锅炉温度.Value”，Value 是变量的数值域。

当用户合成了要采集的项目名称后,用户得调用 AddTag( )函数将要采集的项目添加到采集的列表中，用户必须进行该操作，否则不能进行项目的数据采集。当用户调用此函数后，函数将返回项目在采集列表中的位置(TagId)和项目的数据类型(TagDataType)，并且用户将根据返回的信息进行采集。

当用户添加完成采集项目列表后，可以通过调用 ReadTag( )和 WriteTag( )函数来对项目进行读写，其参数中 TagId 是通过 AddTag( )函数得到的项目的位置号，后面的 4 个变量是项目的数值，用户根据项目的数据类型，得到或者写入项目的数值。

用户在程序退出之前，应调用 StopCliend( )函数，断开客户端与组态王的连接。

下面以 VB 编程为例简要说明如何使用组态王提供的 OPC 服务器的动态库。

(1) 打开 VB，新建一个工程，如工程 1。

(2) 在工程中加入一个模块，如 Module1。

(3) 首先在模块中声明要引用的 OPC 服务器的动态库函数，如图 10.36 所示。

(4) 新建一个窗体，在窗体上加入按钮，分别定义为连接服务器、断开服务器、获得项目数、获得项目名称、加入变量、写数据等。

(5) 在窗体中加入一个简单列表框、MSHFLEXGRID 控件或 LISTVIEW 控件，这里以 MSHFLEXGRID 控件为例说明，同时加入一个定时器，其频率为 500ms。

(6) 编程：分别用各种函数连接到各个按钮上。获得的项目总数作为全局变量，用该变量作循环获得项目名，将项目名添加到列表框中，如图 10.37 所示。然后，在定时器定时事件中定义依次读取数据。

(7) 运行时，先连接服务器，然后读取项目名，将项目名添加到 GRID 控件中，当定时器定时事件发生时，便读取所有定义的项目的数据，结果如图 10.38 所示。

(8) 退出时，先断开服务器的连接。

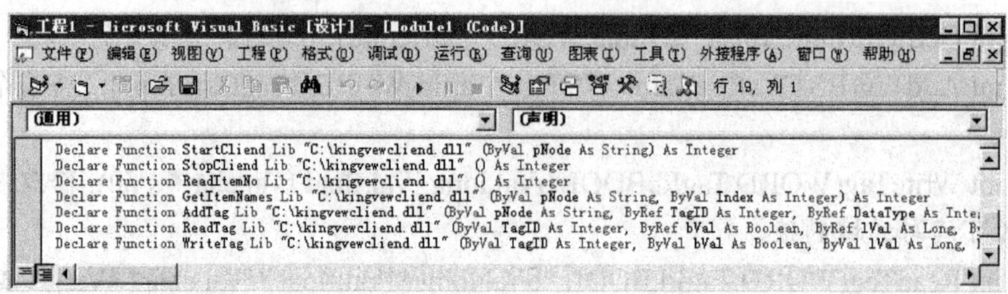

图 10.36　声明 OPC 服务器动态库函数

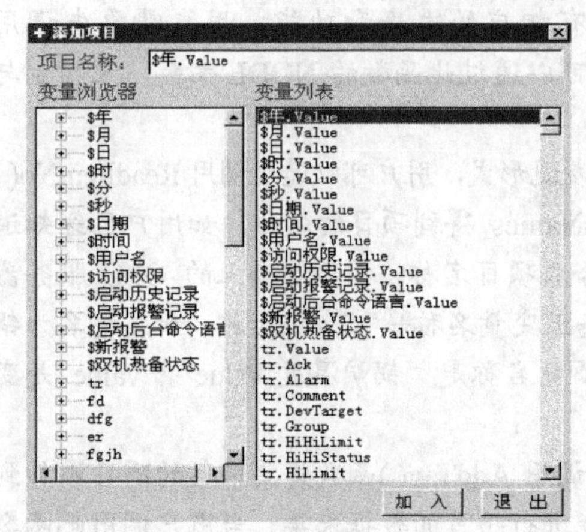

图 10.37　添加项目名结果

变量ID号	变量名称	变量类型	变量数值
1	$年.Value	VT_FLOAT	2001
2	$月.Value	VT_FLOAT	2
3	$日.Value	VT_FLOAT	27
4	$时.Value	VT_FLOAT	9
5	$分.Value	VT_FLOAT	37
6	$秒.Value	VT_FLOAT	18
7	tr.Value	VT_LONG	76
8	fgjh.Value	VT_LONG	76
			数据区

图 10.38　读取数据结果

思考题与习题

1．OPC 的基本思想是什么？

2．和 DDE 技术相比，OPC 有哪些优越性？

3．OPC 数据存取规范规定的基本对象有哪些？

4．组态王的 OPC 服务器名称是____________。

5．OPC 规范包括____________和____________两个部分，在硬件供应商和软件开发商之间建立了一套完整的“规则”。

6．作为 OPC 客户端，组态王如何与 WinCC 通信？

7．OPC 规范提供了两套接口方案，即(　　)。

A．定制接口　　B．服务器接口　　C．自动化接口　　D．客户端接口

8．作为服务器，组态王如何实现与 WinCC 通信？

9．OPC 客户和 OPC 服务器进行数据交换方式有(　　)。

A．同步方式　　B．单向方式　　C．双向方式　　D．异步方式

10．在网络通信中如何进行 DCOM 配置？

11．建立组态王工程，并实现组态王与组态王之间通过 OPC 通信。

12．建立组态王工程，并实现组态王与 VB 之间的 OPC 通信。

第 11 章 组态王与数据库

教学目标与要求

- ☞ 了解组态王支持的数据库的类型。
- ☞ 掌握组态王 SQL 访问功能。
- ☞ 熟悉 Access 数据库与组态王的连接。
- ☞ 熟悉组态王如何与通用数据库连接。
- ☞ 熟悉组态王数据库指令的应用。

引言

在组态监控系统中，存在大量实时数据处理，如报警检测、实时数据显示、参数列表显示、趋势跟踪。同时，操作员也要利用当前及过去一段时间的数据进行变化趋势分析；控制工程师要通过由这些数据绘制的趋势曲线调节合适的控制参数；管理人员则要求将这些数据组织成表格以帮助进行如节能、提高生产率、计算总产值、总能耗等各种高层次的综合分析。在监控系统中，不仅需要对周期采集的大批的实时数据及已经过去的历史数据进行合理的组织和妥善的保存，而且还要为所有访问这些数据的任务提供方便快捷统一的接口，以满足不同任务对实时或历史数据进行处理的需要，简化实时作业的程序设计。

实时数据库可用于测控过程的自动采集、存储和监视，如图 11.1 所示，可在线存储每个工艺过程点的多年数据，可以提供清晰、精确的操作情况画面，用户既可浏览工厂当前的生产情况，也可回顾过去的生产情况。可以说，实时数据库对于流程工厂来说就如同飞机上的“黑匣子”。

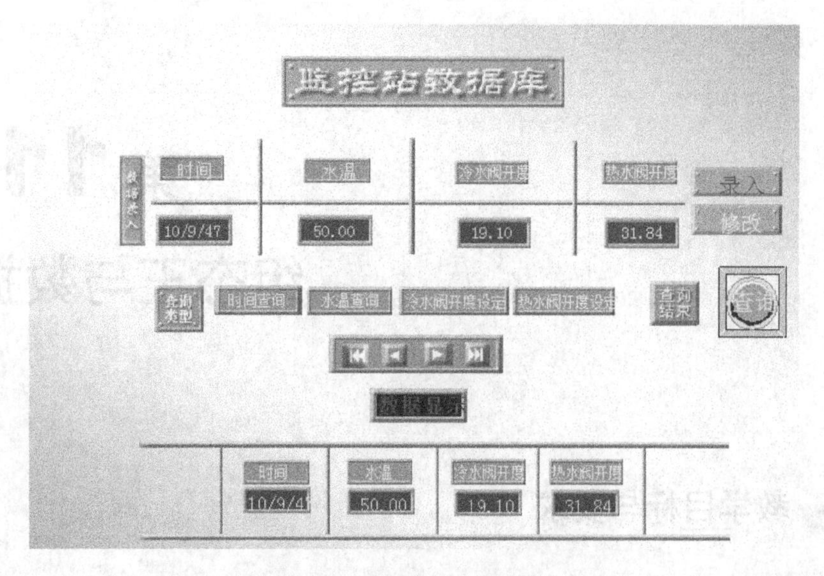

图 11.1 监控站数据库系统

目前，商品化的数据库管理系统以关系型数据库为主导产品。按照数据库的规模和功能，从实用上一般将数据库分为大中型数据库和个人数据库。大中型机和 PC 服务器上的数据库管理系统包括 Oracle、Sybase、Informix、DB2 和 MS SQL Server 等。个人数据库是运行在个人计算机上的桌面型数据库管理系统，如 Visual FoxPro、Access、dBase、Paradox 等。不论是大型还是桌面型，它们都是对象关系型数据库管理系统。

11.1 组态王支持的数据库类型

在计算机控制系统的设计中引入数据库技术，为实现实时作业软件的通用化奠定了基础。因为不同的工业对象，就其计算机处理来说是极其相似或完全相同的。例如，一个电站温度信号的采集与转换同一个炼油装置的温度测点的计算机处理是一样的。因此，人们完全可以把监控对象抽象成由数据库表示的数据结构，在数据库中保留监控对象的各种信号的综合信息，当监控对象改变时，只需修改数据库中的部分数据即可。尽管监控对象不同，数据库中的数据有不同的物理意义，但对计算机而言，其处理、运算以及显示等，除了数据的名称和说明之外并没有什么区别。这样，只要合理设计数据库的结构及对数据库的访问操作，以数据库为基础建立采集、转换、处理及各种控制算法的程序库，通过组态就可以自动生成针对某一特定生产过程的实时作业系统。

组态王支持的数据库主要有 Oracle、SyBase、MS SQLServer 数据库、dBase 数据库、MS Access 数据库等。

11.1.1 Oracle 数据库

Oracle 是 Oracle 公司的数据库管理系统，是一个协调服务器和一个用于支持任务决定型应用程序的开放式数据库管理系统。

Oracle 可以完全移植到 80 多个不同的硬件和操作系统平台上，从 PC 到大型机和超级计算机。平台包括 UNIX、OS/2、Macintosh、Windows 3.x、Windows 9x、Windows NT 和 Novell Netware 等。这种移植性允许自由选择数据库服务器平台以满足目前和将来的需要而又不影响已有的应用程序。Oracle 使用一种自调整的多线程服务器结构，在这种结构中，数据库服务器的进程可以动态调整到当前的工作载荷。它还引入了并行查询的选项，优化了查询功能，为了和 Oracle 通信需要进行设置。

【操作步骤】

(1) 在组态王本机上安装 Oracle Standard Client；运行 SQL_Net Easy 配置为 SQL 连接分配字符串；创建一个数据源名；使用 SQLConnect()连接。

(2) 配置 SQL_Net：启动 Oracle 的 SQL_Net Easy Configuration；默认情况下，服务器的化名将以 wgs_ServerName_orcl 开始。数据库的化名在组态王 SQLConnect( )函数中使用；修改化名，单击 OK 按钮；选择 Modify Database Alias Select Network Protocol 选项。其命名管道是 Oracle 服务器的计算机名。

(3) 配置数据源名：启动控制面板中的 ODBC。选择 System DSN 属性页，单击 Add 按钮。弹出 Create New Data Source 对话框；选择 Oracle7 ODBC 驱动，然后单击 Finish 按钮。ODBC Oracle Driver Setup 将会弹出。在 Data Source Name 框中，输入自己的 Oracle 服务器名；单击 Advanced 按钮，弹出 ODBC Oracle Advanced Driver Setup 对话框。单击 Close 按钮，ODBC Data Source Administrator 对话框将再次出现，如图 11.2 所示，单击“确定”完成。

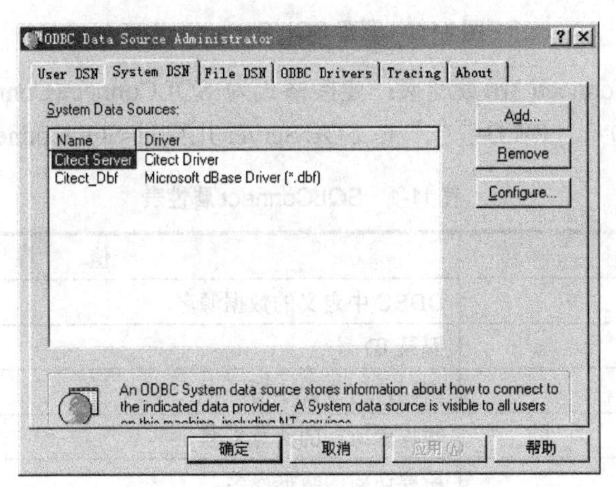

图 11.2　定义 Oracle 7.2 数据源

11.1.2　MS SQLServer 数据库

MS SQL Server 是 Microsoft 公司的一个高性能的关系数据库管理系统，完全运行于 Microsoft 的 Windows NT 操作系统下。MS SQL Server 的版本从 6.5 开始，主要运行于 Windows NT 操作系统下，它以前的版本也可以运行于 IBM 的 OS/2 操作系统下。MS SQL Server 提供了 OLE 技术和 Visual Basic 的集成。MS SQL Server 是围绕一个并行结构创建的。允许并行地执行内部数据库函数并提供改进的性能和伸缩性。

MS SQL Server 数据库支持 3 种数据类型。char 类型包含定长的字符串。组态王对应变量需要是字符串，必须指定长度。SyBase 和 SQL Server 支持最长 255 个字符。int 类型对应组态王的整数变量。如果变量长度没有确定，长度将被设置成数据库默认值。float 类型对应组态王的实型变量，无须为这种变量设定长度。为了和 Microsoft SQL Server 通信需要进行设置。

【操作步骤】

(1) 配置 Windows 的数据库用户：打开 Windows 控制面板的 32 位 ODBC 数据源管理器。单击“添加”按钮，选择 SQL Server 选项，弹出 ODBC SQL Server 配置画面；在 Data Source Name 文本框填写数据源名称。在 Server 文本框填写数据库 Server 名称。在网络地址中，填写 SQL Server 的访问地址。单击 Option 按钮，在数据库名栏填写数据库名称，如图 11.3 所示。SQL Server 名称必须和网络上 SQL Server 的名称一致。具体名称通过 SQL Server 管理程序 SQL Enterprise Manager 确认。

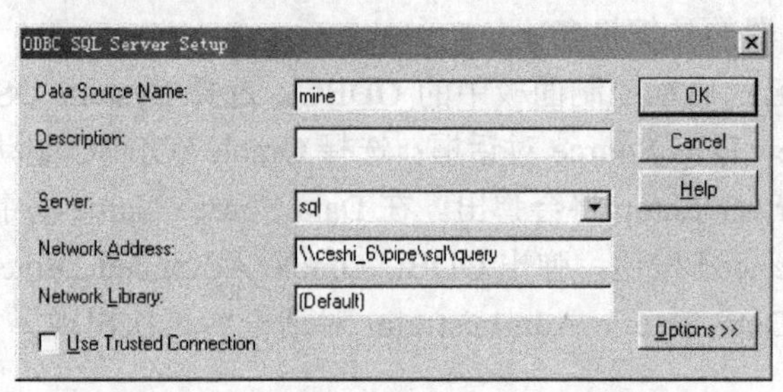

图 11.3 配置 SQL Server 数据库

(2) 使用 SQLConnect( )函数连接：连接格式为 SQLConnect(ConnectionID,“DSN= ;DATABASE= ;UID= ; PWD= ”)；SQL Server 用到的 SQLConnect 属性见表 11-1。

表 11-1 SQLConnect 属性表

属 性	值
DSN	ODBC 中定义的数据源名
UID	登录 ID 号
PWD	密码，区分大小写
SRVR	数据库所在的计算机名
DATABASE	所要访问的数据库名

11.1.3 Access 数据库

Access 是 Office 软件包的成员之一，是一种关系型数据库软件。Access 擅长对数据进行处理，例如建立、排序、分类及汇总数据等操作。除此以外，美化数据输入界面的窗体、数据访问页，强调所见即所得的报表，再加上 Access 所擅长的宏与模块功能，奠定了 Access 在小型数据库系统的领先地位。

Access 中数据库文件不是简单地存储数据库的表，这是 Access 与其他桌面数据库的一个重要区别。Access 数据库文件不仅包含传统意义上的表，还包括操作或控制数据的其

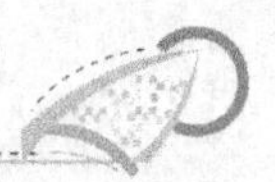

他对象(如查询、窗体和报表等)。Access 是开发单机小型数据库应用系统的理想工具，可以独立开发数据库应用系统，也可以作为后台数据库与 Visual Basic 等高级语言结合使用。

Access 和 Visual Basic 使用相同的数据库引擎，即 Microsoft Jet。由于 Access 和 Visual Basic 使用相同的数据库引擎，因此可以建立既包括 Access 组件，又包括 Visual Basic 组件的应用程序，这样就提高了程序的稳定性，充分发挥了二者各自的优点。

SQL 访问管理器支持 Access 数据库的 5 种数据类型。有效的数据类型种类由用户所使用的 ODBC 的版本所决定。类型 text 包括定长字符串和组态王中的字符串变量相对应，必须设定参数。Access 数据库最多支持 255 个字符。

组态王 SQL 访问功能能够和其他外部数据库(支持 ODBC 访问接口)之间的数据传输。实现数据传输必须在系统 ODBC 数据源中定义相应数据库。

【操作步骤】

(1) 进入“控制面板”中的“管理工具”，双击“数据源(ODBC)”选项，弹出“ODBC 数据源管理器”对话框，如图 11.4 所示。

有些计算机的 ODBC 数据源是中文的(如图 11.4 所示)，有些的是英文的，视机器而定，但是两种的使用方法相同。

(2) “ODBC 数据源管理器”对话框中前两个选项卡分别是“用户 DSN”和“系统 DSN”，二者共同点是在它们中定义的数据源都存储了如何与指定数据提供者在连接的信息，但二者又有所区别。在“用户 DSN”选项卡中定义的数据源只对当前用户可见，而且只能用于当前机器上；在“系统 DSN”选项卡中定义的数据源对当前机器上所有用户可见，包括 NT 服务。因此，用户根据数据库使用的范围进行 ODBC 数据源的建立。

(3) Microsoft Access 数据库建立 ODBC 数据源的过程如下：在机器上 D 盘根目录下建立一个 Microsoft Access 数据库，名称为“SQL 数据库.mdb”；双击“数据源(ODBC)”选项，弹出“ODBC 数据源管理器”对话框，选择“系统 DSN”选项卡，如图 11.5 所示；单击右边“添加”按钮，弹出“创建新数据源”窗口，从列表中选择“Microsoft Access Driver(*.mdb)”驱动程序，如图 11.6 所示；单击“完成”按钮，进入“ODBC Microsoft Access 安装”对话框，如图 11.7 所示。

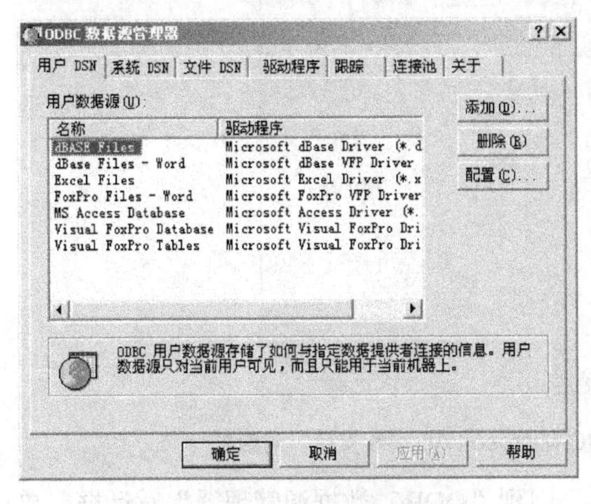

图 11.4　ODBC 数据源管理器

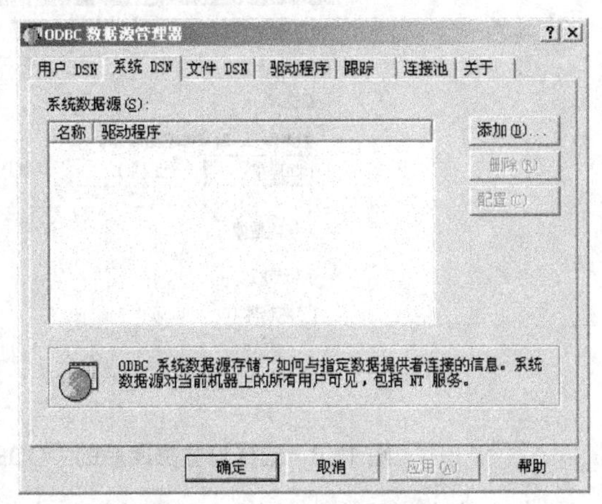

图 11.5　“系统 DSN”选项卡

图 11.6 “创建新数据源”对话框

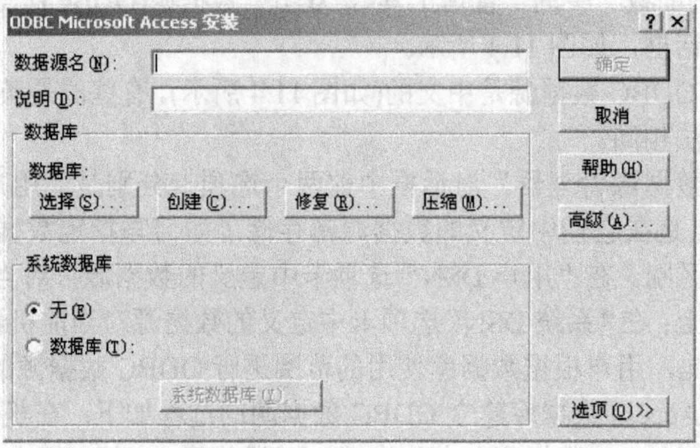

图 11.7 “ODBC Microsoft Access 安装”对话框

(4) 在“数据源名”文本框中输入数据源名称如“mine”；单击“选择”按钮，从计算机上选择数据库，选择好数据库后的对话框如图 11.8 所示。

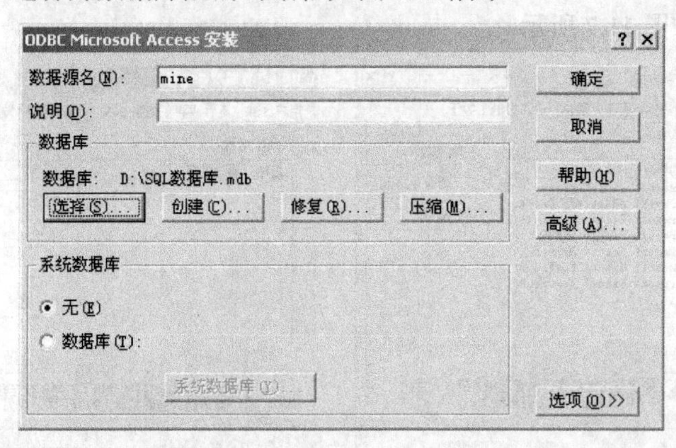

图 11.8 选择好数据库后的“ODBC Microsoft Access 安装”对话框

(5) 单击“确定”按钮，完成数据源定义，回到“ODBC 数据源管理器”对话框，单击“确定”关闭“ODBC 数据源管理器”对话框。

11.2　组态王 SQL 访问管理器

组态王 SQL 访问管理器包括表格模板和记录体两部分功能。当组态王执行 SQLCreateTable( );指令时，使用的表格模板将定义创建的表格的结构；当执行 SQLInsert( );、SQLSelect( );或 SQLUpdate( );指令时，记录体中定义的连接将使组态王中的变量和数据库表格中的变量相关联。

组态王提供集成的 SQL 访问管理。在组态王工程浏览器的左侧大纲项中，可以看到"SQL 访问管理器"，如图 11.9 所示。

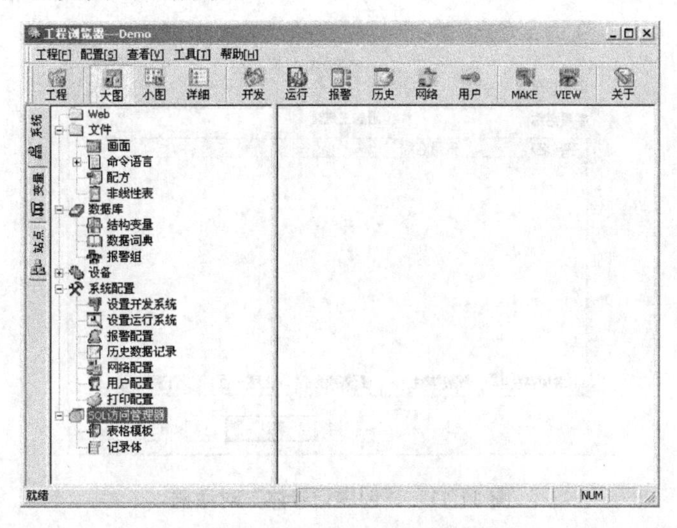

图 11.9　组态王 SQL 访问管理器

11.2.1　表格模板

选择工程浏览器左侧大纲项中的"SQL 访问管理器" | "表格模板"选项，在工程浏览器右侧双击"新建"图标，弹出对话框如图 11.10 所示。该对话框用于建立新的表格模板。

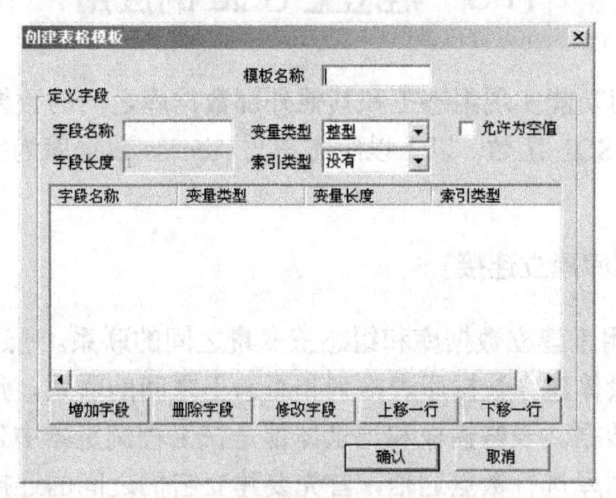

图 11.10　"创建表格模板"对话框

“模板名称”表示表格模板的名称，长度不超过 32 个字节；“字段名称”表示使用表格模板创建数据库表格中字段的名称，长度不超过 32 个字节；“变量类型”表示表格模板创建数据库表格中字段的类型。单击下拉列表框右侧的按钮，其中有 4 种类型供选择，即整型、浮点型、定长字符串型、变长字符串型。

11.2.2 记录体

记录体用来连接表格的列和组态王数据词典中的变量。选择工程浏览器左侧大纲项中的“SQL 访问管理器”|“记录体”选项，在工程浏览器右侧键双击“新建”图标，弹出对话框如图 11.11 所示。该对话框用于建立新的记录体。

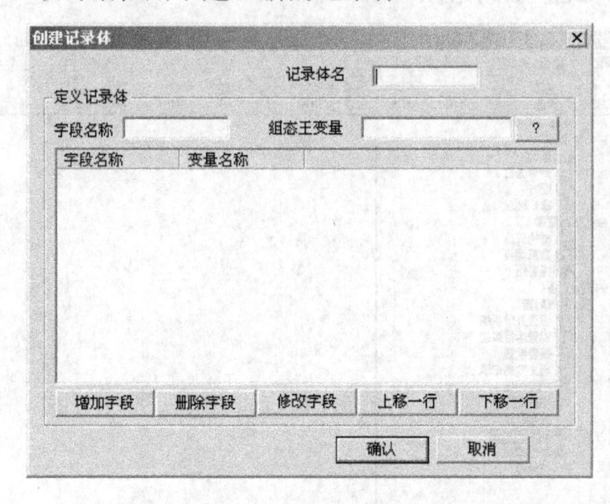

图 11.11 “创建记录体”对话框

“记录体名”表示记录体的名称，长度不超过 32 个字节；“字段名称”表示数据库表格中的列名，长度不超过 32 个字节；“组态王变量”表示与数据库表格中指定列相关联的组态王变量名称。单击右边“？”按钮，弹出“选择变量名”对话框，可以从中选择组态王变量。

11.3 组态王 SQL 的应用

组态王 SQL 访问功能实现组态王和其他外部数据库之间的数据传输。它包括组态王的 SQL 访问管理器和 SQL 函数。以下以组态王与 Access 数据库为例，了解数据库在组态王中的应用。

11.3.1 组态王与数据库建立连接

SQL 访问管理器用来建立数据库和组态王变量之间的联系。通过表格模板在数据库表中建立表格；通过记录体建立数据库表格列和组态王之间的联系，允许组态王通过记录体直接操作数据库中的数据。表格模板和记录体都是在工程浏览器中建立的。

使用组态王与数据库进行数据通信，首先要建立它们之间的连接。下面介绍组态王与 Access 数据库建立连接的步骤。

【操作步骤】

1. 创建表格模板

在工程浏览器中选择“SQL 访问管理器”项下的“表格模板”项，双击“新建”图标，弹出“创建表格模板”对话框，在表格模板中建立 4 个记录，分别为字段名称、变量类型、变量长度、索引类型，如图 11.12 所示。

建立表格模板的目的在于定义一种格式，在后面用到是 SQLCreatTable( )，并以此格式在 Access 数据库中建立表格。

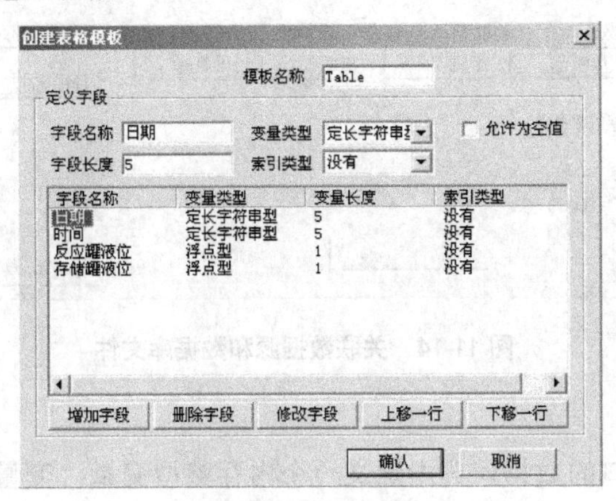

图 11.12　创建表格

2. 创建记录体

在工程浏览器中选择“SQL 访问管理器”项下的“记录体”项，双击“新建”图标，弹出“创建表格模板”对话框，记录体定义了组态王变量$日期、$时间、反应罐液位、存储罐液位和 Access 数据库表格中相应字段日期、时间、反应罐液位值、存储罐液位值之间的对应连接关系(注意：记录体中的字段名称和顺序必须与表格模板中的字段名称和顺序保持一致，记录体中的字段对应的变量的数据类型必须和表格模板中相同字段对应的数据类型相同)，如图 11.13 所示。

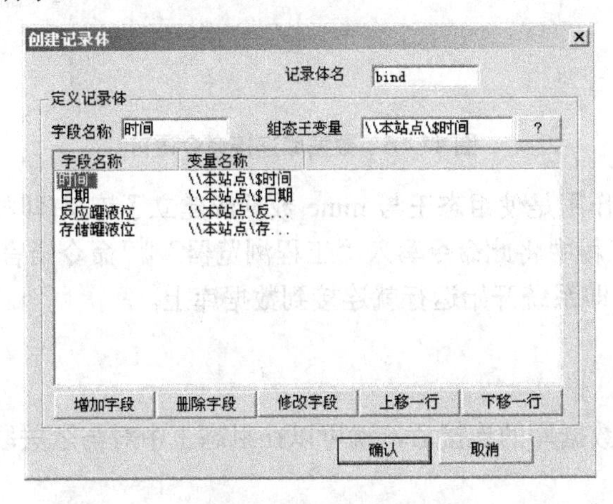

图 11.13　创建记录体并定义对应连接关系

3. 定义数据源

打开 Access，建立一个新 Ms Access 数据库新建一个空的 Access 文件，定名为“mydb.mdb”，在本机上的 ODBC 数据源中建立一个数据源，如数据源名为“mine”，从中选择相应路径下的数据库文件，如“mydb.mdb”，如图 11.14 所示。

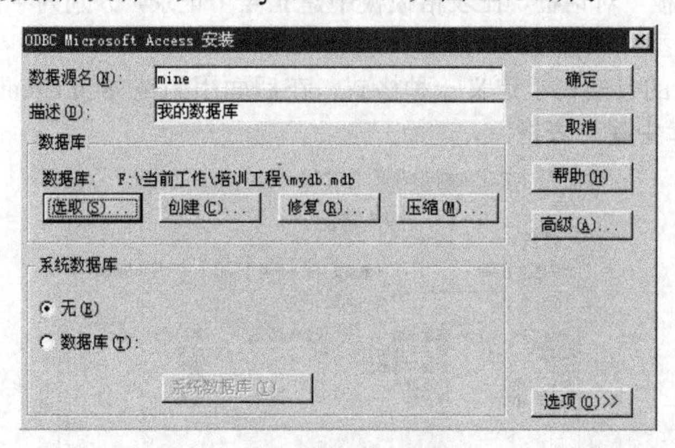

图 11.14　关联数据源和数据库文件

4. 连接数据库

在工程浏览器窗口的数据词典中定义一个内存整型变量，变量名为“DeviceID”，变量类型为“内存整型”。

新建一幅画面，名称为“数据库操作画面”。选择工具箱中的文字工具，在画面上输入文字“数据库操作”。在画面中添加一个按钮，按钮文本为“数据库连接”。在按钮的弹起事件中输入如下命令语言，如图 11.15 所示。

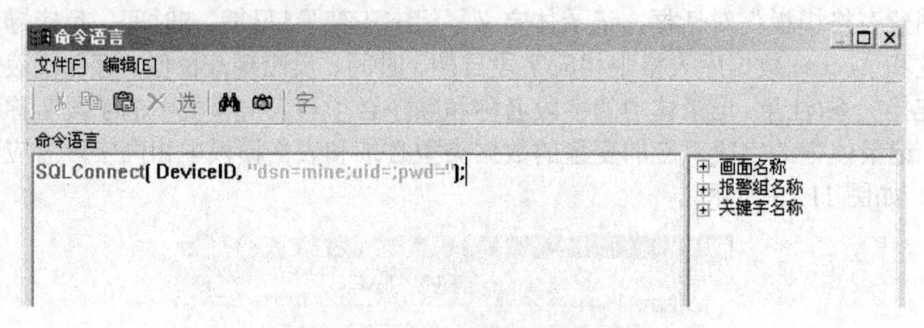

图 11.15　数据库连接命令语言

上述命令语言的作用是使组态王与 mine 数据源建立了连接(即与 mydb.mdb 数据库建立了连接)。在实际工程中将此命令写入“工程浏览器”|“命令语言”|“应用程序命令语言”|“启动时”中，即系统开始运行就连接到数据库上。

11.3.2　数据库操作

当建立组态王与数据库的连接后，就可以在组态王中对与之关联的数据库进行操作。

【操作步骤】

1. 创建数据库表格

在数据库操作画面中添加一个按钮，按钮文本为“创建数据库表格”。在按钮的弹起事件中输入如下命令语言，如图 11.16 所示。

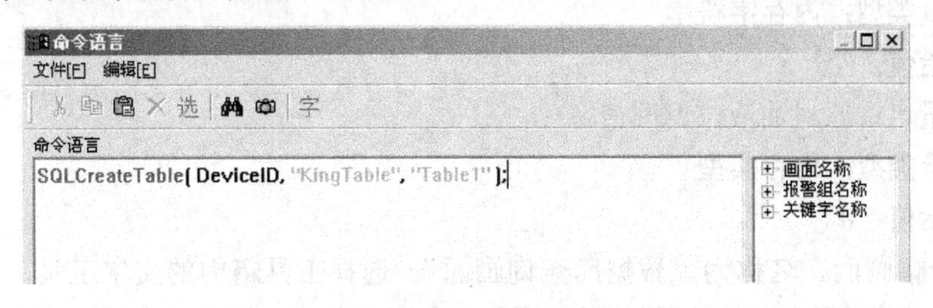

图 11.16　创建数据库表格命令语言

上述命令语言的作用是以表格模板“Table1”的格式在数据库中建立名为“KingTable”的表格。在生成的 KingTable 表格中，将生成 3 个字段，字段名称分别为日期、时间、原料油液位值，每个字段的变量类型、变量长度及索引类型与表格模板“Table1”中的定义一致。此命令语言只需执行一次即可，如果表格模板有改动，则需要用户先将数据库中的表格删除才能重新创建。在实际工程中将此命令写入“工程浏览器”|“命令语言”|“应用程序命令语言”|“启动时”中，即系统开始运行就建立数据库表格。

2. 插入记录

在数据库操作画面中添加一按钮，按钮文本为“插入记录”。在按钮的弹起事件中输入如下命令语言，如图 11.17 所示。

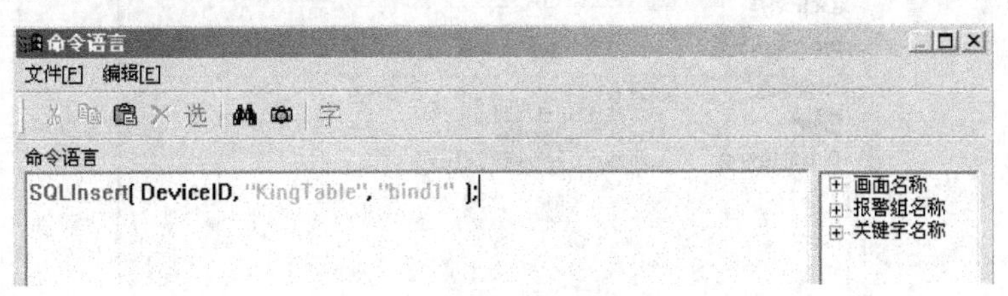

图 11.17　插入记录命令语言

上述命令语言的作用是在表格 KingTable 中插入一个新的记录。当单击此按钮后，组态王会将 bind1 中关联的组态王变量的当前值插入到 Access 数据库表格 KingTable 中，从而生成一条记录，从而达到了将组态王数据写到外部数据库中的目的。

3. 查询记录

用户如果需要将数据库中的数据调入组态王来显示，需要另外建立一个记录体，此记录体的字段名称要和数据库表格中的字段名称一致，连接的变量与数据库中字段的类型一致。操作过程如下：在工程浏览器窗口的数据词典中定义 3 个内存变量。

1) 变量名：记录日期
变量类型：内存字符串
初始值：空
2) 变量名：记录时间
变量类型：内存字符串
初始值：空
3) 变量名：原料油液位返回值
变量类型：内存实型
初始值：0

新建一幅画面，名称为“数据库查询画面”。选择工具箱中的文字工具，在画面上输入文字“数据库查询”。在画面上添加 3 个文本框，在文本框的“字符串输出”、“模拟量值输出”动画中分别连接变量“\\本站点\记录日期”、“\\本站点\记录时间”、“\\本站点\原料油液位返回值”，用来显示查询出来的结果，如图 11.18 所示。在工程浏览窗口中定义一个记录体，记录体属性设置如图 11.19 所示。

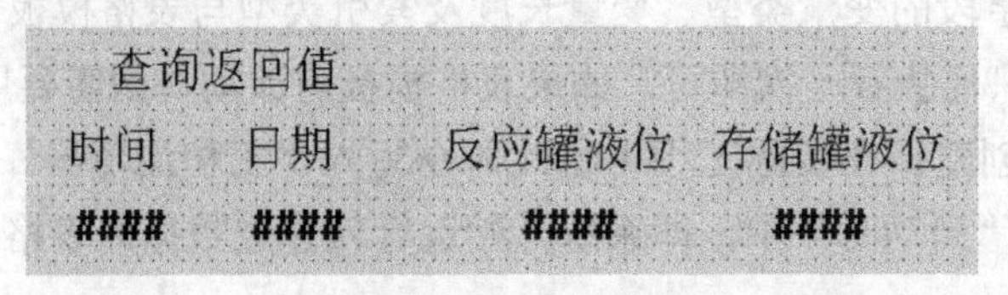

图 11.18　查询界面

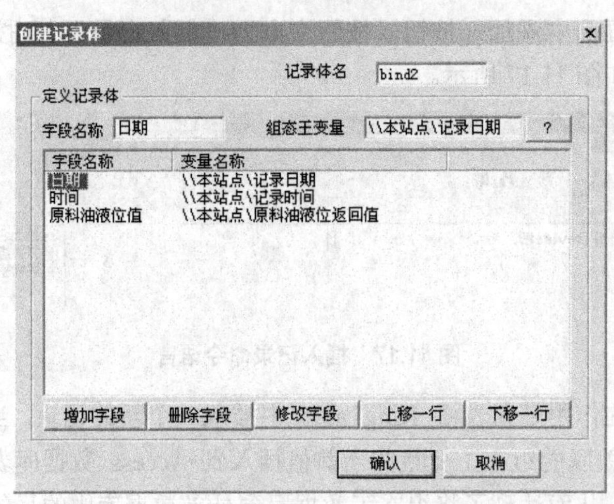

图 11.19　记录体属性设置

在画面中添加一个按钮，按钮文本为“得到选择集”。在按钮的弹起事件中输入如下命令语言，如图 11.20 所示。此命令语言的作用是以记录体 Bind2 中定义的格式返回 KingTable 表格中第一条数据记录。

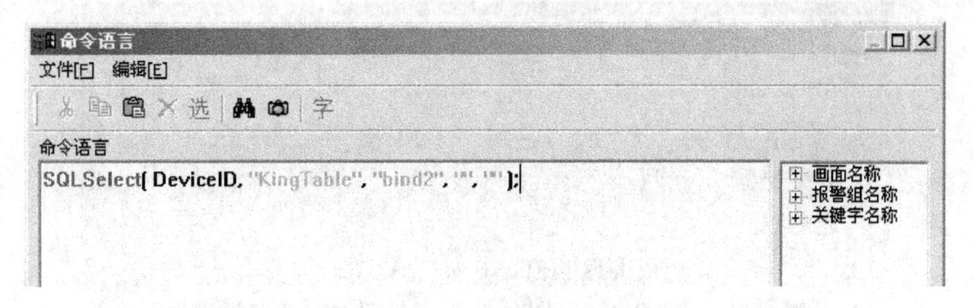

图 11.20　记录查询命令语言

在画面上添加 4 个按钮，按钮属性设置如下。

(1) 按钮文本：第一条记录。

“弹起时”动画连接：SQLFirst(DeviceID);

(2) 按钮文本：下一条记录。

“弹起时”动画连接：SQLNext(DeviceID);

(3) 按钮文本：上一条记录。

“弹起时”动画连接：SQLPrev(DeviceID);

(4) 按钮文本：最后一条记录。

“弹起时”动画连接：SQLLast(DeviceID);

上述命令语言的作用分别为查询数据中第一条记录、下一条记录、上一条记录和最后一条记录，从而达到了数据查询的目的。

4. 断开连接

在“数据库操作画面”中添加一个按钮，按钮文本为“断开数据库连接”。在按钮的弹起事件中输入如下命令语言，如图 11.21 所示。在实际工程中将此命令写入“工程浏览器｜命令语言｜应用程序命令语言｜退出时”中，即系统退出后断开与数据库的连接。

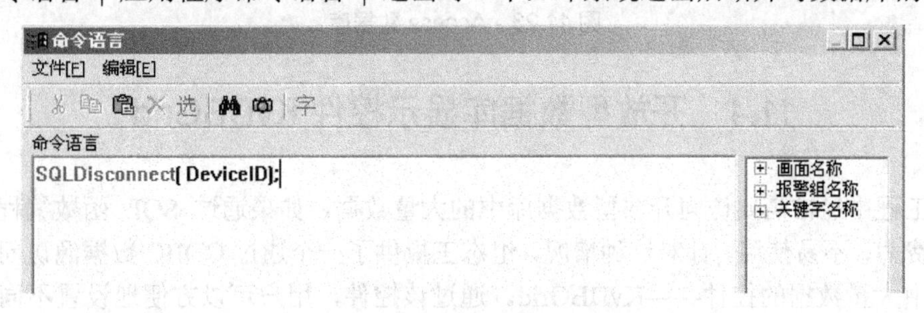

图 11.21　断开数据库连接命令语言

在组态界面中设计工程界面如图 11.22 所示。可以通过组态王界面的按钮开关实现数据库表中数据的存储和读取，如图 11.23 所示。

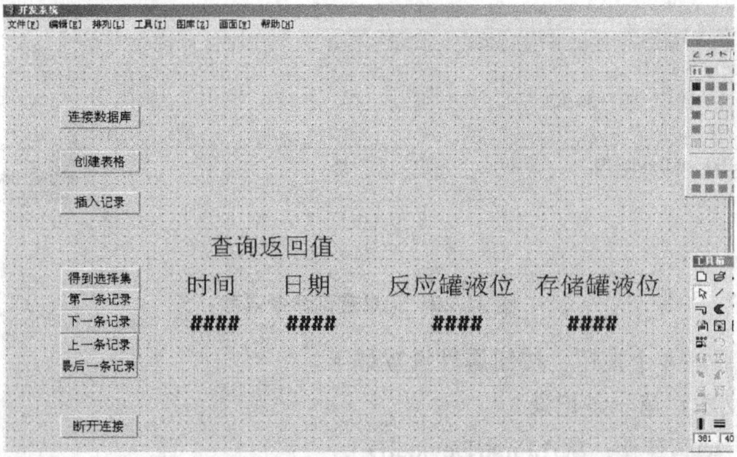
开发系统
文件[F] 编辑[E] 排列[L] 工具[T] 图库[G] 画面[W] 帮助[H]
连接数据库
创建表格
插入记录
查询返回值
得到选择集
第一条记录
下一条记录
上一条记录
最后一条记录
时间
日期
反应罐液位
存储罐液位
####
####
####
####
断开连接

图 11.22 组态王数据库界面

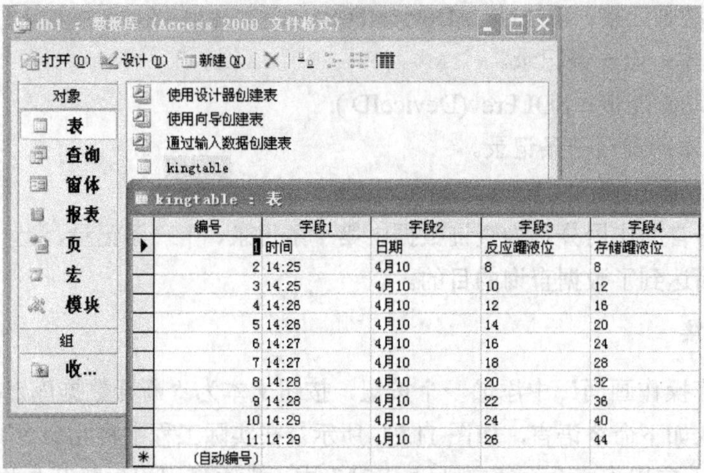
db1 : 数据库 (Access 2000 文件格式)
打开(O) 设计(D) 新建(N)
对象
表
查询
窗体
报表
页
宏
模块
组
收...
使用设计器创建表
使用向导创建表
通过输入数据创建表
kingtable
kingtable : 表
编号 字段1 字段2 字段3 字段4
1 时间 日期 反应罐液位 存储罐液位
2 14:25 4月10 8 8
3 14:25 4月10 10 12
4 14:26 4月10 12 16
5 14:26 4月10 14 20
6 14:27 4月10 16 24
7 14:27 4月10 18 28
8 14:28 4月10 20 32
9 14:28 4月10 22 36
10 14:29 4月10 24 40
11 14:29 4月10 26 44
(自动编号)

图 11.23 Access 数据库

11.4 开放型数据库显示控件 KvDBGrid

在工程中经常需要访问开放型数据库中的大量数据，如果通过 SQL 函数编程查询，则费时费力，不易使用。针对这种情况，组态王提供了一个通过 ODBC 数据源访问开放型数据库中大量数据的控件——KvDBGrid。通过该控件，用户可以方便地设置不同的查询条件访问数据库，进行数据查询，还可将查询结果按照表格的方式打印出来。该控件具有以下功能。

(1) 显示数据库一个表中的数据，可自由选择显示字段，查询条件限制(目前暂不支持多个表数据的查询)。

(2) 开发状态可设置显示表头。

(3) 运行状态可编辑表格中数据，并且可以更新数据库(Access 不支持该功能)。

(4) 运行状态可动态设置过滤条件，刷新显示。

(5) 可打印表格中显示的数据，可进行横向和纵向分页。

1．创建 KvDBGrid 控件

单击工具箱中的“插入通用控件”按钮或选择“编辑”|“插入通用控件”菜单命令，则弹出“插入控件”对话框。在“插入控件”对话框内选择 KvDBGrid Class 选项，如图 11.24 所示。单击“确定”按钮，鼠标变成十字形。然后，在画面上画一个矩形框，KvDBGrid 控件就放到画面上了。可以任意移动、缩放 Video 视频控件，如同处理一个单元图素一样，如图 11.25 所示。

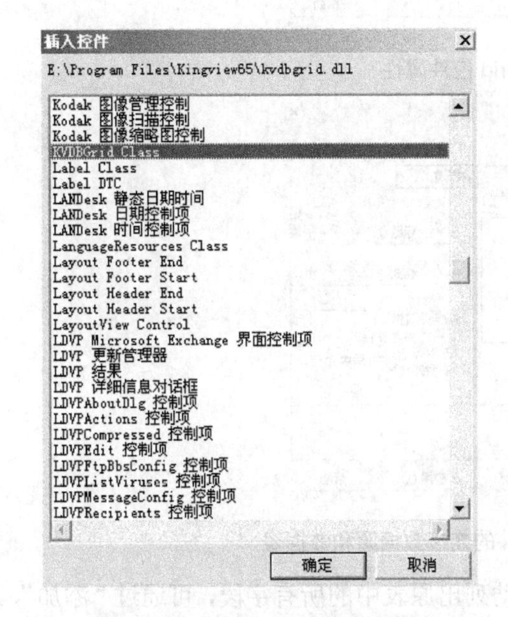

图 11.24　选择 KvDBGrid 控件

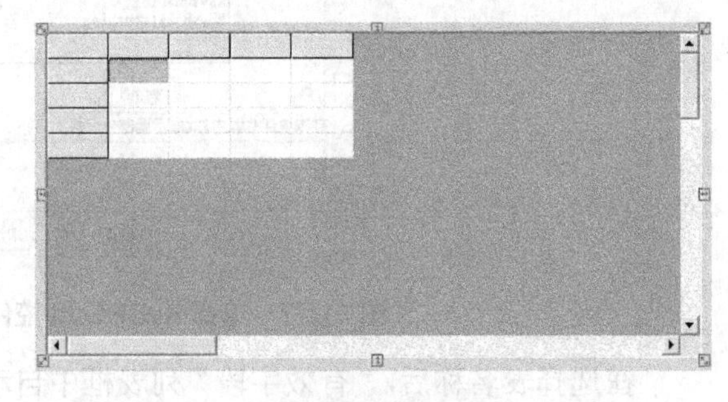

图 11.25　创建后的 KvDBGrid 控件

2．设置 KvDBGrid 控件的固有属性

选择控件，右击，在弹出的菜单中选择“控件属性”选项。弹出控件固有属性页，可分别设置如下属性。

(1) 数据源：该属性页主要定义控件连接的数据源、数据表，选择要显示的数据表中的字段名称，对每个字段在控件中显示的标题、格式、对齐方式、小数点位数(如果是数值型的话)进行设置。可以在这里直接指定查询的条件，也可以在运行时修改控件属性以改变查询条件，如图 11.26 所示。

单击“浏览”按钮可选择或新建 ODBC 数据源。选择数据源后“表名称”文本框中就自动填充了可选的表名称，可弹出下拉列表选择要显示的数据所在的表名称，如图 11.27 所示。

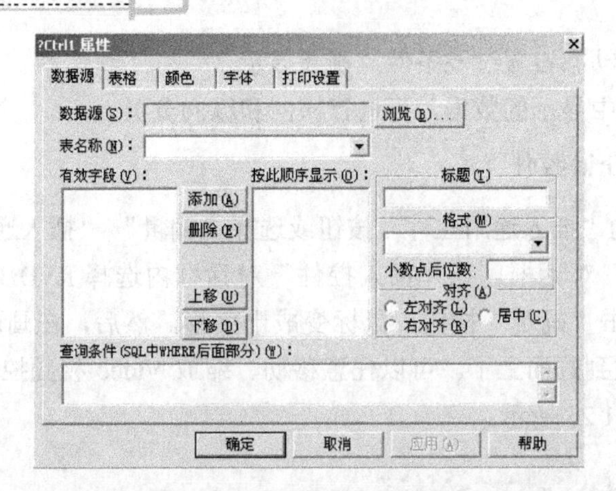

图 11.26　KvDBGrid 控件属性

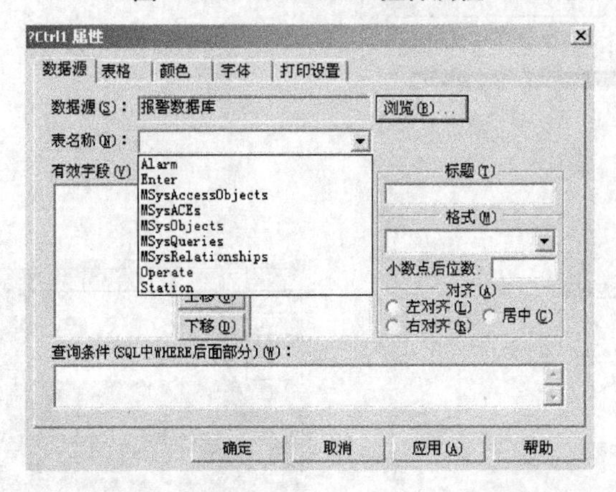

图 11.27　选择 KvDBGrid 控件的连接数据源和数据表

在选择表名称后，“有效字段”列表框中自动列出原表中的所有字段，可通过“添加”、“删除”、“上移”、“下移”按钮来选择要显示的字段和显示顺序。单击显示的字段，可在右侧设置字段显示的标题、格式、对齐等属性，如图 11.28 所示。

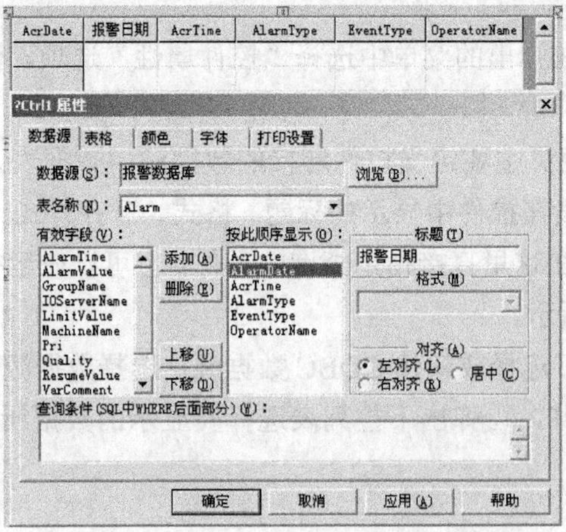

图 11.28　选择 KvDBGrid 控件的字段

最后在“查询条件”文本框中设置限制条件(SQL 语法)，只输入“SELECT…WHERE”语句之后的部分。如查询“报警日期”为 2013 年 1 月 1 日的报警信息，则在该文本框中输入“AlarmDate='2013/1/1'”。

(2) 表格属性：设置表格在运行状态时的外观和可操作性，如图 11.29 所示。

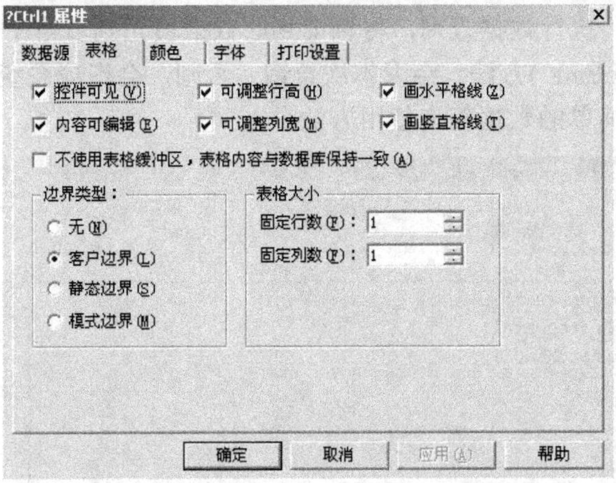

图 11.29　KvDBGrid 控件的表格属性

可设置表格的一般属性。如固定行数大于 1，则第一行显示选择字段的标题，其他固定行不自动填充，要由使用者在设计状态编辑其显示内容。

3. 设置 KvDBGrid 控件的动画连接属性

要使用 KvDBGrid 控件，必须设置其名称属性等动画连接属性。选择控件，双击控件，弹出控件的“动画连接属性”对话框，如图 11.30 所示。在“控件名”文本框中输入控件的名称。

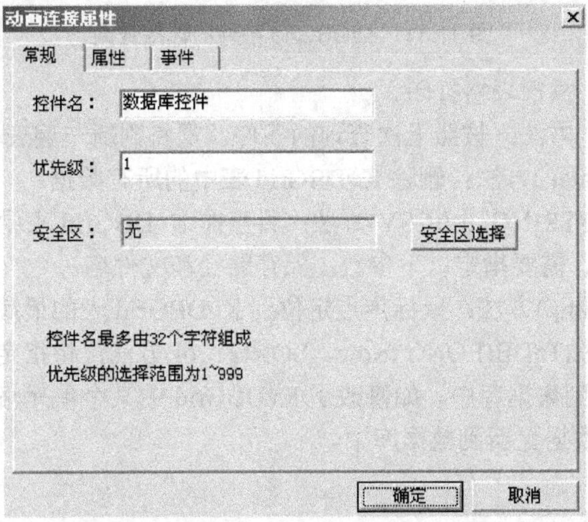

图 11.30　KvDBGrid 控件的“动画连接属性”对话框

4．KvDBGrid 控件的使用

KvDBGrid 控件有许多控件属性和事件等，下面只介绍常用的属性和方法。

(1) Where 属性：字符串型属性，设置查询条件，如果不需要任何条件，则字符串为空；如按时间查询，则格式为“数据库控件.Where="AlarmDate='2003/1/1'";”。

(2) FetchData( )：执行数据查询，将查询到的数据填充到表格中。使用 FetchData( )方法后，必须调用 FetchEnd( )方法，结束本次查询。否则，会造成系统资源上的不必要的丢失。图 11.31 所示为简单的数据查询使用方法。

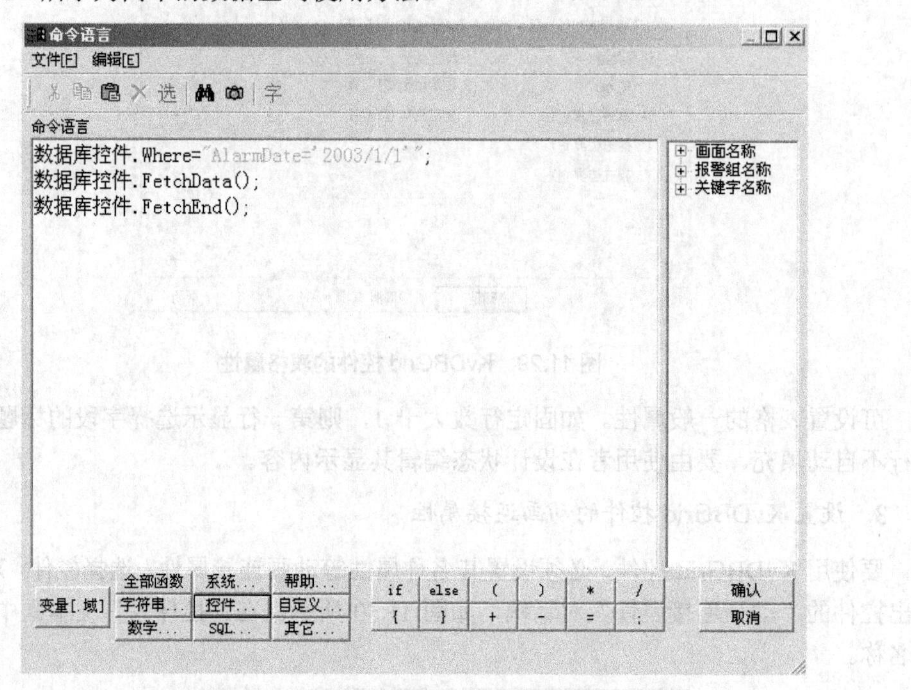

图 11.31 KvDBGrid 控件的数据查询

(3) Print( )方法：执行表格打印。

(4) RefreshData( )方法：按照上次查询的条件，重新刷新一遍表格中的数据。

(5) RemoveAllData( )方法：删除 KvDBGrid 表中的所有数据。

(6) SaveToCSV(STRING bstrCSV)方法：将当前 KvDBGrid 表中的所有数据保存成指定的 csv 格式的文件。需要指定以下参数：保存路径和文件名。

(7) ScrollToBottom( )方法：鼠标焦点定位到 KvDBGrid 表的最底部。

(8) UpdateCellTextToDB(LONG lRow，LONG lCol)方法：将指定 KvDBGrid 表中修改的单元格的数据更新到数据库中。如修改了 KvDBGrid 中某个单元格的数据，则可以按照图 11.32 中的方法将数据更新到数据库中。

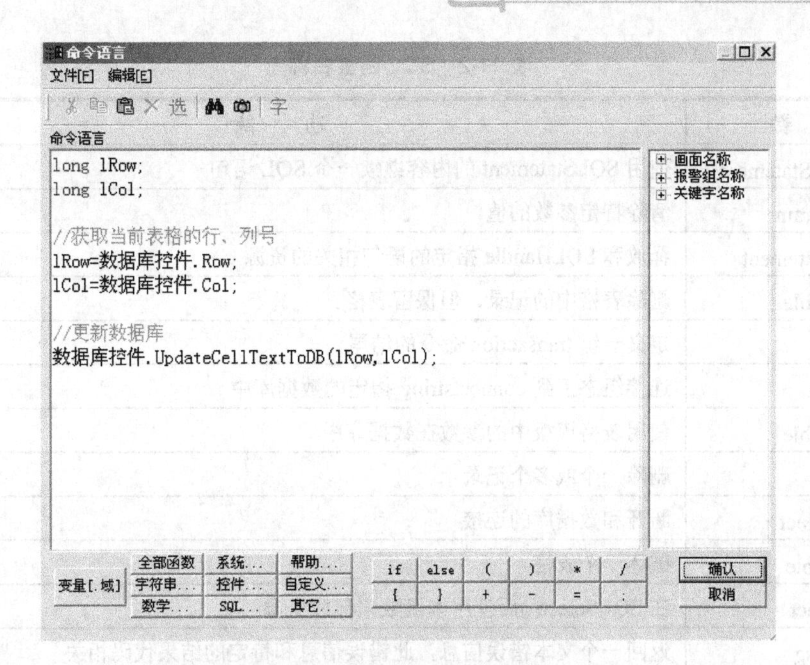

图 11.32　KvDBGrid 控件的数据更新

KvDBGrid 控件可以用作大批量数据的查询工具使用。

本 章 小 结

组态软件具有强大的实时数据库功能，利用组态软件，只需要进行简单的数据配置和数据连接，就可以实现组态软件与数据库的通信。本章重点介绍组态王所支持的数据库类型，了解组态王中 SQL 访问管理器的使用，并通过访问管理器实现组态王和数据库之间的数据交换。

知识拓展

SQL 函数及 SQL 函数的参数

组态王使用 SQL 函数和数据库交换信息。这些函数是组态王标准函数的扩充，可以在组态王的任意一种命令语言中使用。这些函数允许用户选择、修改、插入或删除数据库表中的记录。

1. SQL 函数

SQL 函数见表 11-2。值得注意的是，SQL 查询功能是同步的，在 SQL 查询功能结束之前，控制权不能返回组态王。所有的 SQL 函数都会返回一个结果代码。如果这个代码不为零，则表明调用函数失败。结果代码可以通过 SQLErrorMsg( )函数得到。

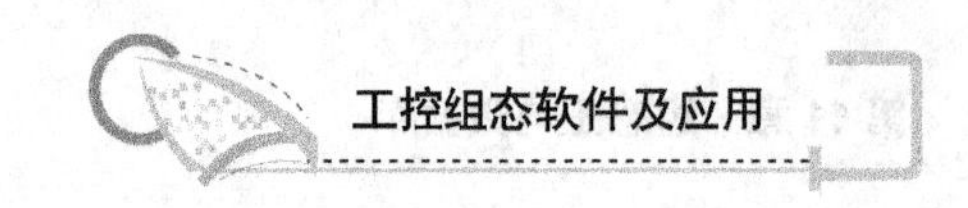

表 11-2 SQL 函数名称

函　数	功　能
SQLAppendStatement	使用 SQLStatement 的内容继续一个 SQL 语句
SQLClearParam	清除特定参数的值
SQLClearStatement	释放和 SQLHandle 指定的语句相关的资源
SQLClearTable	删除表格中的记录，但保留表格
SQLCommit	定义一组 transaction 命令的结尾
SQLConnect	连接组态王到 connectstring 指定的数据库中
SQLCreatTable	使用表格模板中的参数在数据库中
SQLDelete	删除一个或多个记录
SQLDisconnect	断开和数据库的连接
SQLDropTable	破坏一个表格
SQLEndSelect	在 SQLSelect( )后使用本函数来释放资源
SQLErrorMsg	返回一个文本错误信息，此错误信息和特定的结果代码相关
SQLExecute	执行一个 SQL 语句。如果这个语句是一个选择语句，则捆绑表中的参数所指定的名字用来捆绑数据词典中变量和数据库的列
SQLFirst	选择由 SQLSelect( )选择的表格中的首项记录
SQLGetRecord	从当前选择缓存区返回由 RecordNumber 指定的记录
SQLInsert	使用捆绑表中指定的变量中的值在表格中插入一个新记录。捆绑表中的参数定义了组态王中变量和数据库表格列的对应关系
SQLInsertEnd	释放插入语句
SQLInsertExecute	执行已经准备的语句
SQLInsertPrepare	准备一个插入语句
SQLLast	选择 SQLSelect( )指定表格中的末项
SQLLoadStatement	读包含在 FileName 中的语句，它类似于 SQLSetStatement( )创建的语句，能被 SQLAppendStatement( )挂起，或由 SQLExecute( )执行，每个文件中只能包含一个语句
SQLManagerDSN	运行微软 ODBC 管理器设置程序。可以用来增加，删除和修改所有的数据源名字
SQLNext	选择表中的下一条记录
SQLNumRows	指出有多少条记录符合上一次 SQLSeclect( )的指定
SQLPrepareStatement	本语句为 SQLSetParam( )准备一个 SQL 语句。一个语句可以由 SQLSetStatement( )或 SQLLoadStatement( )创建
SQLPrev	选择表中的上一条记录

2. 函数的参数

在命令语言中，当一个参数用引号括起，参数是一个额外的字符串，如果没有引号，则参数将认为是组态王的一个变量。大部分 SQL 函数调用的参数见表 11-3。

表 11-3　SQL 函数的参数

BindList	SQL.DEF 文件中定义的捆绑列表名
ConnectionID	用户创建的内存整形变量，用来保存 SQLConnect( )函数为每个数据库连接分配的一个数值
ConnectString	指示数据库以及任何附加登录信息的字符串
ErrorMsg	出错信息，更详细的解释，可参考其他章节
FileName	包含信息的文件名
MaxLen	列的最大容量。这一设定决定参数是字符串型还是长字符串型。如果 MaxLen 小于数据库允许的最大长度，则参数是字符串型，否则是长字符串型
OrderByExpression	定义排序的列和方向。只有列可以进行排序。格式：ColumnName[ASC|DESC]。例：为名为 manager 的列进行升排序，“manager ASC”。为多列排序，格式：ColumnName[ASC|DESC], ColumnName[ASC| DESC]
ParameterNumber	语句中实际的参数个数
ParameterValue	设定的实际值
Precision	十进制值的精度，字符串的最大长度，日期时间的字节长度
RecordNumber	返回的实际记录个数
ResultCode	大部分 SQL 函数返回一个整数。如果函数成功，则返回 0；如果失败，则返回一个负值
Scale	十进制数的量程。本参数仅在参数设置为空时有用
SQLHandle	当使用高级函数时，SQL 返回 SQLHandle，供内部使用
SQLStatement	实际语句
TableName	数据库中表名
TemplateName	表格模板名
WhereExpression	定义一个条件，此条件对表格中所有的行或为真，或为假。命令只对条件为真的行起作用。格式： ColumnName comparison_operator expression 注意：如果列为字符串类型，表达式必须带单引号。 下例将选择所有 name 列为 kingview 的行： name=’ kingview’ 下例选择 agg 列界于 20 到 30 之间的行： agg>=20 and agg<30

思考题与习题

1．组态王支持的数据库主要有(　　)。

A．SyBase　　B．MS SQLServer

C．dBase　　D．MS Access

2．Access 数据库的特点是什么？

3．组态王 SQL 访问管理器包括____________和____________两部分功能。

4．记录体的作用是什么？

5．简述组态王与数据库的连接过程。

6．记录体名表示记录体的名称，长度不超过____________个字节。

7．组态王数据库访问命令语言有哪些？分别有哪些作用？

8．KvDBGrid 的作用是什么？

9．如何创建 KvDBGrid 控件？

10．KvDBGrid 中常用的属性有哪些？

11．设计一个组态王工程，并实现组态王与 Access 数据库的通信。

第12章

组态王的网络功能

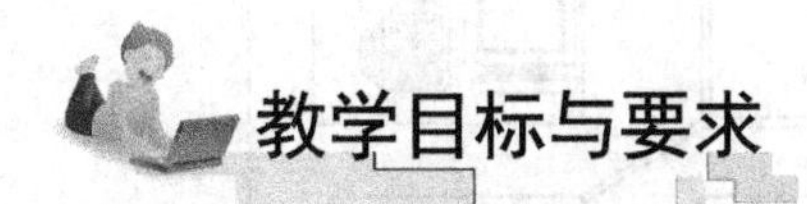

教学目标与要求

- ☞ 熟悉组态王的网络模式。
- ☞ 掌握组态王的网络连接。
- ☞ 熟悉组态王 Web 功能的应用。
- ☞ 掌握 Web 功能中浏览器端的操作步骤。

引言

随着网络技术的发展，自动化技术正在发生深刻的变革。在工业现场，不论是各种现场总线，还是 DCS，或者是简单的 PLC 控制，通信和联网已经成为必然发展方向。工业企业信息与控制系统向 Internet/Intranet 迁移，网络体系结构由 C/S 向着 B/S 模式的转变已成为发展的趋势。

组态王完全基于网络的概念，支持分布式历史数据库和分布式报警系统，可运行在基于 TCP/IP 网络协议的网上，使用户能够实现上、下位机以及更高层次的厂级连网。TCP/IP 网络协议提供了在不同硬件体系结构和操作系统的计算机组成的网络上进行通信的能力。一台 PC 通过 TCP/IP 网络协议可以和多个远程计算机(即远程节点)进行通信。组态王也可以通过网络发布，互联网计算机可以通过网页访问组态王数据如图 12.1 所示。组态王可以实现局域网内各组态王之间的通信。组态王也可以实现网络发布，通过 Web 来访问组态王工程，可以通过网络实时监控现场设备。

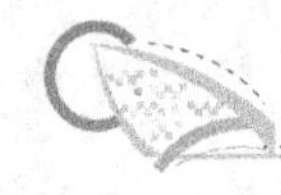

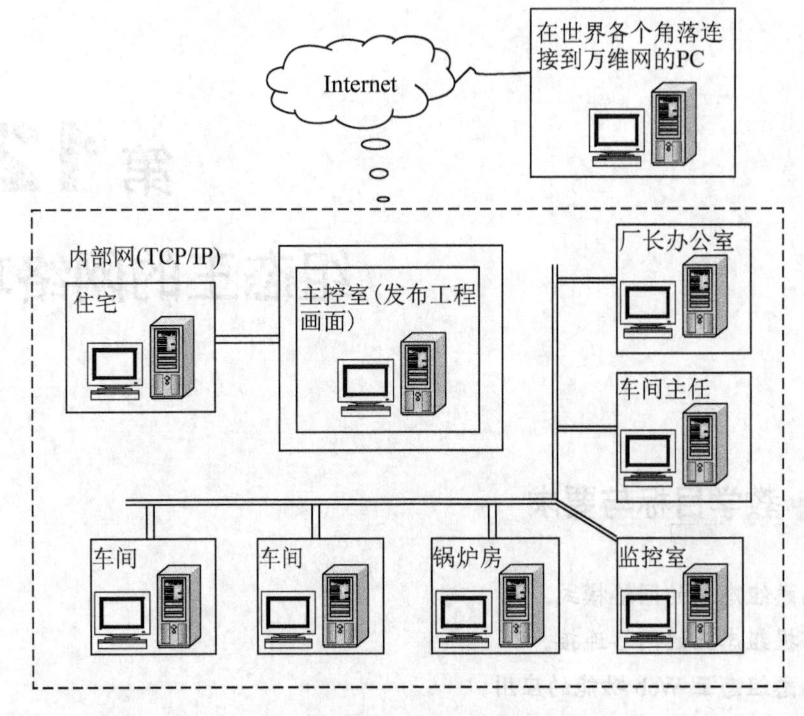

图 12.1　组态王网络工作结构

12.1　基于组态的网络模式

传统的组态软件是采用 C/S 结构，其中最基本的关系为“服务请求/服务响应”关系。客户向服务器提出对某种信息或数据的请求，服务器针对请求完成处理，将结果作为响应返回给客户。

而网络环境下的组态软件采用的是 B/S 结构。客户端主要负责人机交互，包括一些与数据相关的图形和界面运算等；Web 服务器主要负责对客户端应用程序的集中管理；应用服务器主要负责应用逻辑的集中管理，即事务处理，应用服务器又可以根据其处理的具体业务不同而分为多个；数据服务器则主要负责数据的存储和组织、数据库的分布式管理、数据库的备份和同步等。

C/S 结构在规模小时效率较高，而且网络传输量少。因为客户端的操作对象一般都直接面向数据库表，这样客户可以直接修改维护数据库信息，不需要中间附加环节。客户端集成了较复杂的处理运算功能，而数据库服务器的功能只是进行数据存储。客户端与数据的通信通常都是处理后的有效数据。而网络技术的发展为更快和更广的数据传输提供了技术基础，也反映出了 C/S 结构的缺点。

(1) 网络连接与数据传送。客户端与服务器直接进行连接，要求连接持续可靠、延时小，并且许多数据由服务器发送到客户端进行分析处理，数据流量大，网络建设投入高。

(2) 系统要求。数据仓库应用中的计算、操作和数据过滤通常也很复杂很耗时，C/S 结构中计算通常在客户端上完成，因此要求硬件投入高。

(3) 系统维护。由于数据访问代码都在客户机上，故每个客户机程序在每次增加新的数据源时都需要更新。更常见的是，对应用代码的修改需要更新客户端，使客户机上客户应用和计算逻辑的维护出现极大的问题。

(4) 系统的可伸缩性。在两层 C/S 结构中只能通过升级硬件的方法来提高系统的处理能力，这会大大增加硬件资金投入和产生大量的闲置设备。

B/S 网络是将应用功能分为表示层、功能层和数据层。对这三层进行明确分割，并在逻辑上使其独立。表示层是应用用户的接口部分，它担负着用户与应用层间的对话功能。它用于检查用户从键盘等输入的数据，显示应用输出的数据。功能层(也称逻辑层、中间层)是界面层和数据层的桥梁，它响应界面层的用户请求，执行任务并从数据层抓取数据，并将必要的数据传送给界面层。数据层定义、维护数据的完整性和安全性，它响应逻辑层的请求，访问数据。在 B/S 网络结构中，中间件是最重要的部件。所谓中间件，是一个用 API 定义的软件层，是具有强大通信能力和良好可扩展性的分布式软件管理框架。它的功能是在客户机和服务器或服务器和服务器之间传送数据，实现客户机群和服务器群之间的通信。中间件的存在，对于消除通信协议、数据库查询语言、应用逻辑与操作系统之间潜在的不兼容问题具有很好的效果。在 B/S 网络模式中，Web 服务器既作为一个浏览服务器，又作为一个应用服务器，在这个中间服务器中，可以将整个应用逻辑驻留其上，而只有表示层存在于客户机上。这种结构被称为“瘦客户机”。在这种结构中，只需随机地增加中间层的服务(应用服务器)，即可满足扩充系统的需要。由此人们可以用较少的资源建立起具有很强伸缩性的系统，这正是网络计算模式带来的重大改进。

12.2　组态王网络结构

组态王的网络结构是一种柔性结构，可以将整个应用程序分配给多个服务器，可以引用远程站点的变量到本地使用(显示、计算等)，这样可以提高项目的整体容量结构并改善系统的性能。服务器的分配可以是基于项目中物理设备结构或不同的功能，用户可以根据系统需要设立专门的 I/O 服务器、历史数据服务器、报警服务器、登录服务器和 WEB 服务器等，网络结构图如图 12.2 所示。相关模块如下。

(1) I/O 服务器：负责进行数据采集的站点，一旦某个站点被定义为 I/O 服务器，该站点便负责数据的采集。如果某个站点虽然连接了设备，但没有定义其为 I/O 服务器，那么这个站点的数据照样进行采集，只是不向网络上发布。I/O 服务器可以按照需要设置为一个或多个。

(2) 报警服务器：存储报警信息的站点，一旦某个站点被指定为一个或多个 I/O 服务器的报警服务器，当系统运行时，I/O 服务器上产生的报警信息将通过网络传输到指定的报警服务器上，经报警服务器验证后，产生和记录报警信息。报警服务器可以按照需要设置为一个或多个。报警服务器上的报警组配置应当是报警服务器和与其相关的 I/O 服务器上报警组的合集。如果一个I/O服务器不作为报警服务器，系统中也没有报警服务器，那么在系统运行时，该I/O服务器的报警窗上不会看到报警信息。

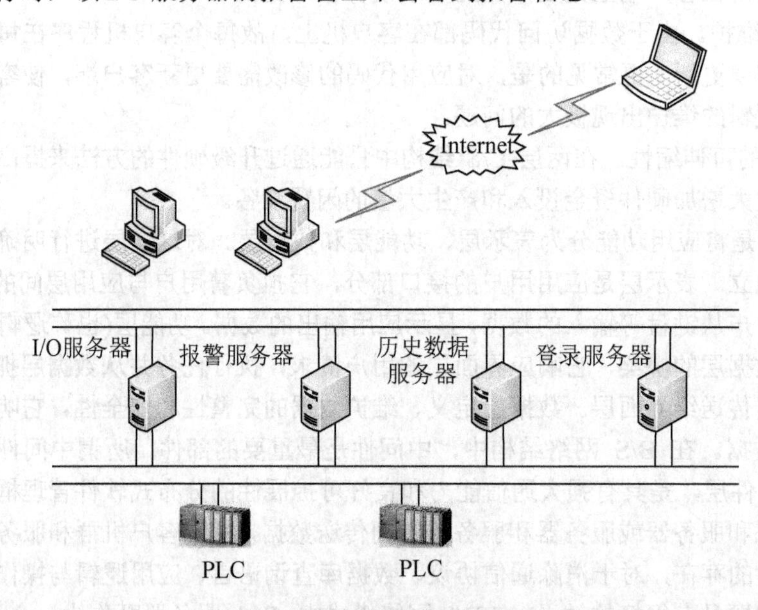

图12.2　组态王网络结构图

(3) 历史记录服务器：与报警服务器相同，一旦某个站点被指定为一个或多个I/O服务器的历史数据服务器，当系统运行时，I/O服务器上需要记录的历史数据便被传送到历史数据服务器站点上，保存起来。对于一个系统网络来说，建议用户只定义一个历史数据服务器，否则会出现客户端查不到历史数据的现象。

(4) 登录服务器：登录服务器在整个系统网络中是唯一的。它拥有网络中唯一的用户列表，其他站点上的用户列表在正常运行的整个网络中将不再起作用。所以，用户应该在登录服务器上建立最完整的用户列表。当用户在网络的任何一个站点上登录时，系统调用该用户列表，登录信息被传送到登录服务器上，经验证后，产生登录事件。然后，登录事件将被传送到该登录服务器的报警服务器上保存和显示。这样，保证了整个系统的安全性。另外，系统网络中工作站的启动、退出事件也被先传送到登录服务器上进行验证，然后传到该登录服务器的报警服务器上保存和显示。

(5) Web服务器：Web服务器是运行组态王Web版本、保存组态王For Internet版本发布文件的站点，传送文件所需数据，并为用户提供浏览服务的站点。

(6) 客户：如果某个站点被指定为客户，则可以访问其指定的I/O服务器、报警服务器、历史数据服务器上的数据。在一个站点被定义为服务器的同时，也可以被指定为其他服务器的客户。

除了上述几种服务器和客户机之外，组态王为了保持网络中时钟的一致，还可以定义“校时服务器”，校时服务器按照指定的时间间隔向网络发送校时帧，以统一网络上个站点的系统时间。

【注意】一个工作站站点可以充当多种服务器功能，如 I/O 服务器可以被同时指定为报警服务器、历史数据服务器、登录服务器等。报警服务器可以同时作为历史数据服务器、登录服务器等。

12.3　组态王网络配置

要实现“组态王”的网络功能，除了具备网络硬件设施外，还必须对组态王各个站点进行网络配置，设置网络参数，并且定义在网络上进行数据交换的变量、报警数据和历史数据的存储和引用等。为了使用户了解网络配置的具体过程，下面以一个系统的具体配置来说明。

12.3.1　“网络配置”对话框

在使用网络功能之前，要了解组态王需要做哪些配置和工作。组态王支持使用 TCP/IP 通信协议的网络。同一个网络上每台计算机都要设置相同的通信协议。首先认识一下网络配置对话框。

在组态王工程浏览器中，选择“配置”|“网络设置”菜单命令，或者在目录显示区中，选择大纲项系统配置下的成员网络配置，双击网络配置图标，弹出“网络设置”对话框，如图 12.3 所示。

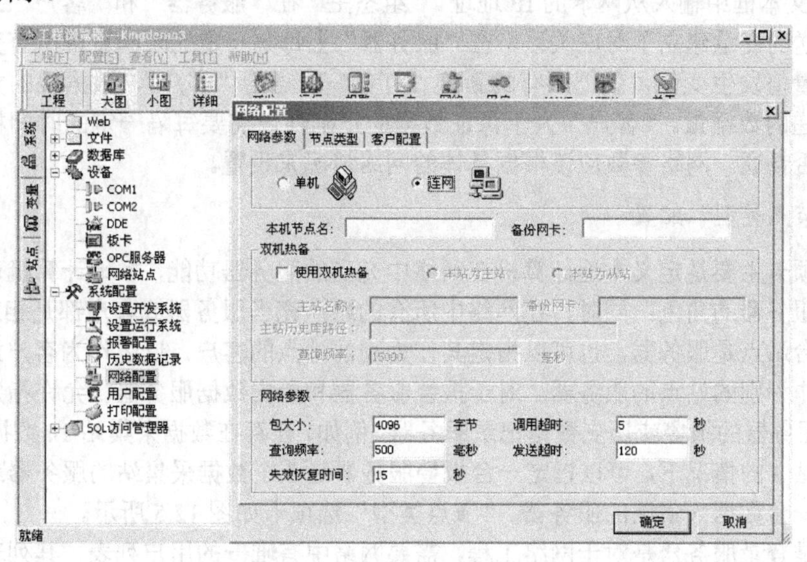

图 12.3　“网络配置”对话框

“网络配置”对话框有 3 个选项卡：“网络参数”、“节点类型”和“客户配置”。

【配置方法】

1. “网络参数”配置

“组态王”运行分单机和连网两种模式，所有进入网络的计算机都要选择“连网”运行模式，如图 12.4 所示。

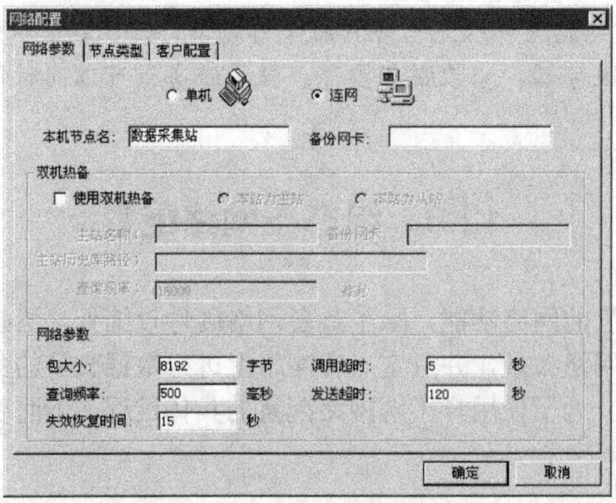

图 12.4 “网络参数”选项卡

“本地节点名”就是本地计算机名称。进入网络的每一台计算机必须具有唯一的节点名，在本例中输入节点名“数据采集站”。同样，可以分别设置报警服务器、历史数据记录服务器、登录服务器和客户端的本机节点名为“报警数据站”、“历史数据站”、“登录站”和“调度室”。本地节点名也可以使用本地主网卡的 IP 地址。当网络中使用双网络结构时，需要对每台连网的机器安装两个网卡——主网卡和从网卡，此处表示从网卡(亦称备份网卡)。在该文本框中输入从网卡的 IP 地址。“组态王”在“服务器”和“客户”之间为每一个需要传送的变量建立了对应关系。在“服务器”上每隔一定的时间查询所有变量的当前值，若变量值发生变化，就把所有的新值“打包”传送给“客户”，数据包的大小限制了每次能传递的数据量。“客户”为了保证数据的正确性，需要每隔一定的时间检测一下传送链路是否畅通。网络参数应该根据具体的网络情况来设置。

2. “节点类型”配置

该选项卡主要是定义本地计算机在网络中充当的服务器功能，本地计算机可以充当一种或多种服务器的角色；同时，在网络中所有的站点充当服务器或客户都是相对而言的，即如果一台站点是服务器，也可以指定其作为别的站点的客户，反之作为客户站点，也可以指定其作为别的站点的服务器。对于报警服务器和历史数据服务器，允许指定其作为哪几台 I/O 服务器的报警或历史数据记录服务器。例如，在存在数据采集站 1、数据采集站 2、数据采集站 3 的情况下，可以指定一台报警服务器是 3 个数据采集站的服务器或单独指定其是其中一台数据采集站的服务器。“节点类型”选项卡如图 12.5 所示。

本机是登录服务器是对于网络工程，需要网络中有唯一的用户列表，其列表存储在登录服务器上，当访问网络中任何站点上有权限设置的信息时，都必须经过该用户列表进行验证。当选中该项时，本地计算机在网络中充当登录服务器。当登录服务器没有启动时，用户的验证只能通过本机的用户列表进行，并且在操作网络变量时将以无用户状态进行。当不选中“本机是登录服务器”复选框时，必须从登录服务器列表中选择登录服务器机器名称。当“本机是 I/O 服务器”复选框被选中时，表示本地计算机连接外部设备，进行数据采集，并向网络上的其他站点提供数据。在分布式报警系统中，指定一台服务器作为报警服务器，在该服务器上产生所有的报警(可以指定需要生成报警的 I/O 服务器)，客户机

可直接浏览报警服务器中的报警信息。在“报警服务器”列表框中系统会自动列出已建立连接的所有充当 I/O 服务器的远程站点的站点名。当选中“本机是报警服务器”复选框时，可以对列表框中的 I/O 服务器进行选择，即定义本机是哪个 I/O 服务器的报警服务器。使用方法为，在“本机是报警服务器”列表框中的站点名前的复选框中单击，复选框中出现选中标记即可。在分布式历史数据库系统中，指定一台服务器作为历史记录服务器，在该服务器上存储所有的历史数据(可以指定需要存储历史数据的 I/O 服务器)，客户机可直接浏览历史记录服务器中的历史数据。在“历史记录服务器”列表框中系统会自动列出已建立连接的所有充当 I/O 服务器的远程站点的站点名，即定义本机是哪个 I/O 服务器的历史记录服务器。

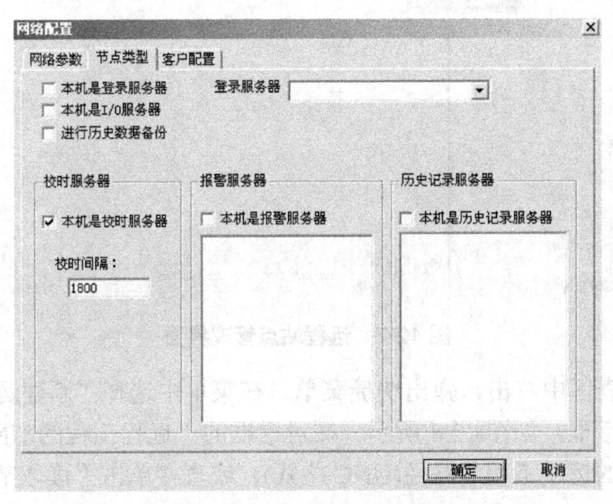

图 12.5　“节点类型”选项卡

3. “客户配置”

该选项卡主要是定义本地计算机在网络中充当的客户功能，本地计算机可以充当多台服务器的客户。如图 12.6 所示，为客户配置属性。

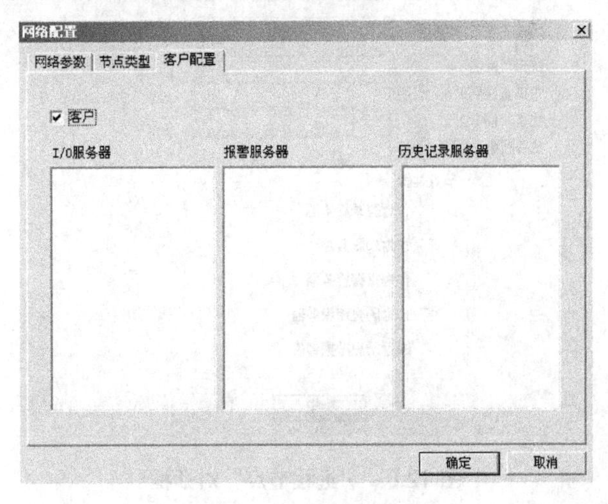

图 12.6　配置节点类型

4. 建立远程站点

要建立客户-服务器模式的网络连接，就要求个站点共享信息，互相建立连接。组态王在工程浏览器中的左边设置了一个 TAB 按钮——“站点”，单击该按钮，进入站点管理界面。界面共分为两个部分，左边为站点名称列表区，右边为站点信息区，如图 12.7 所示。

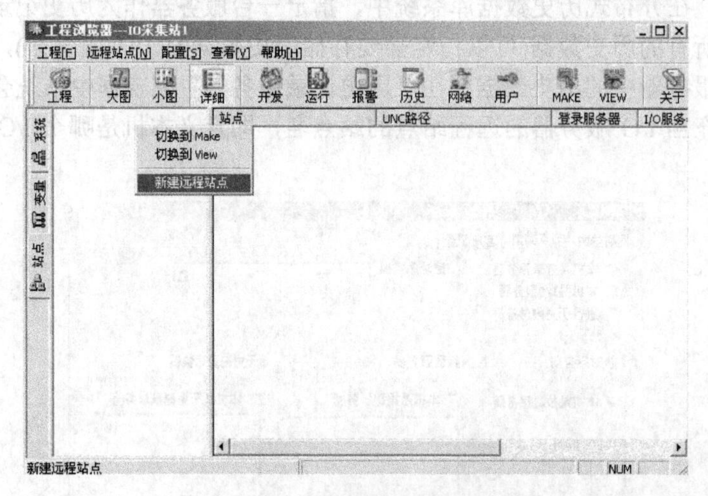

图 12.7 远程站点管理界面

在“站点”列表区中右击，弹出快捷菜单，在菜单中选择“新建远程站点”选项，弹出“远程节点”对话框，如图 12.8 所示。在对话框的“远程工程的 UNC 路径”文本框中输入网络上要连接的远程工程的路径(UNC 格式)，或直接单击“读取节点配置”按钮，在弹出的“文件选择”对话框中选择远程工程路径。当选择完成后，该远程站点的信息就会被全部读出来，自动添加到对话框中对应的剩下的各项中，如主机节点名、节点类型等，都会自动读取并添加的。此外，也可以按照远程站点实际的网络配置，手动添加或选择对话框中的选项。当定义完成后，单击“确定”按钮关闭对话框。

远程节点
远程工程的UNC路径： 读取节点配置
主机节点名：
主机备份网卡：
热备机网卡：
热备机备份网卡：
节点类型
作为登录服务器
作为IO服务器
作为报警服务器
作为历史库服务器
进行历史数据备份
确定 取消

图 12.8 “远程节点”对话框

当节点建立后，在工程浏览器站点的站点列表区和站点信息区会显示出该站点的所有信息。

12.3.2 网络配置实例

在组成网络系统时，各站点上的工程路径必须完全共享给网络上的用户，以方便工程站点网络配置。远程站点上的工程所在的路径的文件夹必须设置为完全共享，否则会出现开发系统读取远程变量失败的现象。同时，远程站点的组态王工程的网络配置中必须设置为“连网”。

【举例】图 12.9 所示为网络结构图，对该系统各站点进行网络配置。在该网络结构中，有以下几种站点。

(1) 两个 I/O 采集站，负责 I/O 数据采集和控制。要求 I/O 采集站要看到报警信息和历史数据。

(2) 一个数据服务器，承担报警服务器、登录服务器和历史记录服务器的角色，也作为中控室的调度站。

(3) 一个或多个客户端，浏览 I/O 采集站上的实时数据，查看各 I/O 站点的报警信息，查询各 I/O 站点的历史记录，可以实现对 I/O 站点连接设备的控制。

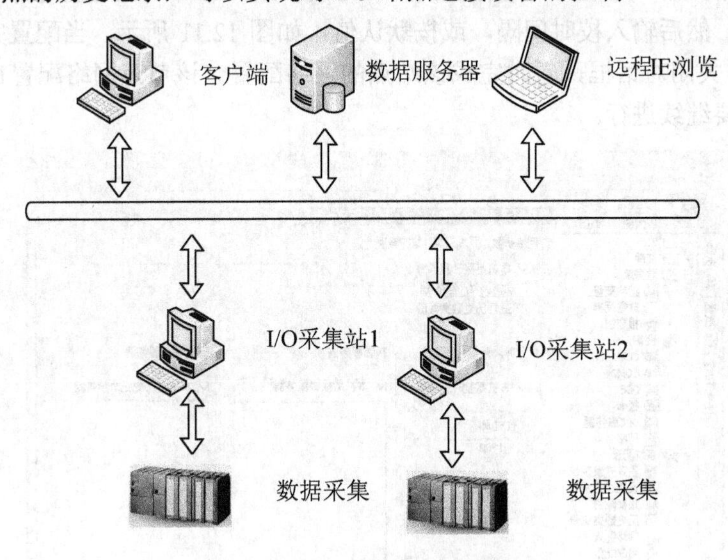

图 12.9 示例网络结构图

【操作步骤】

(1) 配置数据服务器站点。进入数据服务器站点上的工程浏览器，打开“网络配置”对话框，选中“连网”单选按钮。在“本机节点名”文本框中输入本机的计算机名称或 IP 地址，计算机名为“数据服务器”。网络参数按照默认值，其他项目不用修改，如图 12.10 所示。

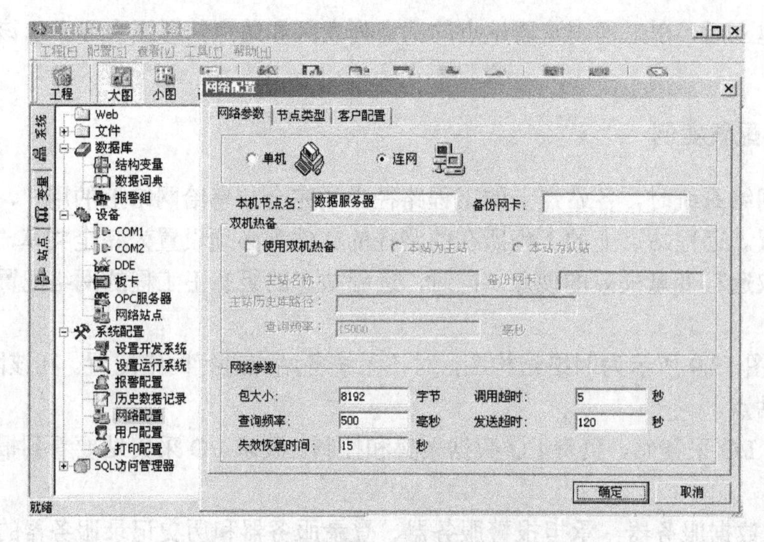

图 12.10　数据服务器网络参数配置

(2) 在“节点类型”选项卡中，选择“本机是登录服务器”、“本机是报警服务器”、“本机是历史记录服务器”选项。为了保证网络时钟的一致，也可以在这里选择“本机是校时服务器”选项，然后输入校时间隔，或按默认值，如图 12.11 所示。当配置完成后，单击“确定”按钮，关闭对话框，暂时完成该站点的网络配置。该节点网络配置在其他站点配置完成后还需要继续进行。

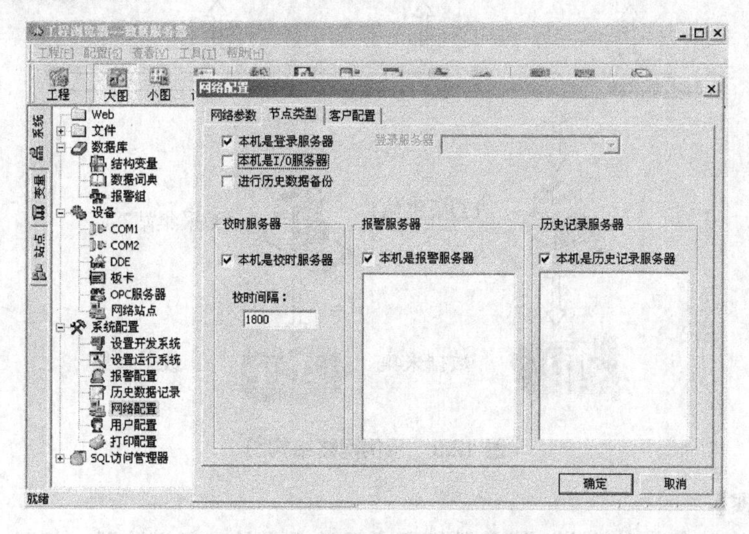

图 12.11　数据服务器节点类型配置

(3) 配置 I/O 采集站，首先配置 I/O 采集站 1。在采集站 1 的“本机节点名”文本框中输入本机节点名，如本例中为“I/O 采集站 1”。其他选项不用修改，如图 12.12 所示。

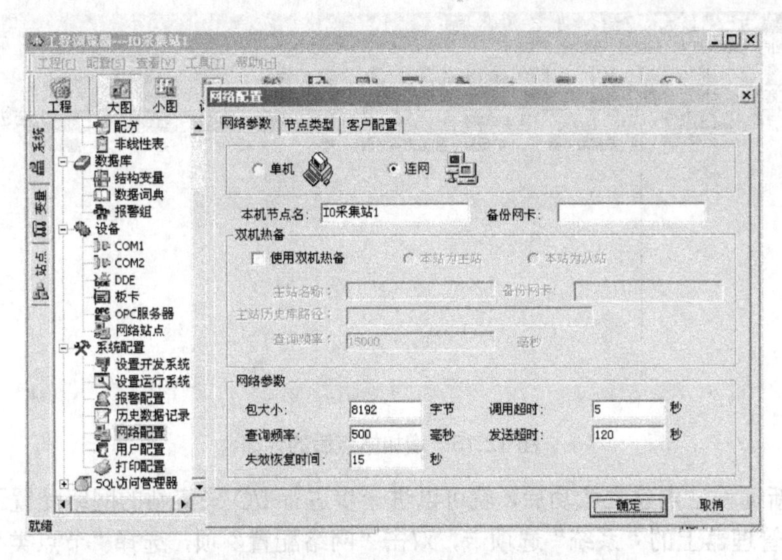

图 12.12　网络中 I/O 采集站的网络参数配置

① 在“节点类型”选项卡中选择“本机是 I/O 服务器”选项(此处为了建立一个远程站点，先选择“本机是登录服务器”选项，待网络配置完成后修改。如果不选择该选项，则在单击“确定”按钮时，系统会提示“选择一个登录服务器”)。单击“确定”按钮，关闭对话框。

② 在 I/O 采集站的工程浏览器的左边选择“站点”选项卡，进入站点管理界面。在左边的“站点”名称列表区域右击，在弹出的快捷菜单中选择“新建远程站点”命令，弹出“远程节点”对话框。单击对话框上的“读取节点配置”按钮，选择远程工程路径，如图 12.13 所示。在网络中选择“数据服务器”上共享的工程文件夹(注意：这里一定要选择到工程所在的直接文件夹)，单击“确定”按钮，关闭对话框。此时，“数据服务器”配置的工程信息被读到了“远程节点”对话框中如图 12.14 所示。确认读到的信息无误，单击“确定”按钮关闭对话框。如图 12.15 所示，在 I/O 服务器 1 的“站点”界面上出现了一个“数据服务器”的信息，选择“数据词典”选项，可以直接看到远程数据服务器上的变量。

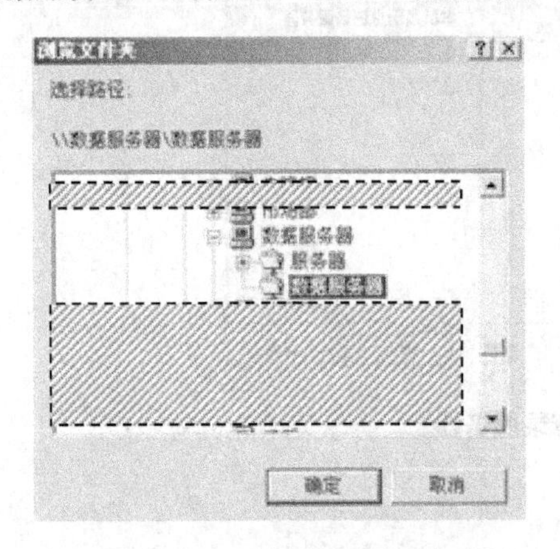

图 12.13　选择远程工程路径

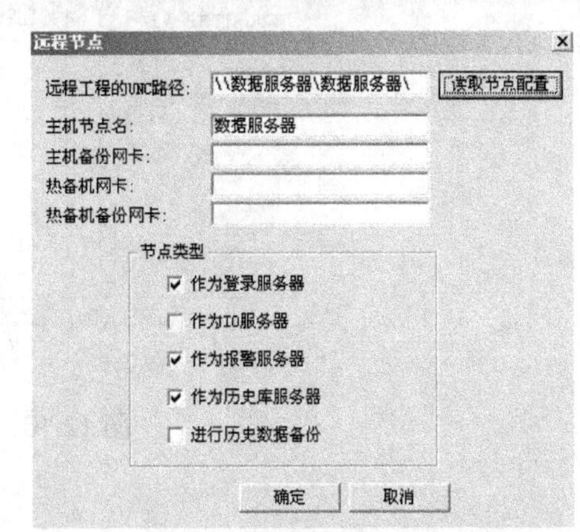

图 12.14　远程节点内容

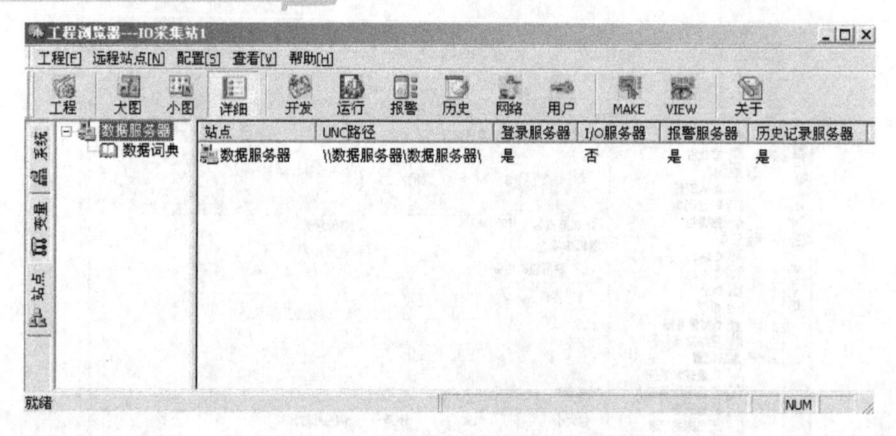

图 12.15 增加站点后的界面

(4) 在新远程站点建立成功后，就可以进一步进行 I/O 采集站的网络配置了。选择 I/O 采集站工程管理器上的“系统”选项卡，双击“网络配置”项，选择“节点类型”选项卡，去掉“本机是登录服务器”选项，在“登录服务器”列表中选择“数据服务器”选项作为本机的登录服务器，如图 12.16 所示。选择“客户配置”选项卡，选中“客户”选项，此时“报警服务器”和“历史记录服务器”列表变为有效可选，在这两个列表中列出了当前工程中添加的作为报警服务器和历史记录服务器的站点名称。选中各列表的站点名称前的复选框，如图 12.17 所示，表示当前的“I/O 采集站 1”作为“数据采集站”的客户端，看到报警和历史记录数据。当配置完成后，单击“确定”按钮关闭对话框。I/O 采集站 1 的网络配置全部完成。I/O 采集站 2 的网络配置完全按照这个步骤执行。

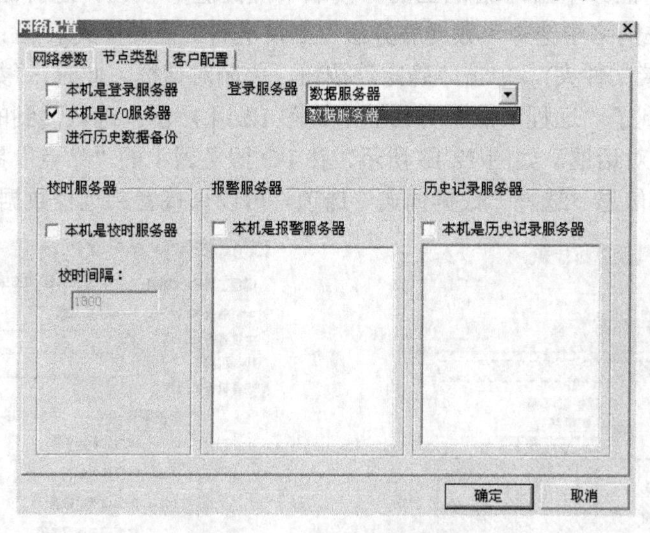

图 12.16 选择登录服务器

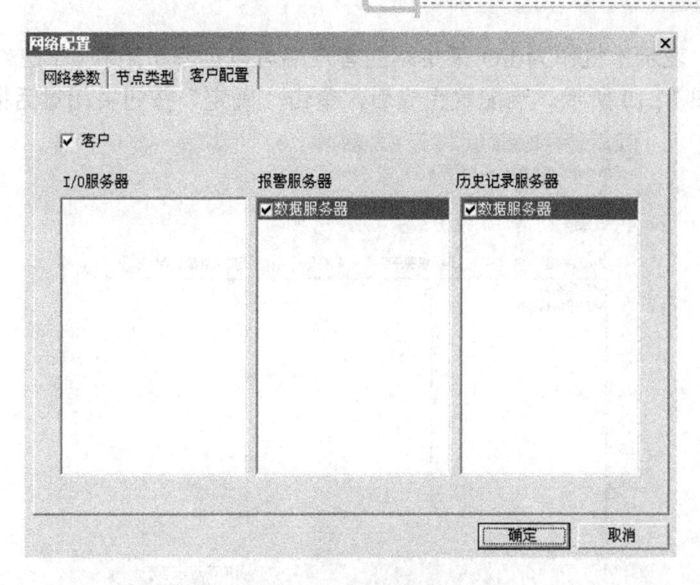

图 12.17　选择服务器

按照以上步骤的方法，在“数据服务器”上的“站点”中新建“I/O 采集站 1”、“I/O 采集站 2”远程站点，完成后，打开“网络配置”对话框，进一步进行“数据服务器”的网络配置。在“节点类型”选项中，在图 12.18 所示的“本机是报警服务器”和“本机是历史记录服务器”列表中列出了连接到本机的 I/O 服务器的名称。在列表中选择 I/O 服务器，表示本机在运行时作为“I/O 采集站 1”和“I/O 采集站 2”的报警和历史记录服务器，验证、存储来自这两个 I/O 服务器的报警、历史记录数据。在“数据服务器”指定的历史记录目录下，系统会自动以 I/O 采集站命名创建两个文件夹，分别保存个采集站的历史记录数据。

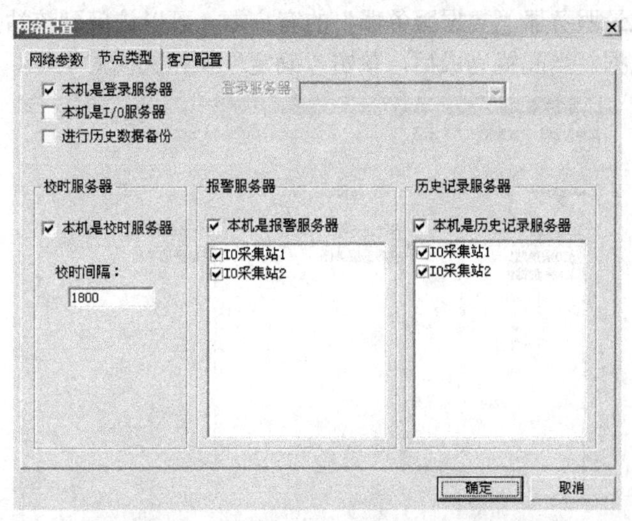

图 12.18　配置数据服务器的节点类型

选择“客户配置”选项卡，选择“客户”选项，在“I/O 服务器”列表中选择两个 I/O

采集站的名称，表示本机作为I/O采集站的客户端可以远程引用和访问I/O采集站上的变量和数据。如图12.19所示。当配置完成后，单击“确定”按钮关闭对话框。

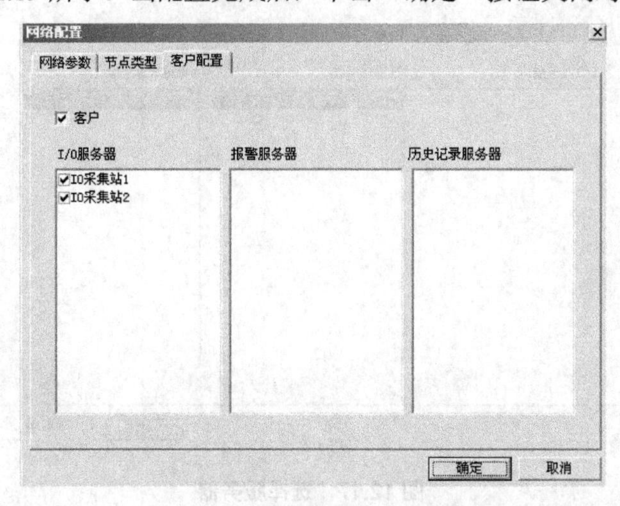

图12.19　数据服务器的客户配置

(5) 当服务器都配置完成后，来配置客户机。启动客户端工程的工程浏览器，选择“站点”选项卡，新建3个远程站点，分别为“I/O采集站1”、“I/O采集站2”、“数据服务器”。打开“网络配置”对话框，选择“连网”模式，在“本机节点名”文本框中输入本机的计算机名称。选择“节点类型”选项卡，在“登录服务器”列表中选择“数据服务器”选项作为本机的登录服务器。选择“客户配置”选项卡，选中“客户”选项，在各个服务器的选项列表中进行选择，如图12.20所示，选择的选项表明本机作为I/O服务器“I/O采集站1”、“I/O采集站2”的客户端，可以远程引用和访问这两个站点上的变量和实时数据。作为报警服务器和历史记录服务器“数据服务器”的客户端，可以访问到该站点上保存的报警和历史记录信息和数据。当配置完成后，单击“确定”按钮关闭对话框。

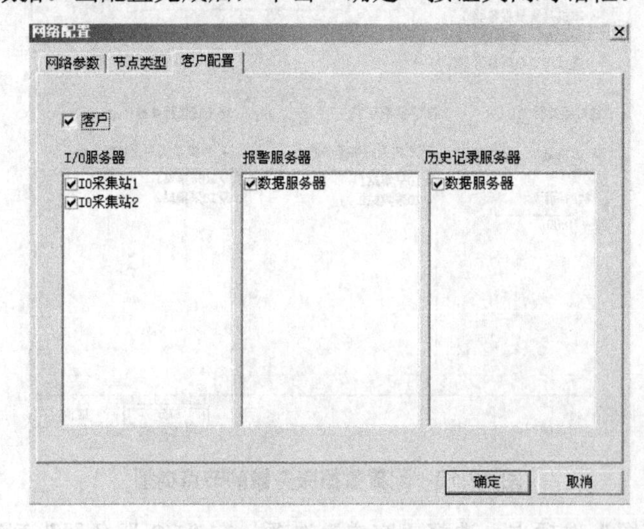

图12.20　客户机的客户配置

至此，所有网络的配置全部完成，下一步就是进行具体的网络工程的制作了。一般因为 I/O 服务器是数据源站点，所以首先制作 I/O 服务器的工程，然后根据具体需要开发其他各服务器和客户端的工程。

12.3.3　网络变量的使用

1．远程变量的引用

组态王是一种真正的客户-服务器模式，对于网络上其他站点的变量，如果两个站点之间建立了连接，则可以直接引用。

【举例】在站点“数据服务器”的组态王工程中查看“io 采集站 1”上定义的 I/O 变量“反应罐温度”。

【操作步骤】

(1) 在画面上建立变量模拟值输出时，弹出“模拟值输出连接”对话框，打开变量浏览器，在变量浏览器的左边目录中，显示了可以访问到变量的站点，其实除了本站点外，其余都是本站点的“I/O 服务器”。选择“io 采集站 1”选项，在变量浏览器的右边变量显示区域中列出了所有的 I/O 采集站 1 的变量，如图 12.21 所示。

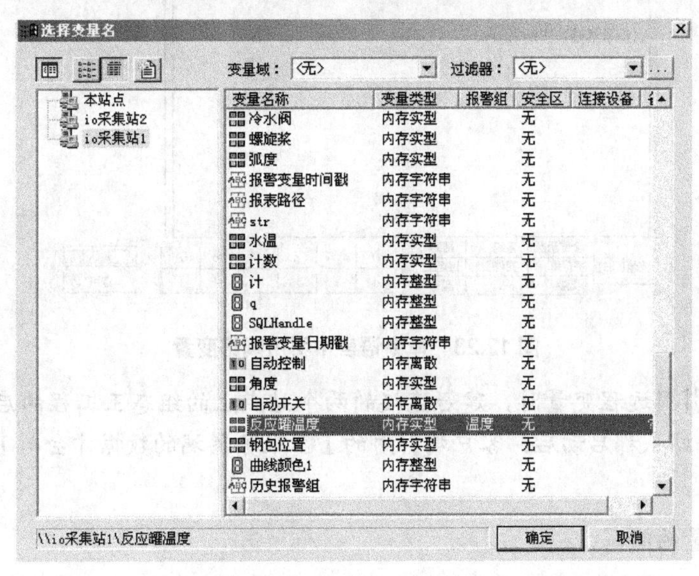

图 12.21　浏览远程变量列表

(2) 在变量列表中选择“反应罐温度”选项，在变量浏览器底部的状态栏中显示“\\I/O 采集站 1\反应罐温度”，单击“确定”按钮，关闭变量浏览器。

(3) 在动画连接“表达式”一栏中显示出了选择的变量名及节点名称，如图 12.22 所示。或直接在动画连接“表达式”一栏中输入远程站点的变量名称，其书写格式为“\\站点名\变量名”，结果也是一样的。

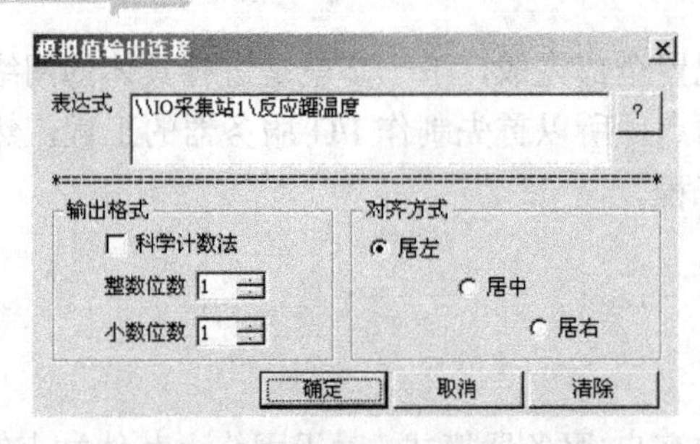

图 12.22　动画连接中引用远程变量

在动画连接时引用远程变量都可以照此方法操作，在命令语言中引用远程变量时，同样只需要写成“\\站点名\变量名”，如图 12.23 所示。

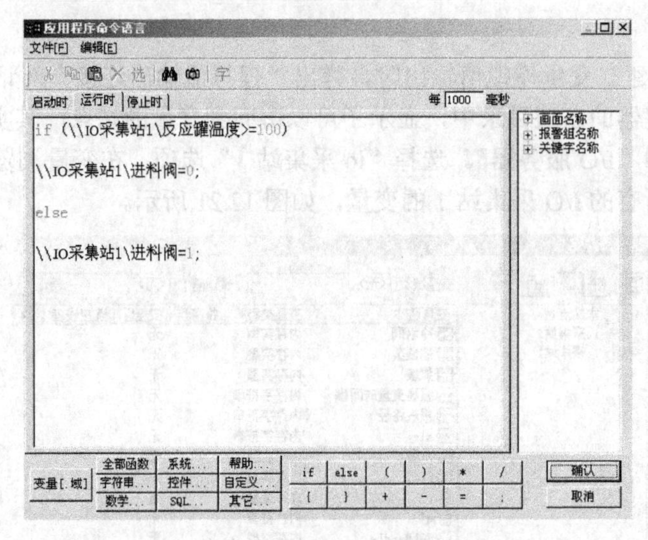

图 12.23　命令语言中引用网络变量

【注意】在引用远程变量时，建好连接的两个站点上的组态王工程的启动没有先后之分，只有当两个站点都启动后，客户端引用的 I/O 服务器端的数据才会与 I/O 服务器上的该数据的值一致。

2. 远程变量的回写

远程站点除了可以引用变量外，还可以改变变量的数值，即回写变量，使设备上的数据发生变化，可以在动画连接时或命令语言中定义回写远程变量。在权限允许的情况下，网络上的任何一个站点均可以回写变量，即远程修改变量和变量的域的值。当修改变量值时，如果远程变量具有安全权限，若是动画连接中的“值输入”和“滑动杆输入”等动画连接，则必须登录用户达到权限后才能操作，否则系统信息窗中会提示没有修改变量的权限。当有权限的变量在命令语言里被引用而改变值时，此时为了保证命令语言的正确运行，设置的权限是不起作用的，变量的值会被改变。

在连接的两个站点中，总是一个站点作为服务器端，另一个站点作为客户端，例如，“数据服务器”就是“I/O 采集站 1”的客户，“I/O 采集站 1”就是“数据服务器”的 I/O

服务器。在两个站点的连接过程中，客户端为了正确地得到服务器端不断变化的数据，必须不断尝试恢复和连接。

12.4　组态王 Web 功能的应用

随着 Internet 科技日益渗透到生活、生产的各个领域，传统自动化软件的 e 趋势已发展成为整合 IT 与工业自动化的关键。组态王提供了 For Internet 应用版本——组态王 Web 版，支持 Internet/Intranet 访问。

12.4.1　组态王 Web 功能特性

组态王 Web 功能采用 B/S 结构，客户可以随时随地通过 Internet/Intranet 实现远程监控。客户端有着强大的自主功能，可以通过浏览器实时浏览画面，监控各种工业数据，而与之相连的任何一台 PC 亦可实现相同的功能。组态王的 For Internet 应用实现了对客户信息服务的动态性、实时性和交互性。IE 客户端可以获得与组态王运行系统相同的监控画面，IE 客户端和 Web 发布服务器保持高效的数据同步，通过网络用户能够在任何地方获得与在 Web 服务器上一样的画面和数据显示、报表显示、报警显示、趋势曲线显示等以及方便快捷的控制功能。其主要技术特性有以下几个。

(1) Java2 图形技术基础，支持跨平台运行，能够在 Linux 平台上运行，功能强大。

(2) 支持多画面集成系统显示，支持与组态王运行系统图形相一致的显示效果。

(3) 支持动画显示，客户端和主控机端保持高效的数据同步。

(4) 支持多画面集成系统显示，支持与组态王运行系统图形相一致的显示效果。

(5) 支持无限色、过渡色：支持组态王中的 24 种过渡色填充和模式填充。支持真彩色，支持粗线条、虚线等线条类型，实现了组态王系统和 Web 系统真正的视觉同步，并且利用 Java2 的 2D 图形功能，Web 的过渡色填充效率更优于组态王本身。

(6) 支持远程变量，组态王 Web 发布站点上引用的远程变量用户同样可以在 IE 上看到。

(7) 组态王运行系统内嵌 Web 服务器系统处理远程 IE 端的访问请求，无须额外的 Web 服务器。

(8) 远程客户端系统的运行不影响主控机的运行，而客户端也可以具有操作远程主控机的能力。

(9) 基于通用的 TCP/IP、Http 协议，具有广泛的广域网互联。

(10) B/S 结构体系，只需普通的浏览器就可以实现远程组态系统的监视和控制。

12.4.2　组态王 Web 发布

要实现 Web 功能，必须在组态王工程浏览器中的“网络配置”对话框中选择“连网”模式，并且计算机应该绑定 TCP/IP 协议。

在工程设计完成后需要进行 Web 发布时，可以按照以下介绍的步骤进行，完成 Web 的发布和制作。

【操作步骤】

1. 连接端口的配置

在进行 IE 访问时，需要知道被访问程序的端口号，所以在组态王 Web 发布之前，一般需要定义组态王的端口号。打开需要进行发布的工程，进入工程浏览器界面。工程浏览器左侧的目录树的第一个节点为 Web 目录，双击 Web 目录，将弹出“页面发布向导”配置对话框，如图 12.24 所示。

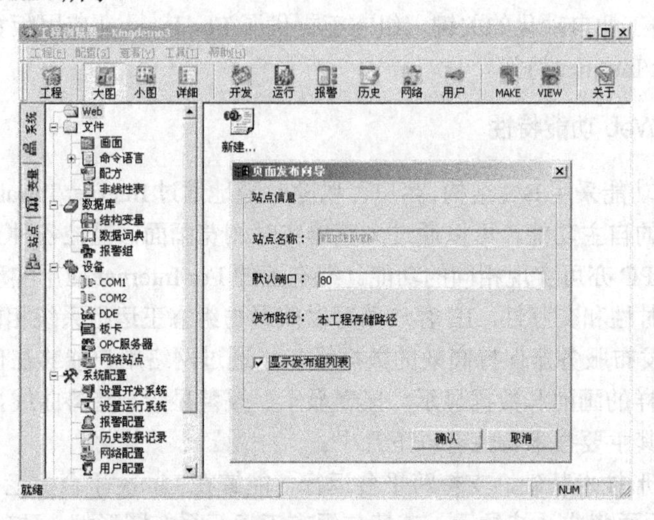

图 12.24 “页面发布向导”对话框

“站点名称”指 Web 发布站点的机器名称，这是从系统中自动获得的，不可修改。机器名称不要使用中文名称，否则在使用 IE 进行浏览时操作系统将不支持。默认端口是指 IE 与运行系统进行网络连接的应用程序端口号，默认为 80。如果所定义的端口号与本机的其他程序的端口号出现冲突，则用户可以按照实际情况进行修改(具体端口号的使用和定义可参见相关 TCP/IP 协议技术文档，本手册中不再详细说明)。“发布路径”指 Web 发布后文件保存的路径，在组态王中默认为当前工程的路径，不可修改。当定义发布后，将在工程路径下生成一个 Webs 目录，Web 发布的信息保存在该目录下。

2. 发布画面

在组态王 6.5 中，发布功能采用分组方式。可以将画面分成按照不同的需要分成多个组进行发布，每个组都有独立的安全访问设置，以供不同的客户群浏览。

在工程管理器中选择 Web 目录，在工程管理器的右侧区域，双击“新建”图标，弹出“WEB 发布组配置”对话框，如图 12.25 所示。

在该对话框中可以完成发布组名称的定义、要发布的画面的选择、用户访问安全配置和 IE 界面颜色的设置。发布步骤如下。

定义组名称：在对话框中“组名称”文本框中输入要发布的组的名称(在 IE 上访问时需要该名称)。如本例中的“KingDEMOGroup”，组名称是 Web 发布组的唯一的标识，由用户指定，同一工程中组名不能相同，且组名只能使用英文字母和数字的组合。名称的定义符合组态王名称定义规则，且组名称的最大长度为 31 个字符。

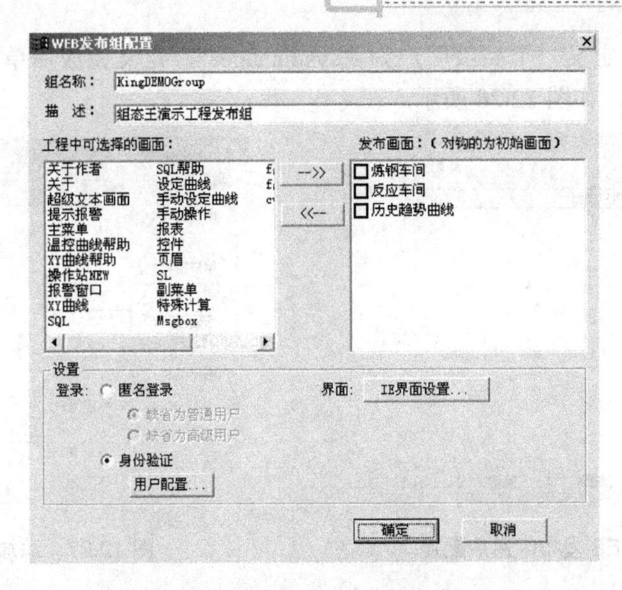

图 12.25 “WEB 发布组的配置”对话框

选择要发布的画面：在对话框的“工程中可选择的画面”列表中列出了当前工程中建立的所有的画面名称。在列表中用单击选择要发布的画面，在单击的同时，如果按住 Shift 键可直接多选一段区域内的画面，按住 Ctrl 键可以任意多选画面。当选择完成后，单击对话框上的 -->> 按钮将选择的画面发送到右边的“发布画面”列表中，同时被选择的画面名称在该“工程中可选择的画面”列表中消失。同样，可以单击 <<-- 按钮将已经选中的画面取消发布，以将画面名称从“发布画面”列表中删除。

选择浏览时的初始画面：在“发布画面”列表中每个画面名称前都有一个复选框，如果某个画面的复选框被选中，则表明该画面将是初始画面，即打开 IE 浏览时首先将显示该画面。初始画面可以选择多个。

用户登录安全管理：在组态王 Web 浏览端，用户浏览权限有两种设置：一种是用户匿名浏览，即用户在打开 IE 进行浏览时不需要输入用户名、密码等，可以直接进入页面。这种方式下有两种用户：一种是普通用户，即只能浏览页面，不能做任何操作；另一种是高级用户，这种用户在进入后，可以修改数据，并可登录组态王用户，进行有权限设置的操作。两种用户只能选择其一。如果想让用户在浏览页面时不需要输入用户名和密码而直接进行浏览，可以采用这种方式。此时，在“设置”栏中选择“匿名登录”选项，然后选择所需要类型的用户，即“默认为普通用户”或“默认为高级用户”。如果用户打开 IE 进行浏览时需要首先输入用户名和密码，则选择对话框中的“身份验证”选项。首先需要进行用户配置。单击“用户配置”按钮，弹出“WEB 发布组用户列表”对话框，如图 12.26 所示。利用“添加”按钮向用户列表中添加新的用户。单击该按钮，弹出“WEB 发布组用户配置”对话框，如图 12.27 所示。在“用户名称”文本框中输入要添加的用户名称，用户名称必须是英文字符和数字组合，名称定义符合组态王命名规则。在“用户密码”文本框中输入用户密码，在“密码验证”文本框中重新输入密码，系统会自动验证密码的正确性。在“用户类型”项中选择给用户是“一般用户”还是“高级用户”。如定义一个一般用户为“user”，定义一个高级用户为“sysmanager”，定义完成后单击“确认”按钮回到用户配置对话框，如图 12.28 所示。

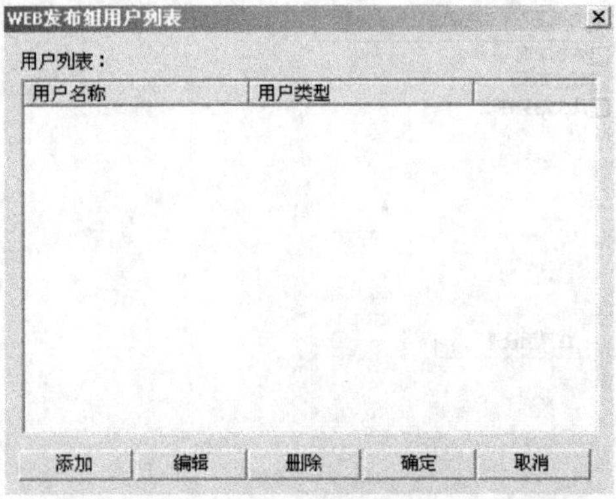

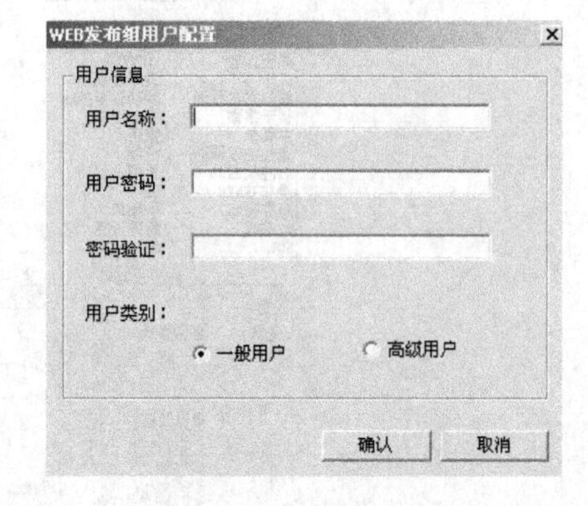

图 12.26　WEB 发布组用户配置

图 12.27　添加新用户

设置 IE 界面颜色：单击对话框上的“IE 界面设置”按钮，弹出“IE 属性配置”对话框，如图 12.29 所示。在“窗体颜色配置”栏中设置窗体前景色和背景色；在“菜单颜色配置”栏中设置组态王 Web 提供的系统操作菜单的菜单前景色和背景色；在“状态栏颜色配置”栏中选择组态王 Web 提供的系统状态栏的前景色和背景色。在设置菜单颜色和状态栏颜色之前要确认是否“显示菜单栏”和是否“显示状态栏”，只有选中这两个选项，才可以设置相应颜色。

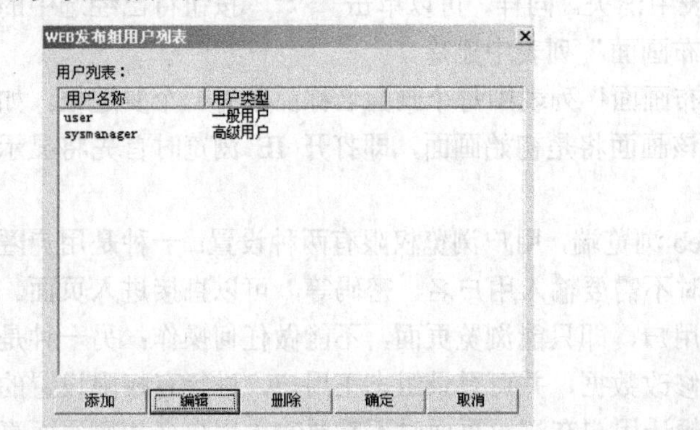

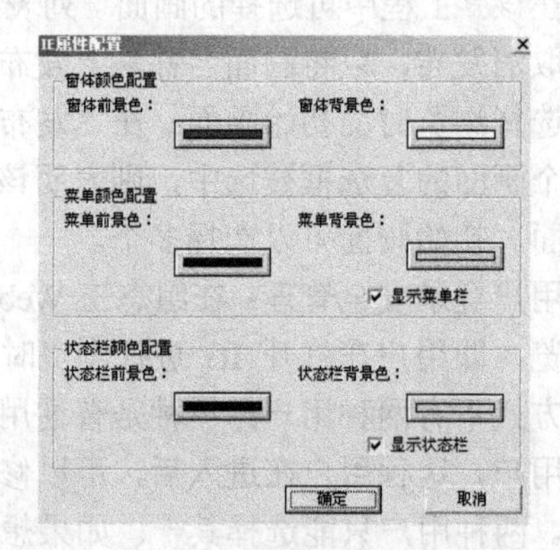

图 12.28　用户列表

图 12.29　“IE 属性配置”对话框

当完成上述配置后，单击“确定”按钮，关闭对话框，系统生成发布画面。打开组态王的“网络配置”对话框，选择“连网”模式，启动组态王运行系统。

12.4.3　IE 浏览组态王工程

在开发系统发布画面后，Web 发布的主要工作已经完成。接下来就可以使用 IE 浏览器进行画面浏览和数据操作了。在开发系统中对画面的每一次更改，如果发布组中包含该画面，则需要重新发布该发布组。方法为打开“WEB 发布组配置”对话框，直接确定，然后重新启动组态王运行系统即可。

1. JRE 插件安装步骤

使用组态王 Web 功能需要 JRE 插件支持，如果客户端没有安装 Sun 公司的 JRE Plugin 1.3 (Java Runtime Environment Plugin，Java 运行时环境插件)，则在第一次输入以上正确的地址并连接成功后，系统会下载一个 JRE Plugin 的安装界面，将这个插件安装成功后方可进行浏览。该插件只需安装一次，安装成功后会保留在系统上，以后每次运行直接启动，而不需重新安装 JRE。组态王安装中直接提供该插件的安装。

【操作步骤】

(1) IE 安全设置中必须保证“运行 Active X 控件和插件”选项选用“启用”模式，IE 的默认设置就是启用的，所以一般可以省去这一步。

(2) 在 IE 地址栏内输入如上的地址后，如果是没有安装 JRE Plugin 插件，浏览器会弹出图 12.30 所示的“安全设置警告”对话框，单击“是”按钮。

(3) 在安装向导中设定好路径后，在图 12.31 所示的界面中，根据浏览器的类型选择 IE 或者是 Netscape 6.0。

(4) 当安装成功后，会马上启动 Java Applet。

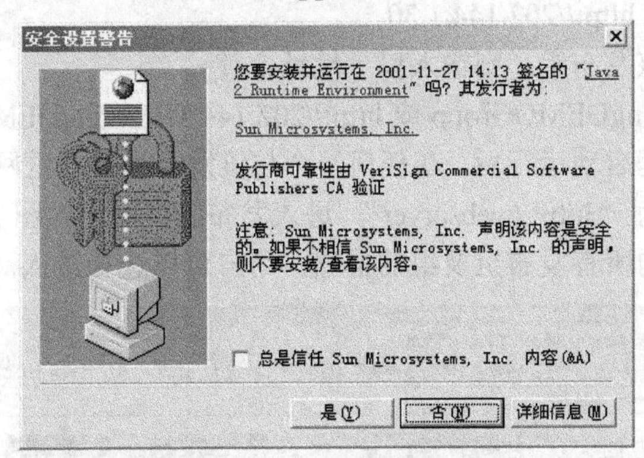

图 12.30　“安全设置警告”对话框

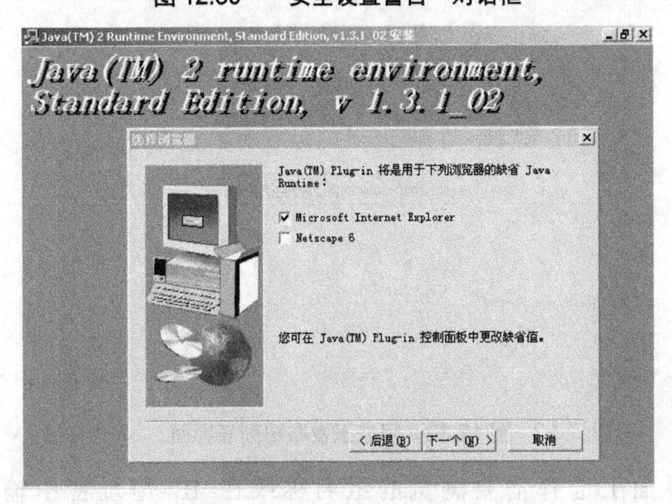

图 12.31　选择浏览器的类型

2. 如何在浏览器地址栏中输入地址

当使用浏览器进行浏览时，首先需要输入 Web 地址。以 Internet Explorer 浏览器为例，在浏览器的地址栏里输入地址。地址的格式为

http://发布站点机器名(或 IP 地址)：组态王 Web 定义端口号

如果需要直接访问该站点上的某个组，则使用下面的地址：

http://发布站点机器名(或 IP 地址)：组态王 Web 定义端口号/要浏览的组名称

【举例】运行组态王的机器名为“webserver”，其 IP 地址为“202.144.1.30”，端口号为“800”，发布组名称为“KingDEMOGroup”，如何访问组态王和发布组？

【解答】

可以在 IE 的地址栏敲入如下地址:

http://webserver:800 或 http://202.144.1.30:800

如果是直接进入该发布组，则输入以下地址：

http://webserver:800/KingDEMOGroup 或 http://202.144.1.30:800/KingDEMOGroup

如果定义的端口号为 80 时，可以省略端口号不输入，即

http://webserver 或 http://202.144.1.30

如果是直接进入该发布组，则输入以下地址：

http://webserver/KingDEMOGroup 或 http://202.144.1.30/KingDEMOGroup

在已经发布的工程启动运行后，在任何一个与该发布机器通过网络相连接的站点上打开 IE 浏览器。输入地址“http://webserver”，进入发布组界面，如图 12.32 所示。在该界面中，列出了当前工程的所有发布组及组的描述，用户可以选择进入。

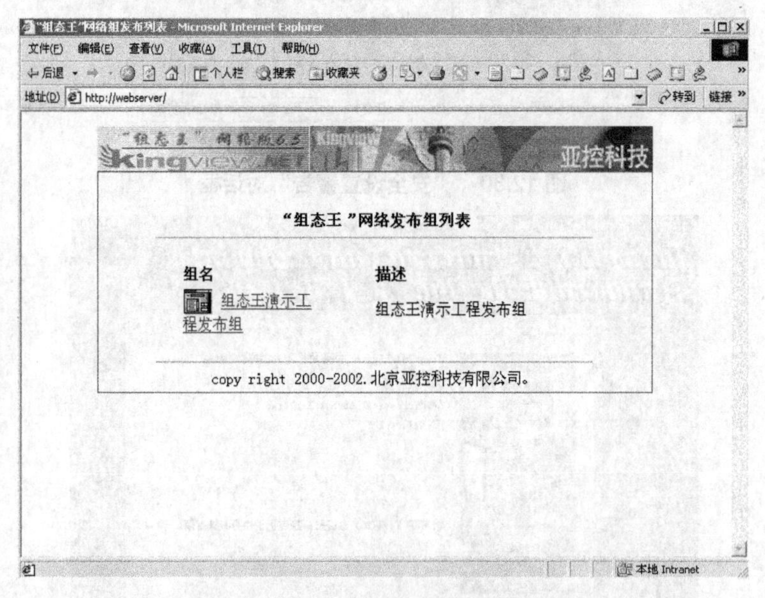

图 12.32 组态王发布组列表界面

在发布组界面上选择需要浏览的组名称或在 IE 地址栏中输入组地址，如“http://webserver/kingdemogroup”，则进入组的浏览界面，如图 12.33 所示。

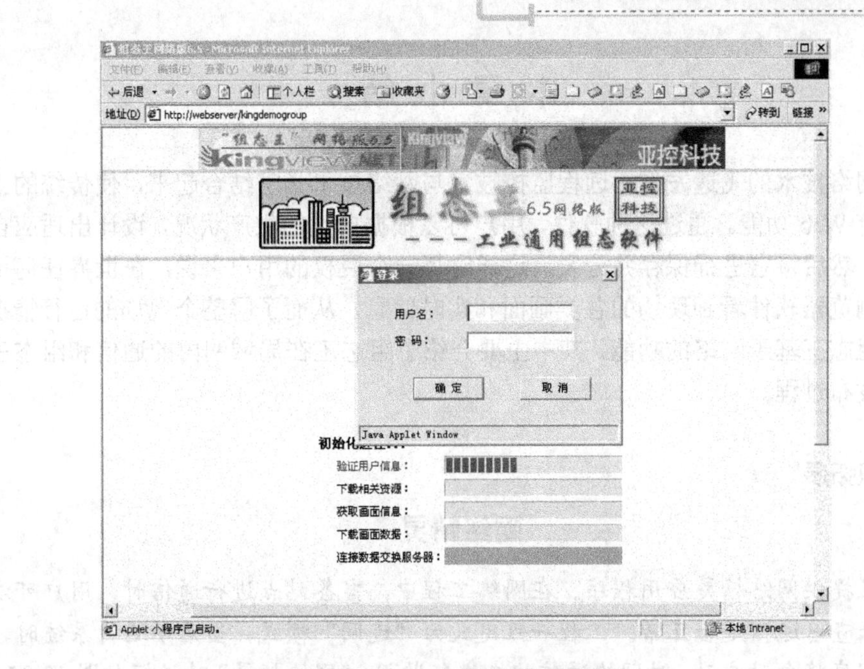

图 12.33　IE 浏览初始化界面

如果选择“用户验证”方式，系统弹出用户“登录”对话框。在对话框中输入用户名和密码，然后确认，系统界面上的验证用户信息、下载相关资源、下载相关数据等进度条依次显示当前正在进行的操作。当初始化完成后，进入系统画面列表界面。如果设置了初始画面的话，则直接进入初始画面，如图 12.34 所示。

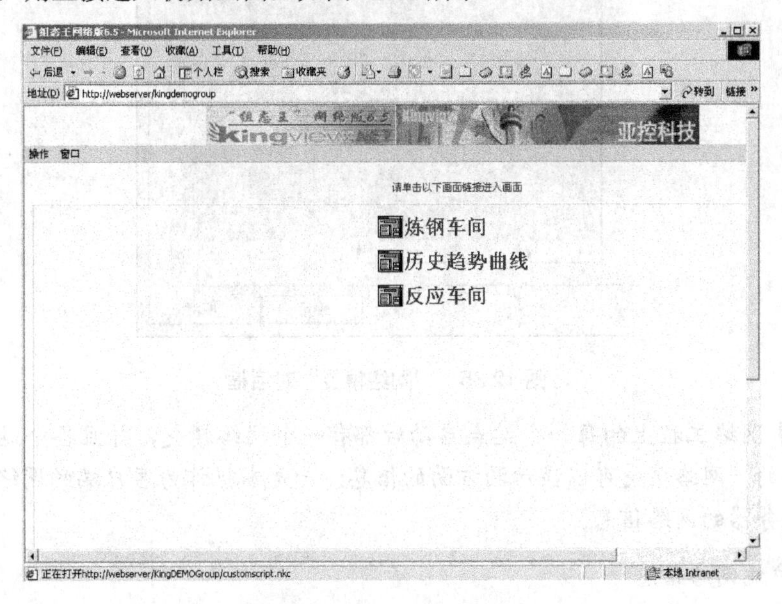

图 12.34　画面列表界面

本 章 小 结

随着网络技术的飞速发展，远程监控技术与网络技术紧密结合起来，使传统的工控组态软件具有 Web 功能。通过这种软件，用户可以根据自己的生产状况，设计出适应自己需求的画面，然后将它进行保存并分发，这样对每一个授权的用户来说，在世界任何地方都可以通过浏览器软件看到现场的各类画面和实时信息，从而了解整个现场的运行情况。本章介绍了组态王基于网络的功能，其中主要介绍了组态王在局域网内的通信和组态王在互联网上的发布过程。

知识拓展

网络精灵

组态王提供网络精灵应用程序。在网络工程中，当各站点进行通信时，用户可以通过网络精灵来查看通信是否正常。工程一旦定义为“连网”模式，当启动运行系统时，网络精灵应用程序将自动启动，对网络通信状态进行监视。“网络精灵”对话框如图 12.35 所示。

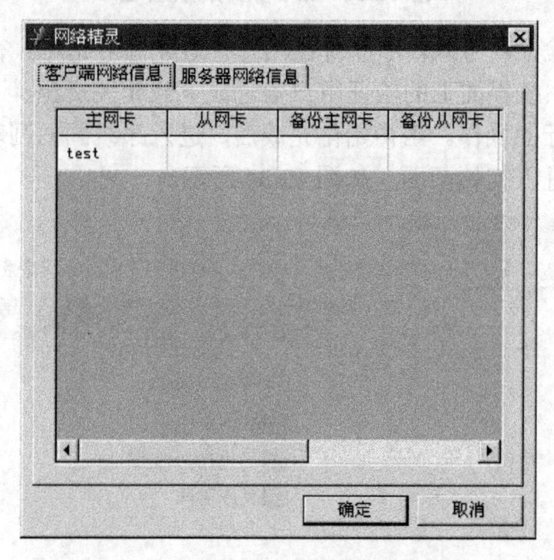

图 12.35 “网络精灵”对话框

【提示】网络工程上的每一个站点启动后都有一个网络精灵，并且各个站点显示的信息是不一样的。网络精灵可以显示两方面的信息：一是本机作为客户端的网络信息；二是本机作为服务器的网络信息。

1. 客户端网络信息

当本地计算机在“站点”中建立了远程站点时，本机将作为该站点的客户端，在网络精灵中将详细列出本机作为客户端与远程站点的通信信息。如图 12.35 所示，下面详细讲述各项参数的含义。

(1) 主网卡：指远程站点通信的网卡名称。

(2) 从网卡：当存在双网络冗余时，该项会有值，指远程站点为双网络冗余设置的从网卡的 IP 地址。

(3) 备份主网卡：当存在双机热备时，该项会有值，指远程站点指定的备份机的 IP 地址。

(4) 备份从网卡：当同时存在双网络冗余和双机热备时，该项会有值，指远程站点指定的备份机的从网卡的 IP 地址。

(5) 通信链路：指本机与远程站点的通信是通过以上 4 块网卡的哪一块进行的。

(6) 发送包：指本机向远程站点发送的数据量，用包的个数来表示。其中，包的大小与“网络配置”中指定的包大小一致。

(7) 接收包：指本机接收远程站点的数据量，用包的个数来表示。其中，包的大小与“网络配置”中指定的包大小一致。

【注意】当本机作为客户端时，其发送包的数据也是不断变化的，因为每隔一段时间本机会向远程站点发送一个测试包，检查通信是否正常。

2. 服务器网络信息

当远程计算机在“站点”中与本机建立了连接时，本机将作为远程站点的服务器，在网络精灵中将详细列出本机作为服务器与远程站点的通信信息，如图 12.36 所示。

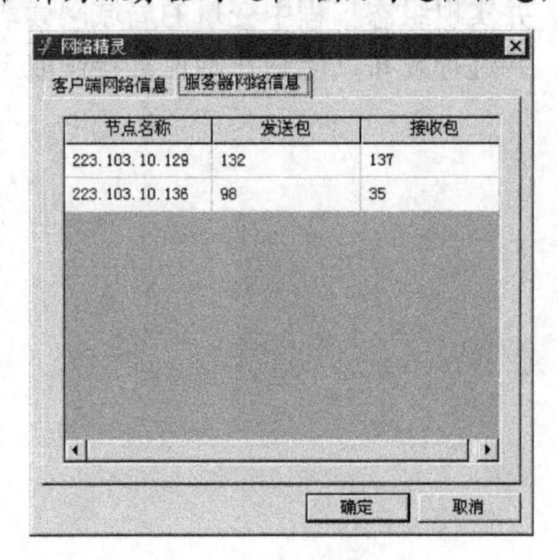

图 12.36　服务器网络信息

下面详细讲述各项参数的含义。

(1) 节点名称：指远程站点通信的网卡 IP 地址。

(2) 发送包：指本机向远程站点发送的数据量，用包的个数来表示。其中，包的大小与“网络配置”中指定的包大小一致。

(3) 接收包：指本机接收远程站点的数据量，用包的个数来表示。其中，包的大小与“网络配置”中指定的包大小一致。

【注意】当本机作为服务器时，其接收包的数据也是不断变化的，因为远程站点每隔一段时间会发送一个测试包，检查通信是否正常。

思考题与习题

1．组态王网络功能的作用是什么？

2．随着网络的发展，网络体系结构由＿＿＿＿＿＿＿＿＿向着＿＿＿＿＿＿＿＿＿模式的转变已成为发展的趋势。

3．网络组态采用什么结构？说明其优点。

4．B/S 网络是将应用功能分为(　　)。

A．表示层　　B．功能层　　C．数据层　　D．会话层

5．在组态王中如何建立远程站点？

6．“本地节点名”就是＿＿＿＿＿＿＿＿＿＿，进入网络的每一台计算机必须具有唯一的节点名。

7．组态王中如何引用远程变量？

8．组态王 Web 功能的技术特性有哪些？

9．在组态王 Web 功能中如何连接端口的配置？

10．如何安装 JRE 插件？

11．在 IE 中如何浏览已经发布的组态王工程？

12．设计组态王工程，并实现组态工程中变量的局域网读取。

13．设计组态王工程，并进行发布，能够在网页直接读取工程变量。

第13章 工业组态监控系统设计

教学目标与要求

- 了解工业组态监控系统的工程应用。
- 掌握组态监控系统的结构组成。
- 了解工业组态监控系统软件。
- 掌握工业组态监控系统的监控模式。

引言

工业组态监控系统设计包括理论与工程多方面问题，涉及自动控制理论、计算机技术、检测技术及仪表、通信技术、电气工程、工艺设备乃至控制室的规划等内容。理论设计包括建立对象的数学模型，确定监控系统的性能指标函数，寻求满足该性能指标函数的控制策略并进行整定。工程设计涉及生产过程的工艺要求、技术经济指标，包含监控系统的体系结构、监控网络和数据通信方式、系统的硬件与软件设计等内容。

人机交互画面的设计在组态监控系统中占有重要地位，是人机交互的有效手段。图形画面包含的信息量比其文字、符号、声音等形式大得多，因此监控系统的工艺流程、系统性能指标、特性参数、运行状态、变化趋势、管理实现等都可以实时直观地通过画面展现在操作管理决策者面前。组态软件的发展为这些画面的制作与连接提供了强有力工具，监控系统软件设计首选组态软件，组态软件提供灵活多变的组态工具，为监控系统的监测、控制与管理带来了极大的方便，可以适应不同应用领域的需求。

13.1 组态监控系统设计原则

组态监控系统设计的内容、方案和技术指标具有多样性，应综合考虑工业现场需求，考虑自动化、计算机、检测及网络通信等技术以及发展趋势，无论监控系统规模多大、复杂程度多高，在设计与实现过程中，其设计原则、步骤大体要求基本上是相同的。

1. 满足工艺要求

满足生产工艺所提出的各种功能及性能指标要求，系统的性能指标不应低于生产工艺要求。监控系统指标包括测量精度、控制实时性、准确性、稳定性，对于网络化监控系统，还要满足网络性能评价指标，如传输速率、吞吐能力、稳定性、确定性、可靠性和灵活性，反映了系统数据通过某个网络或信道、接口的速度、数据量、灵活性与可靠性等性能。

2. 可靠性高

监控系统的可靠性直接影响到生产过程连续、优质、经济运行。监控系统的设计应当将可靠性放在首位，要求系统能很好地适应高温、腐蚀、振动、冲击、灰尘等环境，工业环境中电磁干扰严重，供电条件不良，要求计算机有较高的电磁兼容性，以保证生产安全、可靠和稳定地运行。

可靠性指标一般采用平均无故障工作时间(MTBF)和故障修复时间(MTTR)表示。MTBF 反映了系统可靠工作的能力，MTTR 则反映了系统出现故障后恢复工作能力。通常要求 MTBF 有较高的数值，如达到几万小时；同时尽量缩短 MTTR，以达到很高的运行效率。

3. 实时性强

实时监测与控制要求系统必须实时地响应监控对象各种参数的变化，当参数出现偏差或故障时，系统能及时响应，并能实时地进行报警和处理，对于不同的监控对象、不同的测控参数，其对系统的实时性具有不同的要求。

4. 功能丰富

具有良好的人机界面和丰富的监视画面，控制软件包功能强，能够自动清零、量程自动切换，具有数字滤波、自动修正误差、系统能监测和自复位。可对多种不同参数进行快速测量和控制，能够实现的各种复杂的处理和运算功能，可以实现经典与现代高级控制，具有在线自诊断功能，并具有网络通信功能，便于实现工厂自动化和信息化。

5. 通用性好

通用性是指所设计出的监控系统能根据各种不同设备和不同对象的监控要求，灵活扩充、便于修改。组态监控系统的通用与灵活性体现在两方面：一是硬件设计方面，应采用标准总线结构，配置各种通用的功能模板或功能模块，并留有一定的冗余，当需要扩充时，只需增加相应功能的通道或模板就能实现；二是软件方面，应采用标准模块结构，用户使用时尽量不进行二次开发，只需按要求选择各种功能模块，灵活地进行监控系统组态。

6. 便于操作和维护

要求系统操作简单、便于掌握，显示画面形象直观，降低对操作人员专业知识的要求，在短时间内熟悉和掌握操作方法，有较强的人机对话能力。查排故障容易，硬件上采用标准的功能模板式结构，查找并更换故障模板，配有现场故障诊断程序，便于检修人员检查与维修，一旦发生故障，能保证有效地对故障进行定位，以便更换相应的模块，使仪器尽快地恢复正常运行。

7. 性价比高

在满足组态监控系统技术性能指标的前提下，尽可能地降低成本，达到较高的性能价格比。系统的造价取决于研制成本、生产成本、使用成本。设计时不应盲目追求复杂、高级的方案，在满足性能指标的前提下，应尽可能采用简单成熟的方案，要有市场竞争意识，尽量缩短开发设计周期。

13.2 组态监控系统设计步骤

组态监控系统项目设计需要反复调研、讨论，明确任务，最后得出合理且实用的方案。尽管监控对象与监控模式有所差异，但设计的基本内容和主要步骤大致相同。监控系统项目的设计可分为准备阶段、设计阶段、模拟与调试阶段和现场安装调试阶段这 4 个主要阶段，设计步骤如图 13.1 所示。

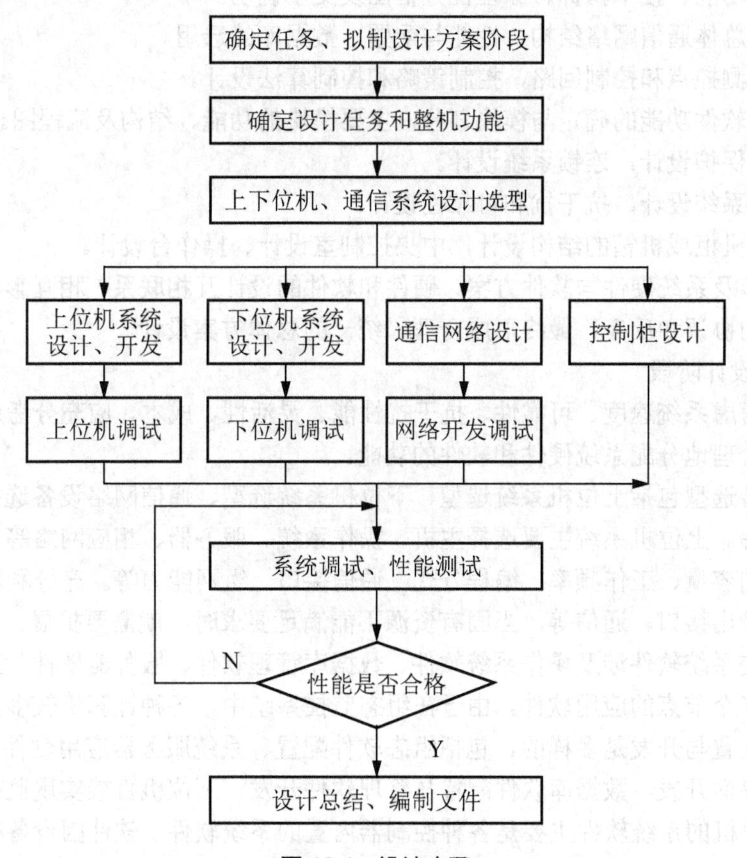

图 13.1　设计步骤

1. 准备阶段

监控系统设计之前，必须熟悉企业工艺流程及工作过程，设计人员应该和工艺人员密切结合，对系统进行分析和归纳，明确具体要求，确定系统所要完成的任务，要综合考虑企业管理要求、系统运行的成本、产生的经济效益。

按一定的规范、标准和格式，对监控任务和过程进行描述，形成系统初步设计技术文件，作为监控系统设计的依据。初步设计技术文件的主要内容包括原系统的功能规范、目标系统的性能规范、系统的可靠性和可维护性、系统的运行环境等。

2. 设计阶段

1) 总体设计

系统的总体设计是实质性设计阶段的第一步，也是最重要的一步。总体方案的好坏会直接影响整个监控系统的成本、性能、设计和开发周期。要分析监控系统的工艺参数数目和要求、地理范围的大小、操作的基本要求等，确定系统的监控的目标与任务，深入了解生产过程，分析工艺流程及工作环境，合理分配资源，根据监控系统复杂程度，确定采用简单还是复杂系统，集中监控还是分布式监控方式，明确具体实施的方法与技术文件，总体设计技术文件包括以下几方面。

(1) 主要功能、技术指标、原理性方框图及文字说明。

(2) 系统总体通信网络结构、性能与配置，数据库的选用。

(3) 主要测控点和控制回路，控制策略和控制算法设计。

(4) 系统软件功能的确定与模块划分，主要模块的功能、结构及流程图。

(5) 安全保护设计，连锁系统设计。

(6) 电源系统设计，抗干扰和可靠性设计。

(7) 控制机柜或机箱的结构设计，中央控制室设计、操作台设计。

设计中涉及系统硬件与软件方案，硬件和软件的设计互相联系、相互影响，在设计时要经过多次的协调和反复，最终形成合理、统一的总体方案设计。

2) 详细设计阶段

要综合考虑系统速度、可靠性、抗干扰性能、灵活性、成本，应充分考虑硬件和软件的特点，来合理地分配系统硬件和软件的功能。

硬件设备选型包括上位机系统选型、下位机系统选型、通信网络设备选择、仪表与控制设备选择等。上位机系统主要选择主机、操作系统、服务器、相应网络等，下位机要注意测控模块的容量、工作频率、编程方式、通信接口、组网能力等。充分利用自身硬件资源，如输入输出接口、通信等，当固有资源不能满足要求时，就需要扩展。

组态监控系统软件涉及操作系统软件、数据库管理软件、服务器软件。上位机软件包括上位机上多个节点的应用软件，由于在组态监控系统中，各种计算机较多，因此上位机应用软件的配置与开发是多样的，包括组态软件配置、系统服务器应用软件开发与配置、操作站人机界面开发、数据库软件配置与管理软件开发。下位机直接实现监控过程、设备的控制，下位机的系统软件主要是各种控制器内置的系统软件，软件因设备制造商不同而不同。

组态监控系统中上、下位机通信相关驱动程序、配置软件和其他通信软件由供应商提供，相关通信协议封装在驱动程序或者通信软件中，开发调试相对容易。监控系统网络选择成熟可靠的通信方式和介质。通信设备与介质的选择主要满足数据传输对带宽、实时性和可靠性的要求。对于通信可靠性要求高的场合，可以考虑不同的通信方式冗余，如有线

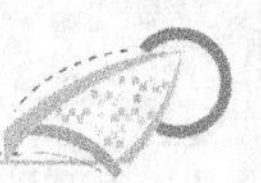

通信与无线通信的冗余。要注意网络的开放性、网络结构设计、传输时间、吞吐能力、传输介质、诊断功能等。

3. 模拟与调试阶段

当监控系统硬件和软件设计完成后，要进行系统联调。在实验室里，进行硬件联调、软件联调及系统整机仿真调试，对已知的标准量进行测控模拟比较，检查各个元部件安装是否正确，并对其特性进行检查或测试，检验系统的抗干扰能力等，验证系统设计是否正确和合理，发现问题，并及时修改。

4. 现场安装调试阶段

在实验室模拟与调试基础上，根据工艺要求进行现场安装调试。通过现场试验，测试各项性能指标，严格按照章程进行操作，进一步修改并且完善程序，直至系统能正常投入运行时为止。监控系统项目很难一次就设计完成，通常需要经过多次修改补充完善。

13.3 组态监控系统软件设计

1. 组态软件选型

组态软件是组态监控系统上位机人机界面首要工具，已成为监控系统一个重要的组成部分，组态软件具有友好性的界面、强大的内部功能、稳定性与可靠性高、系统的开放性与可扩充性强。组态软件市场产品有许多，国际品牌组态软件有 iFIX、InTouch、WinCC、Citect 等，国产化的组态软件产品以力控、亚控、昆仑通态等为主，目前国内组态软件品牌和国外品牌同时并存的局面。

一般组态软件产品包括嵌入版、通用版、网络版。广泛使用的通用组态软件的企业版分为开发版和运行版，选择组态软件从监控系统规模、外部 I/O 设备参数的个数、对 I/O 设备的支持程度、软件的服务与升级、性价比等多方面进行组态软件选型，在程序运行速度和存储容量许可情况下，尽可能简化系统配置。对于一些特殊行业还有行业版本组态软件如电力版、楼宇版等。

2. 组态软件应用设计步骤

(1) 工程项目系统分析。分析工程项目的系统构成、技术要求和工艺流程，明确监控要求和动画显示方式，分析工程中的设备采集及输出通道与软件中实时数据库变量的对应关系，分清哪些变量是要求与设备连接的，哪些变量是软件内部用来传递数据及动画显示的。

(2) 建立新工程框架。其主要内容包括定义工程名称、封面窗口名称和启动窗口名称，指定存盘数据库文件的名称以及存盘数据库，设定动画刷新的周期。经过此步操作，即在组态环境中，建立了工程结构框架。封面窗口和启动窗口也可等到建立了用户窗口后，再行建立。

(3) 设计菜单基本体系。为了对系统运行的状态及工作流程进行有效的调度和控制，通常要在主控窗口内编制菜单。编制菜单分两步进行，首先搭建菜单的框架，然后再对各级菜单命令进行功能组态。在组态过程中，可根据实际需要，随时对菜单的内容进行增加或删除，不断完善工程的菜单。

(4) 制作动画显示画面。动画制作分为静态图形设计和动态属性设置两个过程。前一部分用户通过组态软件中提供的基本图形元素及动画构件库，在用户窗口内组合成各种复杂的画面。后一部分则设置图形的动画属性，与实时数据库中定义的变量建立相关性的连接关系，作为动画图形的驱动源。

(5) 编写控制流程程序。在运行策略窗口内，从策略构件箱中，选择所需功能策略构件，构成各种功能模块，称之为策略块，由这些模块实现各种人机交互操作。组态还为用户提供了编程用的功能构件，称之为脚本程序功能构件，使用简单的编程语言，编写工程控制程序。

(6) 完善菜单按钮功能。其包括对菜单命令、监控器件、操作按钮的功能组态，实现历史数据、实时数据、各种曲线、数据报表、报警信息输出等功能，建立工程安全机制等。

(7) 编写程序调试工程。利用调试程序产生的模拟数据，检查动画显示和控制流程是否正确。

(8) 连接设备驱动程序。选定与设备相匹配的设备构件，连接设备通道，确定数据变量的数据处理方式，完成设备属性的设置。此项操作在设备窗口内进行。

(9) 工程完工综合测试。最后测试工程各部分的工作情况，完成整个工程的组态工作。

13.4 组态监控系统人机界面设计

组态监控系统主要完成数据采集、处理、控制、报警和事故处理、系统自诊断、报表及人机界面程序等功能，直观且友好的人机界面，有利于人机对话，为监控系统监测、控制与管理带来极大的方便。

13.4.1 人机界面设计原则

1. 以用户为中心基本设计原则

设计过程中要抓住用户的特征，要不断征求用户的意见，向用户咨询。系统的设计决策要结合用户的工作和应用环境，必须理解用户对系统的要求，最好让用户参与开发之中，就能正确地了解用户的需求和目标。

2. 顺序原则

按照处理事件顺序、访问查看顺序，如由整体到单项、由大到小、由上层到下层等与控制工艺流程等，设计监控管理和人机对话主界面及其二级界面。

3. 功能原则

按照应用环境及场合具体使用功能要求，各种子系统控制类型、不同管理对象的同一界面并行处理要求和多项对话交互的同时性要求等，设计分功能区分多级菜单、分层提示信息和多项对话栏并举的窗口等的人机交互界面，使用户易于分辨和掌握交互界面的使用规律和特点，提高其友好性和易操作性。

4. 一致性原则

其包括色彩的一致、操作区域一致、文字的一致，即一方面界面颜色、形状、字体与国家、国际或行业通用标准相一致，另一方面界面颜色、形状、字体自成一体。界面细节美工设计的一致性使运行人员看画面时感到舒适，不分散注意力，一致性还能减少操作失误。

5. 频率原则

按照管理对象的对话交互频率高低设计人机界面的层次顺序和对话窗口菜单的显示位置等，提高监控和访问对话频率。

6. 重要性原则

按照管理对象在控制系统中的重要性和全局性水平，设计人机界面的主次菜单和对话窗口的位置和突显性，从而有助于管理人员把握好控制系统的主次，实施好控制决策的顺序，实现最优调度和管理。

7. 面向对象原则

按照操作人员的身份特征和工作性质，设计与之相适应和友好的人机界面。根据其工作需要，宜以弹出式窗口显示提示、引导和帮助信息，从而提高用户的交互水平和效率。

对于人机交互界面，无论是面向现场控制器或是面向上位监控管理，二者是有密切内在联系的，监控和管理的现场设备对象是相同的，许多现场设备参数是共享和相互传递的。

13.4.2 人机界面设计方法

1. 界面风格的设计

控制台人机界面选用非标准 Windows 风格，以实现用户个性化的要求。但考虑到大多数用户对标准 Windows 系统较熟悉，在界面设计中兼容了标准 Windows 界面的特征。界面使用的位图按钮可在操作中实现高亮度、突起、凹陷等效果，使界面表现形式更灵活，同时可以方便用户对控件的识别。界面里使用的对话框、文本框、组合框等都选用 Windows 标准控件，对话框中的按钮也使用标准按钮。控件的大小和间距尽量符合 Windows 界面推荐值的要求。

界面默认窗体的颜色是亮灰色。因为灰色调在不同的光照条件下容易被识别，且避免了色盲用户在使用窗体时带来的不便。为了区分输入和输出，供用户输入的区域使用白色底色，能使用户容易看到这是窗体的活动区域；显示区域设为灰色(或窗体颜色)，目的是告诉用户那是可编辑区域。窗体中所有的控件依据 Windows 界面设计标准采用左对齐的排列方式。对于不同位置上多组控件，各组也是左对齐排列的。

2. 系统界面布局分析

人机界面的布局设计根据人机工程学的要求应该实现简洁、平衡和风格一致。典型的工控画面分为标题菜单、图形显示区以及按钮部分，如图 13.2 所示。界面的平衡推荐显示屏幕总体性覆盖度不超过 40%，而分组中屏幕覆盖度不超过 20%。控制台人机界面中包含着大量的图形显示信息，因此将图形显示区布置在屏幕长宽各占屏幕 70%左右的范围内，以保证显示信息的清晰和全面。控制按钮组布置在显示区的右侧，一方面是考虑到绝大多数操作者是右手操作用户，按钮区布置在最右侧更加方便；另一方面是根据界面布局的主次原则，把用户注意的最集中的左上区域留给图形显示区。

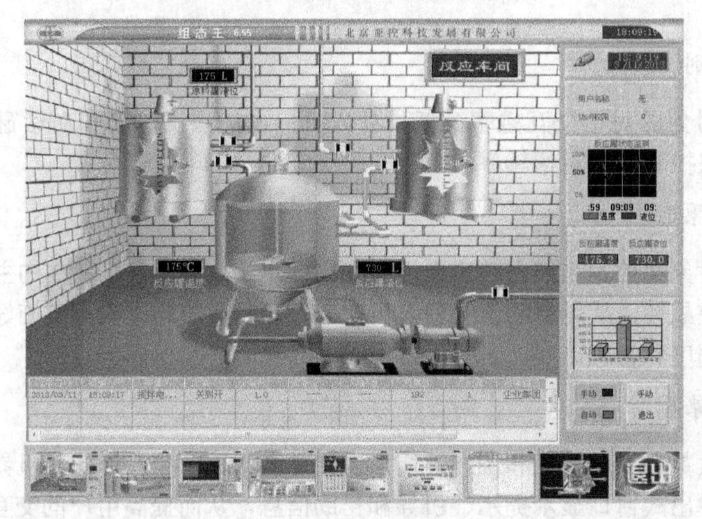

图 13.2 工控画面

根据一致性原则，保证屏幕上所有对象，如窗口、按钮、菜单等风格的一致。各级按钮的大小、凹凸效果和标注字体、字号都保持一致，按钮的颜色和界面底色保持一致。

3. 打开画面的结构体系

选择画面的概念取决于多个画面，可将画面设计为循环或 FIFO 缓冲器，如图 13.3 所示。

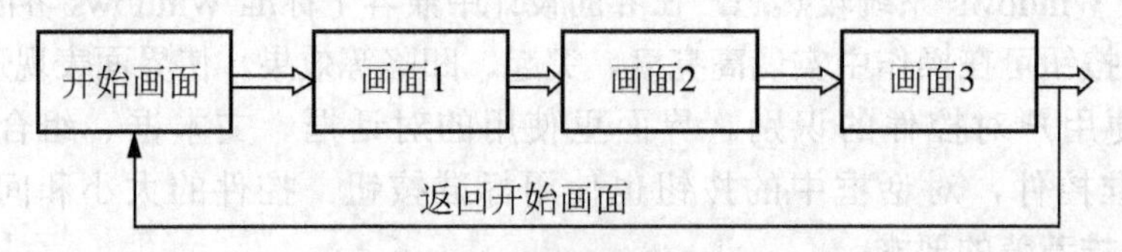

图 13.3 打开画面的结构体系

如果运行大量画面，则必须设计一个合理的结构体系来打开画面。选择简单而永久的结构以便操作员能够快速了解如何打开画面。

用户一次处理的信息量是有限的，所以大量信息堆积在屏幕上会影响界面的友好性。为了在提供足够的信息量的同时保证界面的简明，在设计上采用了控件分级和分层的布置方式。分级是指把控件按功能划分成多个组，每一组按照其逻辑关系细化成多个级别。用一级按钮控制二级按钮的弹出和隐藏保证了界面的简洁。分层是把不同级别的按钮纵向展开在不同的区域，区域之间有明显的分界线。在使用某个按钮弹出下级按钮的同时对其他同级的按钮实现隐藏，使逻辑关系更清晰。

通常要由 3 个层面组成。层面 1 的是总览画面。该层面要包含不同系统部分在系统所显示的信息以及如何使这些系统部分协同工作。层面 2 是过程画面。该层面包含指定过程部分的详细信息，并显示哪个设备对象属于该过程部分。该层面还显示了报警对应的设备对象。层面 3 是详细画面。该层面提供各个设备对象的信息，例如控制器、阀、电机等，并显示消息、状态和过程值。如果合适的话，则还包含与其他设备对象工作有关的信息。

4. 文字的应用

界面设计中常用字体有中文的宋体、楷体和英文的 Arial 等，这些字体容易辨认、可读性好。考虑到一致性，控制台软件界面所有的文本都选用中文宋体，文字的大小根据控件的尺寸选用了大小两种字号，使显示信息清晰并保证风格统一。

界面的文本用语简洁，尽量用肯定句和主动语态，英文词语避免缩写。控制台人机界面中应用的文本有标注文本和交互文本两类。标注文本是在写在按钮等控件上，表示控件功能的文字，尽量使用了描述操作的动词如“设备操作”、“系统设置”等。交互文本使用的语句要在简洁的同时表达清晰，尽量采用用户熟悉的句子和礼貌的表达方式如“请检查交流电压”、“系统告警装置锁定”。对于信息量大的情况，采用上下滚动而不用左右滚屏，以便符合人的操作习惯。

5. 色彩的选择

人机界面设计中色彩的选择也是非常重要的。人眼对颜色的反应比对文字的反应要快，所以不同的信息用颜色来区别比用文字区别的效果要好。不同色彩给人的生理和心里的感觉是不同的，所以色彩选择是否合理也会对操作者的工作效率产生影响。在特定的区域，不同的颜色的使用效果是不同的。例如，前景颜色要鲜明一些使用户容易识别而背景颜色要暗淡一些以避免对眼睛的刺激。所以，红色、黄色、草绿色等耀眼的色彩不能应用于背景色。蓝色和灰色是人眼比较不敏感的色彩，无论处在视觉的中间还是边缘位置眼睛对它的敏感程度是相同的，作为人机界面的底色调是非常合适的。但是，在小区域内的蓝色就不容易感知，而红色和黄色则很醒目，提示和警告等信息的标志宜采用红色、黄色。

使用颜色时应注意：限制同时显示的颜色数，一般同一幅画面内不宜超过 4 或 5 种，可用不同层次及形状来配合颜色增加变化；画面中活动对象颜色应鲜明，而非活动对象应暗淡，对象颜色应不同，前景色宜鲜艳一些，背景则应暗淡，中性颜色(如浅灰色)往往是最好的背景颜色；避免不兼容的颜色放在一起(如黄与蓝、红与绿等)，除非作对比时用。

6. 图形和图标的使用

图形和图标能形象地传达信息，这是文本信息达不到的效果。控制台人机界面通过可视化技术将各种数据转换成图形、图像信息显示在图形区域。选择图标时力求简单化、标准化，并优先选用已经创建并普遍被大众认可的标准化图形和图标。

7. 界面操作设计

(1) 设置快捷键。把使用频率高和需要在紧急情况下使用的一些操作如“电源控制”、“工作效能评估”等设计成快捷方式，以实现界面的简洁和高效。快捷键依靠相对位置和区域的底色和其他控制按钮区分开。

(2) 设置操作提示。操作提示常用的方式是提示标签，即当鼠标移动到某个按钮或其他控件上时，弹出小提示框对该控件的功能进行简要的描述。在使用图标按钮的界面设计中使用提示标签可以避免因用户不熟悉界面设置而造成的误操作。

(3) 出错处理。由于操作者的个人原因，经常会产生误操作。因此，在编写应用程序的时候加入错误判断机制，使程序能及时地检测错误操作。当发现错误后，在界面上显示警告但应用系统的状态不发生变化，或者系统要提供错误恢复的指导。例如，对于有顺序要求的一系列操作，用设置和判断变量状态的方式实现其功能的连锁，如果用户不按照规程进行操作程序，就不执行下一步操作并显示出错信息。

(4) 将用户界面操作化繁为简。简短的操作命令便于快速输入和执行控制信息。简化人机交互对话步骤，如默认一些正常运行时的常用参数值。根据设备操作和运行规律，捆绑式输入各组控制参数。必要时，屏蔽和捆包一些在运行操作时进行的参数传递和对话细节，而在维护或诊断时可根据一定步骤解开或细查这些参数和对话细节。

(5) 尽量将所控制的设备对象的重要参数信息直接反映在主界面上，并且按照人机交互频率及其重要性要求，排布它们在界面上的显示位置。对象的动态变化重要参数和实时采集的数据信息，宜以图表的形式显示在界面上，以便于直观地实时监视和控制。

(6) 减少和避免二级菜单操作和控制。现场控制的实时性要求很高，二级菜单不利于提高系统响应速度。在现场操作人员能够且较容易接受的情况下，适宜于以减少界面上图标的数量和大小来换取直接监控对象的参数可能性及数量。

(7) 对于突发事件设置界面显示或提示优先权，宜采用受事件激发弹出式对话窗口界面的交互方式，事件解决优先权的设置结合工艺重要性要求和顺序进行。

(8) 协调操作界面的显示模式。在实际设备运行过程中，通常会出现的一种矛盾情况：熟练操作人员(如岗位操作手)希望用多种控制语言输入方式，以求快捷和及时，而其他技术人员(如监管人员、维护人员或岗位新手)希望多用图标对话方式，以求直观方便和减少记忆指令。因此，科学合理地协调上述两种界面操作方式的配合是非常重要的一环，必要时要设计以图标对话操作为主的交互界面与以控制命令语句输入为主的交互界面的二重用户界面，用户可以根据需要进行切换操作。

(9) 设置安全操作保护措施。现场控制器直接面向生产和设备，通常为了快速启动、控制和运行，所设置的控制口令简短，访问权限和密码较少，因而容易产生误操作，直接危及生产安全和可靠性。为此，连锁控制和保护诊断输入应在交互界面设计中得到重要体现。对于不符合正常运行操作或逻辑顺序的控制信息输入要给出提示或警告信息，按分类和级别拒绝执行或等待进一步确认后才执行。

(10) 设置系统安全运行保护措施。在现场控制中，要突出超驰控制的安全保护措施，根据事故发生的原因及类别执行自动切手动、优先减、禁止增和禁止减等逻辑操作，将该控制系统转换到预先设定好的一些安全状态上。

本 章 小 结

工业监控系统设计方法有多种，本章基于组态软件技术，主要介绍组态监控系统设计的一般原则、设计步骤以及监控系统人机界面设计的原则与设计方法。

思考题与习题

1. 简述组态监控系统的设计原则。
2. 组态监控系统有哪些设计步骤？
3. 如何进行组态软件选型？
4. 应用组态软件设计有哪些步骤？
5. 工控机人机界面设计的基本要求是什么？
6. 人机界面设计原则是什么？
7. 界面布局与色彩的选择需注意什么？
8. 界面操作设计需注意什么？
9. 选取书中典型人机界面进行模仿设计。
10. 举例说明组态监控系统的设计过程。

第14章 组态王在过程控制综合实验系统中的应用

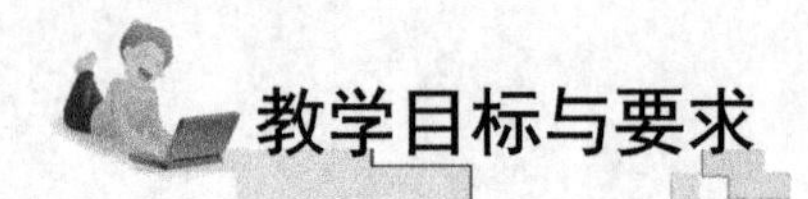

教学目标与要求

- ☞ 了解A3000过程控制系统。
- ☞ 掌握组态王在过程控制系统的设计方法。
- ☞ 掌握过程控制系统PID应用设计。
- ☞ 掌握组态王与现场设备的通信设置过程。

引言

过程控制系统在石油、化工、电力、冶金等工业领域有着广泛的应用。随着计算机技术的发展，过程控制出现了最优化与管理调度自动化相结合的多级计算机控制系统，过程控制系统开始与过程信息系统相结合，具有了更多的功能，目前过程控制正朝着高级阶段发展，向着综合化、智能化方向发展。综合化的控制系统以智能控制理论为基础，以计算机及网络为主要手段，对企业的经营、计划、调度、管理和控制全面综合，实现从原料进库到产品出厂的自动化、整个生产系统信息管理的最优化。工控组态软件是近年来在过程控制自动化领域兴起的一种新型软件开发技术，具有开发简便、开发周期短、通用性强、可靠性高等优点。工控组态软件的发展为过程控制系统提供了友好的人机交互界面，具有使用简单、形象直观、模拟性强、贴近工业现场等特点。

图14.1所示为典型的过程控制系统结构示意图，该主从式监控方式在中小规模的工程控制系统中得到广泛应用。

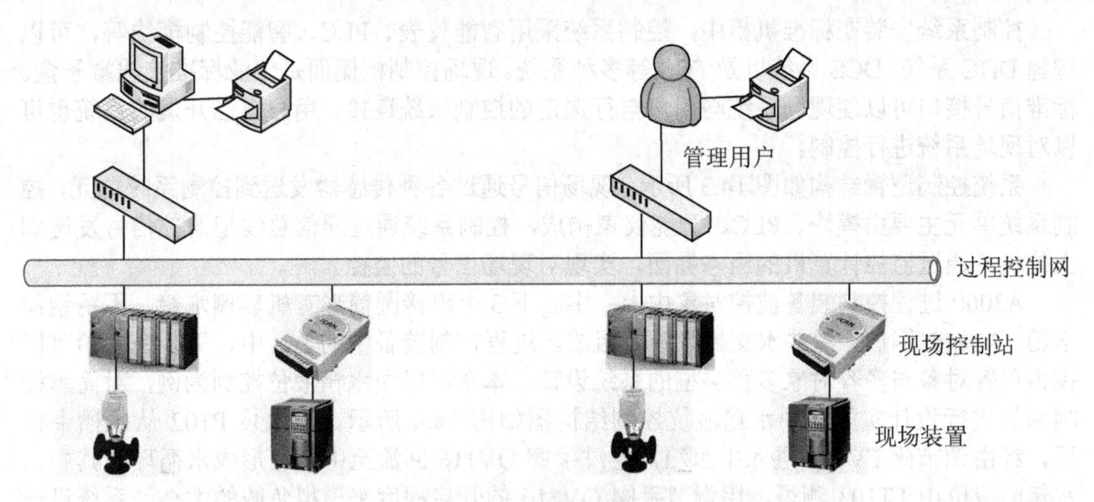

图 14.1　典型的过程控制系统结构示意图

14.1　A3000 液位控制系统简介

A3000 过程控制实验系统是由北京华晟公司开发，专门用于过程控制实验的平台，总体设备物理系统如图 14.2 所示，包括现场系统和控制系统。现场系统包括了对象单元、传感器、执行器(包括变频器及移相调压器)、供电系统，组成了一个通过外部标准控制信号连接的完整、独立的现场环境。为了防止动力设备静电积累而触电或者损坏设备，系统必须可靠接地。系统动力支路分两路：一路由三相磁力驱动泵、气动调节阀、直流电磁阀、电磁流量计及手动调节阀组成，另一路由变频器、磁力驱动泵、涡轮流量计及手动调节阀组成。

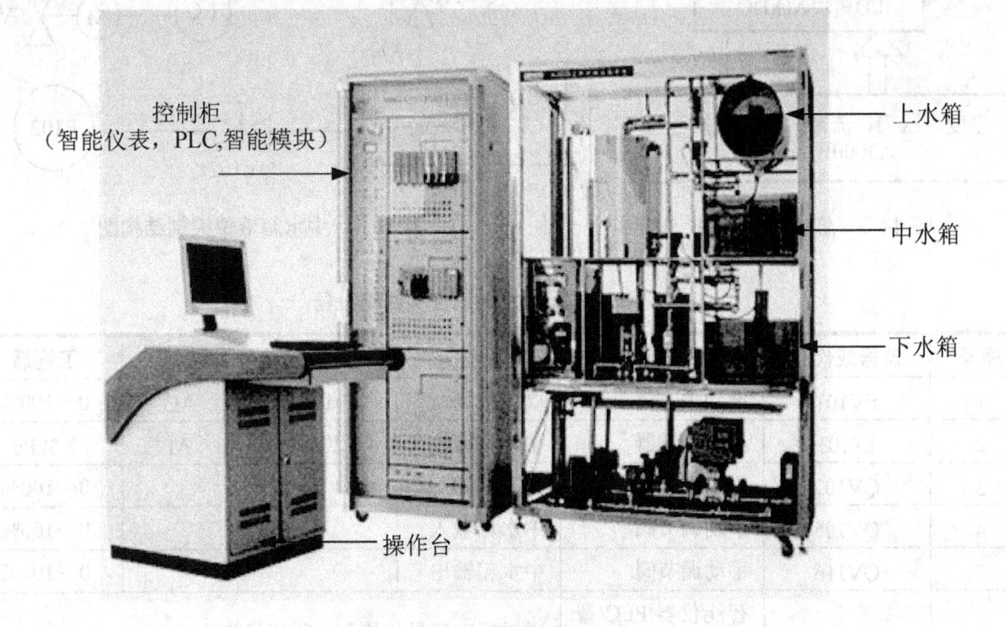

图 14.2　A3000 过程控制装备

控制系统安装在标准机柜中，控制系统采用智能仪表、PLC、智能控制模块等，可以构建 DDC 系统、DCS 系统以及 FCS 等多种系统。现场控制柜侧面是工业标准接线端子盒。标准信号接口可以使现场系统与用户自行选定的控制系统连接，用户自己开发的系统也可以对现场系统进行控制。

系统控制逻辑结构如图 14.3 所示。现场信号通过各种传感器发送到控制系统单元，控制系统单元主要由模块、PLC、智能仪表构成，控制系统通过通信总线把监控信号发送到上位机，通过监控计算机的组态界面，实现对现场信号的监控。

A3000 过程控制装备被控对象由上、中、下 3 个串接圆筒形有机玻璃水箱、不锈钢储水箱、电加热锅炉、冷热水交换盘管等组成。过程控制装备中的上、中、下 3 个水箱可以模拟单容对象与多容对象多种类型的系统设计。本章仅以中水箱液位控制为例，对简单控制系统进行设计实验。中水箱液位控制结构图如图 14.4 所示。水由泵 P102 从水槽中加压，经由调节阀 FV101 进入中水箱，通过手阀 QV116 回流至中水箱形成水循环；其中，水箱的液位由 LT103 测得，用调节手阀 QV116 的开启程度来模拟负载的大小。系统设计为定值自动控制系统，FV101 为操纵变量，LT103 为被控变量，采用 PID 调节来完成。中水箱液位控制回路设备见表 14-1，系统分别采用智能仪器、PLC 控制以及智能模块实现液位控制。

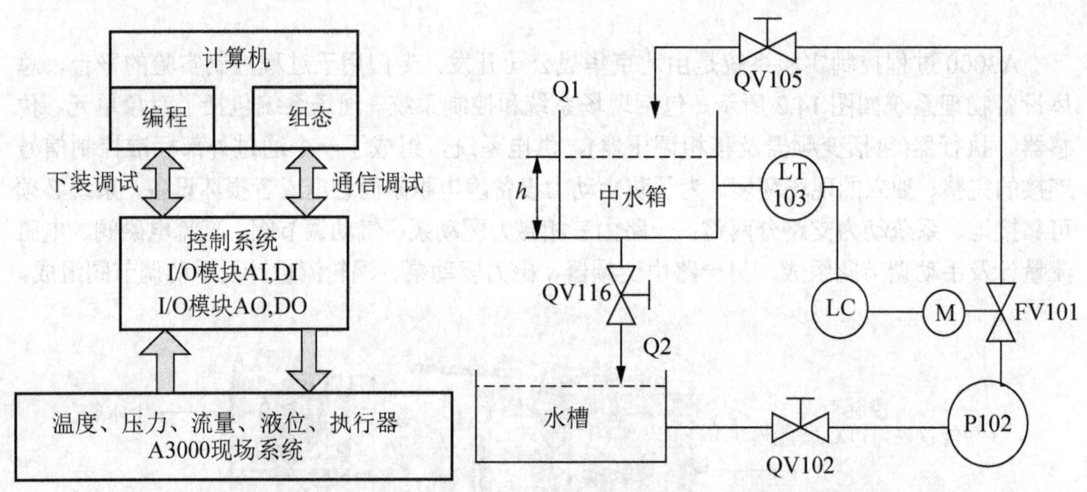

图 14.3　总体逻辑结构　　　　图 14.4　中水箱液位控制结构图

表 14-1　水箱液位系统控制回路设备

序号	位号或代号	设备名称	用途	原始信号类型		工程量
1	FV101	电动调节阀	阀位控制	2～10VDC	AO	0～100%
2	LT103	压力变送器	中水箱液位	4～20mADC	AI	2.5kPa
3	QV102	手动调节阀	调节水槽			0～100%
4	QV105	手动调节阀	中水箱输入			0～100%
5	QV116	手动调节阀	中水箱输出			0～100%
6	LC	智能仪器/PLC/智能模块	通过标准信号与检测、执行机构连接			

14.2　基于智能仪表的组态王液位监控系统设计

【举例】以 A3000 过程控制系统为基础，采用智能仪表作为控制器，执行机构采用电磁调节阀，实现单容水箱液位 PID 单回路控制。

【设计要求】

(1) 设计组态界面，动态显示液位变化，界面可调 PID 各参数，实现手自动。动态点、交互控制点清单见表 14-2。

表 14-2　动态点、交互控制点清单

名称		数据类型	功能描述
FV101	调节阀	I/O 实型	显示调节器输出值 MV
LT103	液位变送器	I/O 实型	显示水箱液位值(调节器测量值 PV)
SP	调节器设定值	I/O 实型	调节器自动状态下可改写，同时让手动输出值跟踪这个数值
P	调节器比例系数	I/O 实型	可改写
I	调节器积分系数	I/O 实型	可改写
D	调节器微分系数	I/O 实型	可改写
手/自动	PID 调节器状态	I/O 整型	单击，调节器状态切换
M/MV	PID 调节器手动输出值	I/O 实型	调节器手动状态下，单击则弹出“输入”对话框(改变调节器输出值)，自动状态跟随调节器输出值

(2) 设备、管路从图库中选取，液位变化、管路中流体流动具有动画效果；流程图界面中可包含实时曲线窗口。实时曲线引入调节器 PV、MV、SP 这 3 个变量；3 条曲线颜色便于区分，对应变量名标示清楚。

(3) 引入液位高、低实时报警记录。

(4) 在自动状态下，SP 值变化原来稳状值的 10%，系统可以稳定。超调量(最大偏差)不大于稳定值的 15%。

【设计步骤】

1. 系统硬件配置

基于智能仪表的液位 PID 控制系统硬件主要包括电动调节阀、压力变送器、智能调节仪 。水箱液位传感器的输出端正负极连接到智能仪表的输入端的正负极 AI 端，I/O 面板上电动调节阀控制信号输入端的正负极连接到智能仪表输出端正负极 AO 端，智能仪表接线控制原理图如图 14.5 所示。

1) 电动调节阀

电动调节阀采用四线制接线，电源为 220VAC，其信号线分为输入控制信号和阀位输出信号(4～20mA)。当接通 220VAC 电源后，打开保护盖，可以看见指示灯亮起，用百特仪表手动输出 20mA(量程设置为 4～20mA)到控制端，齿轮开始旋转，同时调节阀的轴向上移动到最大行程。

本例所用调节阀特性：单座阀、螺纹连接、线性流量。电动调节阀外观如图 14.6 所示。

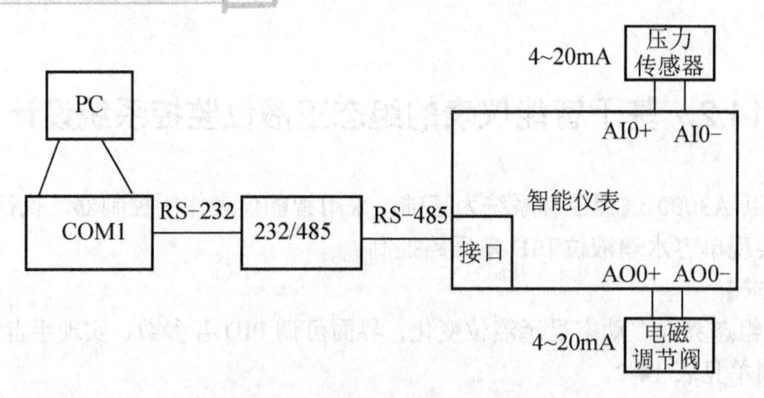

图 14.5　智能仪表接线控制原理图

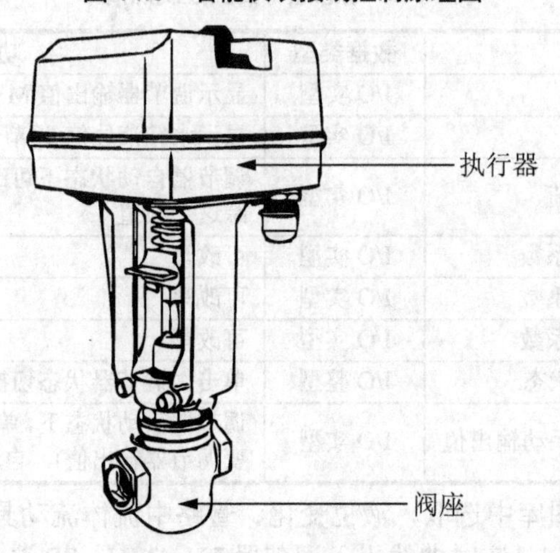

图 14.6　电动调节阀外观

若施加一个电流信号，调节阀不动作，可以测量信号线两端电阻值，大小为 250Ω。反之，没有电阻值，表示信号线已断开。当用百特仪表检验时，将调节阀的输出信号接到百特仪表，测量其电压值，若大于 12V，则表示信号线断开。如果输入 20mA 而没有全开，输入 4mA 没有全部关闭，或者发现电机转动而轴不动(死转)，则需要调整各个可调电阻，包括上限位、下限位等。

2) 液位压力传感器

液位压力传感器是两线制接法，输出信号为 4～20mA 电流信号，如图 14.7 所示。

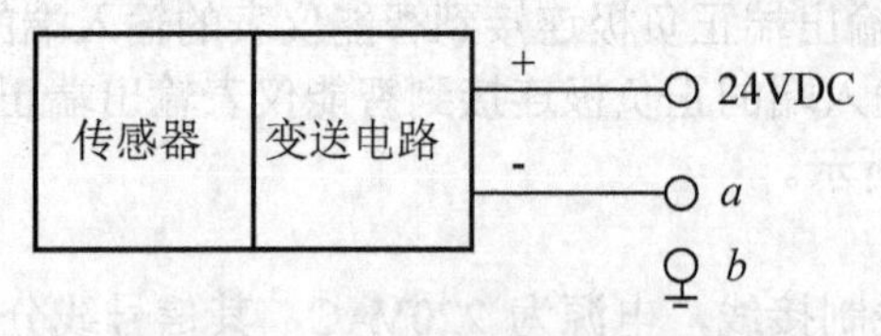

图 14.7　压力传感器接线原理图

端口 *ab* 之间接负载(250～500Ω)。当检验压力传感器信号时，在 *ab* 之间串一个标准电阻，然后测其上的压降，可以算出 *ab* 间的电流。无水时应显示 3.85～4.00mA，吹入空气，电流值增大。

液位传感器实际是一个压力传感器。当水箱中没有水时，*ab* 间的电流应当为 4.00mA(标准状态)，但由于安装位置原因，*ab* 间的电流为 3.8～4.0mA(百特仪表量程范围设为 4～20mA)。如果误差比较大，则可以在控制系统中进行校正。例如，如果测量值低于 4mA，则直接显示 0。然后，测量值上加上一定高度，从而获得比较准确的液位高度。一般过程控制不要求这个绝对高度。

压力变送器如图 14.8 所示。压力/液位变送器包括一个表头，表头两侧都有盖子。打开盖子，一侧用于接线，另一侧可以调节零点或满量程，如图 14.9 所示。

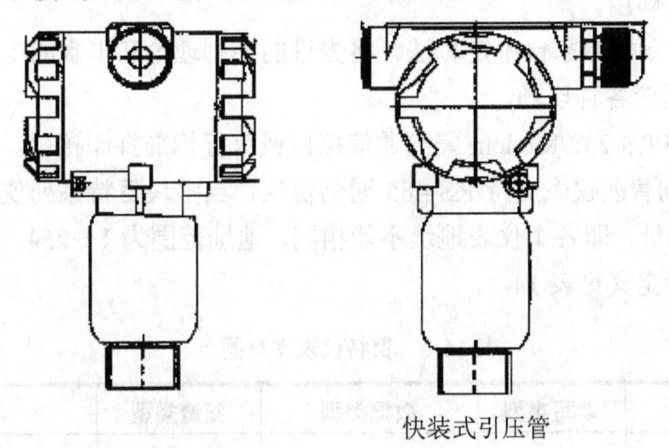

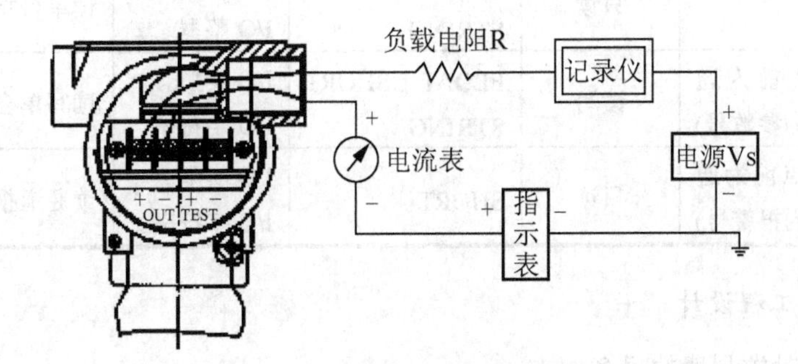

图 14.8　压力变送器

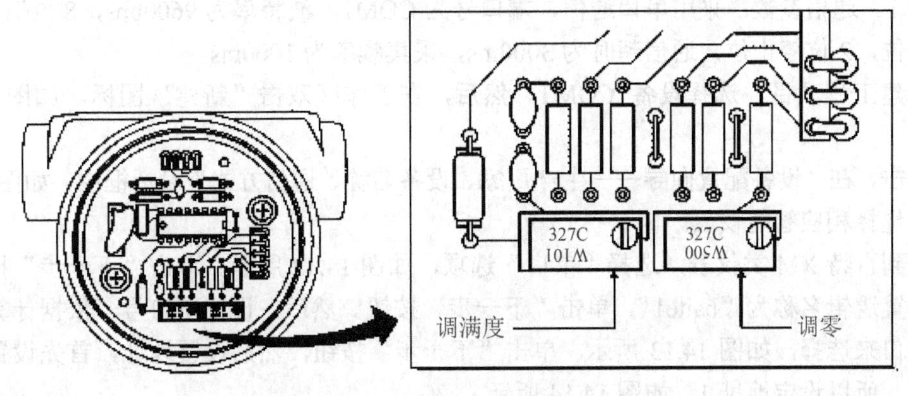

图 14.9　压力/液位变送器量程调节示意图

3) 智能仪表

A3000 智能仪表控制系统采用了百特公司 XM 类系列的智能 PID 调节仪表。具有智能 PID 控制算法，可以实现自整定功能。该仪表的特点如下。

(1) 适用于温度控制、压力控制、流量控制、液位控制等各种现场和设备配套。

(2) 采用单片计算机技术设计，可保证全量程不超差，长期运行无时漂、零漂。

(3) 只需做相应的按键设置和硬件跳线设置(打开盖子跳线)，即可在以下所有输入信号之间任意切换，即设即用。

(4) 独特的 PID 参数专家自整定算法，将先进的控制理论和丰富的工程经验相结合，使得 PID 调节器可适应各种现场，

(5) 可带 RS-485/RS-232/Modem 隔离通信接口或串行标准打印接口。

百特 XM 类系列智能仪表支持 RS-485 通信协议，当多块百特系列仪表与计算机相连时，各个仪表混合编址，即各个仪表地址不能相同，地址范围为 1～254。百特仪表组态王可访问的寄存器变量定义见表 14-3。

表 14-3 百特仪表寄存器

寄存器	读写类型	数据类型	变量类型	备注
REAL*	只读	FLOAT USHORT STRING	I/O 实型 I/O 整型	读单台指定仪表瞬时值
PARA*.*(小数点前为通道号，小数点后为参数号)	读写	FLOAT USHORT STRING	I/O 实型 I/O 字符串	读写单台指定仪表参数值
ALAM*.*(小数点前为通道号，小数点后为报警号)	只读	SHORT	I/O 实型 I/O 字符串	读通道报警状态

2. 组态王工程设计

1) 组态王对控制器的设备组态

本设计是实现组态软件与百特仪表通信。百特仪表具体为 XM 类仪表，名称为 baite1，地址为 1。通信参数：采用串口通信，端口号为 COM1，波特率为 9600bps，8 位数据位，无校验位，2 位停止位，通信超时为 3000ms，采集频率为 1000ms。

新建工程项目，选择设备 COM1。然后，在工作区双击“新建”图标，如图 14.10 所示。

双击，在“设备配置向导——生产厂家、设备名称、通信方式”对话框中，如图 14.11 所示，选择相应智能仪表。

找到百特 XM 类仪表，选择“串口”选项，如图 14.12 所示。单击“下一步”按钮，然后设置逻辑名称为“baite1”，单击“下一步”按钮。然后，设置串口号，依据计算机的通信端口来选择，如图 14.13 所示。单击“下一步”按钮，然后设置地址，首先设置内给定仪表，所以设定地址 1，如图 14.14 所示。

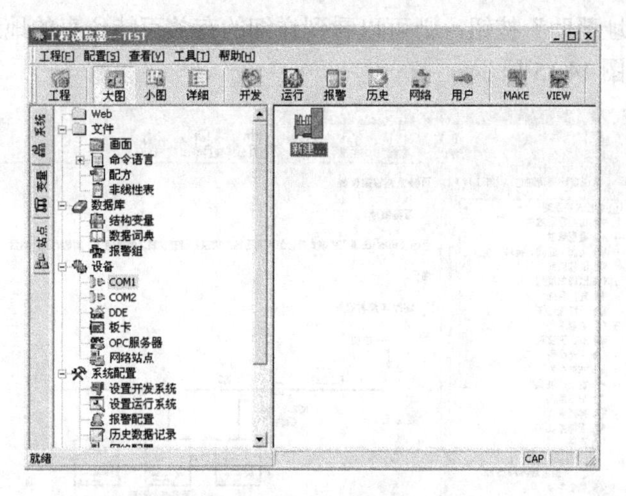

图 14.10　新建设备

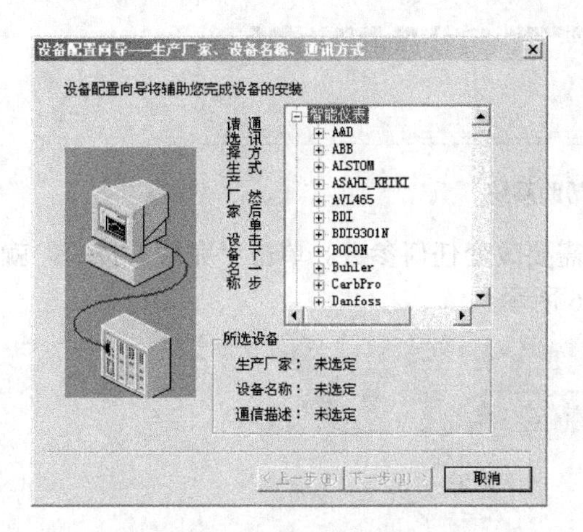

图 14.11　选择相应智能仪表

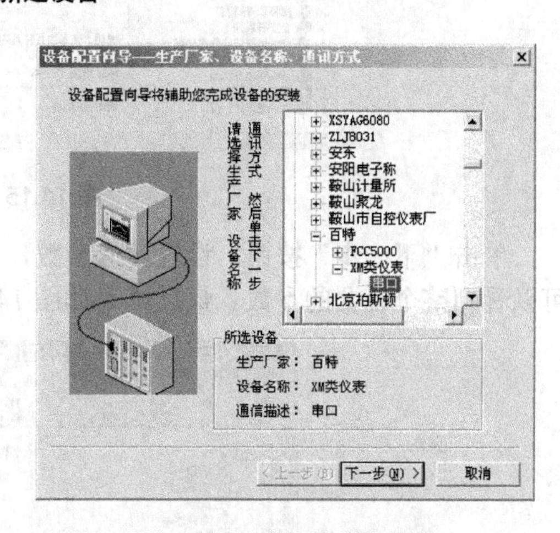

图 14.12　选择最终的设备

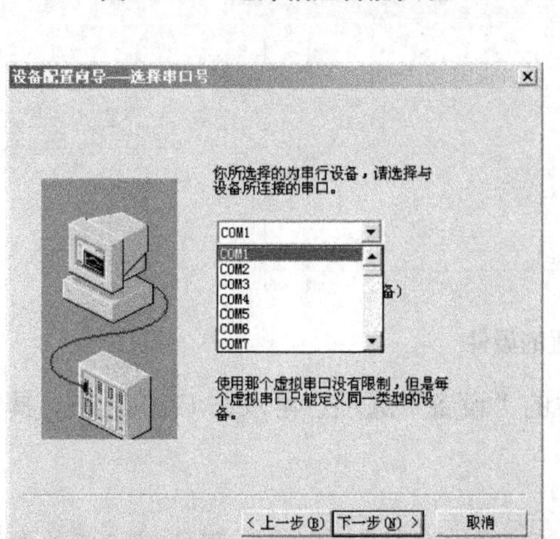

图 14.13　设置串口

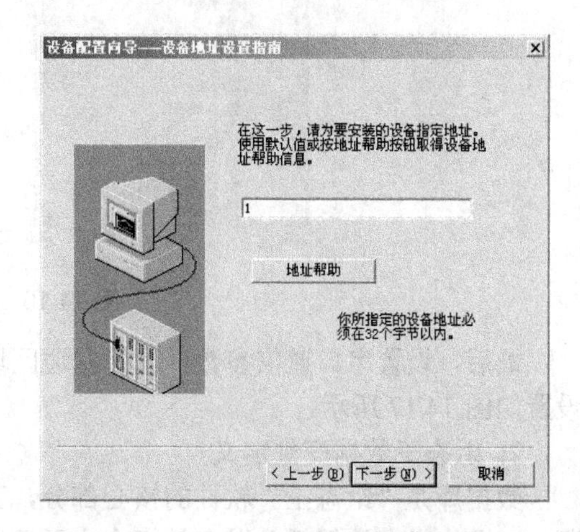

图 14.14　设备地址设置指南

如果单击“地址帮助”按钮，则可以看到详细的有关百特仪表的地址设置以及数据定义的帮助过程，如图 14.15 所示。

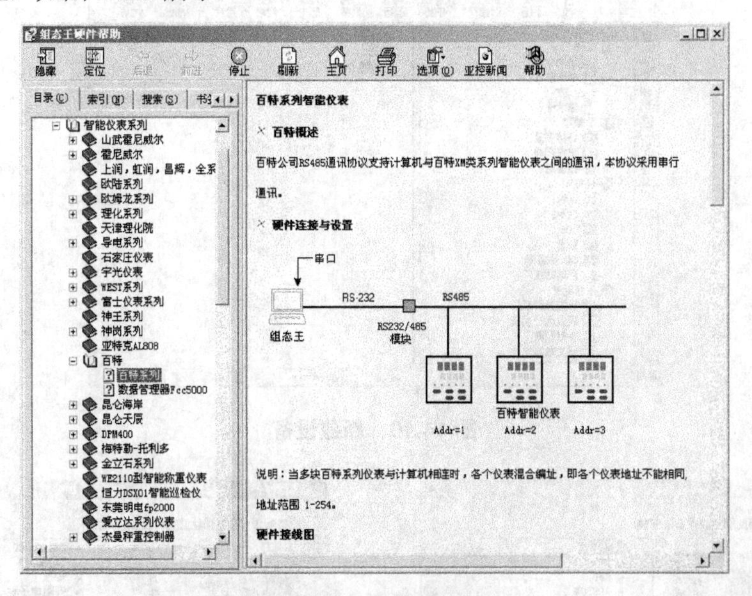

图 14.15　帮助系统

单击“下一步”按钮，设置通信参数，不需要改变任何参数。单击“完成”按钮，就可以看到整个设置的参数。最后结果如图 14.16 所示。

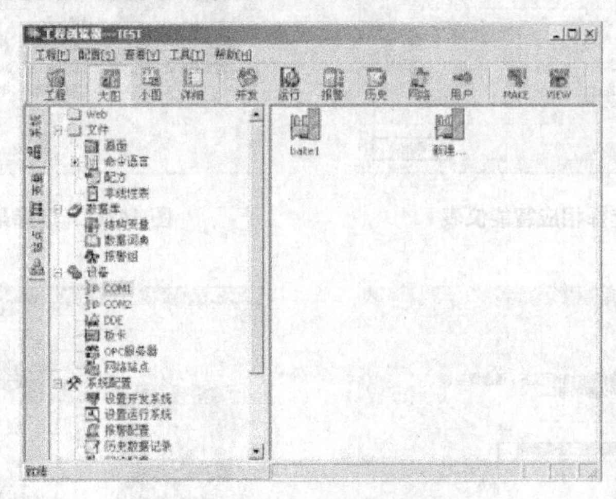

图 14.16　设置的硬件

最后，设置串口通信参数，选择左边区域中的“设备”选项，再双击 COM1 项。具体设置如图 14.17 所示。

2) 组态王数据变量定义

数据库是“组态王”软件的核心部分，工业现场的生产状况要以动画的形式反映在屏幕上，操作者在计算机前发布的指令也要迅速送达生产现场，所有这一切都是以实时数据库为中介环节，所以说数据库是联系上位机和下位机的桥梁。

组态软件中所有的变量定义见表 14-4。除了 PV 值只读之外，其他为读写属性。读写参数号参考仪表的通信协议。

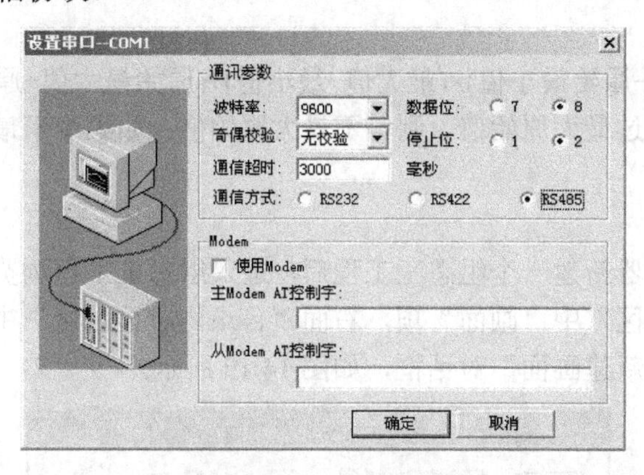

图 14.17　串口设置

表 14-4　组态软件中所有的变量定义

序号	参数名	意义	设备	参数号	数据类型
1	PID0_PV	过程值	Baite1	REAL1	I/O 实数
3	PID0_MV	操作值	Baite1	PARA1.44	I/O 实数
5	PID0_SP	设定值	Baite1	PARA1.38	I/O 实数
7	PID0_P	比例带	Baite1	PARA1.31	I/O 实数
8	PID0_I	积分时间	Baite1	PARA1.32	I/O 实数
9	PID0_D	微分时间	Baite1	PARA1.33	I/O 实数
10	PID0_AM	手自动切换	Baite1	PARA1.43	I/O 实数

下面以 PID0_PV 为例，介绍 I/O 变量的定义过程。选择工程浏览器左边区域的“数据词典”选项，双击“新建”图标，出现“定义变量”对话框，设置如图 14.18 所示。

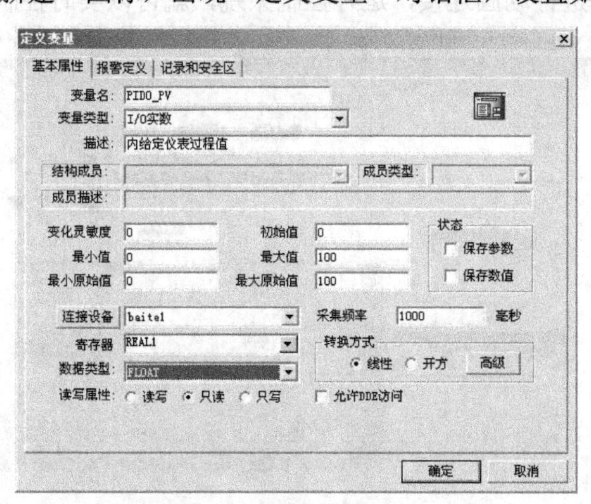

图 14.18　定义变量 PID0_PV

在输入的I/O数据在进入组态软件之前，可以进行工程量转换，例如如果过程值是液位，则可以设置最大值25，单位为cm。

线性转换公式：

输出=(原始输入-原始最小值)×(最大值-最小值)÷(原始最大值-原始最小值)+最小值。

如果原始输入超过最大原始值，则等于最大原始值；如果少于最小原始值，则等于最小原始值。

3) 画面创建

当使用工程管理器新建一个组态王工程后，进入组态王工程浏览器，选择工程浏览器左边“工程目录显示区”中“画面”项，右面“目录内容显示区”中显示“新建”图标，双击该图标，弹出“新建画面”对话框，如图14.19所示。

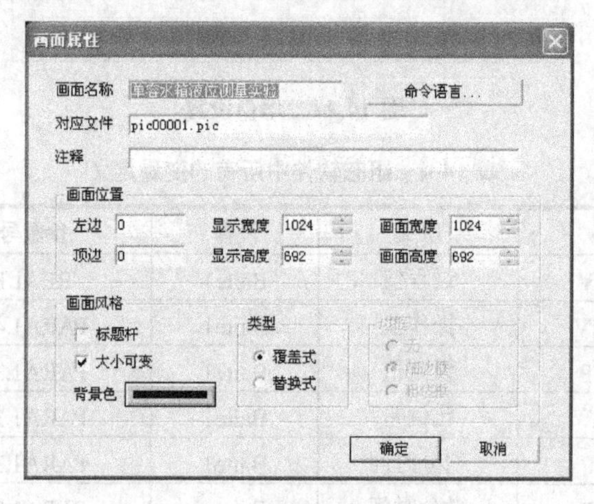

图14.19 “新建画面”对话框

在对话框中可定义画面的名称、大小、位置、风格及画面在磁盘上对应的文件名。单容水箱液位测量实验画面如图14.20所示。按照前面章节介绍的方法，把数据词典中定义的变量与画面的图素进行动画连接，运行控制系统，就可以实时控制水箱的液位。

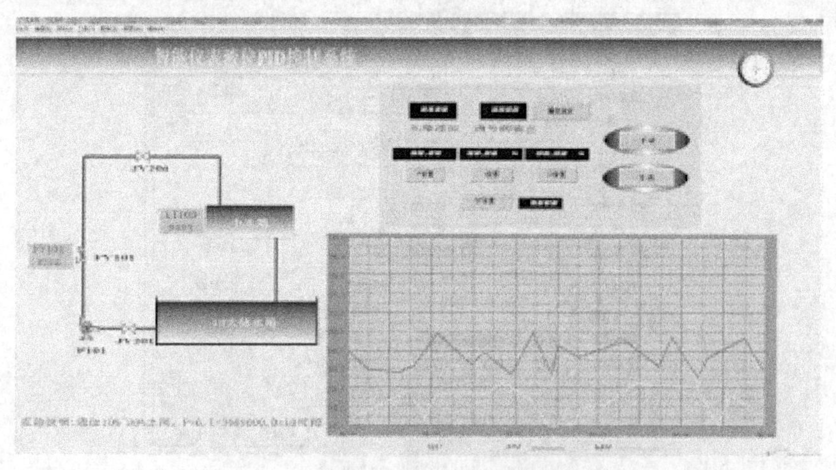

图14.20 单容水箱液位控制系统实验

4) PID 控制参数设置

在组态王工程界面中，有 3 个对话框分别设置 PID 的比例系数、积分时间和微分时间这 3 个参数，由表 14-3 所示，PID 的 3 个参数的值分别对应智能仪表的 PARA1.31、PARA1.32、PARA1.33 这 3 个寄存器，在组态王界面设置后，这 3 个寄存器的值随之改变，达到 PID 参数设置的效果。

3. 系统运行调试

【操作步骤】

(1) 选择下水箱作为被控对象(也可选择中水箱或上水箱)。实验之前先将储水箱中储足水量，然后将阀门 QV102、QV105 全开，将下水箱出水闸板 QV116 开至适当开度(5～10mm)。

(2) 智能仪表的测量值输入端 AI0 与下水箱液位输出端连接，操作值输出端 AO0 接电动调节阀。

(3) 打开上位机“组态王”的工程管理器，选择 “单容液位调节阀 PID 单回路控制实验”工程，进入监控界面。

(4) 选用单回路控制系统实验中所述的某种调节器参数的整定方法整定好调节器的相关参数，并设置好系统的给定值，然后在上位机监控界面中将智能仪表设置为“手动”控制。

(5) 接通控制系统柜的电源开关和现场系统单相电源开关，打开现场系统面板上的“水泵 2#”开关，给 2#水泵上电打水。

(6) 待下水箱液位达到给定值且基本稳定不变时，把调节器切换为自动，使系统投入自动运行状态。

(7) 突加阶跃扰动(将给定量增加 5%～15%)，观察并记录系统的输出响应曲线。

(8) 待系统进入稳态后，适量改变阀 QV105 的开度(作为系统的扰动)，观察并记录在阶跃扰动作用下液位的变化过程。

(9) 适量改变 PI 的参数，用计算机记录不同参数时系统的响应曲线。

PID 控制器控制曲线如图 14.21 所示，当控制参数 P=24、I=20、D=2 或 4 时，系统具有比较好的控制效果。

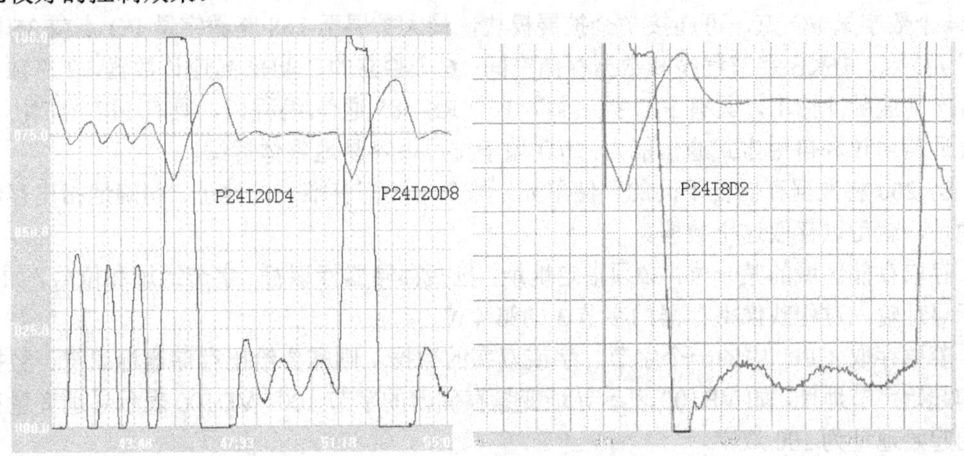

图 14.21　PID 控制器控制曲线

14.3 基于 PLC 的组态王液位监控系统设计

【举例】以 A3000 过程控制系统为基础，采用西门子 S7-200 作为控制器，执行机构采用电磁调节阀，实现单容水箱液位 PID 单回路控制。设计要求同 14.2 小节。

【操作步骤】

1. 系统硬件配置

基于 PLC 的液位 PID 控制系统硬件主要包括福光电动调节阀、压力变送器、西门子 S7-200PLC、EM235 模拟量模块。

控制器的信号直接连接到控制面板上，通过插孔和锁紧连接线连接到现场系统的 I/O 上。S7200 通过 PC-PPI 电缆与计算机串口连接起来。如图 14.22 所示，液位变送器信号连接到 PLC 扩展模块 EM235 的 AI0 输入端，调节阀信号连接到 EM235 的 AO0 输出端。

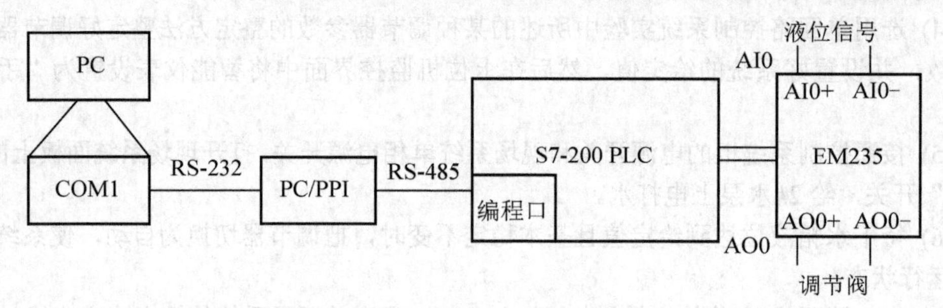

图 14.22 运行系统原理图

S7-200PLC 控制系统硬件由四部分组成：CPU 模块、扩展模块及 PC/PPI 电缆，还有计算机。

1) CPU224 DC/DC/DC 模块

本系统采用的西门子 PLC 的 CPU 是 CPU224 DC/DC/DC，本机集成 14 输入/10 输出共 24 个数字量 I/O 点，可连接 7 个扩展模块，最大扩展至 168 路数字量 I/O 点或 35 路模拟量 I/O 点，16KB 字节程序和数据存储空间；6 个独立的 30kHz 高速计数器，2 路独立的 20kHz 高速脉冲输出，具有 PID 控制器，1 个 RS-485 通信/编程口，具有 PPI 通信协议、MPI 通信协议和自由方式通信能力；I/O 端子排可很容易地整体拆卸。

S7-200 将数据存储在不同的存储单元，每个单元都有唯一的地址，明确地指出存储区的地址，就可以存取这个数据。

存取存储区域的某一位，必须指定地址，包括存储器标识符、字节地址和位号，如 I3.4 表示寻址输入过程映像寄存器的字节 3 的第 4 位，

若要存取 CPU 中的一个字节、字或双字的数据，则需要给出存储器标识符、数据大小和起始字节地址，如 VB100 表示寻址变量存储器的字节 100，VD100 表示寻址变量存储器的起始地址为 100 双字。

可以按位、字节、字和双字来存取的存储区有以下几个。

(1) 输入过程映像寄存器 I。

(2) 输出过程映像寄存器 Q。

(3) 变量存储区 V。

(4) 位存储区 M。

(5) 特殊存储器 SM。

(6) 局部存储器 L。

(7) 顺控继电器存储器 S。

其他特殊的存储方式有以下几个。

(1) 模拟量输入 AI(AIW0～AIW30)、模拟量输出 AO(AOW0～AOW30)：必须按字存取，而且首地址必须用偶数字节地址。

(2) 定时器存储区 T、计数器存储区 C：用位或字的指令读取，当用位指令时，读定时器位，用字指令时读计时器当前值。

(3) 累加器 AC(AC0～AC3)：可以按字节、字、双字存取。

(4) 高速计数器 HC(4 个 30kHz：HC0、HC3、HC4、HC5)：只读，双字寻址。

(5) S7-200 的浮点数由 32 位单精度表示，精确到小数点后六位。

在本系统的标准配置中，能寻址的物理 I/O 点数字量输入为 I0.0～I1.5，数字量输出为 Q0.0～Q1.1，模拟量输入为 AIW0～AIW6，模拟量输出为 AQW0。在组态工程中可以定义的寄存器见表 14-5。

表 14-5　S7-200 寄存器

<table>
<tr><th>寄存器</th><th>Dd 取值范围</th><th>数据类型</th><th>变量类型</th><th>读写类型</th><th>寄存器含义</th></tr>
<tr><td>Vdd</td><td>0～9999</td><td>BYTE，SHORT，USHORT，LONG，FLOAT</td><td>I/O 整型、I/O 实型</td><td>读写</td><td>V 数据区</td></tr>
<tr><td rowspan="2">Idd</td><td>0.0～9999.7</td><td>BIT</td><td>I/O 离散</td><td rowspan="2">只读</td><td>数字量输入区，按位读取</td></tr>
<tr><td>0～9999</td><td>BYTE</td><td>I/O 整型</td><td>数字量输入区，按字节(8 位)读取</td></tr>
<tr><td rowspan="2">Qdd</td><td>0.0～9999.7</td><td>BIT</td><td>I/O 离散</td><td rowspan="2">读写</td><td>数字量输出区，按位操作</td></tr>
<tr><td>0～9999</td><td>BYTE</td><td>I/O 整型</td><td>数字量输出区，按字节(8 位)操作</td></tr>
<tr><td rowspan="2">Mdd</td><td>0.0～9999.7</td><td>BIT</td><td>I/O 离散</td><td rowspan="2">读写</td><td>中间寄存器区，按位操作</td></tr>
<tr><td>0～9999</td><td>BYTE</td><td>I/O 整型</td><td>中间寄存器区，按字节(8 位)操作</td></tr>
</table>

2) EM235 模块

因为 S7-200 的 CPU224 本身不能处理模拟信号，所以处理模拟信号时需要外加模拟量扩展模块。

模拟量扩展模块 EM235 提供了模拟量输入输出的功能，适用于复杂的控制场合，12 位的 A/D 转换器，多种输入输出范围，不用加放大器即可直接与执行器和传感器相连。EM235 模块能直接和 PT100 热电阻相连，供电电源为 24VDC。

EM235 有 4 路模拟量输入和 1 路模拟量输出。输入输出都可以为 0～10V 电压或是 0～20mA 电流，可以由 DIP 开关设置。

图 14.23 所示为 EM235 的输入输出连线示意图。

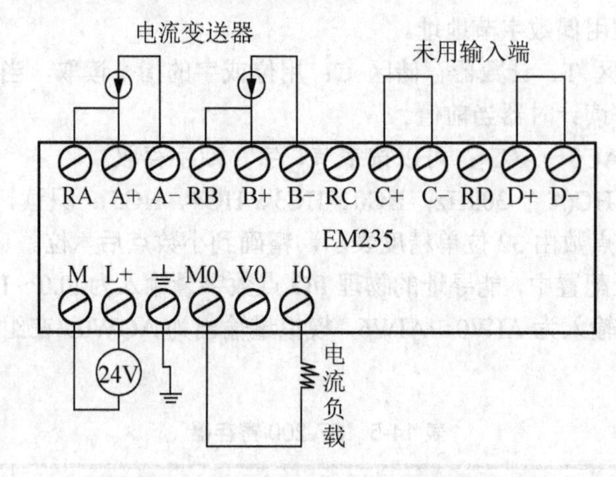

图 14.23　EM235 的输入输出连线示意图

用 DIP 开关可以设置 EM235 模块，开关 1～6 可以选择模拟量输入范围和分辨率，所有的输入设置成相同的模拟量输入范围和格式，具体见表 14-6。开关 1、2、3 是衰减设置，开关 4、5 是增益设置，开关 6 为单双极性设置。本套 A3000 实验装置中的传感器输入输出信号均为 4～20mA，因此设置 DIP 开关拨码为 ON OFF OFF OFF OFF ON 格式，即单极性满量程 0～20mA 输入。

表 14-6　DIP 开关

SW1	SW2	SW3	SW4	SW5	SW6`	极性	满量程
ON	OFF	OFF	OFF	OFF	ON	单极性	0～20mA
OFF	ON	OFF	OFF	OFF	ON	单极性	0～10V

3) PC-PPI 电缆

将 PC/PPI 电缆连接 RS-232(PC)的一端连接到计算机上，另外一端连接到 PLC 的编程口上。它将提供 PLC 与计算机之间的通信，线长 5m，带内置 RS-232-C/RS-485 连接器，用于 CPU 22X 与 PC 或 DTE 之间连接，例如打印机、条码阅读器，通过光耦隔离，如图 14.24 所示。

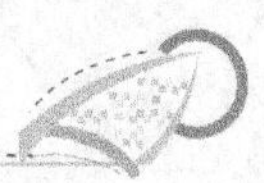

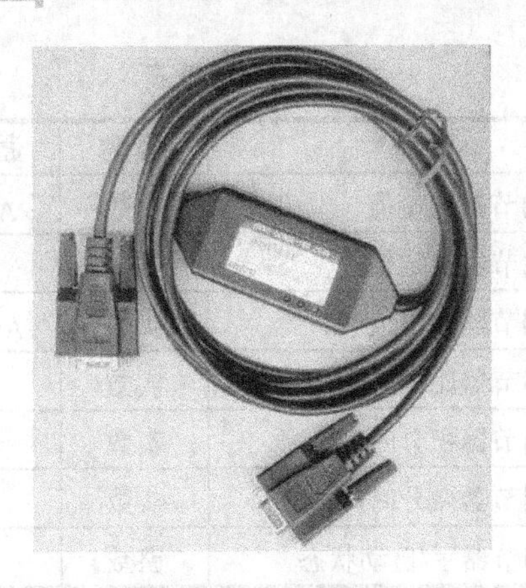

图 14.24　PPI 电缆

2. PLC 程序设计

1) 创建工程

打开 STEP7 Micro/WIN 编程软件，选择“文件”|“新建”菜单命令，出现一个新项目窗口，选择“文件”|“另存为”菜单命令，设置项目名称为“单回路 PID”。

在操作栏中，单击“通信参数”图标 Communications，打开“通信”对话框，如图 14.25 所示，进行通信参数设置(PC/PPI 编程电缆的通信地址设为“2”，接口设为“COM1”，传输波特率为“9.6Kbps”)。在“通信”对话框右侧双击刷新图标，即可建立与 S7-200 的通信。

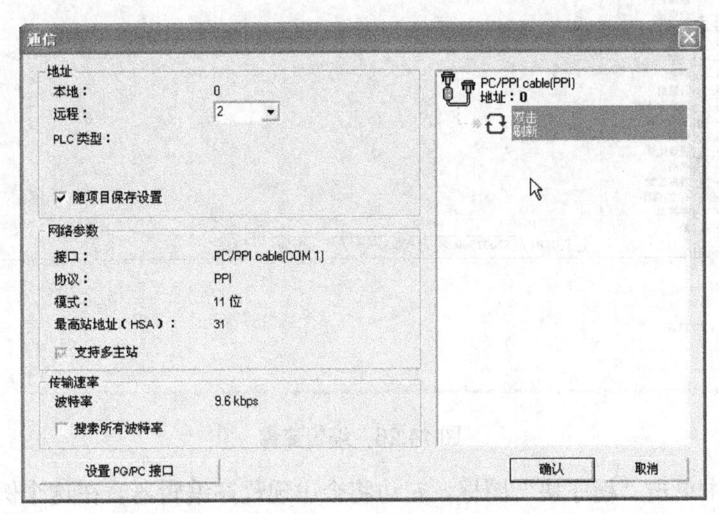

图 14.25　与硬件通信

2) 编辑代码

每打开一个项目，在程序编辑器里都会自动出现一个主程序、一个子程序、一个中断程序。这 3 个程序就是整个程序的框架。在建立好基本框架后，下面进行变量和程序的编辑。首先需要建立的变量，具体见表 14-7。

表 14-7　变量表

序号	变量名	说明	类型	通道	数值范围	内部地址
1	PID_PV	PID0 调节器测量值	实数	AI0	0～1	VD100
2	PID_SP	PID0 调节器给定值	实数		0～1	VD104
3	PID_MV	PID0 调节器输出值	实数	AO0	0～1	VD108
4	PID_P	PID0 调节器比例系数	实数		实数	VD112
5	PID_I	PID0 调节器积分时间	实数		正数	VD120
6	PID_D	PID0 调节器微分时间	实数		正数	VD124
7	PID_A/M	PID0 调节器手/自动状态	整数		0 或 1	VB190

在操作栏中单击“符号块”图标，在符号表中编辑变量，如图 14.26 所示。

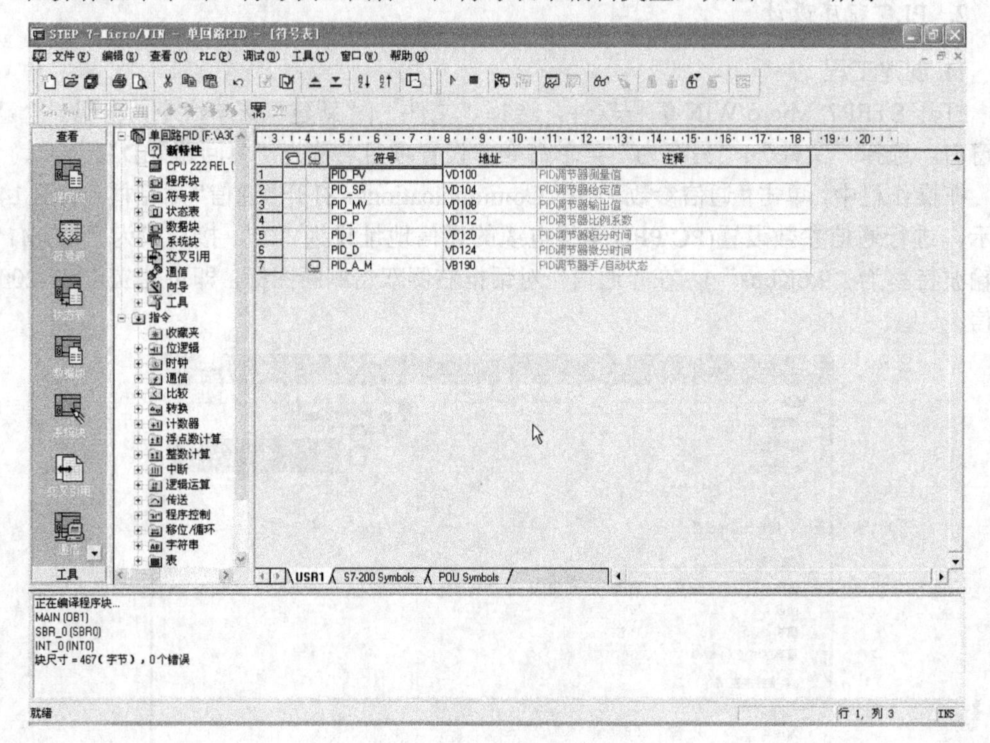

图 14.26　编辑变量

在操作栏中单击“程序块”图标，左边将会出现程序编辑器。在这个例子中可使用梯形图编写程序，主程序包括 3 个网络，如图 14.27 所示。

主程序调用 3 个子程序，SM0.0 是一直闭合的，它只在每次扫描时调用子程序，

网络一：调用输入子程序 SBR0，采集 PV 信号，同时设定 SP 值，转换相应的工程量。

网络二：调用一次子程序 SBR1，初始化 PID 参数，同时使能定时中断 0，调用定时中断程序 0，进行 PID 计算。

网络三：调用输出子程序 SBR2，判断手自动，工程量转换后将结果输出到 AQW0。

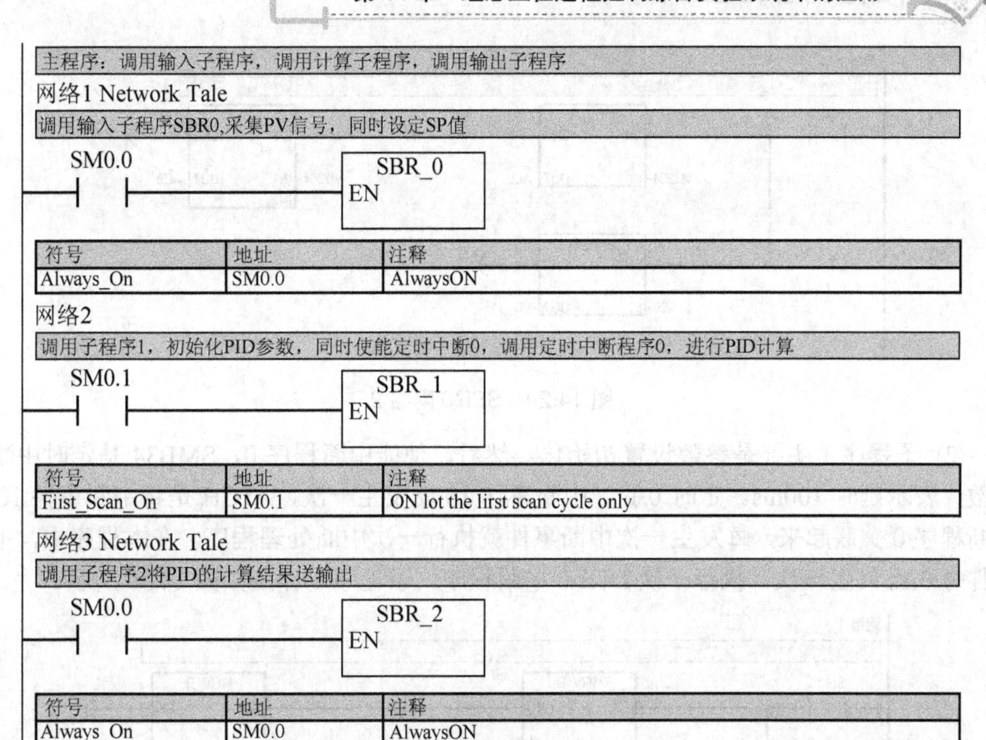

图 14.27　主程序

(1) 子程序 0 采集 PV 值，转换为标准工程量，同时将 PV 值转到 1～100 之间送至 VD100 存储，以便组态软件观察，如图 14.28 所示；在其网络 2 中，将组态软件的设定值 SP 转换为标准 0～1 之间的数，方便 PID 计算。VD304 作为一个中间变量设定值，范围是 0～100，它是为了在组态界面中方便设置而增加的一个量，在中断程序中会被转换到一个 0～1 的标准值，如图 14.29 所示。

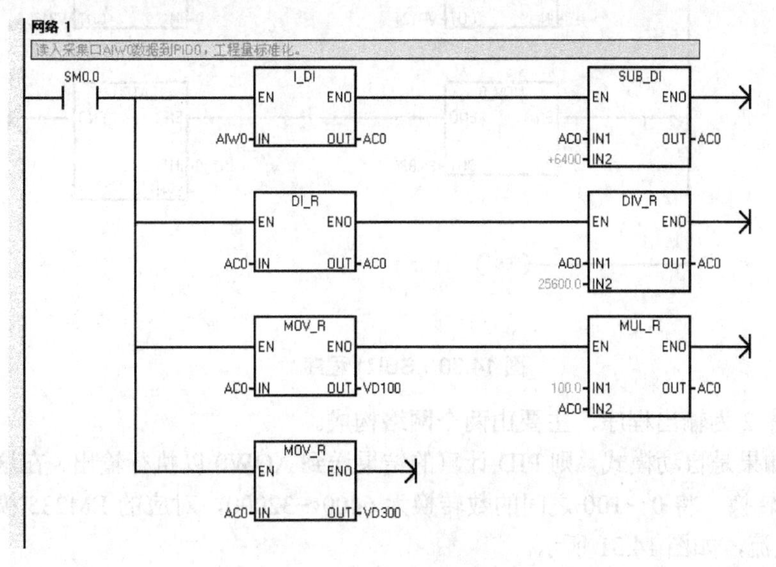

图 14.28　SBR0 网络 1

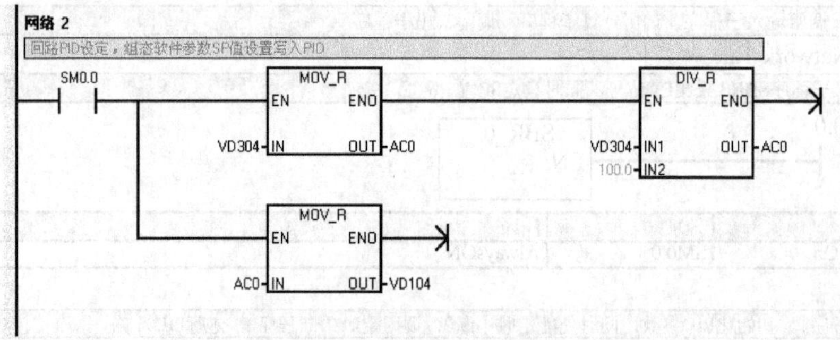

图 14.29　SBR0 网络 2

(2) 子程序 1 主要是参数设置初始化。然后，使能中断程序 0，SMB34 是定时中断的参数，表示延时 100ms。定时 0.1s，中断事件 10 就发生一次，ATCH 是将中断事件 10 与中断程序 0 关联起来，每发生一次中断事件就执行一次中断处理程序。在本程序中，中断事件每 0.1s 发生一次，执行一次 INT_0 中断程序。子程序 1 详图如图 14.30 所示。

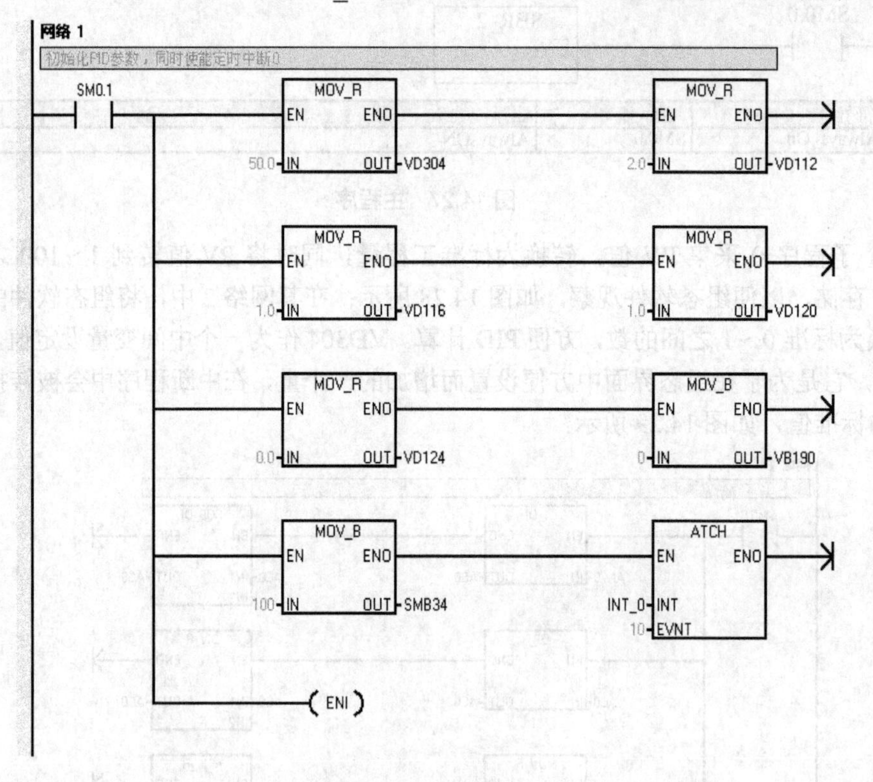

图 14.30　SBR1 程序

(3) 子程序 2 为输出程序，主要由两个网络构成。

网络 1：如果是自动模式，则 PID 计算的结果送到 AQW0 以执行输出，在这里要进行相应的工程量转换，将 0～100 之间的数转换为 6400～32000，对应的 EM235 模块会输出 4～20mA 的电流，如图 14.31 所示。

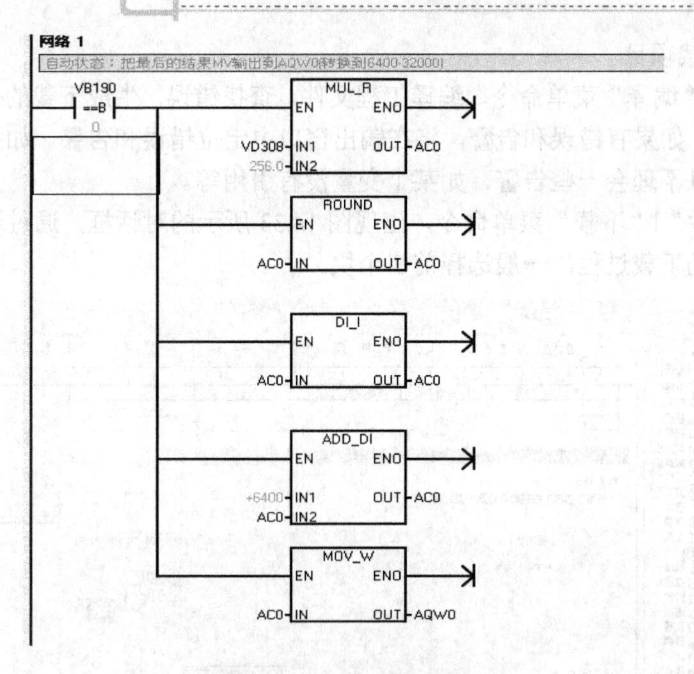

图 14.31　自动状态自动输出

网络 2：如果是手动模式，则将手动设定的 MV 值转换为 6400～32000 之间后送到 AQW0，以执行输出，如图 14.32 所示。

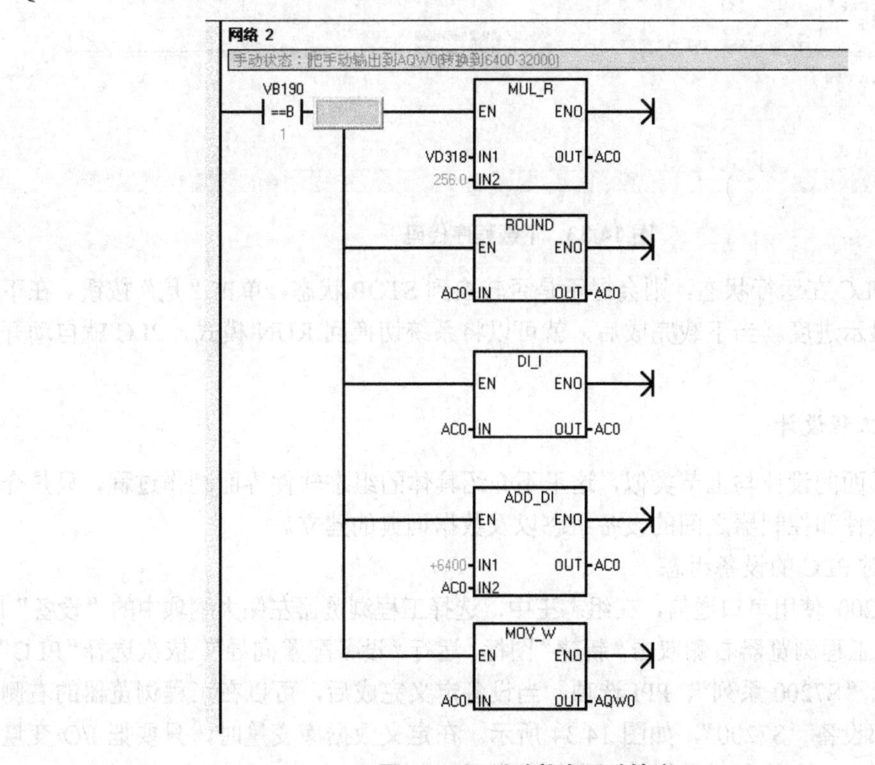

图 14.32　手动状态手动输出

3) 编译下载项目

选择 PLC|“编译”菜单命令，编译工程文件，查找错误，生成下载的代码。系统显示各种编译信息，如果有错误和告警，将在输出窗口中定位错误和告警。如果没有错误，则编译成功，可以不理会一些告警，如某个变量没有引用等。

选择“文件”|“下载”菜单命令，出现图 14.33 所示的对话框，通过该对话框指定下载内容，并启动下载过程，一般选择前 3 个块。

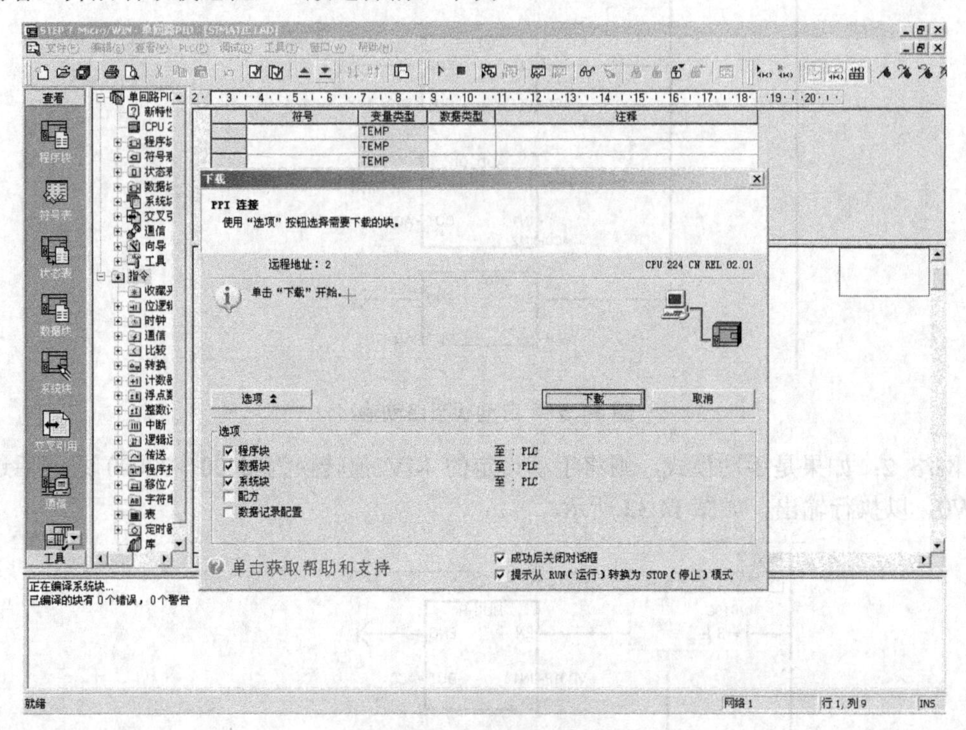

图 14.33　下载程序代码

如果此时 PLC 在运行状态，则会提示是否转换到 STOP 状态，单击“是”按钮。在下载时，状态条显示进度。当下载完成后，就可以将系统切换回 RUN 模式，PLC 就自动开始运行程序。

3. 组态王工程设计

组态工程界面的设计与上节类似，这里不介绍具体的组态软件界面制作过程，只是介绍常用的组态软件和控制器之间的设备组态以及数据词典的建立。

1) 组态王对 PLC 的设备组态

西门子 S7-200 使用串口通信，在组态王中，选择工程浏览器左侧大纲项中的“设备”|COM1 选项，在工程浏览器右侧双击“新建”图标，运行“设备配置向导”，依次选择“PLC”中的“西门子”、“S7200 系列”、PPI 选项，当设备定义完成后，可以在工程浏览器的右侧看到新建的外部设备“S7200”，如图 14.34 所示。在定义数据库变量时，只要把 I/O 变量连接到这台设备上，它就可以和组态王交换数据了。

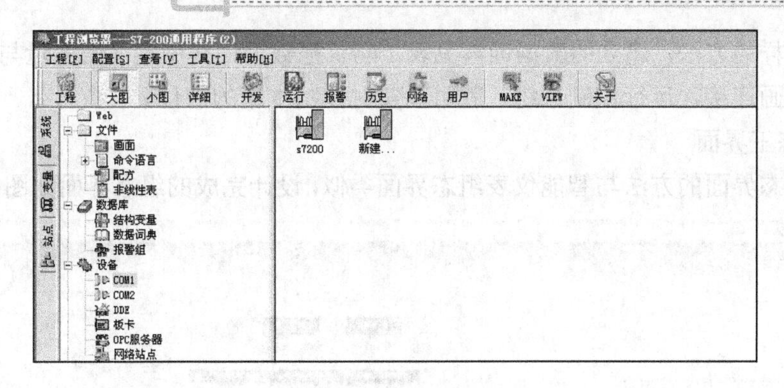

图 14.34　定义设备

2) 组态王定义数据变量

在组态王中，PID 控制回路的数据词典定义见表 14-8。

表 14-8　数据词典变量表

变量名	变量类型	寄存器	数据类型	读写属性	数据范围	描述
PV	I/O 实数	V300	FLOAT	只读	0～100	测量值
SP	I/O 实数	V304	FLOAT	读写	0～100	设定值
MV	I/O 实数	V308	FLOAT	读写	0～100	输出值
PIDP	I/O 实数	V112	FLOAT	读写	−1000～1000	增益 K_p，负数为副作用，正数为正作用
PIDI	I/O 实数	V120	FLOAT	读写	0～10000	积分时间 T_i，单位为 min
PIDD	I/O 实数	V124	FLOAT	读写	0～10000	微分时间 T_d，单位为 min
手自动切换	I/O 实数	V190	BYTE	读写	0～1	为 0 时自动，1 时手动

选择工程浏览器左侧大纲项中的“数据库”|“数据词典”选项，在工程浏览器右侧双击“新建”图标，弹出“定义变量”对话框。此对话框可以对数据变量完成定义、修改等操作以及数据库的管理工作。在“变量名”文本框处输入变量名，如 PV；在“变量类型”下拉列表中选择变量类型，如 I/O 实数，如图 14.35 所示。

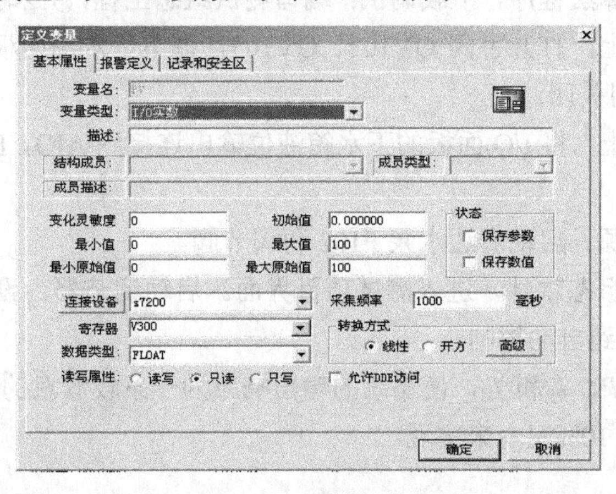

图 14.35　创建 I/O 变量

通过这样的方法，建立的数据词典见表 14-7。把数据词典中定义的变量与组态画面的图素进行动画连接，运行控制系统，就可以实时控制水箱的液位。

3) 组态王界面

设计组态界面的方法与智能仪表组态界面类似，设计完成的组态界面如图 14.36 所示。

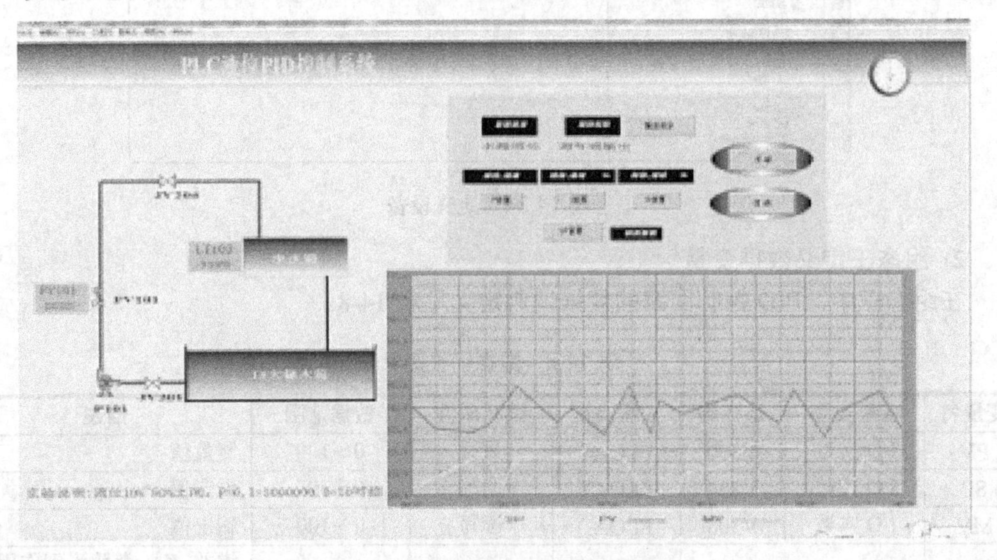

图 14.36　基于 PLC 的液位控制界面

4) PID 参数设置

在 PLC 液位 PID 控制系统中，在组态界面设置的 PID 的 3 个参数，分别关联到 PLC 的 V112、V120、V124 寄存器，通过 PLC 程序，以改变 PID 控制器的输出来实现对液位的控制。

4. 系统运行调试

【操作步骤】

(1) 编写控制器算法程序，下载调试；编写测试组态工程，并和控制器联合调试完毕。

(2) 在现场系统上，打开手阀 QV102、QV105，调节下水箱闸板 QV116 开度(可以稍微大一些)，其余阀门关闭。

(3) 在控制系统上，将 I/O 面板的下水箱液位输出连接到 AIO，I/O 面板的电动调节阀控制端连到 AO0。

(4) 打开设备电源。启动右边水泵 P102 和调节阀。

(5) 启动计算机组态软件，进入测试项目界面。启动调节器，设置各项参数，可将调节器的手动控制切换到自动控制。

(6) 选择合适的 P、T_{i} 和 T_{d}，使系统的输出响应为一条较满意的过渡过程曲线(阶跃输入可由给定值从突变 10%左右来实现。

14.4　基于智能模块的组态王监控系统设计

【举例】以 A3000 过程控制系统为基础，采用研华的 ADAM 模块作为控制器，执行机构采用电磁调节阀，实现单容水箱液位 PID 单回路控制。设计要求同 14.2 小节。

【操作步骤】

1．系统硬件配置

A3000 系统包括研华的 ADAM4017、ADAM4024、ADAM4050。24V 直流电驱动，通过 RS-485 转换网络到以太网，再将数据传到上位机。模块从左到右，地址分别为 1、2、3。通信波特率 9600bps，连接原理图如图 14.37 所示。以单容液位调节阀控制为例，控制面板上的输入端 AI0+、AI0−分别与 I/O 面板上的水箱液位输出端的正负极连接，控制面板上的输出端 AO0+、AO0−分别与 I/O 面板上电动调节阀控制信号输入端的正负极连接。

I/O 面板上的输出信号和公共端分别与控制面板上的输入端 DI0、DI1 以及输入信号公共端 DICOM 连接，制面板上的输出端 DO0、DO1 以及输出信号公共端 DOCOM 分别与 I/O 面板上的被控对象及公共端连接。

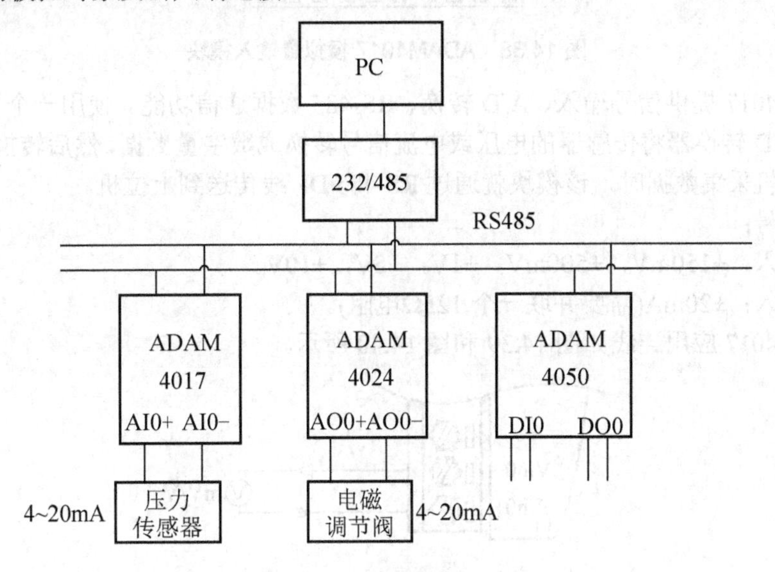

图 14.37　智能模块硬件连接图

1) ADAM4017

ADAM4017 是一个 16 位、8 通道模拟量输入模块，它对每个通道输入量程提供多种范围，可以自行选择设定。这个模块用于工业测量和监测，其性价比很高。通过光隔离输入方式对输入信号与模块之间提供 3000VDC 隔离，而且具有过压保护功能。其结构如图 14.38 所示。

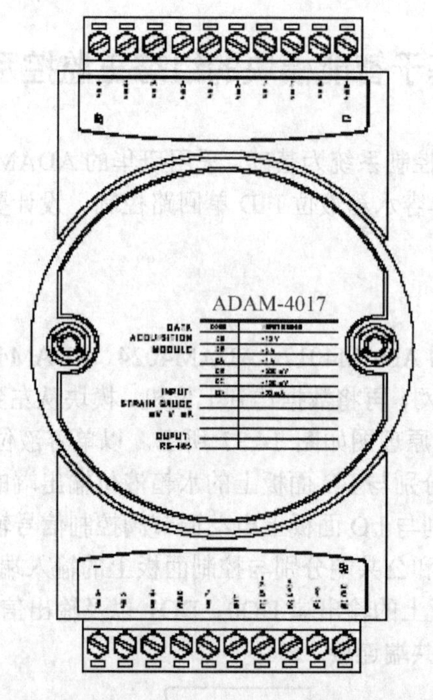

图 14.38　ADAM4017 模拟量输入模块

ADAM4017 提供信号输入、A/D 转换、RS-485 数据通信功能。使用一个 16 位微处理器控制的 A/D 转换器将传感器的电压或电流信号转换成数字量数据，然后转换为工程单位量。当上位机采集数据时，该模块就通过 RS-485 DP 线传送到上位机。

输入信号：

电压输入：±150mV，±500mV，±1V，±5V，±10V。

电流输入：±20mA(需要并联一个 125Ω电阻)。

ADAM4017 应用连线如图 14.39 和图 14.40 所示。

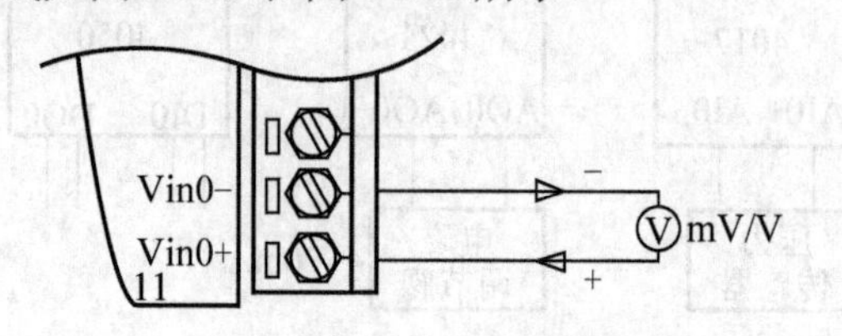

图 14.39　ADAM4017 差分输入通道 0～5

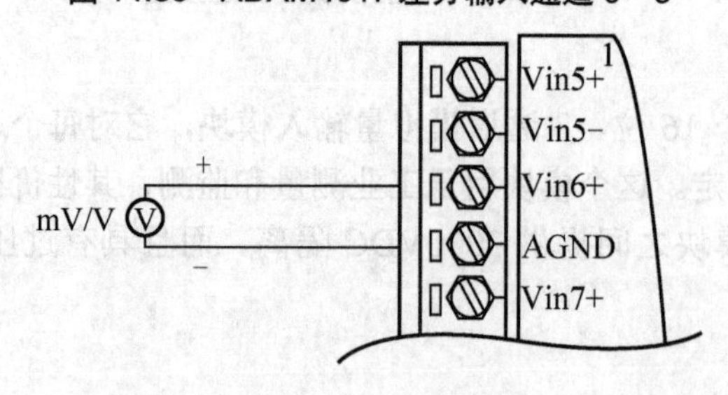

图 14.40　ADAM4017 单端输入通道 6～7

2) ADAM4024

ADAM4024 是一个 4 通道模拟量输出混合模块。在某些情况下，需要多路模拟量输出来完成特殊的功能，但是却没有足够的模拟量输出通道。而 ADAM4024 正是为了解决这一问题而设计的，它包括了 4 通道模拟量输出以及 4 通道数字量隔离输入。这 4 路数字量通道作为紧急联锁控制输出，如图 14.41 所示。

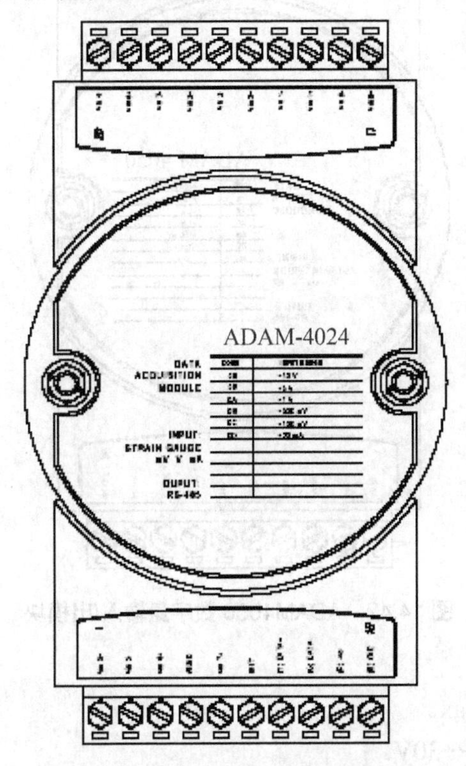

图 14.41　ADAM4024 模拟量输出模块

ADAM4024 的 4 路模拟量输出通道可同时工作在不同的输出范围，如 4～20mA 与±10V。ADAM4024 允许初始值代替默认值，用户很容易对模块进行设置。

ADAM4024 技术规范：

(1) 输出类型：mA，V。

(2) 输出范围：0～20mA，4～20mA，±10V。

(3) 隔离电压：3000VDC。

(4) 负载：0～500Ω(有源)。

程序只要把 DI0、DI1 等关联到 ADAM4050 的改到 ADAM4024 就可以了。

3) ADAM4050

ADAM4050 有 7 通道数字量输入、8 通道数字量输出。它的输出可以由上位机给定，并且可以控制固定的继电器以达到对加热、水泵、电力设备的控制。上位机能通过它的数字量输入来确定限制状态、安全开关以及远距离数字量信号。其示意图如图 14.42 所示。

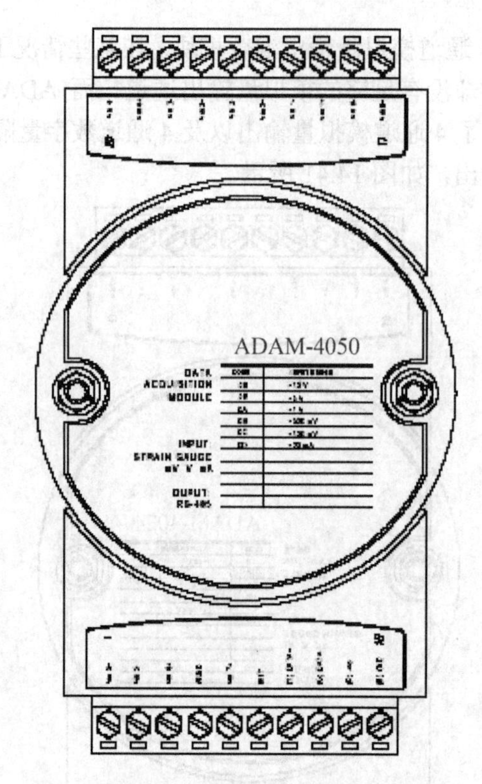

图 14.42　ADAM4050 数字量输入/出模块

数字量输入：

(1) 逻辑“0”：-1Vmax。

(2) 逻辑“1”：+3.5～+30V。

数字量输出：开集电极 30V，负载 30mA max。

ADAM4050 接线原理如图 14.43 所示。

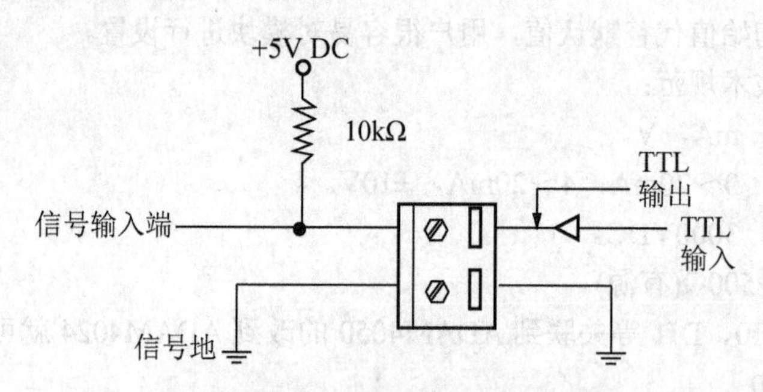

图 14.43　ADAM4050 TTL 输入

实际实验接线：DI/O0～DI/O2 直接连到数字接口左(黑)端，右(红)端悬空。

4) 硬件设置

在对 ADAM 模块进行初始化之前，应将其固定好，通 24V 直流电，用 DP 线(RS-485→RS-232 转换器)或通过以太网同上位机连接，在上位机安装 ADAM-4000 UTILITY。

ADAM-4000 UTILITY 主界面如图 14.44 所示。

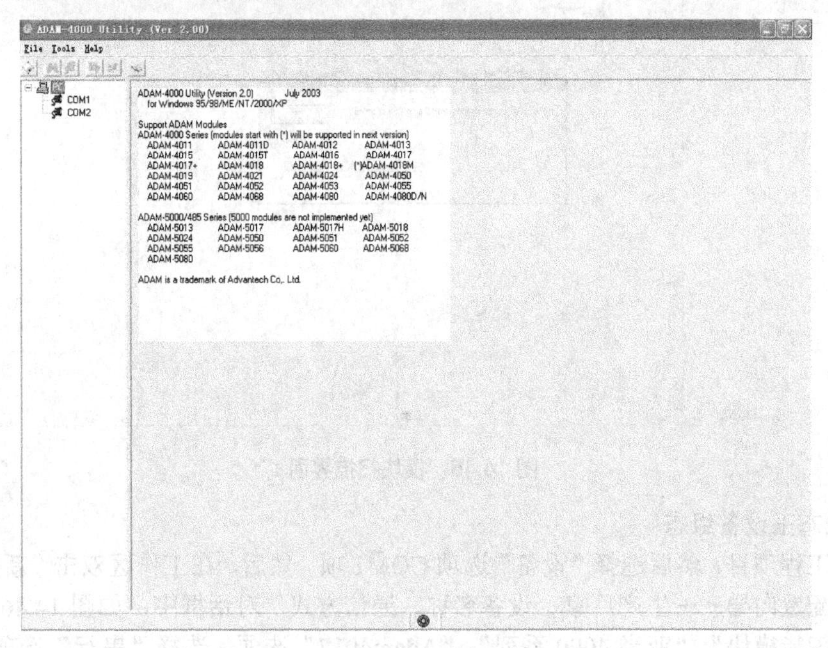

图 14.44　ADAM-4000 UTILITY 主界面

选中左侧端口，如 COM1，在右侧设置面板中设置：波特率为 9600bps，数据位为 8，停止位为 1，校验位为 None。

模块初始化：将 GND 与 INIT 端短接，重新上电。打开 ADAM-4000 UTILITY，选择对应端口，单击工具栏上的“搜索”图标，几秒钟后会出现扫描到的模块，例如(*)ADAM4017。括号中的“*”表示模块现在处于初始化状态，单击 Stop Scan 按钮，如图 14.45 所示。

初始化设置：在软件界面左侧单击 ADAM4017 图标，右侧显示 ADAM4017 设置面板。进行以下设置：地址为 1，波特率为 9600bps，校验和为选中 Enable，输入范围为±20mA。当设置完参数后，单击 Update 按钮。重新上电、搜索，可以看到显示：(01)ADAM4017。

同理，可对 ADAM4024 以及 ADAM4050 进行初始化设置。在对 ADAM4024 进行初始化设置时，其模拟量输入范围、初始值及最大值要对应。

2. 组态王工程设计

ADAM4000 是 DDC 控制器，不具有控制算法，所以必须由计算机直接控制。其包括了 ADAM4017、ADAM4024、ADAM4050 模块，对应地址分别是 1、2、3。

通过研华的软件来设置地址，并设置为通信波特率 9600bps、无校验、数据位 8、停止位 1、通信超时 3000ms、通信方式 RS-485，并选择 checksum 属性。

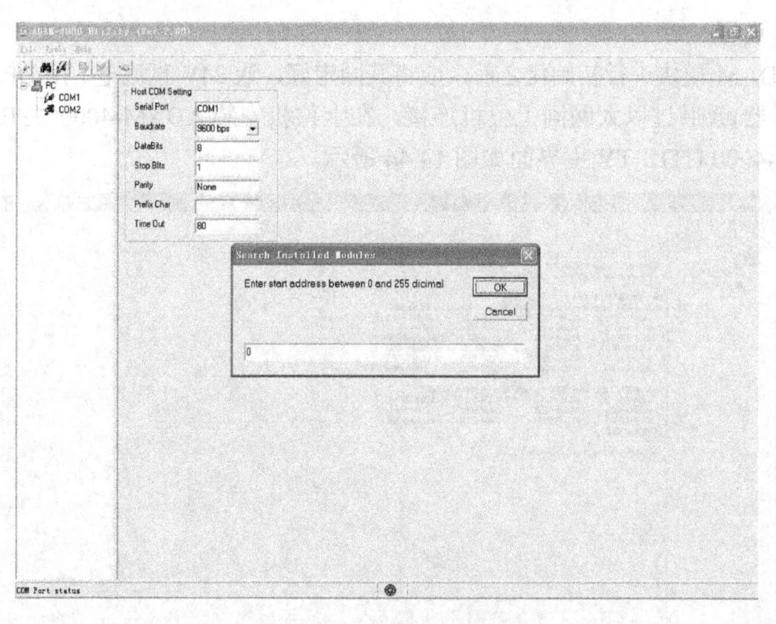

图 14.45　模块扫描界面

1) 组态王设备组态

新建工程项目，然后选择“设备”选项 COM1 项。然后，在工作区双击“新建”图标。在“设备配置向导——生产厂家、设备名称、通信方式”对话框中，如图 14.46 所示，依次选择“智能模块”、“亚当 4000 系列”、“Adam4017”选项。选择“串行”选项，逻辑名为 A4017，单击“下一步”按钮。然后，设置串口号，依据计算机的通讯端口来选择。这个端口可以以后按照同样的步骤来更改。单击“下一步”按钮，然后设置地址，首先设置内给定仪表，所以设定地址“1”，如图 14.47 所示。

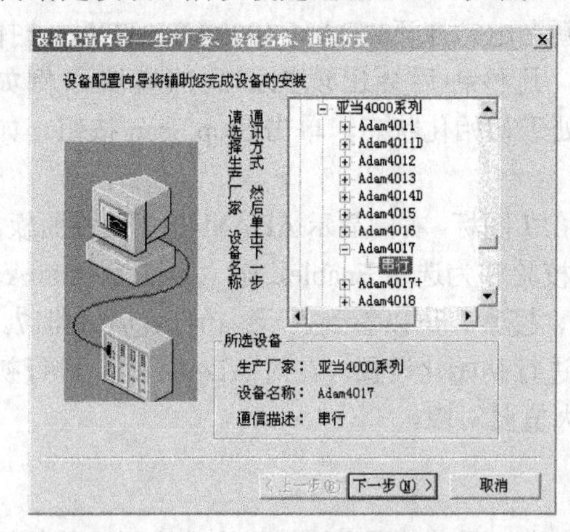

图 14.46　选择智能模块

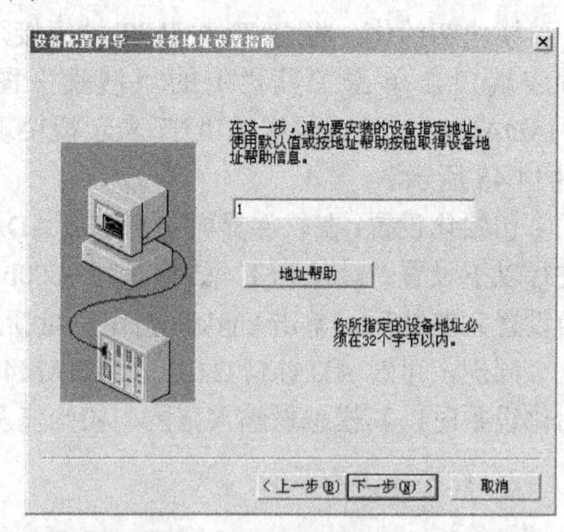

图 14.47　设备地址设置指南

单击“下一步”按钮，设置通信参数，不需要改变任何参数，单击“完成”按钮，就可以看到整个设置的参数。重复上面的过程，但是地址设置为“2”，逻辑名为“A4024”；地址设置为“3”，逻辑名为“A4050”。最后结果如图 14.48 所示。

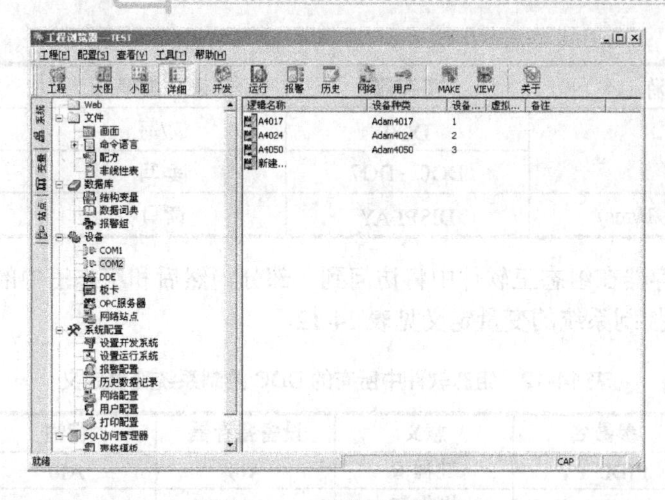

图 14.48　最后设置的硬件

2) 组态王定义数据变量定义

组态数据变量定义参考 14.2 小节。

ADAM4017 具有的组态软件可访问的寄存器变量定义见表 14-9。

表 14-9　ADAM4017 寄存器定义

寄存器名称	寄存器	dd 取值范围	读写类型	变量类型
模拟量输入	AIdd	0～7	读/写	FLOAT
量程校准	SPANCAL	————	只写	BIT
零校准	ZEROCAL	————	只写	BIT
多通道状态	MP	————	读写	BYTE
设置延时参数(默认 10ms)	DISPLAY	————	读写	USHORT

ADAM4024 具有的组态软件可访问的寄存器变量定义见表 14-10。

表 14-10　ADAM4024 寄存器定义

寄存器名称	寄存器	读写类型	数据类型
模拟量输出	AO0～AO3	读/写	FLOAT
数字量输入输出	DI	只读	BYTE
4mA 校准	NC0～NC3	只写	BIT
20mA 校准	OC0～OC3	只写	BIT

ADAM4024 具有的组态软件可访问的寄存器变量定义见表 14-11。

表 14-11　ADAM4050 寄存器定义

寄存器名称	寄存器	读写类型	数据类型
数字量输入	DI0	只读	BYTE
	DI0～DI6	只读	BIT

续表

寄存器名称	寄存器	读写类型	数据类型
数字量输出	DO0	读/写	BYTE
	DO0～DO7	读/写	BIT
设置延时参数(默认 10ms)	DISPLAY	读写	USHORT

以上这些寄存器在组态王软件中将访问到一部分，然后和组态王中的 I/O 变量对应。ADAM4000 控制系统的变量定义见表 14-12。

表 14-12 组态软件中所有的 DDC 控制系统变量定义

序号	参数名	意义	设备寄存器	特性	数据范围
1	PID0_PV	过程值	AI0	AI0	0～100
3	PID0_MV	操作值	AO0	AO0	0～100
5	PID0_SP	设定值	内存		0～100
7	K0	真实比值	内存		0～100
8	K2	前馈系数	内存		0～100
9	A11	解耦系数	内存		
10	A12	解耦系数	内存		
11	A21	解耦系数	内存		
12	A22	解耦系数	内存		
13	DI	输入	DI0	DI	字节
14	DO	输出	DO0	DO	字节
15	YOUT0	操作值	PID0 操作值		0～100
16	YOUT1	操作值	PID1 操作值		0～100

ADAM4000 控制系统是 DDC 控制系统，本身没有提供控制算法，而是由计算机控制，所以在组态王工程设计中必须加入 PID 控件，这样才可以实现 ADAM 模块的 PID 控制，如图 14.49 所示。

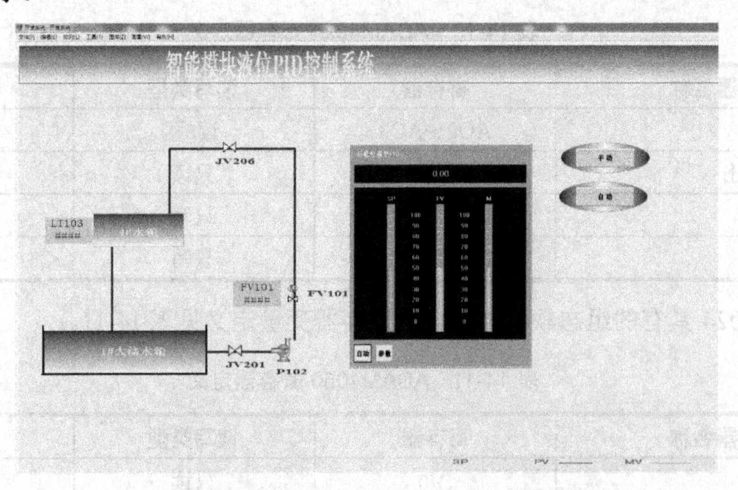

图 14.49 利用 PID 控件实现 PID 控制

3) PID 参数设置

智能模块的 PID 控制是依靠组态王的 PID 控件实现的，PID 控件参数设置界面如图 14.50 所示，具体设置方法见第 9 章。

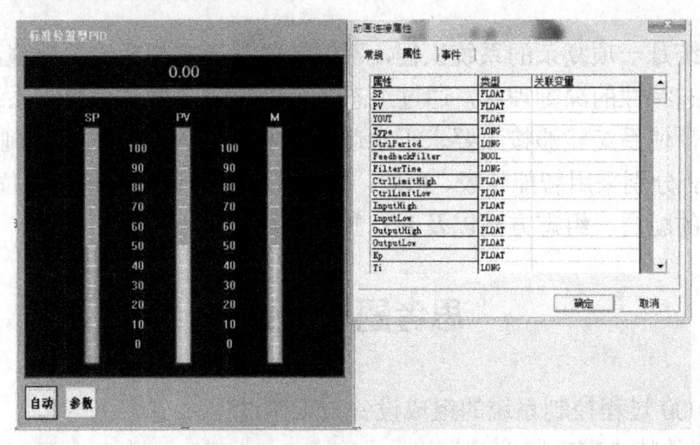

图 14.50　PID 控件参数设置

3. 系统运行调试

当组态程序编写控制器算法程序完成后，就可以进行现场调试。

【操作步骤】

(1) 在现场系统上，打开手阀 QV102、QV105，调节下水箱闸板 QV116 开度(可以稍微大一些)，其余阀门关闭。

(2) 在控制系统上，将 I/O 面板的下水箱液位输出连接到 AI0，I/O 面板的电动调节阀控制端连到 AO0。

(3) 打开设备电源。启动右边水泵 P102 和调节阀。

(4) 启动计算机组态软件，进入测试项目界面。启动调节器，设置各项参数，可将调节器的手动控制切换到自动控制挡。

(5) 选择合适的 P、T_i 和 T_d，使系统的输出响应为一条较满意的过渡过程曲线(阶跃输入可由给定值从突变 10%左右来实现)。

(6) PID 控制器控制曲线如图 14.51 所示，当 P=24、I=20、D=2 或 4 时，系统具有比较好的 K 控制效果。

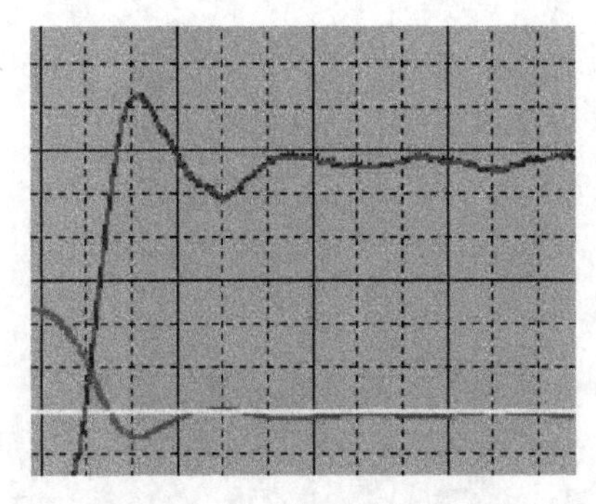

图 14.51　比例积分微分控制

本 章 小 结

过程控制系统是一项复杂的系统工程，不仅需要掌握控制理论的精髓，还需要对工业控制的动态及稳态特性的深刻理解，通过组态王可以实时观察过程控制系统的状态，并及时修改系统参数，使系统能够按照要求正常运行。本章以A3000过程控制实验装备为例，基于组态王技术，分别采用智能仪表、PLC、智能模块实现设备水箱中液位监控系统设计，主要介绍了系统的配置、组态方法以及PID控制应用。

思考题与习题

1．简述A3000过程控制系统的组成设备与工作过程。

2．百特仪表的特点有哪些？

3．说明电动调节阀的工作过程。

4．百特公司XM类系列的智能PID调节仪表的特点有哪些？

5．基于S7-200PLC控制系统硬件主要由(　　)组成。

A．CPU模块　B．扩展模块　C．PC/PPI电缆　D．计算机

6．S7-200是如何与上位机通信的？

7．EM235模块的作用是_______________。

8．ADAM4000系列模块主要有哪些？都有什么作用？

9．ADAM4017是一个______________模块。

10．ADAM4000系列模块为什么必须通过上位机程序设计才能实现PID控制？

11．试以百特仪表为控制器，设计双容水箱的液位控制系统。

12．以西门子S7-200作为控制器，设计组态王工程，实现温度控制，控制范围为0～100℃。

13．以百特仪表为控制器，设计组态王工程，实现温度控制，控制范围为0～100℃。

第 15 章

组态王在污水处理厂监控系统中的应用

教学目标与要求

- 了解组态王在实际工程监控系统中的应用。
- 熟悉污水处理控制系统总体设计。
- 熟悉组态王建立污水处理监控程序的步骤。
- 熟悉组态王污水处理厂监控系统的外部设备和数据库。
- 掌握组态王污水处理厂人机界面设计。

引言

对工业废水和生活污水进行处理是环境保护的一个重要内容，随着计算机技术和污水处理工程的迅速发展，污水处理的自动化水平不断提高，利用先进的组态技术与测控设备对污水处理过程进行监控，可以提高污水处理质量，降低水处理成本。本章从实际工程应用设计出发，以洋河污水处理厂为例，全面介绍了基于组态王软件的污水处理厂组态监控系统设计方法。

图 15.1 与图 15.2 分别为污水处理厂外景与组态运行开始界面。

图 15.1　污水处理厂外景

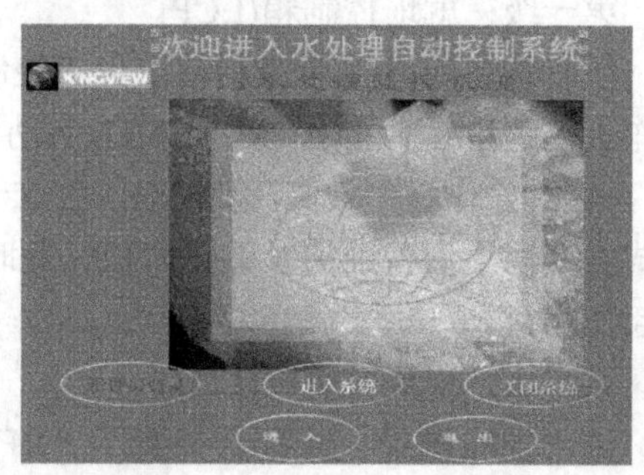

图 15.2　组态运行开始界面

15.1 洋河污水处理厂的工艺流程

洋河污水处理厂工艺流程如图 15.3 所示，采用厌氧-缺氧-好氧生物脱氮除磷工艺。来自城市污水收集系统的工业废水和生活污水进入处理厂，经过两级物理处理系统和污泥处理系统后，处理水排放，出水水质必须达到国家二级排放标准。

污水经过集水井的粗格栅后，由进水泵房提升至处理装置，通过自流经细格栅井与曝气沉沙池后，进入曝气池。污水中的有机物在微生物的存在下，在有氧的条件下发生生化反应，使污水得到初步的净化。污水再自流至沉淀池分配井分配给沉淀池进行泥水分离，上清液至氧化沟配水井分配给二段三槽式氧化沟进一步处理，沉淀下来的污泥经排泥井由污泥泵房提升回流至曝气池，剩余污泥排放至污泥处理系统(氧气从空气中获得，通过鼓风机房风机供给)。

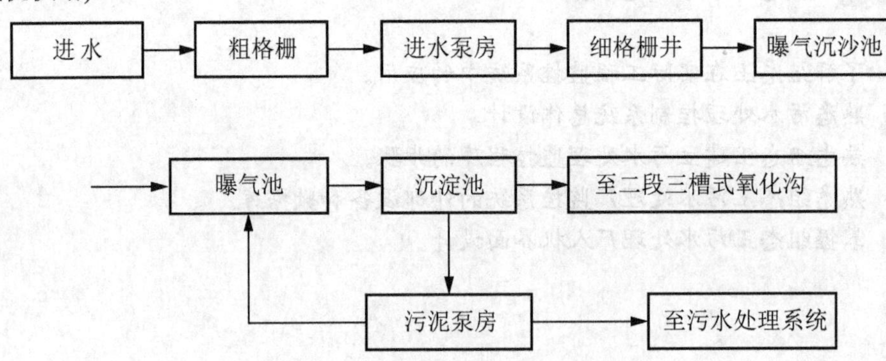

图 15.3　污水处理厂处理工艺流程图

15.2 控制系统总体设计

1. 控制系统的组成部分

洋河污水处理厂的控制系统由三级组成，如图 15.4 所示。

第一级：就地控制箱(LCP)

所有设备均有现场控制箱，当“控制模式”选择开关置于“LOCAL/现场”位置时，操作员可利用控制箱上的“START/启动”、“STOP/停止”按钮控制设备的“运行”和“停止”，这种操作级别最高(第一级)，独立于“计算机”控制及“PLC”控制之外。现场控制模式主要用于设备维护及调试阶段，此时的设备保护由“硬连锁”完成，软件连锁信息将不起作用。

第二级：现场控制站(PLC)

当“控制模式”选择开关置于“REMOTE/远方”位置时，操作员将不能利用控制箱上的“START/启动”、“STOP/停止”按钮控制设备的“运行”和“停止”，此时设备的控制权交给现场控制站(PLC)，这种操作级别次之(第二级)，PLC 将根据上位机的指令“遥控”

或“自动”控制(PLC 控制程序)设备的运行。

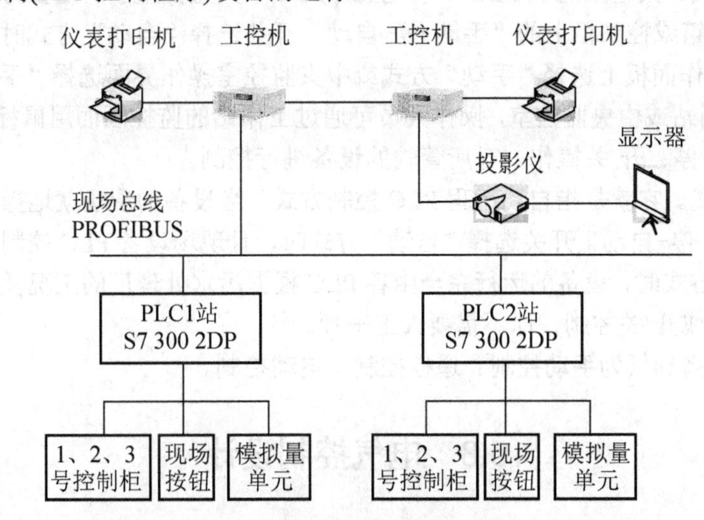

图 15.4　控制系统的组成

根据污水处理的工艺过程及集中控制的原则，在生产区内区设置 3 个控制站，分别负责各处理工段的有关工艺参数的采集和设备运行的控制。

各现场控制分站配设一套 PLC、一套 UPS 电源等。

(1) 第一分控站(PLC1)(提升泵房)。其设在污水提升泵房，测控管理区域为粗格栅池、提升泵房、细格栅池、旋流沉沙池等工段，由一套可编程控制器 PLC、一套 UPS 电源、测控管理区域内的自控仪表等组成。

(2) 第二分控站(PLC2)(变电所)。其设在变电所，测控管理区域为负责对曝气池、鼓风机房、二沉池、污泥泵房设备的监控及有关工艺参量的采集，由一套可编程控制器 PLC、一套 UPS 电源、测控管理区域内的自控仪表等组成。

(3) 第三分控站(PLC3)(污泥脱水机房)。其设在污泥脱水机房，该 PLC 由脱水机厂家自带。

第三级：中央控制室(CCR)

中控室设有两台 P4/2.8G 工业控制计算机，配有 19 英寸液晶显示器及键盘鼠标，操作员可通过它们监视技术参数的变化、设备运行状态及故障状态，所有信息均以各种曲线及流程图等形式显示。打印机用于打印所需的技术文件，也可随时打印“日报表”、“月报表”及“年报表”，所有报表都采用中文形式，另设相应的光缆信号转换等设备。

中央控制室(CCR)设在污水处理厂的综合办公楼内，主要用于监视污水处理过程中的技术参数，以及设备运行状态以及系统维护等；同时，工程师可通过键盘鼠标设置设备的控制模式并修改工艺参数等。

2. 控制方式

(1) 手动模式。将运行设备的控制方式开关(即手动/自动开关)在 PLC1 号站和 PLC2 号站上扳到手动位置，可按步骤操作相应设备。手动启停按钮可在柜体面板和现场按钮箱上同时进行。

(2) 遥控模式。其包括远程 PLC 手动遥控方式和中央监控室手动遥控方式。设备的现场就地操作控制箱或控制柜上的“手动-停-自动”开关选择“自动”方式时，且现场设备 PLC 控制站的操作面板上选择“手动”方式或中央监控室操作界面选择“手动”方式时控制权在 PLC 控制站或中央监控室，操作人员可通过工作站的监控画面用鼠标、键盘对控制现场设备进行启/停、开/关操作，对所管辖的设备进行控制。

(3) 自动模式。它就是指自动远程 PLC 控制方式。当设备的现场就地操作控制箱或控制柜上的“手动-停-自动”开关选择“自动”方式时，且现场设备 PLC 控制站的操作面板上选择“自动”方式时，设备的运行完全由各 PLC 根据污水处理厂的工况及生产要求来完成对设备的运行或开/关控制，而不需要人工干预。

控制级别由高到低为手动控制、遥控控制、自动控制。

15.3 电气控制设计

1. 粗格栅的控制

1) 粗格栅控制要求

粗格栅除污机应用于排水工程的进出水口及泵站的取水口处，以拦截污水中各种较大杂物，达到初步净化污水及保护后续给排水设备的目的。

爬式格栅除污机是爬式操作的全自动机械清污机。通过设在水面上部的驱动装置将渣耙从格栅前部(前清渣式格栅)或者后部(后清渣式格栅)嵌入栅条，并做往复运动将栅渣从栅条上剥离下来。其作用主要是去除污水中漂浮物和部分悬浮状态的污染物质，调节 pH 值，减轻污水的腐化程度和后续处理的工艺负荷。

通过采集超声波液位差计的信号，当粗格栅前后的液位差达到设定值以后，自动开启爬式格栅除污机进行除渣。当液位下降或运行一定时间后，停止粗格栅。另外，对爬式格栅除污机还应进行定时控制，也即当液位差值长时间达不到设定值时，定时对爬式格栅除污机进行起停控制。并且，粗格栅配套的螺旋输送机与粗格栅联锁运行，粗格栅运行前先开启螺旋输送机，而粗格栅停机后延时一段时间才能停止螺旋输送机。

2) 粗格栅的控制电路

粗格栅的控制电路如图 15.5 所示。将旋转按钮 SA6 打到手动状态，当按下开启按钮 M6SF1 时，线圈 KM6 得电，常开触头 KM6 自锁，此时控制方式为本地控制；当按下开启按钮 M6SF2 时，线圈得电，KM 触头自锁，此时为远地控制方式。当旋转按钮打到自动状态时，若 KC 触头闭合，此时为 PLC 自动控制方式。在设计的同时考虑到操作和维护的方便，设计了指示灯，便于管理人员的现场管理，手动转换信号传入 PLC(I2.7)，当 KM6 常开触头闭合时，HG6 灯亮，表示设备正在运行。当按下 M6SS1 按钮或 M6SS2 按钮时，线圈失电，KM6 常开触头打开，电动机停止运行，KM6 常闭触头闭合，HR6 灯亮，表示设备停止运行。

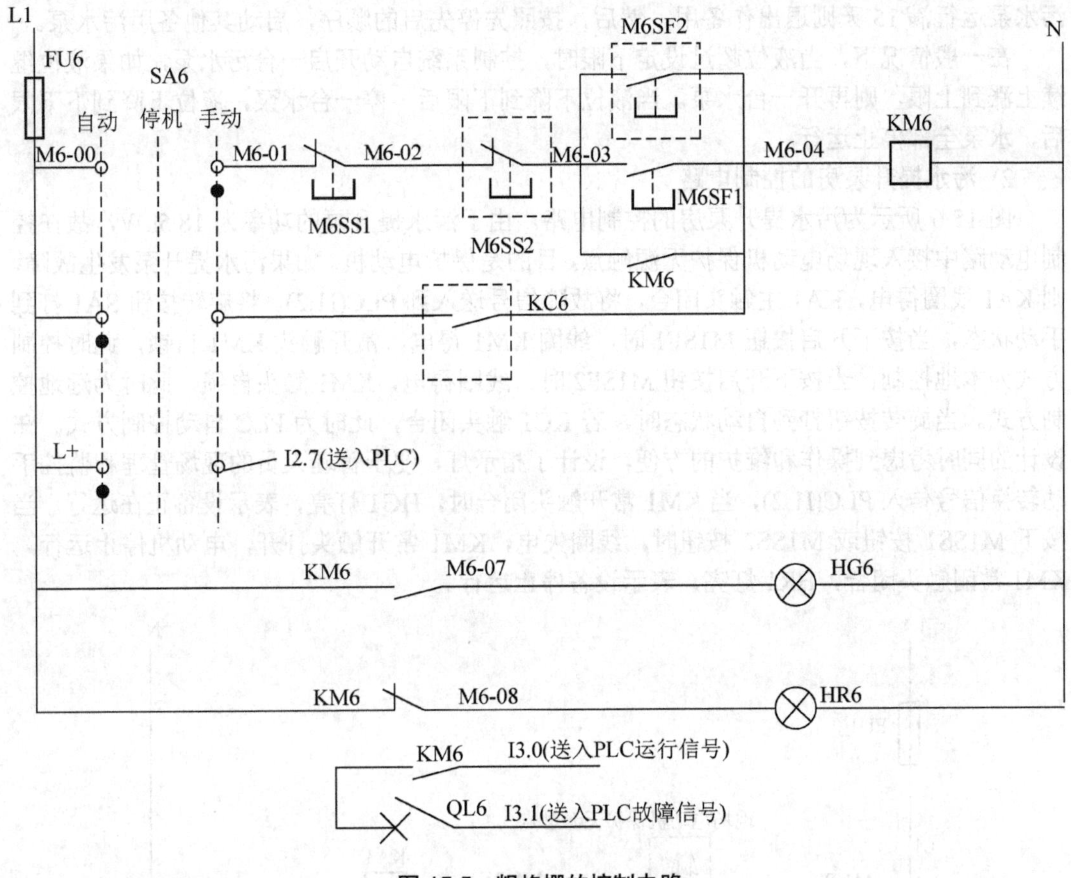

图 15.5　粗格栅的控制电路

2. 提升泵控制

1) 提升泵控制要求

进水泵房控制设备有 5 台污水提升泵均为 18.5kW，直接启动，其中 3 台为一期工程常用泵，两台回路为二期工程备用。对应的泵有 5 套电动阀开关的控制回路，在泵房污水池内设有 pH 测量仪，其信号输入 PLC 中的模拟量模块，由上位机监控。池内设有液位变送器一台，浮球式低液位报警控制器一只，功能都是在池内低液位时停止泵运行的作用，同时信号送入上位机监控。泵在对应的阀开到位后方可运行。

在污水处理过程中，污水提升泵房设备的控制对整个工艺流程的物流连续、稳定和平衡起着十分重要的作用。在泵坑设超声波液位仪表，控制系统将根据泵坑的液位变化来控制污水泵的开启数量，并辅以电动阀门的开关控制。当泵房水位高至某一设定的水位值时，PLC 系统将按软件程序自动增加水泵的运行台数;相反，当泵房水位降至某一设定的水位值时，PLC 系统将按软件程序自动减少水泵的运行台数。同时，系统累积各个水泵的运行时间，自动轮换水泵，保证各水泵累积运行时间基本相等，使其保持最佳运行状态。当水位降至低运转水位时，自动控制全部水泵停止运行。通过监控管理系统，可以设定水位值。

提升泵房设备的控制将根据泵池液位的变化，同时遵循使每台泵都能轮值运行、循环备用原则，控制污水泵的启动或停止，确保设备及生产过程安全和稳定。在一般情况下，污水泵运行满 15 天则退出作备用；然后，按照先停先启的顺序，启动其他备用污水泵。

在一般情况下，当液位超过设定下限时，控制系统自动开启一台污水泵，如果液位继续上涨到上限，则再开一台水泵。当液位下降到下限后，停一台水泵，液位下降到下下限后，水泵全部停止运行。

2) 污水提升泵房的控制电路

图 15.6 所示为污水提升泵房的控制电路。由于污水提升泵的功率为 18.5kW，故在控制电动路中接入现场电动机保护无源触点，目的是保护电动机。如果污水提升泵发生故障，则 KA1 线圈得电，KA1 主触头闭合，将故障信号送入到 PLC(I1.2)。将旋转按钮 SA1 打到手动状态，当按下开启按钮 M1SF1 时，线圈 KM1 得电，常开触头 KM1 自锁，此时控制方式为本地控制；当按下开启按钮 M1SF2 时，线圈得电，KM1 触头自锁，此时为远地控制方式。当旋转按钮打到自动状态时，若 KC1 触头闭合，此时为 PLC 自动控制方式。在设计的同时考虑到操作和维护的方便，设计了指示灯，便于管理人员的现场管理和监控手动转换信号传入 PLC(I1.2)，当 KM1 常开触头闭合时，HG1 灯亮，表示设备正在运行。当按下 M1SS1 按钮或 M1SS2 按钮时，线圈失电，KM1 常开触头打开，电动机停止运行，KM1 常闭触头闭合，HR1 灯亮，表示设备停止运行。

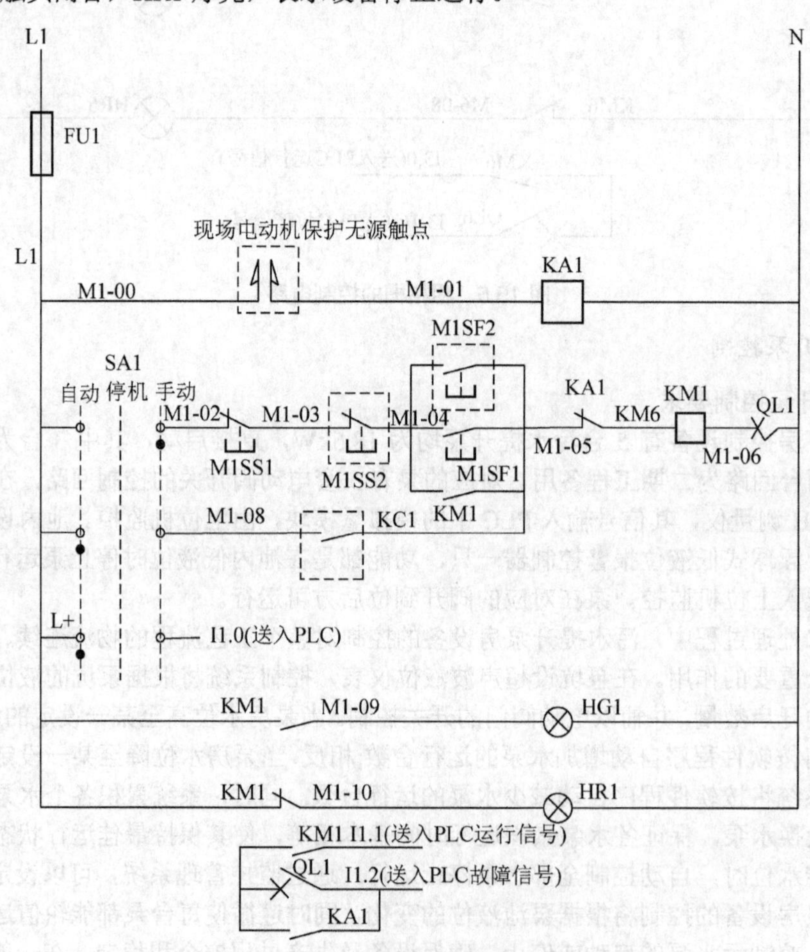

图 15.6　污水提升泵房的控制电路

3. 鼓风机房设备控制

鼓风机房控制，PLC 主要用于风机和风量的控制与调节。一般根据曝气池中溶解氧的浓度来自动调节风机的转速或风机出口挡板的角度，进而改变供风量。另外，通往每个池子的空气干管上应设置电动控制阀门，以保证送往各个池子中的空气量平衡，对于 A/O 工艺、AB 工艺等非均匀供氧曝气池，应通过溶解氧量的测定开闭带电动执行机构的电动调节阀，实现对曝气池不同部位进气量进行控制的目的。

1) 鼓风机主电路

鼓风机的主电路如图 15.7 所示。鼓风机的功率为 55kW，由于电机功率过大，故在主电路中接入了软启动器，软启动器具有过流保护、输入输出缺相保护、晶闸管短路保护、过热保护等功能。

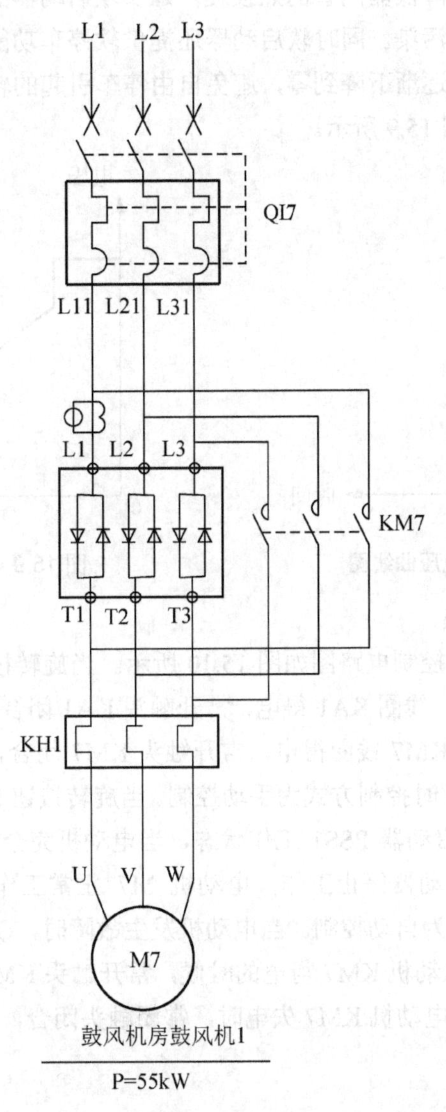

图 15.7　软启动器工作原理与主电路图

电动机软启动其实就是在电动机启动过程中在电动机主回路串接变频变压器件或分压器件使电动机端电压从某一设定值自动无级上升至全压，电动机转速平稳上升至全速的一种电动机启动方式。软启动有两个特点：一是在整个启动过程中电动机平稳加速无机械冲击；二是尽可能降低启动电流，使切换时没有电流冲击。

软启动器采用三相反并联晶闸管作为调压器，将其接入电源和电动机定子之间。这种电路如三相全控桥式整流电路，主电路图如图 15.7 所示。当使用软启动器启动电动机时，晶闸管的输出电压逐渐增加，电动机逐渐加速，直到晶闸管全导通，电动机工作在额定电压的机械特性上，实现平滑启动，降低启动电流，避免启动过流跳闸。待电机达到额定转数时，启动过程结束，软启动器自动用旁路接触器取代已完成任务的晶闸管，为电动机正常运转提供额定电压，以降低晶闸管的热损耗，延长软启动器的使用寿命，提高其工作效率，又使电网避免了谐波污染。同时软启动器还提供软停车功能，软停车与软启动过程相反，电压逐渐降低，转数逐渐下降到零，避免自由停车引起的转矩冲击。软启动与软停车的电压曲线如图 15.8 和图 15.9 所示。

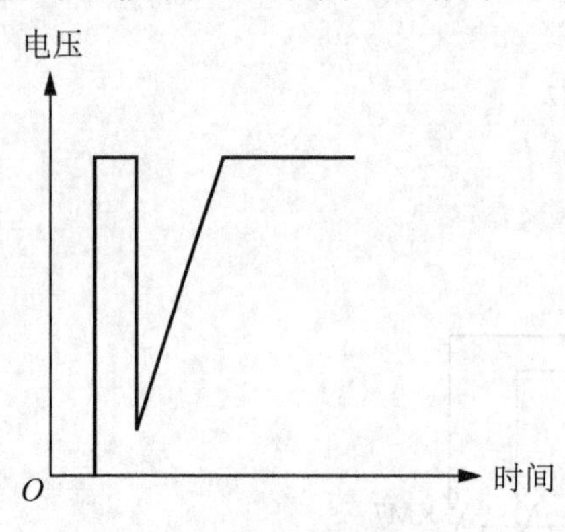

图 15.8　软启动电压曲线图

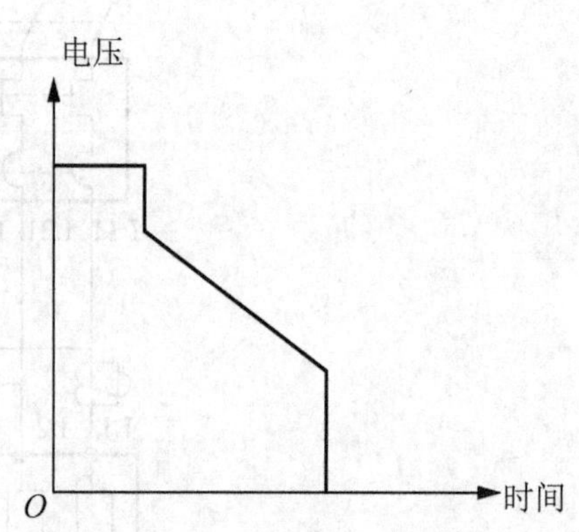

图 15.9　软停车电压曲线图

2) 鼓风机的控制电路

鼓风机房鼓风机 1 的控制电路图如图 15.10 所示。当旋转按钮打到手动状态时，按下按钮 M7SF1 或者 M7SF2，线圈 KA1 得电，常开触头 KA1 闭合，软启动器 PSS1 工作。当电动机 M7 完全启动时，KM7 线圈得电，常开触头 KM7 闭合，常闭触头 KM7 打开，软启动器 PSS1 停止工作，此时控制方式为手动控制。当旋转按钮 SA7 打到自动状态时，PLC 控制 KC7 继电器决定软启动器 PSS1 工作状态，当电动机完全启动后，KM7 常开触头闭合，常闭触头打开，软启动器停止工作，电动机 M7 正常工作。同时，将运行信号送入 PLC(I3.3)，此时控制方式为自动控制。当电动机发生故障时，QL7、KH1 断开，并把故障信号送入 PLC(I3.4)。当电动机 KM7 得电的时候，常开触头 KM7 闭合时，灯 HG7 亮，表示设备处于运行状态。当电动机 KM7 失电时，常闭触头闭合，灯 HR7 亮，表示设备处于停止状态中。

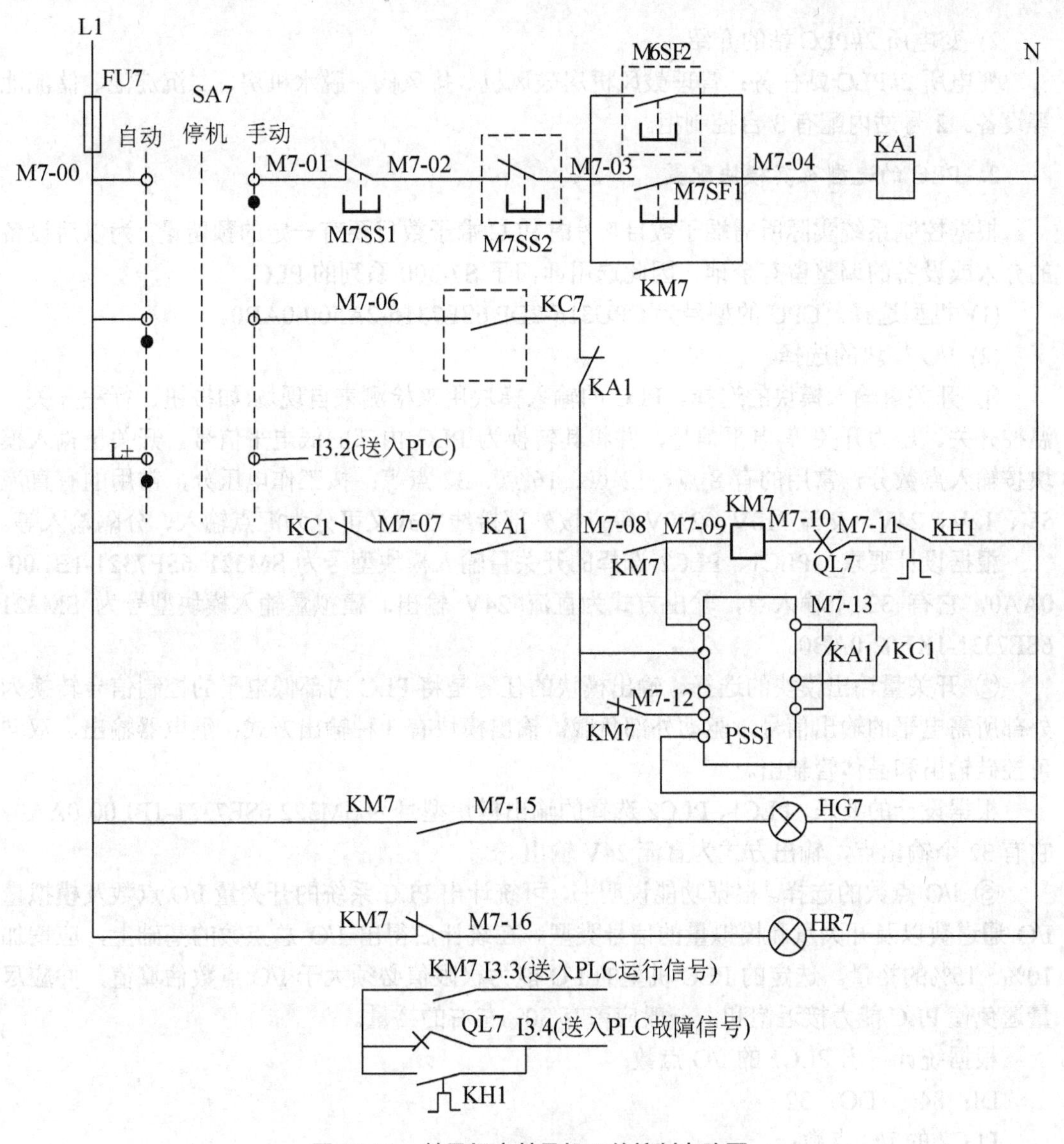

图 15.10　鼓风机房鼓风机 1 的控制电路图

其他设备电气控制电路图与上面类似，所有电气设备在现场均有手动操作箱按钮，在按钮箱上设为手动时，可在现场操作。

15.4　PLC 控制设计

1. PLC 控制站的介绍

1) 进水泵房 1#PLC 站的介绍

进水泵房 1#PLC 站任务：管理进水泵房、出水闸阀、粗细格栅及刮沙机、沉沙池、曝气池、同时采集部分原污水溶解氧数据及液位、流量参数。1 号站内配有两台控制柜。

2) 变电所 2#PLC 站的介绍

变电所 2#PLC 站任务：管理鼓风机房鼓风机、排风阀、脱水机房、二沉淀池、储泥池等设备。2 号站内配有 3 台控制柜。

2. PLC 的选型及其模块配置

根据控制系统实际所需端子数目，考虑 PLC 端子数目要有一定的预留量，为以后设备的介入或设备的调整留有余地，因此选用西门子 S7-300 系列的 PLC。

(1) 机型选择。CPU 的型号为 CPU316-2DP 6SE7316-2AF00-0AB0。

(2) I/O 模块的选择。

① 开关量输入模块的选择。PLC 的输入模块用来检测来自现场(如按钮、行程开关、温控开关、压力开关等)电平信号，并将其转换为 PLC 内部的低电平信号。开关量输入模块按输入点数分，常用的有 8 点、12 点、16 点、32 点等；按工作电压分，常用的有直流 5V、12V、24V，交流 110V、220V 等；按外部接线方式又可分为汇点输入、分隔输入等。

根据设计要求，PLC1、PLC2 选择的开关量输入模块型号为 SM321 6SE7321-1BL00-0AA0，它有 32 个输入点，输出方式为直流 24V 输出。模拟量输入模块型号为 SM321 6SE7331-1KF02-0AB0。

② 开关量输出模块的选择。输出模块的任务是将 PLC 内部低电平的控制信号转换为外部所需电平的输出信号，驱动外部负载。输出模块有 3 种输出方式：继电器输出、双向可控硅输出和晶体管输出。

根据设计的要求，PLC1、PLC2 选择的输出模块型号为 SM322 6SE7321-1BL00-0AA0，它有 32 个输出点，输出方式为直流 24V 输出。

③ I/O 点数的选择。根据功能说明书，可统计出 PLC 系统的开关量 I/O 点数及模拟量 I/O 通道数以及开关量和模拟量的信号类型。在统计后得出 I/O 总点数的基础上，应增加 10%～15%的裕量。选定的 PLC 机型的 I/O 能力极限值必须大于 I/O 点数估算值，并应尽量避免使 PLC 能力接近饱和，一般应留有 30%左右的裕量。

根据统计得出 PLC1 的 I/O 点数：

DI：84　DO：32

PLC2 的 I/O 点数：

DI：99　DO：32

④ PLC S7-300 电源模块的选型号：PS307-1E 6SE7303-KA00-0AA0。

3. PLC1、PLC2 点的定义

PLC1、PLC2 点的定义见表 15-1。

表 15-1　PLC 的地址分配表

SYMBOL	ADDRESS		DATA TYPE
启闭机阀 2 开到位	I	4.2	BOOL
启闭机阀 2 自动	I	4.1	BOOL

续表

SYMBOL	ADDRESS		DATA TYPE
启闭机阀 2 故障	I	4.4	BOOL
启闭机阀 2 关到位	I	4.3	BOOL
启闭机阀 1 故障	I	4.0	BOOL
启闭机阀 1 自动信号	I	3.5	BOOL
进水泵房启闭机 6 开	Q	14.1	BOOL
启闭机阀 1 关到位	I	3.7	BOOL
启闭机阀 1 开到位	I	3.6	BOOL
曝气池搅拌电动机 1 自动	I	7.6	BOOL
沉沙压机自动	I	6.5	BOOL
曝气池搅拌电动机 1 故障	I	8.0	BOOL
曝气池搅拌电动机 1 运行	I	7.7	BOOL
沉沙压机运行	I	6.6	BOOL
备用 2 故障	I	10.5	BOOL
启闭机阀 3 自动	I	4.5	BOOL
细格栅 1	Q	14.4	BOOL
沉沙压机	Q	14.3	BOOL
提升泵 1 监控	M	8.2	BOOL
提升泵 1 自动	M	8.1	BOOL
进水泵房启闭机 1	Q	12.7	BOOL
提升泵 1 自动(触摸)	M	8.3	BOOL
提升泵 1 监控(触摸)	M	8.0	BOOL
提升泵 1 监控输出	M	6.5	BOOL
液位上限	M	6.4	BOOL
液位下限	M	6.7	BOOL
定时输出	M	6.6	BOOL
进水泵房启闭机 4 关	Q	13.6	BOOL
进水泵房启闭机 4 开	Q	13.5	BOOL
进水泵房启闭机 5 关	Q	14.0	BOOL
进水泵房启闭机 5 开	Q	13.7	BOOL
进水泵房启闭机 3 关	Q	13.4	BOOL
进水泵房启闭机 2 开	Q	13.1	BOOL
进水泵房启闭机 1 关	Q	13.0	BOOL
进水泵房启闭机 3 开	Q	13.3	BOOL
进水泵房启闭机 2 关	Q	13.2	BOOL
启闭机阀 6 自动	I	6.1	BOOL

续表

SYMBOL	ADDRESS		DATA TYPE
启闭机阀 6 自动(触摸)	M	1.1	BOOL
启闭机阀 6 关到位	I	6.3	BOOL
启闭机阀 6 开到位	I	6.2	BOOL
粗格栅 1 自动	I	2.7	BOOL
细格栅 2 自动	I	7.3	BOOL
细格栅 2 运行	I	7.4	BOOL
粗格栅 1 运行	I	3.0	BOOL
粗格栅 1 故障	I	3.1	BOOL
曝气池回流泵 1	Q	15.2	BOOL
曝气池搅拌机 4	Q	15.1	BOOL
备用 1	Q	15.4	BOOL
曝气池回流泵 2	Q	15.3	BOOL
曝气池搅拌机 3	Q	15.0	BOOL
进水泵房启闭机 6 关	Q	14.2	BOOL
启闭机阀 6 故障	I	6.4	BOOL
曝气池搅拌机 2	Q	14.7	BOOL
曝气池搅拌机 1	Q	14.6	BOOL
自动/手动	I	0.2	BOOL
曝气池搅拌电动机 3 故障	I	8.6	BOOL
自动启动	I	0.5	BOOL
系统急停	I	0.3	BOOL
曝气池搅拌电机 3 运行	I	8.5	BOOL
曝气池搅拌电机 2 运行	I	8.2	BOOL
曝气池搅拌电机 2 自动	I	8.1	BOOL
曝气池搅拌电机 3 自动	I	8.4	BOOL
曝气池搅拌电机 2 故障	I	8.3	BOOL
细格栅 1 自动	I	7.0	BOOL
细格栅 1 运行	I	7.1	BOOL
细格栅 2 故障	I	7.5	BOOL
细格栅 2	Q	14.5	BOOL
细格栅 1 故障	I	7.2	BOOL
自动停止	I	0.6	BOOL
急停复位	I	0.4	BOOL
污水提升泵 1 自动信号	I	1.0	BOOL
停报警声响	I	0.7	BOOL

续表

SYMBOL	ADDRESS		DATA TYPE
备用 1 自动	I	10.0	BOOL
备用 1 运行	I	10.1	BOOL
备用 2 自动	I	10.3	BOOL
备用 2 运行	I	10.4	BOOL
急停	M	1.0	BOOL
系统故障声响	Q	15.6	BOOL
备用 1 故障	I	10.2	BOOL
粗格栅 1	Q	12.5	BOOL
启闭机阀 3 开到位	I	4.6	BOOL
启闭机阀 4 故障	I	5.4	BOOL
启闭机阀 4 关到位	I	5.3	BOOL
启闭机阀 5 开到位	I	5.6	BOOL
启闭机阀 5 自动	I	5.5	BOOL
启闭机阀 3 故障	I	5.0	BOOL
启闭机阀 3 关到位	I	4.7	BOOL
启闭机阀 4 开到位	I	5.2	BOOL
启闭机阀 4 自动	I	5.1	BOOL
曝气池污泥回流泵 1 故障	I	9.4	BOOL
曝气池污泥回流泵 1 运行	I	9.3	BOOL
曝气池污泥回流泵 2 运行	I	9.6	BOOL
曝气池污泥回流泵 2 自动	I	9.5	BOOL
曝气池搅拌电机 4 运行	I	9.0	BOOL
曝气池搅拌电机 4 自动	I	8.7	BOOL
曝气池污泥回流泵 1 自动	I	9.2	BOOL
曝气池搅拌电机 4 故障	I	9.1	BOOL
曝气池污泥回流泵 2 故障	I	9.7	BOOL
污水提升泵 5 故障	I	2.6	BOOL
污水提升泵 5 运行信号	I	2.5	BOOL
备用 2	Q	15.5	BOOL
粗格栅电机 2 自动信号	I	3.2	BOOL
污水提升泵 4 运行信号	I	2.2	BOOL
污水提升泵 4 自动信号	I	2.1	BOOL
污水提升泵自动信号	I	2.4	BOOL
污水提升泵 4 故障	I	2.3	BOOL
启闭机阀 5 关到位	I	5.7	BOOL

续表

SYMBOL	ADDRESS		DATA TYPE	
污水提升泵 3 自动信号	I	1.6	BOOL	
污水提升泵 2 故障信号	I	1.5	BOOL	
污水提升泵 3 故障信号	I	2.0	BOOL	
污水提升泵 3 运行信号	I	1.7	BOOL	
污水提升泵 2 运行信号	I	1.4	BOOL	
污水提升泵 1 运行信号	I	1.1	BOOL	
进水泵房粗格栅 2	Q	12.6	BOOL	
污水提升泵 2 自动信号	I	1.3	BOOL	
污水提升泵 1 故障信号	I	1.2	BOOL	
细格栅选 2	M	6.1	BOOL	
细格栅选 1	M	6.0	BOOL	
细格栅定时	M	6.3	BOOL	
细格栅监控	M	6.2	BOOL	
粗格栅选 2	M	1.3	BOOL	
粗格栅 1 定时	M	2.1	BOOL	
粗格栅 1 监控	M	2.0	BOOL	
粗格栅选 1	M	1.2	BOOL	
粗格栅液位	M	2.2	BOOL	
进水泵房提升泵 5	Q	12.4	BOOL	
粗格栅 1 监控	M	2.3	BOOL	
粗格栅 1 液位	M	2.5	BOOL	
1m	M	3.1	BOOL	
1s	M	3.0	BOOL	
粗格栅电动机 2 故障	I	3.4	BOOL	
粗格栅电动机 2 运行信号	I	3.3	BOOL	
粗格栅 1 定时	M	2.4	BOOL	
沉沙池空压机故障	I	6.7	BOOL	
启闭机阀 5 故障	I	6.0	BOOL	
进水泵房提升泵 2	Q	12.1	BOOL	
进水泵房提升泵 1	Q	12.0	BOOL	
进水泵房提升泵 4	Q	12.3	BOOL	
进水泵房提升泵 3	Q	12.2	BOOL	
1h	M	3.2	BOOL	
2h	M	3.3	BOOL	
Cycle Execution	OB	1	OB	1
I/O_FLT1	OB	82	OB	82
RACK_FLT	OB	86	OB	86

4. PLC 程序设计

1) 进水泵房粗格栅电机控制

进水泵房粗格栅程序如图 15.11 所示，在自动/手动状态下(I0.2 状态为 1)，在上位机控制中，按下选择粗格 1 监控按钮(M2.0 状态为 1)，再按下启动粗格栅 1 定时监控按钮(M2.3 状态为 1)，在没有故障的情况下(I3.1 状态为 1)选择粗格栅 1 按钮(M1.2 状态为 1)，即粗格栅 1 电动机线圈得电(Q12.5 状态为 1)粗格栅 1 工作。若按下粗格栅 2 按钮(M1.3 状态为 1)，即粗格栅 2 电动机线圈得电(Q12.6 状态为 1)，粗格栅 2 工作。

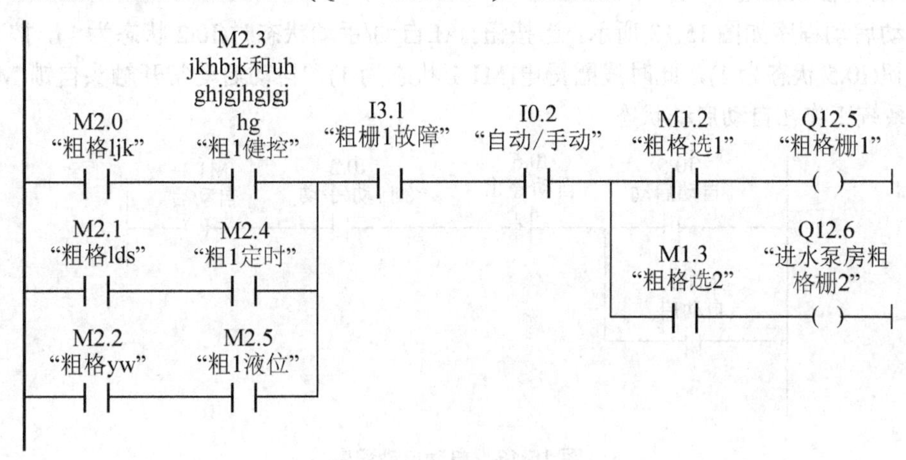

图 15.11　进水泵房粗格栅程序

在自动/手动状态下(I0.2 状态为 1)，在上位机控制中，按下选择粗格 1 定时监控按钮(M2.1 状态为 1)，此时粗格栅 1 由 M2.4 状态决定，M2.4 状态由定时程序控制；在定时开机时间内且在没有故障的情况下(I3.1 状态为 1)，选择粗格栅 1 按钮(M1.2 状态为 1)，即粗格栅 1 电动机线圈得电(Q12.5 状态为 1)，粗格栅 1 工作。若按下粗格栅 2 按钮(M1.3 状态为 1)，即粗格栅 2 电动机线圈得电(Q12.6 状态为 1)，则粗格栅 2 工作在定时控制状态下。

在自动/手动状态下(I0.2 状态为 1)，在上位机控制中，按下选择粗格 1 液位监控按钮(M2.2 状态为 1)，此时粗格栅 1 由 M2.5 状态决定，M2.5 状态由液位程序控制；在液位满足且在没有故障的情况下(I3.1 状态为 1)，选择粗格栅 1 按钮(M1.2 状态为 1)，即粗格栅 1 电机线圈得电(Q12.5 状态为 1)，粗格栅 1 工作。若按下粗格栅 2 按钮(M1.3 状态为 1)，即粗格栅 2 电机线圈得电(Q12.6 状态为 1)，则粗格栅 2 工作在液位控制状态下。

2) 进水泵房启闭机开关

进水泵房启闭机程序如图 15.12 所示，当系统处于自动/手动状态下(I0.2 状态为 1)，在上位机中选择启闭 1 监控(M22.2 状态为 1)，并且按下启闭机监控按钮(M22.0 的状态为 1)，在接收到 PLC 输出的启闭机阀自动信号时(I3.5 状态为 1)，且启闭机阀没开到位(I3.6 状态为 0)，在启闭机阀没有故障的情况下(I4.0 状态为 1)，启闭机 1 开(Q12.7 状态为 1)，当启闭机阀 1 开到位时，常闭触头打开(I3.6 状态为 1)，此时启闭机线圈失电(Q12.7 状态为 0)，启闭机 1 停止工作。

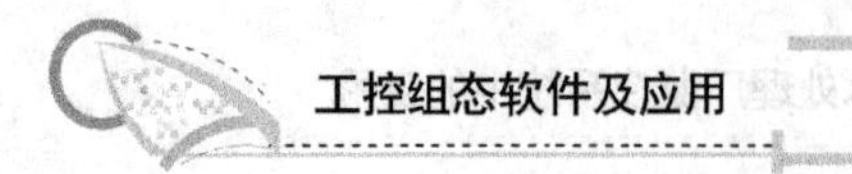

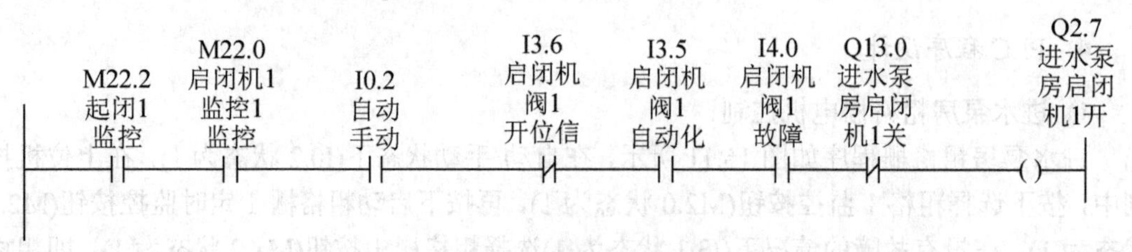

图 15.12　进水泵房启闭机程序

3) 系统自动启动

自动启动程序如图 15.13 所示，当按钮打在自动/手动状态时(I0.2 状态为 1)，按下自动启动按钮(I0.5 状态为 1)，此时线圈得电(M1.1 状态为 1)，自动启动常开触头自锁(M1.1 为 1)，即系统工作在自动启动状态。

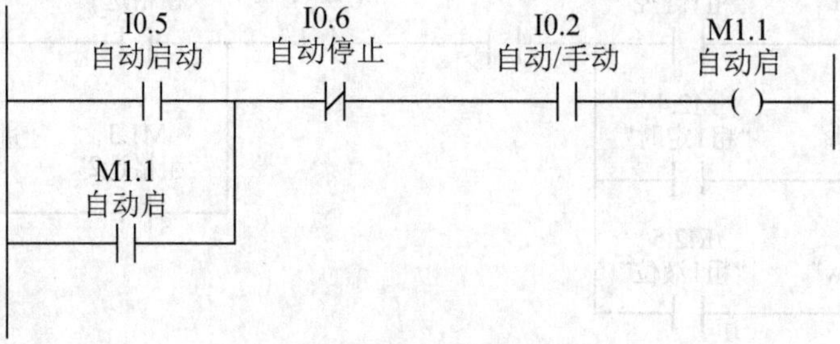

图 15.13　自动启动程序

4) 系统急停

系统急停程序如图 15.14 所示，当需要系统急停时，按下急停按钮(I0.3 状态为 1)，线圈得电(M1.0 状态为 1)，常开触头闭合(M1.0 状态为 1)，实现系统急停功能。当按下急停复位按钮时(I0.4 状态为 1)，实现了系统急停复位功能。

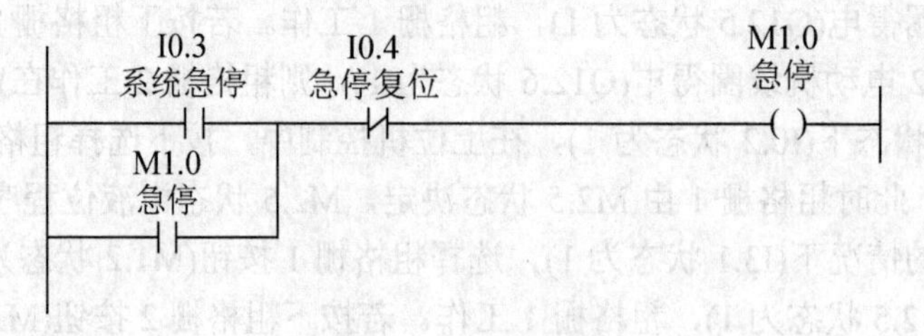

图 15.14　系统急停程序

其他程序和上述程序相似，在此不再赘述。

15.5　中央控制室 CRT 显示及控制功能

1. 中央控制室的简介

中控室设有两台工业控制计算机，配有 19"液晶显示器及键盘鼠标，操作员可通过它们监视技术参数的变化、设备运行状态及故障状态，所有信息均以各种曲线及流程图等形

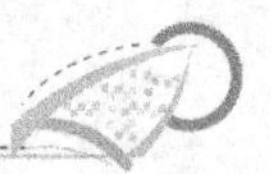

式显示。打印机用于打印所需的技术文件，也可随时打印“日报表”、“月报表”及“年报表”，所有报表可采用中文形式，另设相应的光缆信号转换等设备。

系统以中央控制室工业控制机为主导，通过通信网络配合厂内现场 PLC 组成的现场工作站，将厂内各系统的仪表、设备及工艺参数等集中到中心控制室进行数据处理，对全厂水处理工艺实行统一管理和调度。对全厂的工艺运行参数、设备运行信息等进行计算处理，建立各类信息库，根据工艺要求编程，自动进行调节和控制现场设备。对各类工艺参数值做出趋势曲线(历史数据)，供调度员分析比较，以便找出污水处理厂的最佳运行规律。同时，分析各种事故原因，改进管理方法，保证出水水质，提高经济效益。操作站以人机对话方式进行操作，在自动状态下，可用鼠标、键盘对有关设备进行远程控制(开、停机操作)。

为了直观显示污水处理厂的工艺过程全貌，方便管理和培训，在中心控制室设彩色数字投影仪一台，投影仪上显示全厂工艺流程图、各工段设备的运行状态(运行、故障)、各工段检测仪表的检测数据，屏幕尺寸为 200 英寸。

本系统的监控软件采用德国 SIEMENS 的 WinCC 监控软件。两台监控站互为冗余，它们都可以独立完成整个工艺过程的监控。中央控制站是整个系统的厂级控制和管理中心，主要实现以下功能。

(1) 对 PLC 的串行数字数据进行扫描、接收和转换。

(2) 提供数据库以保存数据文件和用户文件。

(3) 提供用户检索、存储信息的功能。

2. 中央控制室 CRT 显示及控制功能

(1) CRT 的显示功能。键盘和 CRT 是中央控制站人机对话、控制系统工作的重要工具，中央控制站的 CRT 具有以下显示和对话功能。通过与各 PLC 控制站的数据通信，采集全厂生产过程的工艺参数、设备运行状态，并进行动态显示。

工艺生产过程状态以工艺流程图方式显示，图像由一系列图例系统组成，并可取出每幅图的局部进行放大，便于分幅、分组展示，流程图上有相关的实时生产过程的动态参数值显示。当动态显示值改变时，设备图形的相应部位也随之改变，如当水位值变化时，随之改变图形的水位。

测量值以棒状图形式动态显示，有上、下限设定值，设定值是可修改的。

当过程检测或运转设备出现越限或故障时，流程图上相应的图例红光闪动，并发出报警声响加以提示。报警的笛声可以通过键盘解除，闪动的红光继续保持，直至该故障消除，闪动才停止。报警对象、内容、时间应列表记录及打印。

除了流程图上有报警显示外，设若干幅全厂报警一览表，以便全面了解设备运行工况和报警的查线。

实时动态趋势曲线和历史曲线可显示在同一程序中，并可在动作画面中随时增加趋势曲线，方便操作员观察比较。

中央控制室主机可以通过键盘对现场控制站的过程参数进行设定。

在正常情况下，现场控制站的设备可以通过现场按钮箱来启动和停止，也可由现场控制站 PLC 键盘控制该设备的启动和停止，中央控制室的主机也可通过键盘控制现场控制站

PLC 来启动和停止现场的设备；但在用现场控制箱按钮手动启动和停止前，应发出手动信号，这时自动系统将停止进行。

(2) 数据统计与分析。系统在保存历史数据的基础上进行数据处理，包括模型计算、实时趋势、历史趋势分析。趋势图上可以改变时间范围、显示参数及画笔的颜色调整等，也可以根据用户的要求，对特定的工艺参数进行实时曲线跟踪分析。历史数据可以至少保存 3000 条，当发生事故时可以调出相应的趋势画面。此外，系统还可以生成历史数据文件，可以自动定期清除。

(3) 系统及安全管理。为防止越权访问显示和数据，系统功能设计有系统安全措施。当系统为多用户时，需注册用户名称和口令，这些用户名称和口令将对应不同的分安全级别。用户名称的安全级别将决定操作员可进入的显示、可观察、可修改的数据及可使用的功能。如果操作员安全级别低于操作的安全级别，那么“侵犯安全”的信息将显示在屏幕上，不执行所进行的操作。

提供的安全级别如下。

级别 1：询问工具，即“仅供观察”进入系统、观察显示、退出系统；自单击最后一个键开始，操作员进入系统而超过一个周期时，系统则因用户超时自动退出，时间周期可调。通过显示日期、时间和操作员标识的日志系统，联机作用能自动完成。通过对软键编程，实现一触式脱机操作，以防多键组合引起系统事故。

级别 2：除级别 1 的内容外，还有手动数据输入、打印指令、确认/删除报警、执行控制指令。

级别 3：除级别 2 所有内容外，还有编程及参数调整、建立模拟图和显示、数据库配置、报表格式定义、编辑工具、存档和检索文件、修改访问级别及口令、系统管理功能。

15.6 建立污水处理厂监控组态程序的步骤

建立应用程序大致可分为以下 4 个步骤。

1. 定义外部设备和数据库

其包括设备的定义、报警以及变量的定义等。组态王把那些需要与之交换数据的设备或程序都作为外部设备。外部设备包括 PLC、仪表、模块、板卡、变频器等，它们一般通过串行口和上位机交换数据；其他 Windows 应用程序之间一般通过 DDE 交换数据；外部设备还包括网络上的其他计算机。

只有在定义了外部设备之后，组态王才能通过 I/O 变量和它们交换数据。为方便定义外部设备，组态王设计了“设备配置向导”引导用户逐步完成设备的连接。

在数据库中存放的是变量的当前值，变量包括系统变量和用户定义的变量。变量的集合形象地称为“数据词典”，数据词典记录了所有用户可使用的数据变量的详细信息。

2. 设计图形界面

监控软件由各种监视画面和操作画面组成，主要包括总貌画面、流程图画面、趋势画、

报表管理以及趋势打印、报表生成打印输出、操作调整等。

洋河污水处理厂监控系统的界面包括以下内容：a.开始主画面，b.历史趋势曲线，c.鼓风机控制，d.曝气池搅拌电机控制，e.历史报警，f.实时曲线，g.粗格栅控制，h.细格栅控制，i.刮泥机控制，j.回流泵控制，k.脱水机控制，l.提升泵控制，m.闸门控制，n.日报查询，o.月报查询，p.后台月报，q.年报查询，r.帮助，s.总的工艺流程图，t.退出系统。

3. 建立动画连接

所谓"动画连接"，就是建立画面的图素与数据库变量的对应关系。这样，工业现场的数据，例如温度、液面高度等，当它们发生变化时，通过 I/O 接口，将引起实时数据库中变量的变化。动画连接的引入是设计人机接口的一次突破，它把工程人员从重复的图形编程中解放出来，为工程人员提供了标准的工业控制图形界面，并且由可编程的命令语言连接来增强图形界面的功能。图形对象与变量之间有丰富的连接类型，给工程人员设计图形界面提供了极大的方便。"组态王"系统还为部分动画连接的图形对象设置了访问权限，这对于保障系统的安全具有重要的意义。图形对象可以按动画连接的要求改变颜色、尺寸、位置、填充百分数等，一个图形对象又可以同时定义多个连接。把这些动画连接组合起来，应用程序将呈现出令人难以想象的图形动画效果。

4. 运行和调试

"组态王"软件包由工程管理器 Project Manage、工程浏览器 Touch Explorer 和画面运行系统 Touch View 三部分组成。其中，工程浏览器内嵌组态王画面制作开发系统，生成人机界面工程。画面制作开发系统中设计开发的画面工程在 TouchView 运行环境中运行。Touch Explorer 和 Touch View 各自独立，一个工程可以同时被编辑和运行，这对于工程的调试是非常方便的。

15.7 定义污水处理厂监控系统外部设备和数据库

1. 建立新项目

首先启动组态王工程浏览器。当工程浏览器运行后，将打开上一次工作后的项目。如果是第一次使用工程浏览器，默认的是组态王示例程序所在的目录。为建立一个新项目，可执行以下操作：在工程浏览器中选择"工程"|"新建"菜单命令，出现"新建工程向导"对话框如图 15.15 所示。在对话框中输入工程名称"洋河污水处理厂监控系统"，在工程描述中输入"工程路径自动指定为当前目录下以工程名称命名的子目录"。如果用户需要更改工程路径，可单击"浏览"按钮。单击"确定"按钮，组态王将在工程路径下生成初始数据文件。至此，新项目已经可以开始建立了。

2. 定义外部设备

只有在定义了外部设备之后，组态王才能通过 I/O 变量和它们交换数据。组态王设计了"设备配置向导"引导用户逐步完成设备的连接，如图 15.16 所示。组态王可以使用

MPI 电缆通过串口与 PLC 通信。在组态王工程浏览器的左侧选中“ COM1”，在右侧双击“新建”图标，运行“设备配置向导”。选择“PLC”选项中的“串口”项，单击“下一步”按钮；为外部设备取一个名称，输入“PLC1”，单击“下一步”按钮；为设备选择连接串口，假设为“COM1”，单击“下一步”按钮；填写设备地址，假设为“0”，单击“下一步”按钮；检查各项设置是否正确，确认无误后，单击“完成”按钮。当设备定义完成后，可以在工程浏览器的右侧看到新建的外部设备“PLC1”。在定义数据库变量时，只要把 I/O 变量连接到这台设备上，它就可以和组态王交换数据了。

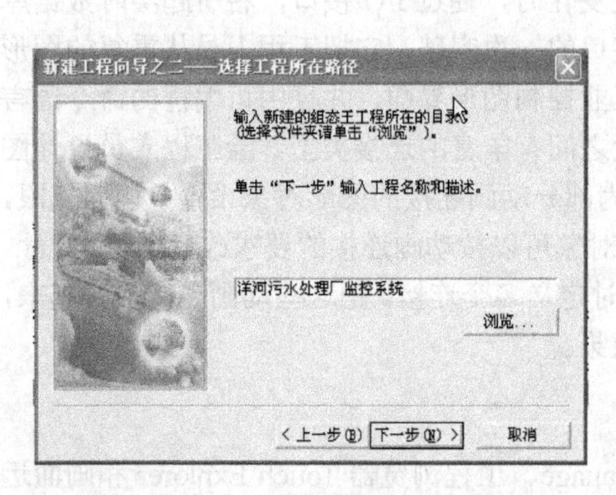

图 15.15 “新建工程向导”对话框

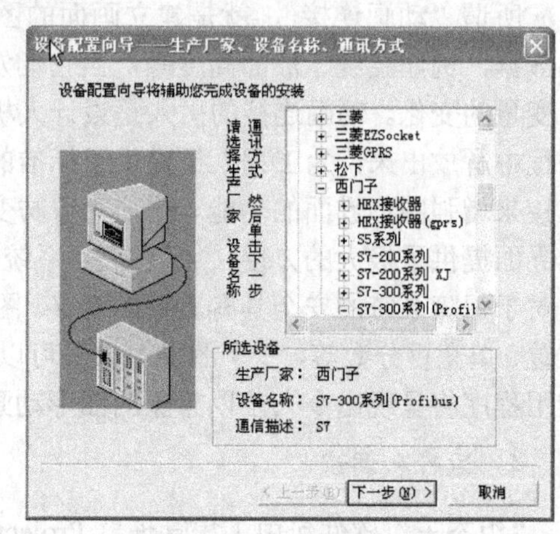

图 15.16 设备配置向导

当使用 MPI 电缆通讯方式时，通信参数见表 15-2，组态王与之保持一致。一般 PLC 默认的地址(即站号)为 2，槽号为 2；组态王设备地址定义为 2.2，其中小数点前为 MPI 地址(即站号)，小数点后为 MPI 设备(即所使用的通信模块或 CPU 模块)的槽号(Slot Number)，其范围为 0.0～126.126，建议使用常用的地址范围为 2.2～126.30。组态王通信参数设置如图 15.17 所示。

表 15-2 通信参数设置

设置项	默认值
波特率	9600
数据位长度	8
停止位长度	1
奇偶校验位	偶校验

组态王也可以使用 MPI 通信卡 CP5611 与 S7300 PLC 通信，采用 MPI 或 DP 协议，当使用 MPI 卡的通信方式时，不需在组态王中配置通信参数。

3. 定义变量的方法

在工程浏览器的左侧选择“数据词典”选项，在右侧双击“新建”图标，弹出“定义变量”对话框；对话框设置如图 15.18 所示。当设置完成后，单击“确定”按钮。用类似

的方法建立其他变量，具体见表 15-3。

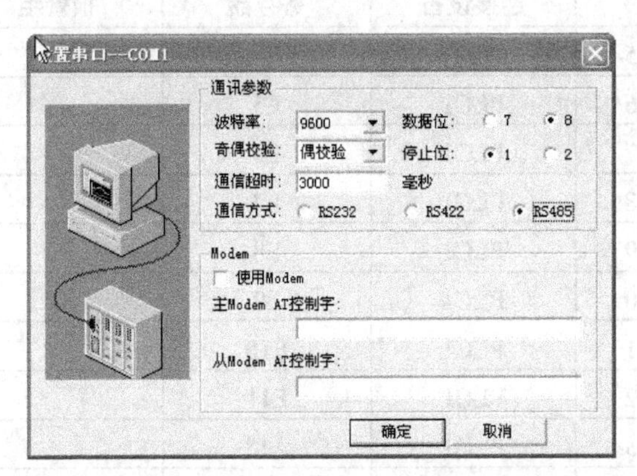

图 15.17　“设置串口——COM1”对话框

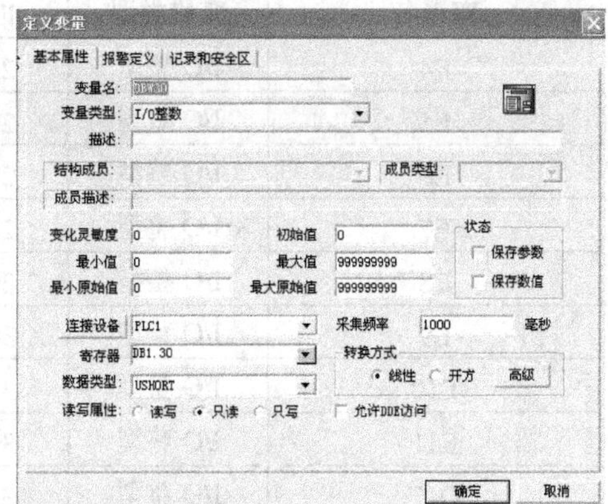

图 15.18　“定义变量”对话框

表 15-3　洋河污水处理厂集散型计算机控制系统数据词典

变量名	变量类型	ID	连接设备	寄存器	报警组
$年	内存实型	1			
$月	内存实型	2			
$日	内存实型	3			
$时	内存实型	4			
$分	内存实型	5			
$秒	内存实型	6			
变量名	变量类型	ID	连接设备	寄存器	报警组
$日期	内存字符串	7			
$时间	内存字符串	8			
$用户名	内存字符串	9			
$访问权限	内存实型	10			
$启动历史记录	内存离散	11			
$启动报警记录	内存离散	12			
$启动后台命令语言	内存离散	13			
$新报警	内存离散	14			
$双机热备状态	内存整型	15			
$毫秒	内存实型	16			
$网络状态	内存整型	17			
E1	I/O 整型	21	PLC1	E1	
E0	I/O 整型	22	PLC1	E0	
E2	I/O 整型	23	PLC1	E2	
E3	I/O 整型	24	PLC1	E3	

续表

变量名	变量类型	ID	连接设备	寄存器	报警组
E4	I/O 整型	25	PLC1	E4	
E5	I/O 整型	26	PLC1	E5	
E6	I/O 整型	27	PLC1	E6	
E7	I/O 整型	28	PLC1	E7	
E8	I/O 整型	29	PLC1	E8	
E9	I/O 整型	30	PLC1	E9	
E10	I/O 整型	31	PLC1	E10	
E11	I/O 整型	32	PLC1	E11	
Q12	I/O 整型	33	PLC1	A12	
Q13	I/O 整型	34	PLC1	A13	
Q14	I/O 整型	35	PLC1	A14	
Q15	I/O 整型	36	PLC1	A15	
DB1P0	I/O 整型	37	PLC1	DB1.0	
DB1P1	I/O 整型	38	PLC1	DB1.1	
DB1P2	I/O 整型	39	PLC1	DB1.2	
DB1P3	I/O 整型	40	PLC1	DB1.3	
DB1P4	I/O 整型	41	PLC1	DB1.4	
DB1P5	I/O 整型	42	PLC1	DB1.5	
DB1P6	I/O 整型	43	PLC1	DB1.6	
DB1P7	I/O 整型	44	PLC1	DB1.7	
M0	I/O 整型	45	PLC1	M0	
M1	I/O 整型	46	PLC1	M1	
M2	I/O 整型	47	PLC1	M2	
M3	I/O 整型	48	PLC1	M3	
M4	I/O 整型	49	PLC1	M4	
M5	I/O 整型	50	PLC1	M5	
M6	I/O 整型	51	PLC1	M6	
M7	I/O 整型	52	PLC1	M7	
M8	I/O 整型	53	PLC1	M8	
M9	I/O 整型	54	PLC1	M9	
M10	I/O 整型	55	PLC1	M10	
M11	I/O 整型	56	PLC1	M11	
M12	I/O 整型	57	PLC1	M12	
M13	I/O 整型	58	PLC1	M13	
M14	I/O 整型	59	PLC1	M14	

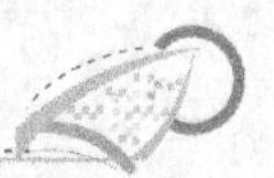

续表

变量名	变量类型	ID	连接设备	寄存器	报警组
M15	I/O 整型	60	PLC1	M15	
M16	I/O 整型	61	PLC1	M16	
M17	I/O 整型	62	PLC1	M17	
M18	I/O 整型	63	PLC1	M18	
M19	I/O 整型	64	PLC1	M19	
M20	I/O 整型	65	PLC1	M20	
M21	I/O 整型	66	PLC1	M21	
M22	I/O 整型	67	PLC1	M22	
M23	I/O 整型	68	PLC1	M23	
M24	I/O 整型	69	PLC1	M24	
M25	I/O 整型	70	PLC1	M25	
M26	I/O 整型	71	PLC1	M26	
M27	I/O 整型	72	PLC1	M27	
M28	I/O 整型	73	PLC1	M28	
M29	I/O 整型	74	PLC1	M29	
M30	I/O 整型	75	PLC1	M30	
M31	I/O 整型	76	PLC1	M31	
M32	I/O 整型	77	PLC1	M32	
M33	I/O 整型	78	PLC1	M33	
M34	I/O 整型	79	PLC1	M34	
M35	I/O 整型	80	PLC1	M35	
粗选 1	内存整型	81			
MW102	I/O 整型	82	PLC1	M102	
MW101	I/O 整型	83	PLC1	M101	
MW204	I/O 整型	84	PLC1	M204	
PE0	I/O 整型	85	PLC2	E0	
PE1	I/O 整型	86	PLC2	E1	
PE2	I/O 整型	87	PLC2	E2	
PE3	I/O 整型	88	PLC2	E3	
PE4	I/O 整型	89	PLC2	E4	
PE5	I/O 整型	90	PLC2	E5	
PE6	I/O 整型	91	PLC2	E6	
PE7	I/O 整型	92	PLC2	E7	
PE8	I/O 整型	93	PLC2	E8	
PE9	I/O 整型	94	PLC2	E9	

续表

变量名	变量类型	ID	连接设备	寄存器	报警组
PE10	I/O 整型	95	PLC2	E10	
PE11	I/O 整型	96	PLC2	E11	
PE12	I/O 整型	97	PLC2	E12	
PE13	I/O 整型	98	PLC2	E13	
PE14	I/O 整型	99	PLC2	E14	
PE15	I/O 整型	100	PLC2	E15	
PQ16	I/O 整型	101	PLC2	A16	
PQ17	I/O 整型	102	PLC2	A17	
PQ18	I/O 整型	103	PLC2	A18	
PQ19	I/O 整型	104	PLC2	A19	
PQ20	I/O 整型	105	PLC2	A20	
PQ21	I/O 整型	106	PLC2	A21	
PQ22	I/O 整型	107	PLC2	A22	
PQ23	I/O 整型	108	PLC2	A23	
PM0	I/O 整型	109	PLC2	M0	
PM1	I/O 整型	110	PLC2	M1	
PM2	I/O 整型	111	PLC2	M2	
PM3	I/O 整型	112	PLC2	M3	
PM4	I/O 整型	113	PLC2	M4	
PM5	I/O 整型	114	PLC2	M5	
PM6	I/O 整型	115	PLC2	M6	
PM7	I/O 整型	116	PLC2	M7	
PM8	I/O 整型	117	PLC2	M8	
PM9	I/O 整型	118	PLC2	M9	
PM10	I/O 整型	119	PLC2	M10	
PM11	I/O 整型	120	PLC2	M11	
PM12	I/O 整型	121	PLC2	M12	
PM13	I/O 整型	122	PLC2	M13	
PM14	I/O 整型	123	PLC2	M14	
PM15	I/O 整型	124	PLC2	M15	
PM16	I/O 整型	125	PLC2	M16	
PM17	I/O 整型	126	PLC2	M17	
PM18	I/O 整型	127	PLC2	M18	
PM19	I/O 整型	128	PLC2	M19	
PM20	I/O 整型	129	PLC2	M20	

续表

变量名	变量类型	ID	连接设备	寄存器	报警组
PM21	I/O 整型	130	PLC2	M21	
PM22	I/O 整型	131	PLC2	M22	
PM23	I/O 整型	132	PLC2	M23	
PM24	I/O 整型	133	PLC2	M24	
PM25	I/O 整型	134	PLC2	M25	
PM26	I/O 整型	135	PLC2	M26	
PM27	I/O 整型	136	PLC2	M27	
PM28	I/O 整型	137	PLC2	M28	
PM29	I/O 整型	138	PLC2	M29	
PM30	I/O 整型	139	PLC2	M30	
PM31	I/O 整型	140	PLC2	M31	
PM32	I/O 整型	141	PLC2	M32	
PM33	I/O 整型	142	PLC2	M33	
PM34	I/O 整型	143	PLC2	M34	
PM35	I/O 整型	144	PLC2	M35	
动画 1	内存整型	145			
PLC1 通信	I/O 离散	146	PLC1	CommERR	
PLC2 通信	I/O 离散	147	PLC2	CommERR	
加药装置 1 动画	内存整型	149			
加药装置 2 动画	内存整型	150			
运输机动画	内存整型	151			
刮泥机 1 动画	内存整型	152			
刮泥机 2 动画	内存整型	153			
细选 1	内存整型	154			
细刮渣间隔	I/O 整型	155	PLC1	M200	
细连续刮渣时间	I/O 整型	156	PLC1	M202	
细液位差设定	I/O 整型	157	PLC1	M204	
C4	I/O 整型	158	PLC1	M105	
C5	I/O 整型	159	PLC1	M107	
PIW320	I/O 整型	160	PLC1	DB1.0	
DBW16	I/O 整型	161	PLC1	DB1.16	
DBW18	I/O 整型	162	PLC1	DB1.18	
DBW20	I/O 整型	163	PLC1	DB1.20	
DBW22	I/O 整型	164	PLC1	DB1.22	
DBW24	I/O 整型	165	PLC1	DB1.24	

续表

变量名	变量类型	ID	连接设备	寄存器	报警组
DBW26	I/O 整型	166	PLC1	DB1.26	
PIW322	I/O 整型	167	PLC1	DB1.2	
PIW324	I/O 整型	168	PLC1	DB1.4	
PIW326	I/O 整型	169	PLC1	DB1.6	
PIW328	I/O 整型	170	PLC1	DB1.8	
PIW330	I/O 整型	171	PLC1	DB1.10	
PIW332	I/O 整型	172	PLC1	DB1.12	
PIW334	I/O 整型	173	PLC1	DB1.14	
MW104	I/O 整型	174	PLC1	M130	
MW131	I/O 整型	175	PLC1	M131	
DBW28	I/O 整型	176	PLC1	DB1.28	
DBW30	I/O 整型	177	PLC1	DB1.30	
DBW32	I/O 整型	178	PLC1	DB1.32	
DB2DBW0	I/O 整型	179	PLC1	DB2.0	
DB2DBW2	I/O 整型	180	PLC1	DB2.2	
DB2DBW4	I/O 整型	181	PLC1	DB2.4	
DB2DBW6	I/O 整型	182	PLC1	DB2.6	
DB2DBW8	I/O 整型	183	PLC1	DB2.8	
DB2DBW10	I/O 整型	184	PLC1	DB2.10	
DB2DBW 12	I/O 整型	185	PLC1	DB2.12	
DB2DBW14	I/O 整型	186	PLC1	DB2.14	
PDB2DBW0	I/O 整型	187	PLC2	DB2.0	
PDB2DBW2	I/O 整型	188	PLC2	2DB2.2	
PDB2DBW4	I/O 整型	189	PLC2	D22.4	
PDB2DBW 6	I/O 整型	190	PLC2	DB2.6	
PDB2DBW8	I/O 整型	191	PLC2	DB2.8	
PDB2DBW10	I/O 整型	192	PLC2	DB2.10	
PDB2DBW12	I/O 整型	193	PLC2	DB2.12	
提升泵 1 故障	内存离散	194			RootNode
提升泵 2 故障	内存离散	195			RootNode
提升泵 3 故障	内存离散	196			RootNode
提升泵 4 故障	内存离散	197			RootNode
提升泵 5 故障	内存离散	198			RootNode
粗栅 1 故障	内存离散	199			RootNode
粗栅 2 故障	内存离散	200			RootNode

续表

变量名	变量类型	ID	连接设备	寄存器	报警组
进水阀 1 故障	内存离散	201			RootNode
进水阀 2 故障	内存离散	202			RootNode
进水阀 3 故障	内存离散	203			RootNode
进水阀 4 故障	内存离散	204			RootNode
进水阀 5 故障	内存离散	205			RootNode
进水阀 6 故障	内存离散	206			RootNode
沉沙空压故障	内存离散	207			RootNode
细栅 2 故障	内存离散	208			RootNode
细栅 1 故障	内存离散	209			RootNode
曝气搅拌 1 故障	内存离散	210			RootNode
曝气搅拌 2 故障	内存离散	211			RootNode
曝气搅拌 3 故障	内存离散	212			RootNode
曝气搅拌 4 故障	内存离散	213			RootNode
曝气回流泵 1 故障	内存离散	214			RootNode
曝气回流泵 2 故障	内存离散	215			RootNode
刮泥机 1 故障	内存离散	216			RootNode
刮泥机 2 故障	内存离散	217			RootNode
回流井回流泵 1 故障	内存离散	218			RootNode
回流井回流泵 2 故障	内存离散	219			RootNode
回流搅机 1 故障	内存离散	220			RootNode
回流搅机 2 故障	内存离散	221			RootNode
鼓风机 1 故障	内存离散	222			RootNode
鼓风机 2 故障	内存离散	223			RootNode
鼓风机 3 故障	内存离散	224			RootNode
鼓风机阀 1 故障	内存离散	225			RootNode
鼓风机阀 2 故障	内存离散	226			RootNode
鼓风机阀 3 故障	内存离散	227			RootNode
鼓风机阀 4 故障	内存离散	228			RootNode
鼓风机阀 5 故障	内存离散	229			RootNode
鼓风机阀 6 故障	内存离散	230			RootNode
脱水机 2 故障	内存离散	231			RootNode
脱水机 1 故障	内存离散	232			RootNode
螺杆泵 1 故障	内存离散	233			RootNode
螺杆泵 2 故障	内存离散	234			RootNode
脱水空压机故障	内存离散	235			RootNode

续表

变量名	变量类型	ID	连接设备	寄存器	报警组
加药装置 1 故障	内存离散	236			RootNode
加药装置 2 故障	内存离散	237			RootNode
输送机故障	内存离散	238			RootNode
反冲洗泵 1 故障	内存离散	239			RootNode
反冲洗泵 2 故障	内存离散	240			RootNode
储泥搅拌故障	内存离散	241			RootNode
备用回路 3 故障	内存离散	242			RootNode
备用回路 2 故障	内存离散	243			RootNode
备用回路 1 故障	内存离散	244			RootNode
跨度	内存整型	247			
卷动	内存整型	248			
卷度 1	内存实型	249			
跨度 1	内存实型	250			
报表名	内存字符串	252			
查询年	内存实型	253			
日计数	内存整型	254			
K1	内存离散	255			
Nw230	I/O 整型	256	PLC1	M231	
Jishu	内存整型	257			
Kk	内存离散	258			
gg	内存离散	259			
新建					

4．变量的类型

变量可以分为基本类型和特殊类型两大类。基本类型的变量又分为“内存变量”和“I/O 变量”两类。“I/O 变量”指的是需要“组态王”和其他应用程序(包括 I/O 服务程序)交换数据的变量。那些不需要和其他应用程序交换只在“组态王”内需要的变量，例如计算过程的中间变量，就可以设置成“内存变量”。基本类型的变量也可以按照数据类型分为离散型、模拟型、长整数型和字符串型。

特殊变量类型有报警窗口变量、报警组变量、历史趋势曲线变量、时间变量 4 种。

对于本工程 PLC 的一些主要变量，在组态王设为 I/O 离散变量。输入一般设只读，输出一般设读写，如图 15.19 所示。

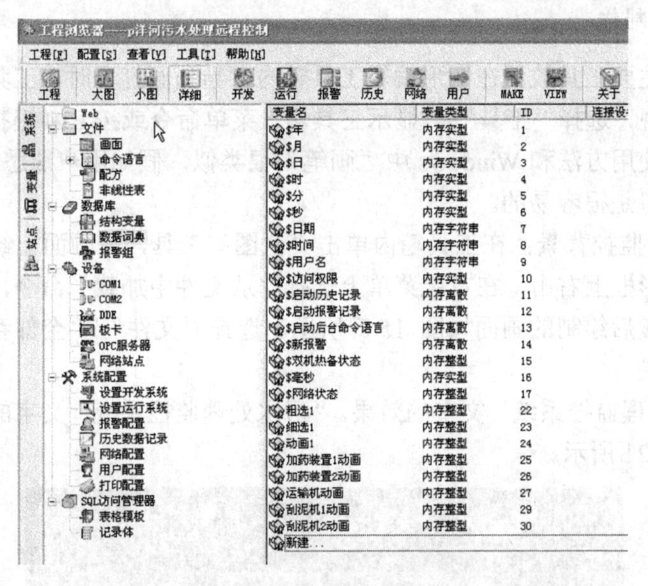

图 15.19　“数据词典”设置

15.8　开始主画面制作

1．建立新画面

在工程浏览器中左侧的树形视图中选择“画面”选项，在右侧视图中双击“新建”图标。工程浏览器将运行组态王开发环境 TOUCHMAK，在“新画面”对话框中设置如图 15.20 所示，在对话框中单击“确定”按钮。TOUCHMAK 将按照指定的风格产生一幅名为“主画面”的画面。

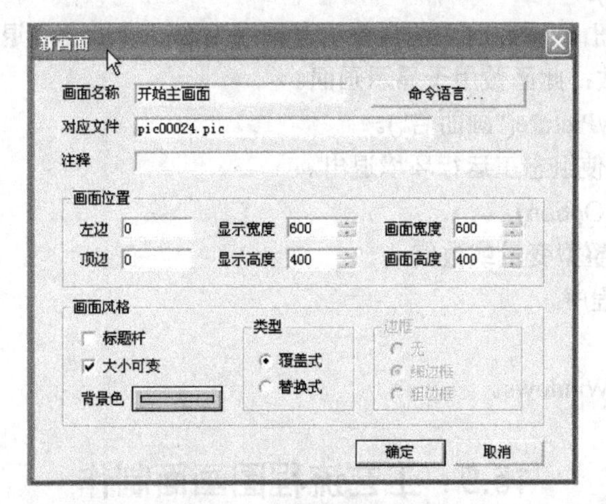

图 15.20　“新画面”对话框

2. 开始画面制作

绘制图素的主要工具放置在图形编辑工具箱内。当画面打开时，工具箱自动显示，如果工具箱没有出现，选择“工具”|“显示工具箱”菜单命令或按 F10 键打开它。工具箱中各种基本工具的使用方法和 Windows 中“画笔”很类似，假如用户熟悉“画笔”的使用，那么绘制本画面将是很容易的。

(1) 首先绘制监控背景：在工具箱内单击“位图”工具，在画面上绘制一个矩形作为监控背景；在矩形框上右击，在右键菜单上选择“从文件中加载”命令，选中所有需要的图形文件即可。最后绘制的画面如图 15.2 所示。选择“文件”|“全部存”菜单命令，保存用户的工作成果。

(2) “污水处理监控系统”文字的效果。“污水处理监控系统”文字的效果是文字重叠造成的，如图 15.21 所示。

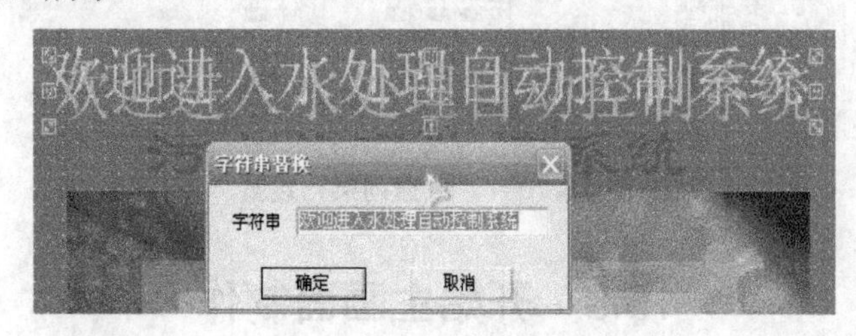

图 15.21 文字重叠制作

(3) 按钮功能的实现。

“管理员登录”按钮：在工具箱找到按钮工具放置按钮，右击可替换文字“管理员登录”，双击按钮对象“####”，弹出“动画连接”对话框，“弹起时”的命令语言程序为 log0n( )。

“进入系统”按钮：“弹起时”的命令语言程序为 ShowPicture("系统总貌")；如 ShowPicture("banner")。

“关闭系统”按钮：“弹起时”的命令语言程序为 ShowPicture("退出系统")。

ShowPicture 函数：此函数用于显示画面。

调用格式：ShowPicture("画面名")。

Exit 函数此函数使组态王运行环境退出。

调用形式：Exit(Option)。

参数：Option，整型变量或数值。

0——退出当前程序。

1——关机。

2——重新启动 Windows。

15.9 工艺流程图画面制作

在工程浏览器中左侧的树形视图中选择“画面”选项，在右侧视图中双击“新建”图标，新建产生一幅名为“工艺流程图”的画面，如图 15.22 所示。

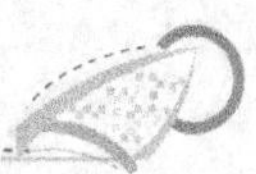

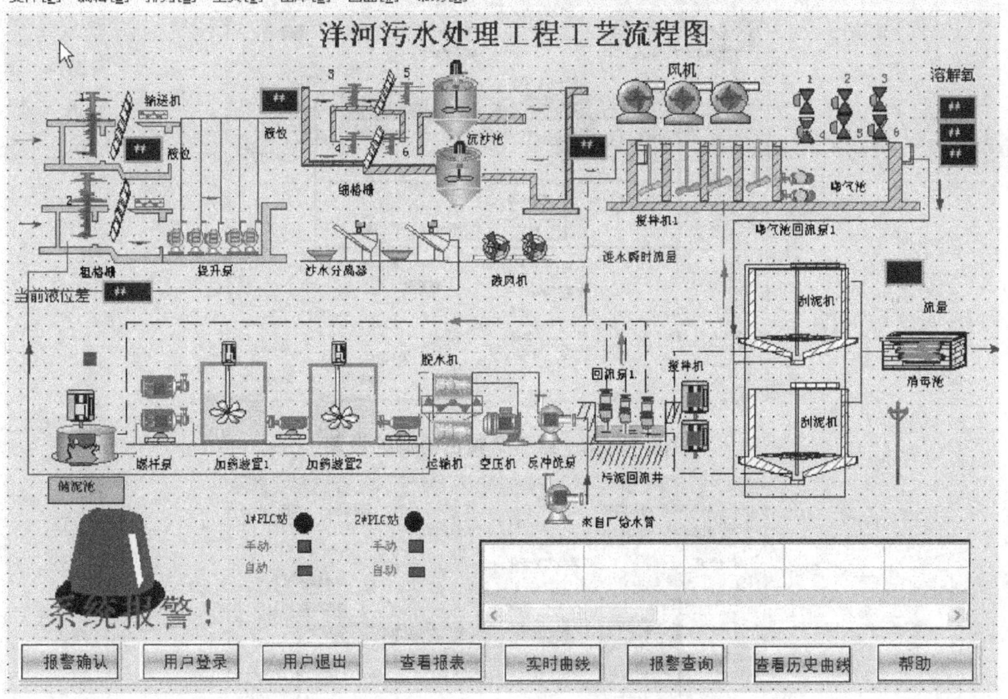

图 15.22　洋河污水处理厂工艺流程图画面

图 15.22 是个较复杂的图形，所以不能仅仅只借助于简单的工具栏完成，在这里要用到图库，图库中的元素被称为“图库精灵”。图库精灵在外观上类似于组合图素，但内嵌了丰富的动画连接和逻辑控制，工程人员只需把它放在画面上，做少量的文字修改，就能动态控制图形的外观，同时能完成复杂的功能。用户可以根据自己工程的需要，将一些需要重复使用的复杂图形做成图库精灵，加入到图库管理器中。

1. 粗格栅和闸门界面

图 15.23 是粗格栅和闸门部分的界面，其分解图如图 15.24 所示。

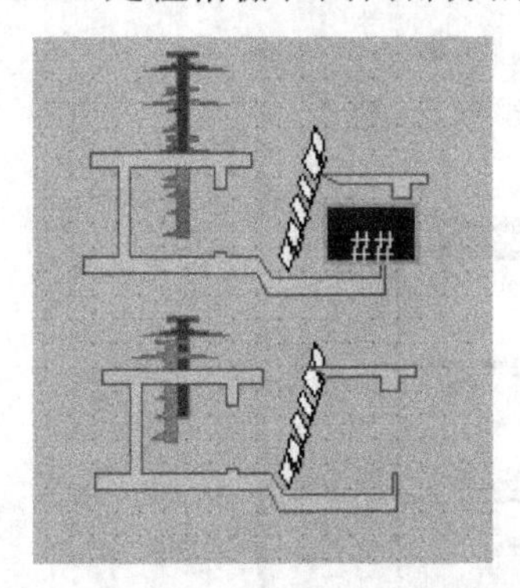

图 15.23　粗格栅和闸门部分

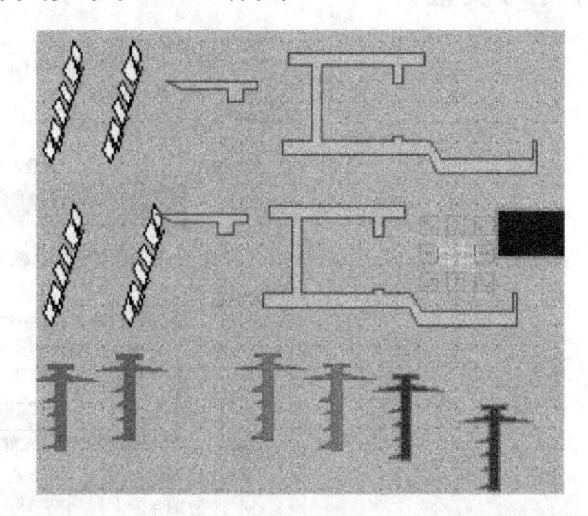

图 15.24　粗格栅和闸门部分分解图

其中，黄色的格栅是由两个格栅重叠组合而成，它们的设置如图 15.25 和图 15.26 所示。

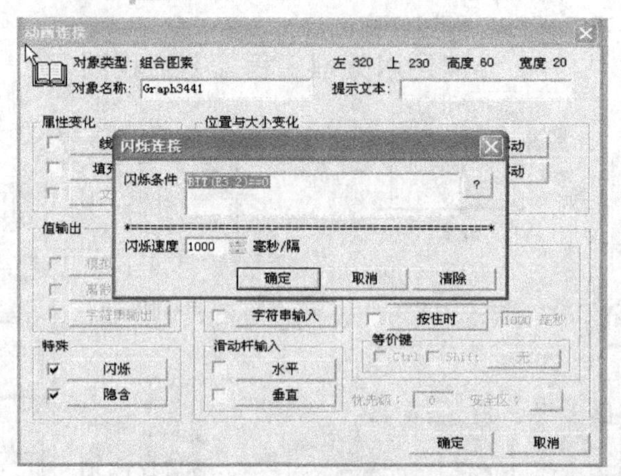

图 15.25　第一个黄色格栅的设置

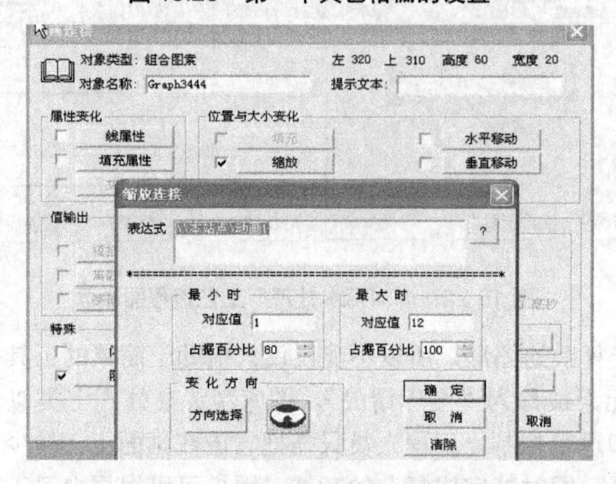

图 15.26　第二个黄色格栅的设置

其中，闸门是由红、蓝、绿三色的闸门重叠组合而成的，其设置如图 15.27、图 15.28 和图 15.29 所示。图 15.27 为红色闸门的设置，图 15.28 为绿色闸门的设置，图 15.29 是蓝色闸门的设置。

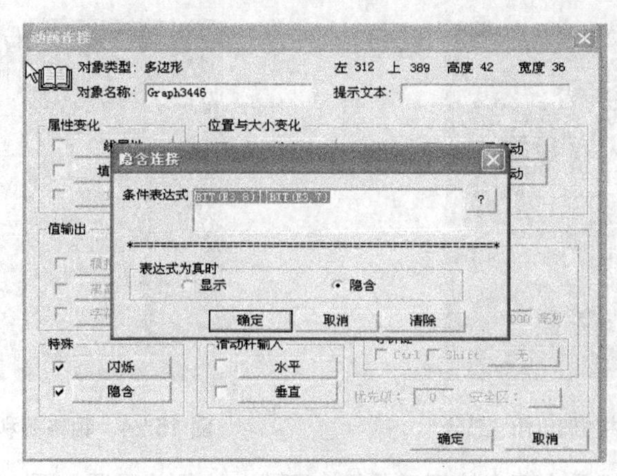

图 15.27　红色闸门的设置

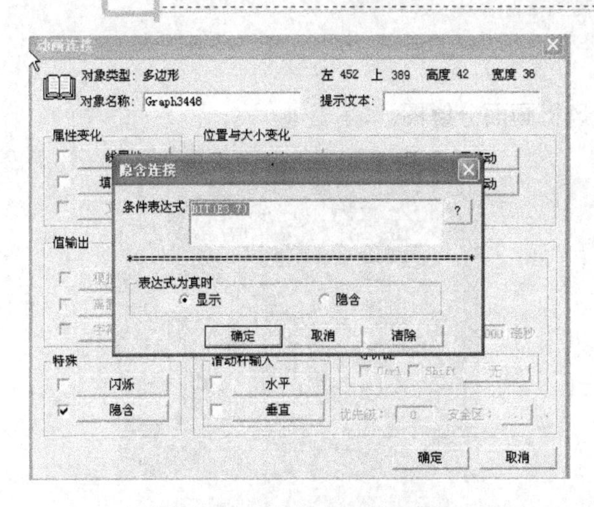

图 15.28　绿色闸门的设置

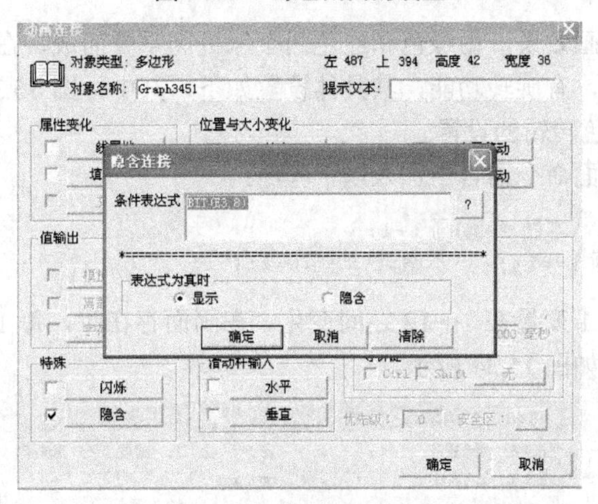

图 15.29　蓝色闸门的设置

格栅温度显示采用文本工具，动画连接设置如图 15.30 所示。

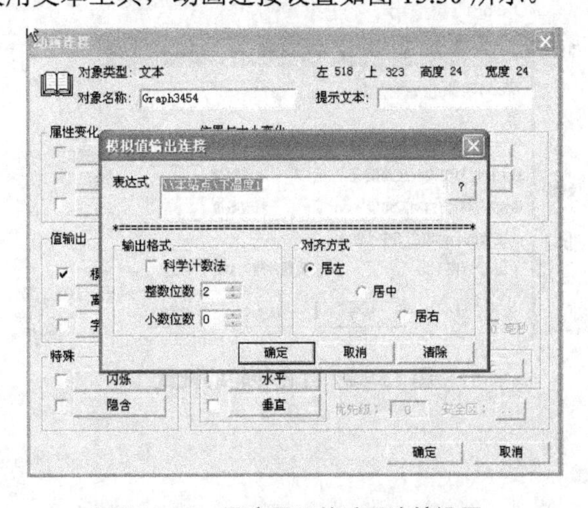

图 15.30　温度显示的动画连接设置

2. 风机部分

图 15.31 所示为风机画面分解图。

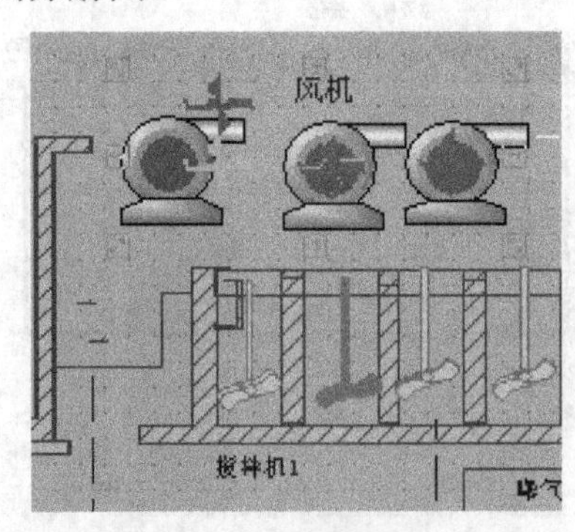

图 15.31 风机画面分解图

风机具有旋转动画效果，由绿色和红色两个风机图重叠而成，在正常运行时为绿色，在故障运行时为红色，有旋转功能，其具体设置如下。其中，图 15.32 所示为红色转轮的设置，图 15.33 为绿色转轮的设置。

在画面属性的画面命令语言中加入以下程序：

```
\\本站点\动画 1=\\本站点\动画 1+1;
if(\\本站点\动画 1==13){\\本站点\动画 1=1;}
```

该程序实现动画 1 变量在 1～12 之间变化。在画面存在时，每 1000ms 运行一次，用于旋转功能的实现，如图 15.34 所示。

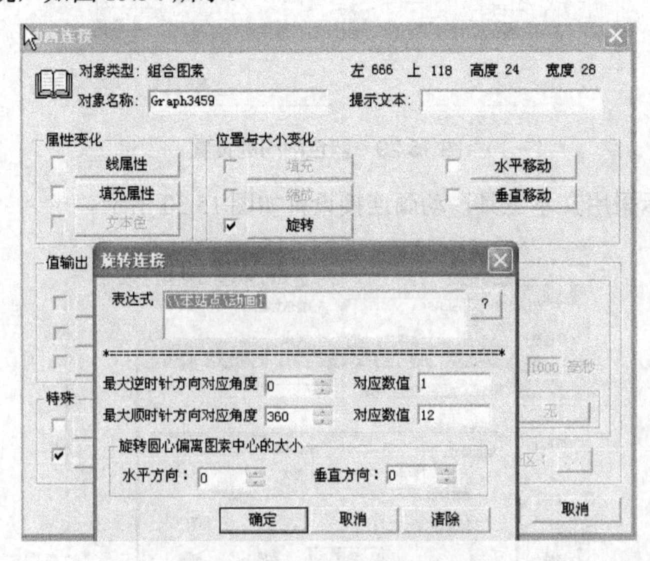

图 15.32 红色转轮的设置

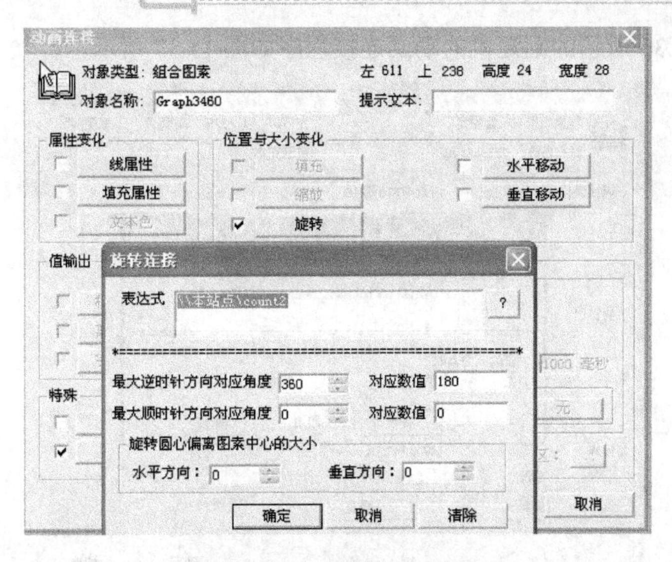

图 15.33　绿色转轮的设置

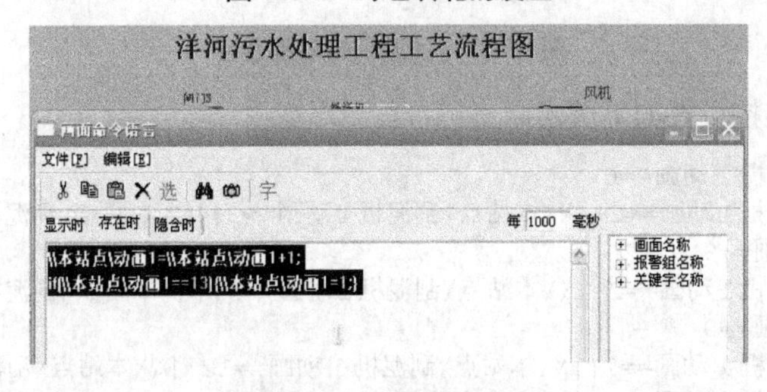

图 15.34　画面命令语言

3．刮泥机部分

图 15.35 所示为刮泥机部分的界面。图 15.36 为刮泥机画面分解图。

刮泥机也具有动画效果，通过叶片大小的改变反映刮泥机旋转位置的变化，采用隐含连接实现这种动画效果。

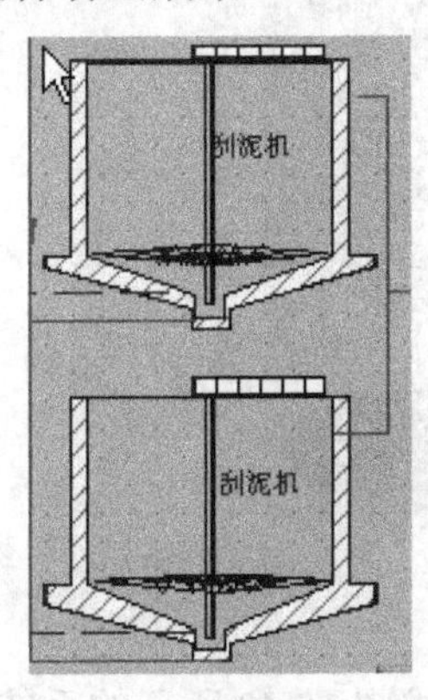

图 15.35　刮泥机的画面图

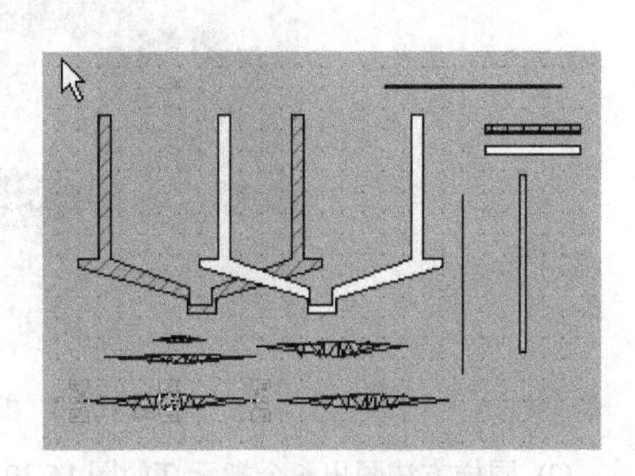

图 15.36　刮泥机画面分解图

其中，图 15.36 所示的刮泥机的动画连接程序如图 15.37 所示。

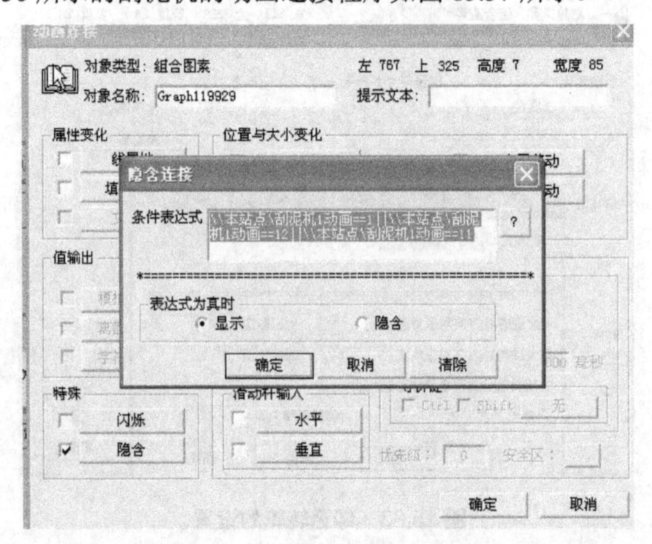

图 15.37　刮泥机的动画连接

其他的隐含连接设置如下所述：

```
\\本站点\刮泥机 1 动画==6
\\本站点\刮泥机 1 动画==2||\\本站点\刮泥机 1 动画==3||\\本站点\刮泥机 1 动画==10||\\本站点\刮泥机 1 动画==9
\\本站点\刮泥机 1 动画==2||\\本站点\刮泥机 1 动画==3||\\本站点\刮泥机 1 动画==10||\\本站点\刮泥机 1 动画==9
\\本站点\刮泥机 1 动画==1||\\本站点\刮泥机 1 动画==12||\\本站点\刮泥机 1 动画==11
\\本站点\刮泥机 1 动画==1||\\本站点\刮泥机 1 动画==12||\\本站点\刮泥机 1 动画==11
```

4. 报警灯

报警灯能在发生报警时不停旋转，通过几个重叠灯切换来实现。报警灯制作步骤如下。

(1) 如图 15.38 所示，先画出一个报警的指示灯，然后合成一个组合图素。

图 15.38　指示灯所需图素

(2) 同样方法画出 6 个指示灯如图 15.39 所示，最后合成图 15.40 所示的系统报警画面。

图 15.39　选用的指示灯

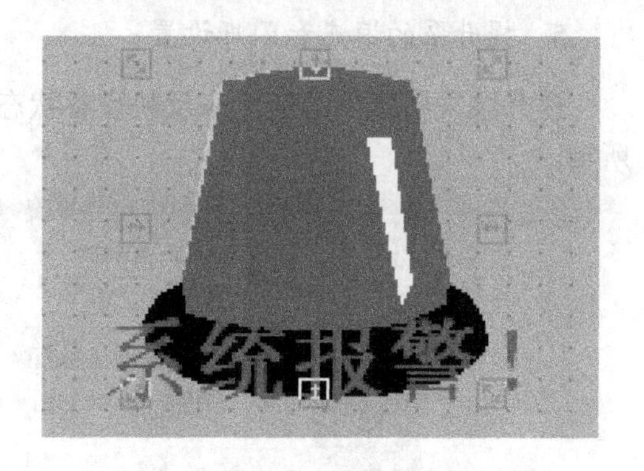

图 15.40　组合成的报警画面

(3) 添加动画连接：双击指示灯，选择“隐含连接”选项，输入“\\本站点\$新报警”，单击“确定”按钮，如图 15.41 所示。

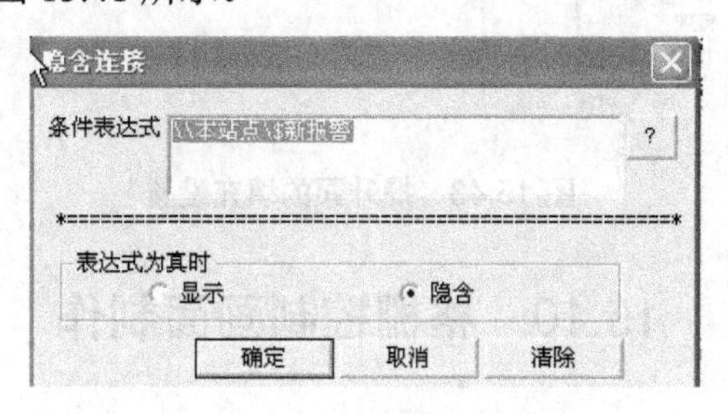

图 15.41　“隐含连接”对话框

然后，分别给其他的指示灯添加动画连接；分别输入“\\本站点\动画 1== 1&&\\本站点\$新报警”、“动画 1==3&&\\本站点\$新报警”、“动画 1==5&&\\本站点\$新报警”、“动画 1==10&&\\本站点\$新报警”、“动画 1==7&&\\本站点\$新报警”即可。

报警系统的 PLC 程序如图 15.42 所示。

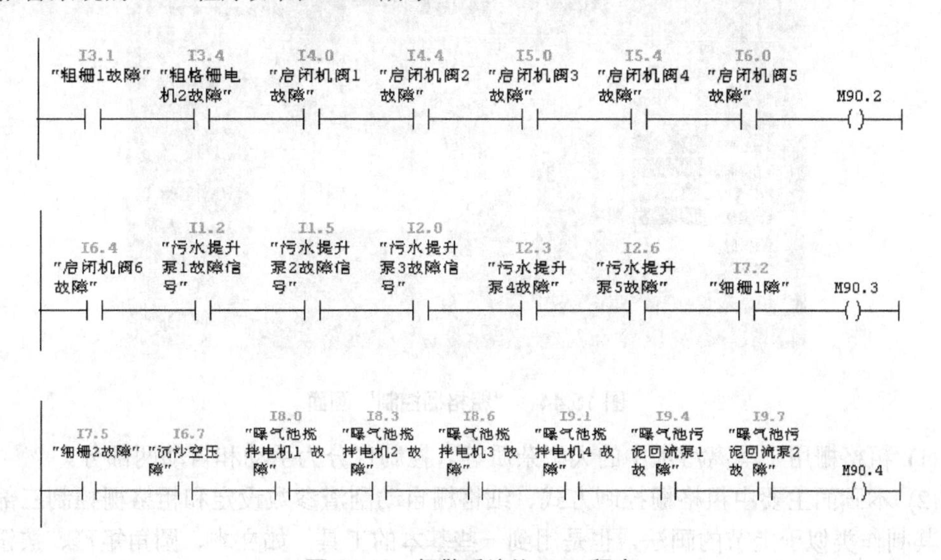

图 15.42　报警系统的 PLC 程序

5. 提升泵的填充和闪烁设置

提升泵采用颜色的变化来反映设备状态，故障时闪烁，提升泵的填充设置，如图 15.43 所示。

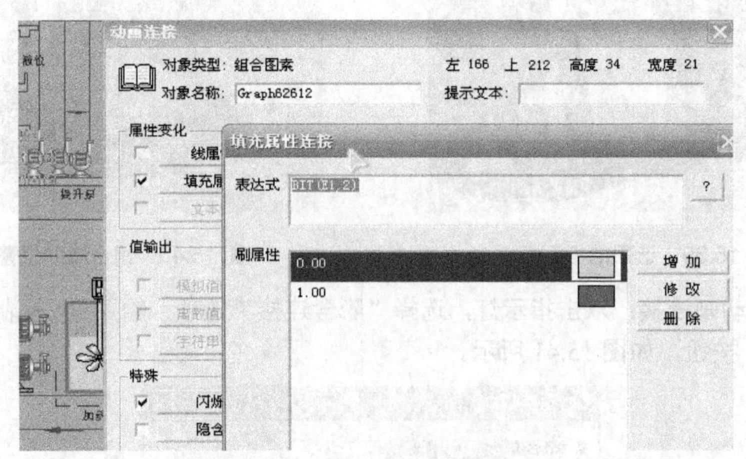

图 15.43 提升泵的填充设置

15.10 格栅控制画面制作

在工程浏览器中左侧的树形视图中选择“画面”选项，在右侧视图中双击“新建”图标，新建产生一幅名为“粗格栅控制”的画面，如图 15.44 所示。

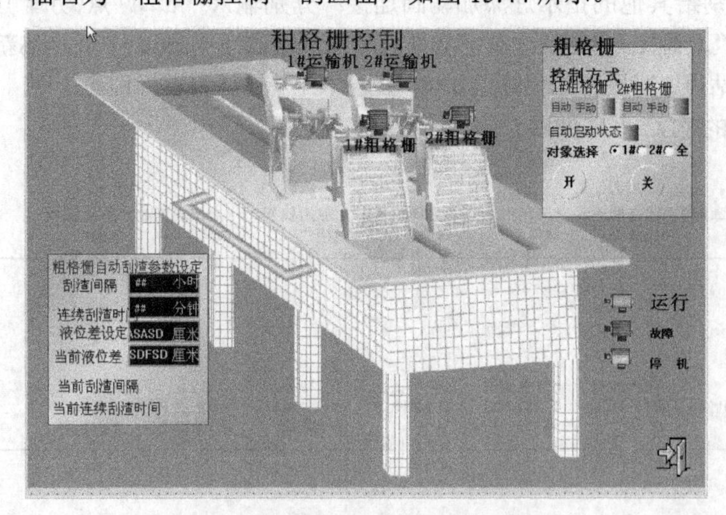

图 15.44 “粗格栅控制”画面

(1) 粗格栅用于隔离污水中的大型杂质等。控制也分为手动和自动两部分。

(2) 本画面主要由粗格栅控制方式、细格栅自动刮渣参数设定和粗格栅控制三部分组成。其制作类似于上节的画法，也是用到一些基本的工具，如文本、圆角矩形、按钮和点位图等，这里就不重复了。

(3) 粗格栅控制方式按钮设置。

当粗格栅控制方式按钮“开”时，“按下时”的命令语言程序为

```
BITSET(\\本站点\Q12,7,1);BITSET(\\本站点\Q12,6,1);同样按钮"关"时，"按下时"的命令语言程序为"if(\\本站点\粗选 1==0){BITSET(\\本站点\Q12,6,0);}if(\\本站点\粗选 1==1){BITSET(\\本站点\Q12,7,0);}if(\\本站点\粗选 1==2){BITSET(\\本站点\Q12,7,0);BITSET(\\本站点\Q12,6,0);}"
```

(4) 粗格栅对应的一些 PLC 程序，如图 15.45 所示。

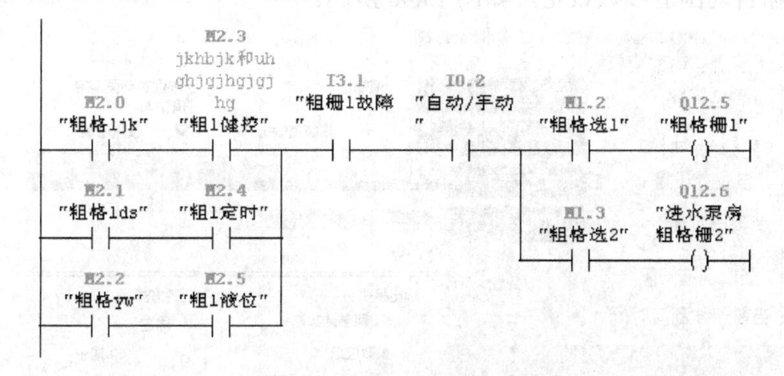

图 15.45　粗格栅的 PLC 程序

(5) 粗格栅控制单选按钮控件设置，如图 15.46 所示。

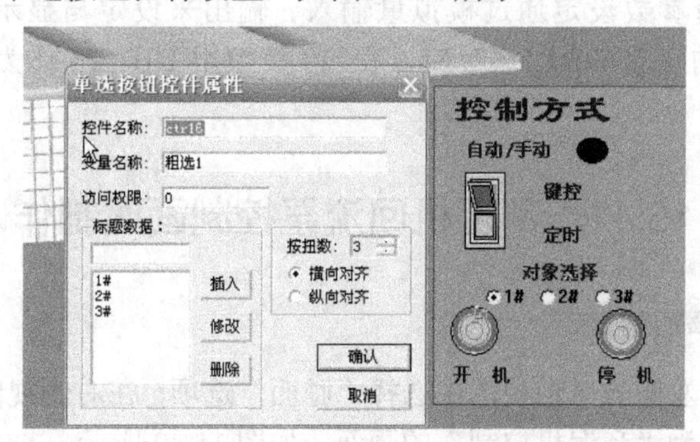

图 15.46　粗格栅控制单选按钮控件设置

粗格栅有两台，可以通过单选按钮控件来选择，控件对应变量为粗选 1，为组态王整型变量，在 0～2 变化，与单选按钮选择相对应，如图 15.47 所示。

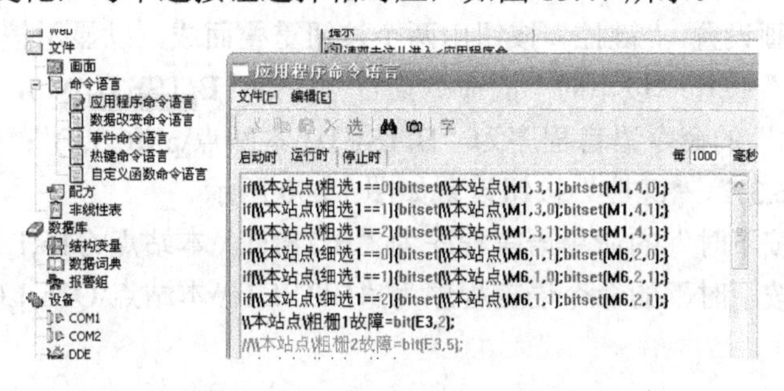

图 15.47　应用程序命令语言

在应用程序命令语言中，输入以下内容：

```
if(\\本站点\粗选 1==0){bitset(\\本站点\M1,3,1);bitset(M1,4,0);}
if(\\本站点\粗选 1==1){bitset(\\本站点\M1,3,0);bitset(M1,4,1);}
if(\\本站点\粗选 1==2){bitset(\\本站点\M1,3,1);bitset(M1,4,1);}
```

组态王通过控制 PLC 的中间点 M1.2、M1.3 来控制粗格栅 Q12.5、Q12.6，参考图 15.45 所示的粗格栅的 PLC 程序。

(6) 粗格栅自动刮渣参数设定，如图 15.48 所示。

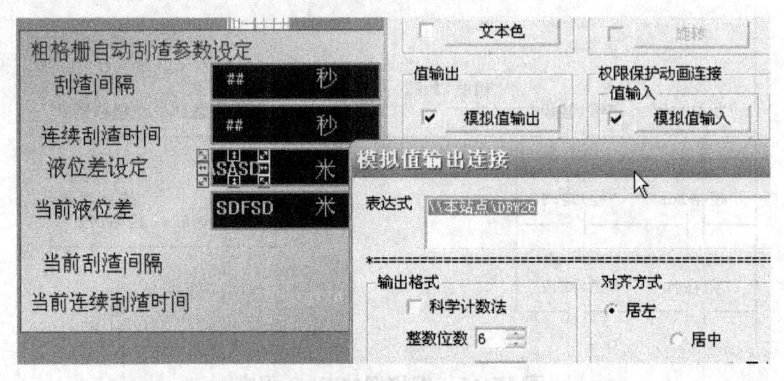

图 15.48 粗格栅自动刮渣参数设定

粗格栅自动刮渣参数设定通过模拟量输入、输出来设定与显示，如液位差设定值 DBW26 与 PLC 中的变量 DB1.26 对应，在 PLC 中用 DB1.26 作为液位差设定值就可以了。

15.11 刮泥机回流泵控制画面制作

1. 刮泥机控制画面制作

在工程浏览器中左侧的树形视图中选择“画面”选项，在右侧视图中双击“新建”图标，新建产生一幅名为“刮泥机控制”的画面，如图 15.49 所示。

(1) 刮泥机主要是用来清除沉淀池中的沉淀物，一般是几台轮换工作。

(2) 本画面主要由刮泥机 1 控制方式和刮泥机 2 控制方式两部分组成。其画法类似于上节的画法，也是用到一些基本的工具，如圆角矩形、点位图和按钮等。

(3) 刮泥机动画设置。“键控”按钮由两个按钮重叠而成，以显示按下和弹起状态。刮泥机 1 上面“键控”按钮“按下时”的命令语言程序为“BITSET(pM6，3,1)”；隐藏的“键控”按钮“按下时”的命令语言程序为“BITSET(\\本站点\pM6,3,0)”；隐含连接表达式为“BIT(\\本站点\pM6,3)”。“键控”按钮设置如图 15.50 所示。

按钮“开”“按下时”的命令语言程序为“BITSET(\\本站点\Q16,1,1)”。

按钮“关”“按下时”的命令语言程序为“BITSET(\\本站点\Q16,1,0)”。

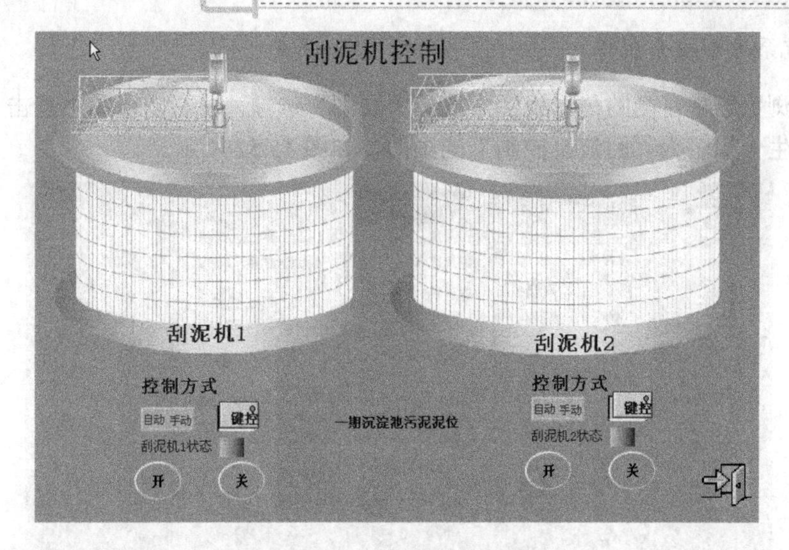

图 15.49　“刮泥机控制”画面

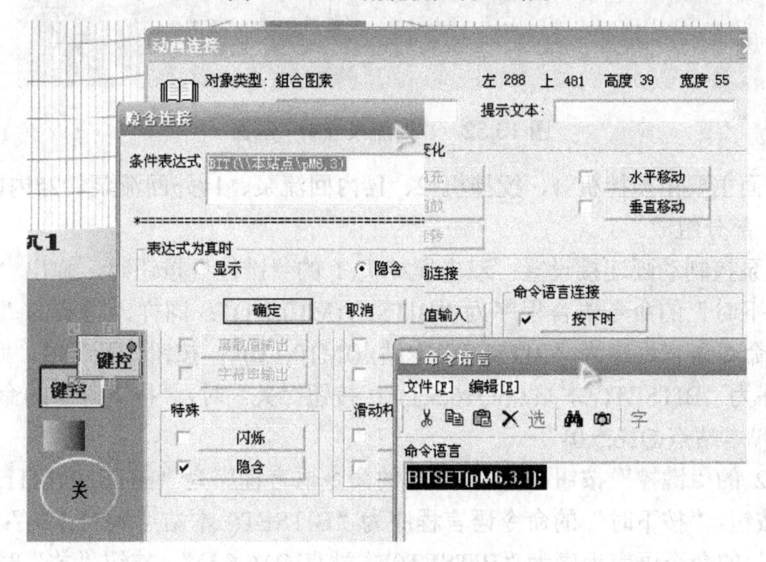

图 15.50　“键控”按钮设置

刮泥机运行动画采用隐含连接，如图 15.51 所示。

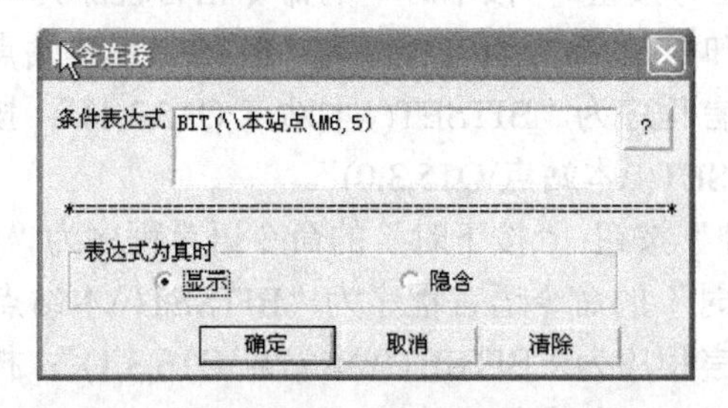

图 15.51　刮泥机 1 控制画面上隐藏键控的“隐含连接”对话框

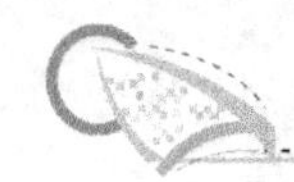

2. 回流泵控制画面制作

在工程浏览器中左侧的树形视图中选择“画面”选项，在右侧视图中双击“新建”图标，新建产生一幅名为“回流泵控制”的画面，如图 15.52 所示。

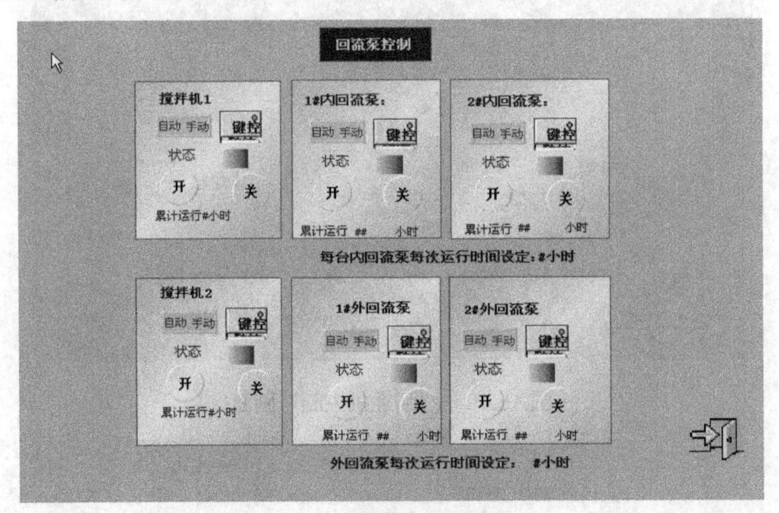

图 15.52 “回流泵控制”画面

(1) 本画面主要由搅拌机 1、搅拌机 2、1#内回流泵、1#外回流泵、2#内回流泵和 2#外回流泵共六部分组成。

(2) 回流泵控制动画连接设置：双击搅拌机 1 的“键控”按钮时，弹出“动画连接”对话框，“按下时”的命令语言程序为“BITSET(M10,1,1)”；同样，隐藏的“键控”按钮“按下时”的命令语言程序为“BITSET(\\本站点\M10,1,0)”；按钮“开”时，“按下时”的命令语言程序为“BITSET(\\本站点\Q16,5,1)”；按钮“关”时，“按下时”的命令语言程序为“BITSET(\\本站点\Q16,5,0)”。

搅拌机 2 的“键控”按钮：“按下时”的命令语言程序为“BITSET(M11,1,1)”；隐藏的“键控”按钮，“按下时”的命令语言程序为“BITSET(\\本站点\M11,1,0)”；按钮“开”时，“按下时”的命令语言程序为“BITSET(\\本站点\Q16,6,1)”；按钮“关”时，“按下时”的命令语言程序为“BITSET(\\本站点\Q16,6,0)”。

1#内回流泵的“键控”按钮：“按下时”的命令语言程序为“BITSET(M18,1,1)”；隐藏的“键控”按钮“按下时”的命令语言程序为“BITSET(\\本站点\M18,1,0)”；按钮“开”时，“按下时”的命令语言程序为“BITSET(\\本站点\Q15,3,1)”；按钮“关”时，“按下时”的命令语言程序为“BITSET(\\本站点\Q15,3,0)”。

1#外回流泵的“键控”按钮：“按下时”的命令语言程序为“BITSET(M8,1,1)”；隐藏的“键控”按钮，“按下时”的命令语言程序为“BITSET(\\本站点\M8,1,0)”；按钮“开”时，“按下时”的命令语言程序为“BITSET(\\本站点\Q16,3,1)”；按钮“关”时，“按下时”的命令语言程序为“BITSET(\\本站点\Q16,3,0)”。

2#内回流泵的“键控”按钮：“按下时”的命令语言程序为“BITSET(M19,1,1)”；隐藏的“键控”按钮“按下时”的命令语言程序为“BITSET(\\本站点\M19,1,0)”；按钮“开”

时，“按下时”的命令语言程序为“BITSET(\\本站点\Q15,4,1)”；按钮“关”时，“按下时”的命令语言程序为“BITSET(\\本站点\Q15,4,0)”。

2#外回流泵的“键控”按钮：“按下时”的命令语言程序为“BITSET(M9,1,1)”；隐藏的“键控”按钮“按下时”的命令语言程序为“BITSET(\\本站点\M9,1,0)”；按钮“开”时，“按下时”的命令语言程序为“BITSET(\\本站点\Q16,4,1)”；按钮“关”时，“按下时”的命令语言程序为“BITSET(\\本站点\Q16,4,0)”。

(3) 回流泵 1 的 PLC 程序如图 15.53 所示。

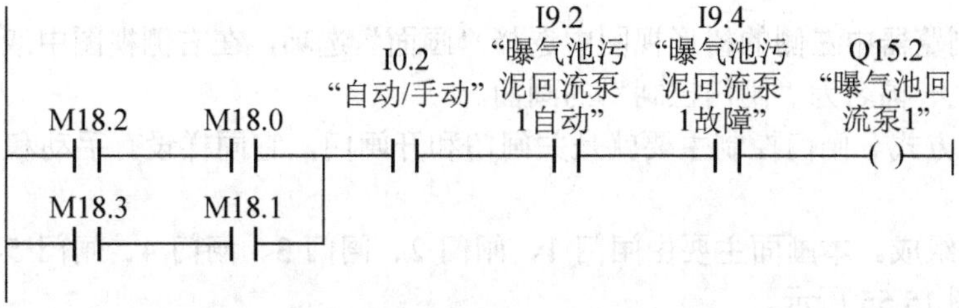

M18.2　M18.0　I0.2 “自动/手动”　I9.2 “曝气池污泥回流泵1自动”　I9.4 “曝气池污泥回流泵1故障”　Q15.2 “曝气池回流泵1”

M18.3　M18.1

图 15.53　回流泵 1 的 PLC 程序

15.12　提升泵闸门控制画面制作

1. 提升泵控制画面制作

在工程浏览器中左侧的树形视图中选择“画面”选项，在右侧视图中双击“新建”图标，新建产生一幅名为“提升泵控制”的画面，如图 15.54 所示。

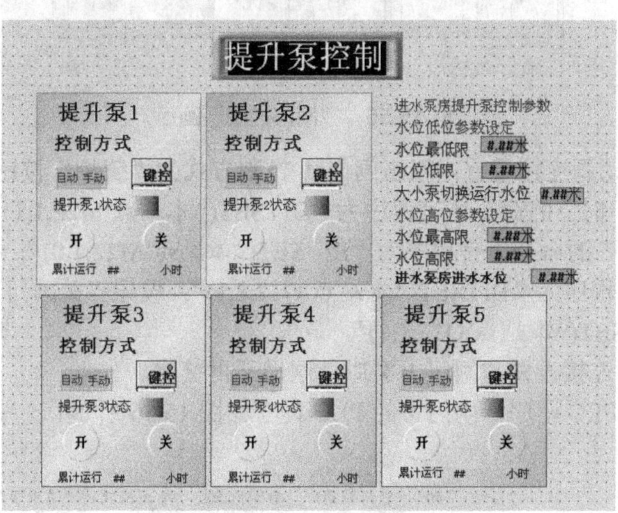

图 15.54　“提升泵控制”画面

(1) 画面组成。本画面主要由提升泵 1 控制、提升泵 2 控制、提升泵 3 控制、提升泵 4 控制、提升泵 5 控制组成。

(2) 控制设备动画连接设置。双击提升泵 1 控制方式的“键控”按钮，弹出“动画连接”对话框，“按下时”的命令语言程序为“BITSET(M8,1,1)”；同样，隐藏的“键控”按钮“按下时”的命令语言程序为

"BITSET(\\本站点\M8,1,0)"；按钮“开”时，“按下时”的命令语言程序为 "BITSET(\\本站点\Q12,1,1)"；按钮“关”时，“按下时”的命令语言程序为"BITSET(\\本站点\Q12,1,0)"。

其他提升泵动画连接设置与提升泵 1 类似，这里不再赘述。

2. 闸门控制画面制作

在工程浏览器中左侧的树形视图中选择“画面”选项，在右侧视图中双击“新建”图标，新建产生一幅名为“闸门控制”的画面。

(1) 控制方式。闸门控制主要就是关闸门和开闸门，它同样设有手动和自动两种控制方式。

(2) 画面组成。本画面主要由闸门 1、闸门 2、闸门 3、闸门 4、闸门 5、闸门 6 六部分组成，如图 15.55 所示。

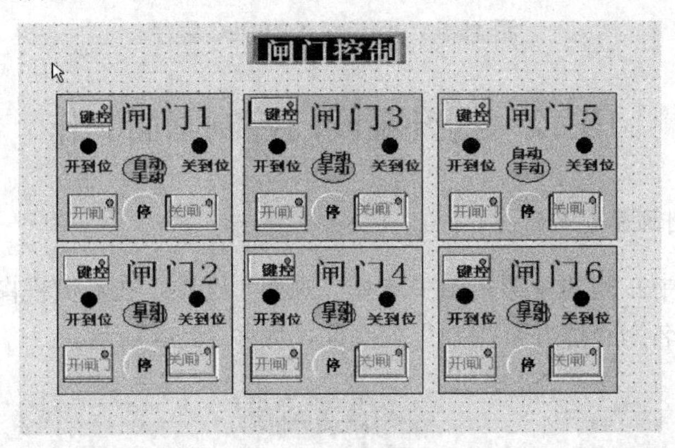

图 15.55 “闸门控制”画面

(3) 控制设备动画连接设置。双击闸门 1 控制方式的“键控”按钮时，弹出“动画连接”对话框，“按下时”的命令语言程序为“BITSET(\\本站点\M22,1,1)”；同样隐藏的“键控”按钮“按下时”的命令语言程序为“BITSET(\\本站点\M22,1,0)”；按钮“开闸门”“按下时”的命令语言程序为“BITSET(\\本站点\Q12,8,1)”；按钮“关闸门”“按下时”的命令语言程序为“BITSET(\\本站点\Q13,1,1)”。

其他闸门动画连接设置与闸门 1 类似，这里不再赘述。

(4) 闸门 1 的 PLC 程序。闸门 1 的 PLC 程序如图 15.56 所示。

M22.2 M22.0 M22.3 M22.1
I0.2 "自动/手动"
I3.6 "启闭机阀1开到位信"
I3.5 "启闭机阀1自动信号"
I4.0 "启闭机阀1故障"
Q13.0 "进水泵房启闭机1关"
Q12.7 "进水泵房启闭机1开"

图 15.56 闸门 1 的 PLC 程序

15.13　报表画面制作

1. 日报查询画面制作

日报查询就是显示当日的情况的报表，如图 15.57 所示。

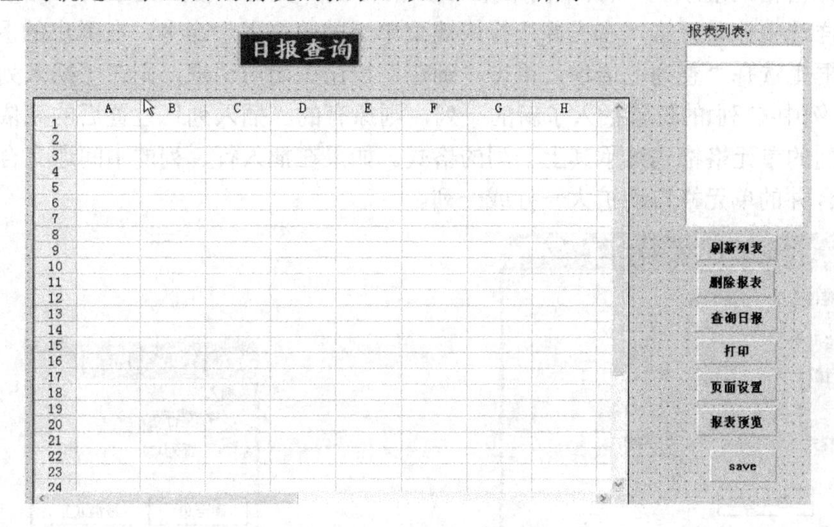

图 15.57　日报查询画面

(1) 进入组态王开发系统，新建产生一幅名为“日报查询”的画面。在组态王工具箱按钮中，单击“报表窗口”按钮，如图 15.58 所示，此时鼠标箭头变为小十字形，在画面上需要加入报表的位置按住鼠标左键，并拖动，画出一个矩形，松开鼠标左键，报表窗口创建成功。

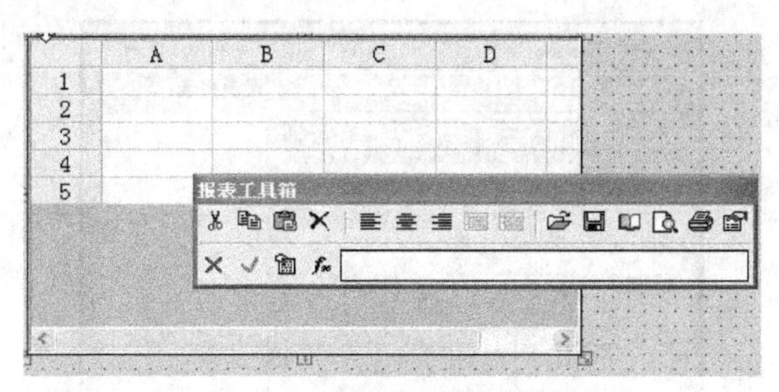

图 15.58　初建报表画面

鼠标箭头移动到报表区域周边，按住鼠标左键，可以拖动表格窗口，改变其在画面上的位置。按住鼠标左键并拖动，可以改变报表窗口的大小。当在画面中选中报表窗口时，会自动弹出报表工具箱；不选择时，报表工具箱自动消失。双击报表窗口的灰色部分(表格单元格区域外没有单元格的部分)，弹出“报表设计”对话框，如图 15.59 所示。该对话框主要设置报表的名称、报表表格的行列数目以及选择套用表格的样式。

在报表中快速插入一行和一列：在报表编辑过程中，如果需要在报表的某个位置插入

一行，则选择插入位置行的任意一个单元格；如果需要在报表的某个位置插入一列，则选择插入位置列的任意一个单元格。例如在图 15.60 所示的报表窗口中，要在“插入行”单元格的位置新插入一行，则选中该单元格，右击并在弹出的快捷菜单中选择“插入”命令，弹出“插入”对话框，在对话框上选择“整行”选项，单击“确定”按钮，关闭对话框，则在报表中的原第三行插入了一行，原第三行变为了第四行，其他行依次向下移动。插入的行的单元格格式继承上一行(本例中第二行)的格式。要在“插入列”的单元格位置插入一列，同样选中该单元格，右击并选择快捷菜单上的“插入”命令，在弹出的图 15.60 所示的对话框上选择“整列”选项，单击“确定”按钮关闭对话框，则在“插入列”单元格的位置(本例中 C 列)的位置插入了新的一列，则原有的“插入列”位置后的列依次向右移动。新的列的单元格格式继承其上一列的格式。如果在插入行、列的中间遇有合并的单元格，则该合并的单元格自动扩大一行或一列。

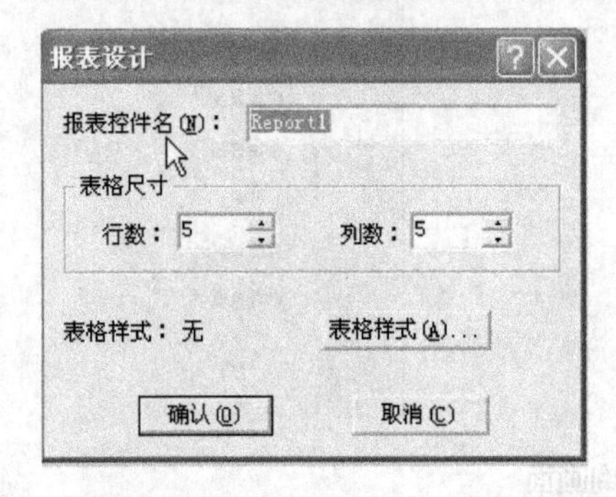

图 15.59　“报表设计”对话框

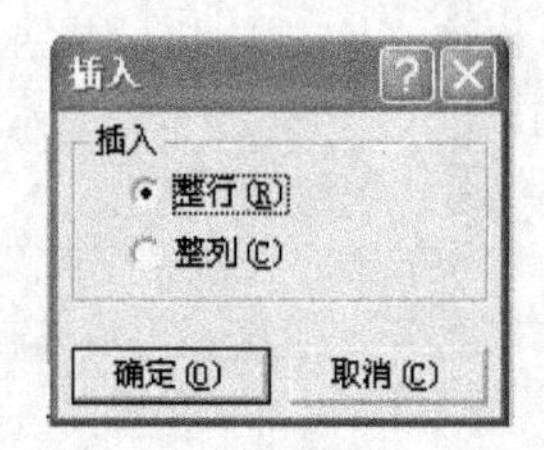

图 15.60　“插入整行”对话框

在组态王工具箱按钮中，单击“组合框控件”按钮，在画面上需要加入的位置按住鼠标左键并拖动，画出一个矩形，松开鼠标左键，组合框控件创建成功，组合框控件属性设置如图 15.61 所示。

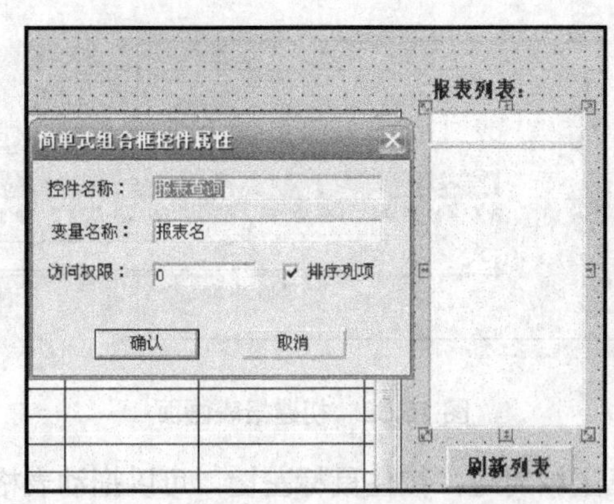

图 15.61　报表查询组合框控件设置

(2) 各个按钮的设置及其动画连接。在工具箱找到按钮工具放置按钮，右击可替换文字“刷新列表”，双击按钮对象“####”，弹出“动画连接”对话框，命令语言连接中选择“弹起时”选项卡，“弹起时”的命令语言程序为

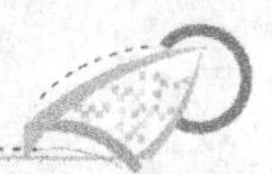

```
string FileName;
FileName=InfoAppDir()+"日报\"+"*.rtl";
listClear("报表查询");
ListLoadFileName("报表查询", FileName );
```

“删除报表”按钮“弹起时”的命令语言程序为

```
string FileName;
FileName=InfoAppDir()+"日报\"+\\本站点\报表名;
FileDelete(Filename );
string FileName1;
FileName1=InfoAppDir()+"日报\*.rtl";
listClear("报表查询");
ListLoadFileName("报表查询", FileName1 );
```

“查询报表”按钮“弹起时”的命令语言程序为

```
string FileName;
FileName=InfoAppDir()+"日报\"+\\本站点\报表名;
ReportLoad("Report1",FileName);
```

“打印”按钮“弹起时”的命令语言程序为

```
ReportPrint2("Report1");
//ReportPrint2("Report1", 0);可以在打印前弹出打印机选择窗口
```

“页面设置”按钮“弹起时”的命令语言程序为

```
ReportPageSetup("Report1");
```

“报表预览”按钮“弹起时”的命令语言程序为

```
ReportPrintSetup("Report1");
```

Save 按钮“按下时”的命令语言程序为

```
string FileName=InfoAppDir()+"报表\日报.rtl";
//ReportLoad("Report1",FileName);
ReportSaveAs("Report1",FileName);
```

(3) 用到的一些函数说明如下。

① InfoAppDir( )函数：此函数用于返回当前组态王工程目录。

调用格式：MessageResult=InfoAppDir( )。

② listClear 函数：此函数将清除指定列表框控件 ControlName 中的所有列表成员项。

③ ListLoadFileName 函数：此函数将字符串常量 StringTag 指示的文件名显示在列表框中。

调用格式：ListLoadFileName("CtrlName","*.ext")。CtrlName 为工程人员定义的列表框控件名称，可以为中文名或英文名。*.ext 为字符串常量，工程人员要查询的文件，支持通配符。

④ FileDelete 函数：此函数删除不需要或不想要的文件。若找到要删除的文件，并成功地删除，则此函数将返回 1；否则此函数返回 0。

⑤ ReportLoad 函数：此函数为报表专用函数，将指定路径下的报表读到当前报表中来。

语法格式：ReportLoad(ReportName, FileName)。返回存储是否成功标志，0 表示成功，3 表示失败(注意定义返回值变量的范围)。

⑥ ReportPrintSetup 函数：此函数对指定的报表进行打印预览并且可输出到打印配置中指定的打印机上进行打印。

语法格式：ReportPrintSetup(szRptName)。

⑦ ReportSaveAs 函数：此函数为报表专用函数，将指定报表按照所给的文件名存储到指定目录下。

语法格式：ReportSaveAs(ReportName, FileName)。返回存储是否成功标志，0 表示成功。

2. 月报查询画面制作

在工程浏览器中左侧的树形视图中选择“画面”选项，在右侧视图中双击“新建”图标，产生一幅名为“月报查询”的画面，如图 15.62 所示。

图 15.62 “月报查询”画面

(1) 实时日报的画面制作类似于上述的日报查询画面的制作，这里不再多加说明。

(2) 按钮的动画连接设置。

双击“刷新列表”按钮，弹出“动画连接”对话框，“弹起时”的命令语言程序为

```
string FileName;
FileName=InfoAppDir()+"月报\"+"*.rtl";
L istClear("月报查询");
ListLoadFileName("月报查询", FileName );
```

“删除报表”按钮“弹起时”的命令语言程序为

```
string FileName;
FileName=InfoAppDir()+"月报\"+\\本站点\报表名;
FileDelete(Filename );
string FileName1;
```

```
FileName1=InfoAppDir()+"月报\*.rtl";
listClear("月报查询");
ListLoadFileName("月报查询", FileName1 );
```

“查询月报”按钮“弹起时”的命令命令语言程序为

```
string FileName;
FileName=InfoAppDir()+"月报\"+\\本站点\报表名;
ReportLoad("月报1",FileName);
```

“打印”按钮“弹起时”的命令语言程序为

```
ReportPrint2("月报1");
//ReportPrint2("月报", 0);可以在打印前弹出打印机选择窗口
```

“页面设置”按钮“弹起时”的命令语言程序为

```
ReportPageSetup("月报1");
```

“报表预览”按钮“弹起时”的命令语言程序为

```
ReportPrintSetup("月报1");
```

3. 后台月报画面制作

在工程浏览器中左侧的树形视图中选择“画面”选项，右侧视图中双击“新建”图标，产生一幅名为“后台月报”的画面，如图 15.63 所示。

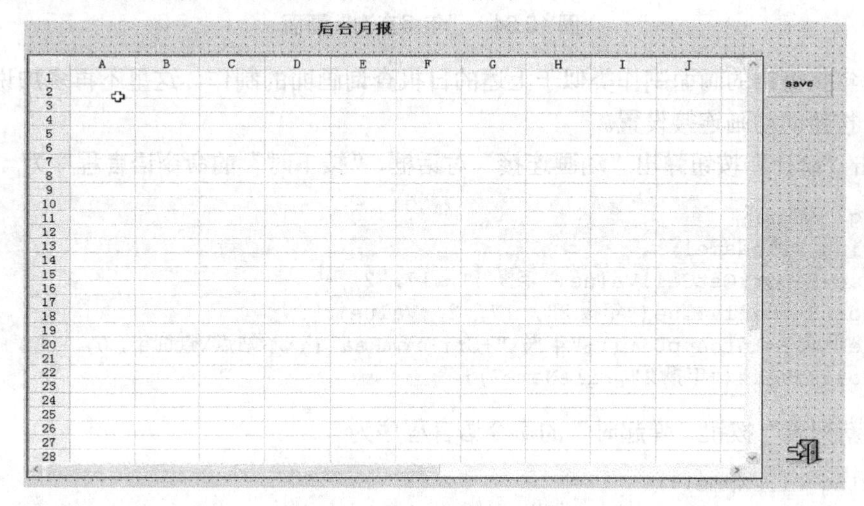

图 15.63　“后台月报”画面

(1) 后台月报的画面制作类似于上述的日报查询画面的制作，这里不再多加说明。

(2) Save 按钮的动画连接设置。

双击 Save 按钮弹出“动画连接”对话框，“按下时”的命令语言程序为

```
string FileName=InfoAppDir()+"月报\月报1.xls";
ReportSaveAs("Report7",FileName);
```

4. 年报查询画面制作

在工程浏览器中左侧的树形视图中选择“画面”选项，在右侧视图中双击“新建”图标，产生一幅名为“年报查询”的画面，如图 15.64 所示。

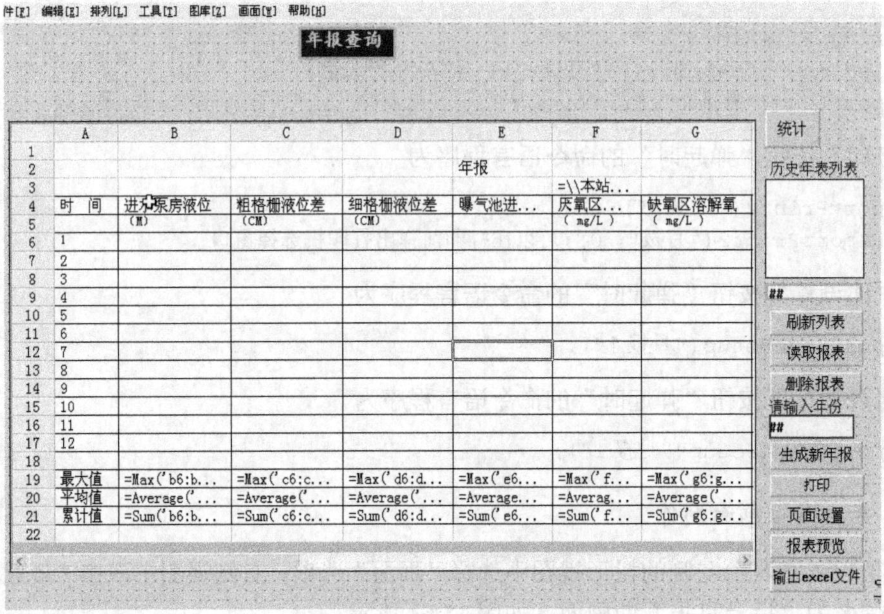

图 15.64 “年报查询”画面

(1) 年报查询的画面制作类似于上述的日报查询画面的制作，这里不再多加说明。

(2) 按钮的动画连接设置。

双击“统计”按钮弹出“动画连接”对话框，“按下时”的命令语言程序为

```
long  Value;
string FileName1;
Value=ReportGetCellValue("年报 2", 17, 2);
ReportSetCellValue("年报 2", 17, 2, Value);
FileName1=InfoAppDir()+"年报\"+StrFromReal(\\本站点\查询年, 0, "f")+".rtl";
Reportsaveas("年报 2",FileName1);
```

“刷新列表”按钮“弹起时”的命令语言程序为

```
string FileName1;
FileName1=InfoAppDir()+"年报\"+"*.rtl";
listClear("报表名 1");
ListLoadFileName("报表名 1", FileName1 );
```

“读取报表”按钮“弹起时”的命令语言程序为

```
string FileName;
FileName=InfoAppDir()+"年报\"+\\本站点\报表名;
ReportLoad("年报 2",FileName);
```

“删除报表”按钮“弹起时”的命令语言程序为

```
string FileName;
FileName=InfoAppDir()+"年报\"+\\本站点\报表名;
FileDelete(Filename );
string FileName1;
FileName1=InfoAppDir()+"年报\"+"*.rtl";
listClear("报表名1");
ListLoadFileName("报表名1", FileName1 );
```

“生成新年报”按钮“弹起时”的命令语言程序为

```
string FileName;string str;string FileName1;long Value;
FileName1=InfoAppDir()+"报表\年报.rtl";
ReportLoad("年报2",FileName1);
long hang;float month;long fanhui;
hang= \\本站点\$月+4;
month=1;
ShowPicture("后台月报");HidePicture("后台月报");while(month<=12)
FileName=InfoAppDir()+"月报\"+StrFromReal(\\本站点\查询年,0,"f")+StrFromReal
(month,0,"f")+".rtl";fanhui=InfoFile(Filename,1, \\本站点\$分);if(fanhui==1)ReportLoad
("Report7",FileName);
//str=StrFromReal(\\本站点\查询年, 0, "f" )+"年"+StrFromReal(month, 0, "f" )+"月";
//ReportSetCellString("年报2", hang, 1, str);
Value=ReportGetCellValue("Report7", 39, 2);
```

打印”按钮“弹起时”的命令语言程序为

```
ReportPrint2("年报1");
//ReportPrint2("Report1", 0);可以在打印前弹出打印机选择窗口
```

“页面设置”按钮“弹起时”的命令语言程序为

```
ReportPageSetup("年报1");
```

“报表预览”按钮“弹起时”的命令语言程序为

```
ReportPrintSetup("年报1");
```

“输出 excel 文件”按钮“按下时”的命令语言程序为

```
string FileName="d:\excel文件\年报\"+StrFromReal(\\本站点\查询年, 0, "f")+ ".xls";
//ReportLoad("年报1",FileName);
ReportSaveAs("年报2",FileName);
```

15.14　报警画面制作

1. 历史报警的画面制作

在工程浏览器中左侧的树形视图中选择“画面”选项，在右侧视图中双击“新建”图标，产生一幅名为“历史报警”的画面，如图 15.65 所示。

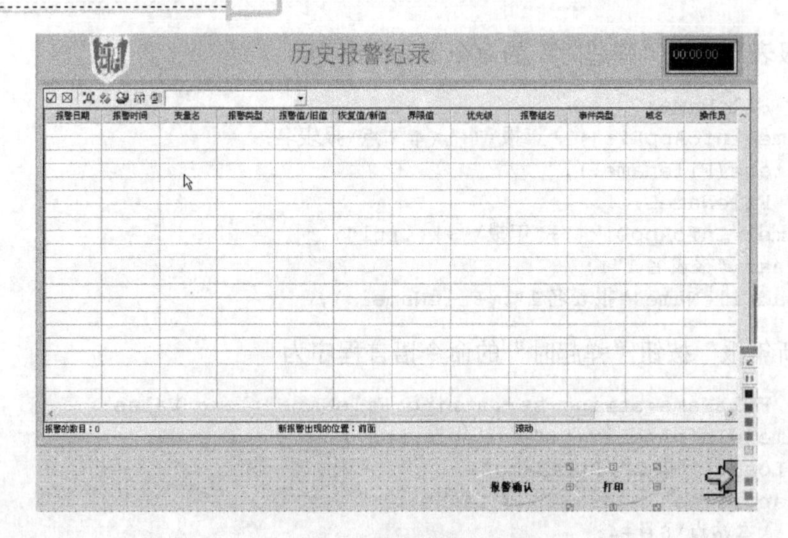

图 15.65 “历史报警”画面

(1) 历史报警画面是显示历史上所出现过的故障情况的画面。

(2) 在组态王中新建画面，在工具箱中单击“报警窗口”按钮，或选择“工具”|“报警窗口”菜单命令，鼠标箭头变为单线十字形，在画面上适当位置按住鼠标左键并拖动，绘出一个矩形框，当矩形框大小符合报警窗口大小要求时，松开鼠标左键，报警窗口创建成功。

(3) 配置实时和历史报警窗。双击报警窗口，弹出“报警窗口配置属性页”对话框，如图 15.65 所示，首先显示的是“通用属性”选项卡。在该页中有“实时报警窗”和“历史报警窗”选项，选择当前报警窗是哪一个类型：如果选择“实时报警窗”选项，则当前窗口将成为实时报警窗；否则，如果选择“历史报警窗”选项，则当前窗口将成为历史报警窗。实时和历史报警窗的配置选项大多数相同。

(4) 报警窗口名：定义报警窗口在数据库中的变量登记名。此报警窗口变量名可在为操作报警窗口建立的命令语言连接程序中使用。报警窗口名的定义应该符合组态王变量的命名规则。报警窗口名的定义为“历史报警”，如图 15.66 所示。

(5) 单击“报警窗口配置属性页”对话框中的“列属性”选项卡，设置报警窗口的列属性。

(6) 在组态王工程浏览器依次选择“数据库”、“数据词典”选项新建一个变量或选择一个原有变量双击它，在弹出的“定义变量”对话框上选择“报警定义”选项卡，如图 15.67 所示。

报警是指当系统中某些量的值超过了所规定的界限时，系统自动产生相应警告信息，表明该量的值已经超限，提醒操作人员。组态王离散型变量的报警有 3 种状态。

① 状态报警：变量的值由 0 变为 1 时产生报警。

② 状态报警：变量的值由 1 变为 0 时产生报警。

③ 状态变化报警：变量的值由 0 变为 1 或由 1 变为 0 为都产生报警。

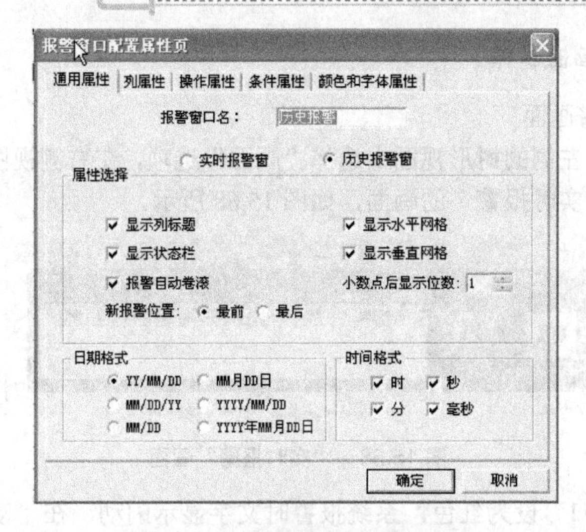

图 15.66　报警窗口配置属性页

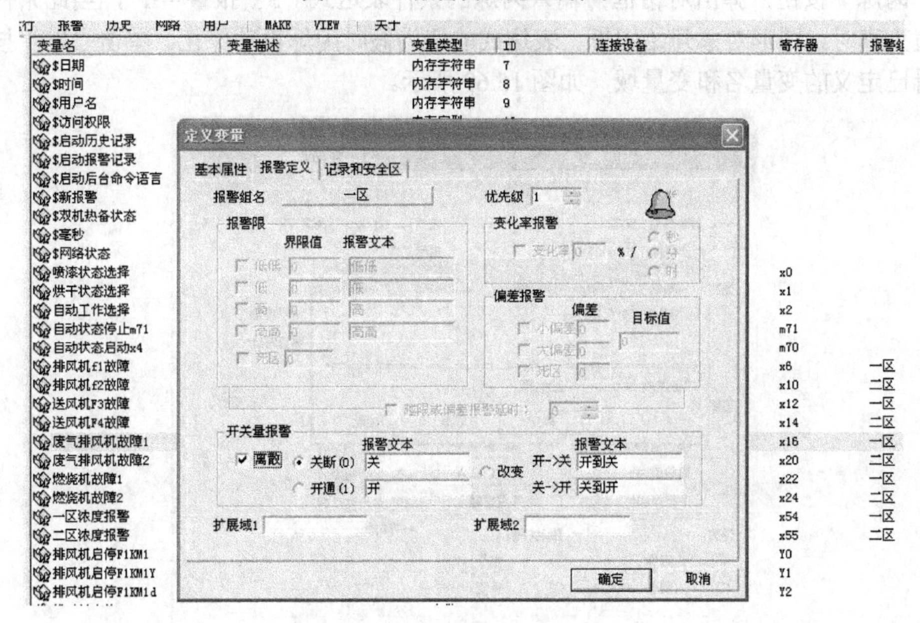

图 15.67　“报警定义”选项卡

(7) “报警确认”按钮“按下时”的命令语言程序如下所示。

```
Ack(RootNode);
\\本站点\$新报警=0;
PlaySound("c:\ALARM.WAV",0);
```

Ack 函数此函数常和按钮连接，当发生报警时，用此函数进行报警确认，它将产生确认报警事件。

Ack 函数调用格式：Ack(报警组名)；或 Ack(变量名)。

2. 实时报警的画面制作

1) 新建实时报警画面

在工程浏览器中左侧的树形视图中选择“画面”选项，在右侧视图中双击“新建”图标，产生一幅名为“实时报警”的画面，如图 15.68 所示。

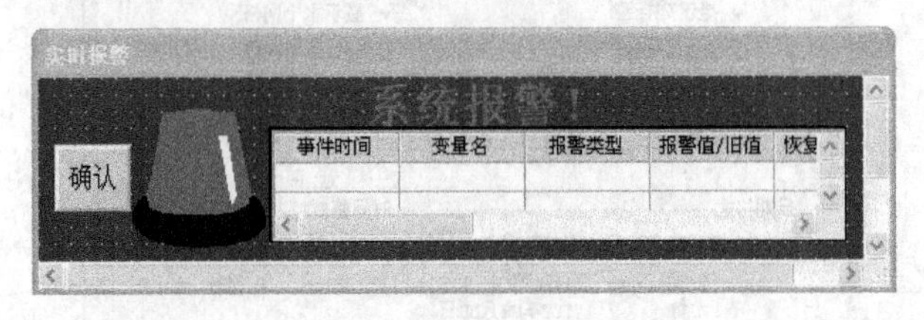

图 15.68 “实时报警”画面

文本“系统报警！”设为红色，系统报警时文字显示闪动，在“动画连接”对话框中单击“闪烁”按钮，弹出对话框；输入闪烁的条件表达式“$新报警==1”，当此条件表达式的值为真时，图形对象开始闪烁。表达式的值为假时闪烁自动停止。单击“？”按钮可以查看已定义的变量名和变量域，如图 15.69 所示。

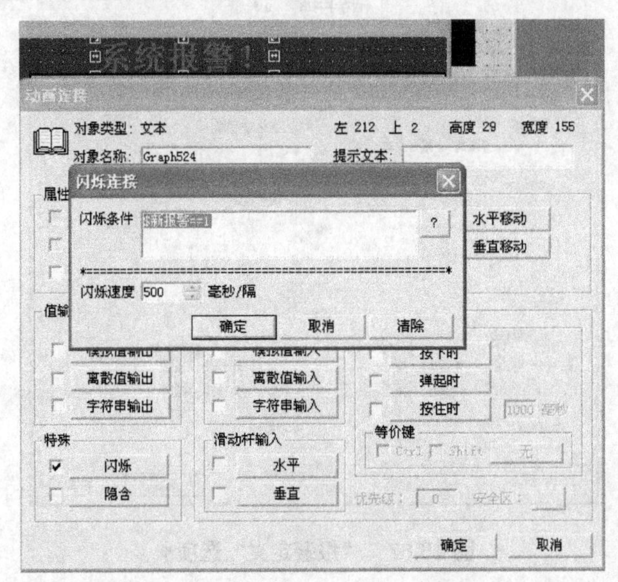

图 15.69 文本“系统报警！”的“动画连接”对话框

$新报警变量是组态王的一个系统变量，主要表示当前系统中是否有新的报警产生。当系统中有无论何种类型的新报警产生时，该变量被自动置为 1。但需要注意的是，该变量不能被自动清 0，需要用户人为地将其清 0。

2) “报警确认”按钮

“报警确认”按钮“按下时”的命令语言程序为

```
Ack(RootNode);
PlaySound("c:\Siren1.wav",0);
ClosePicture("实时报警");
```

PlaySound 函数：此函数通过 Windows 的声音设备(若已安装)播放声音，声音为 wav 文件。

调用格式：PlaySound(SoundName，Flags);

参数及其描述：

SoundName 代表要播放的声音文件的字符串或字符串变量。

Flags 可为下述之一：

0——停止播放声音；

1——同步播放声音；

2——异步播放声音；

3——重复播放声音直到下次调用 PlaySound( )函数为止。

3) 报警自动弹出窗口功能的实现

实时报警画面为报警时自动弹出窗口，在工程浏览器中选择“命令语言”、“数据改变命令语言”选项，在浏览器右侧双击“新建”图标，弹出“数据改变命令语言”编辑器，如图 15.70 所示。

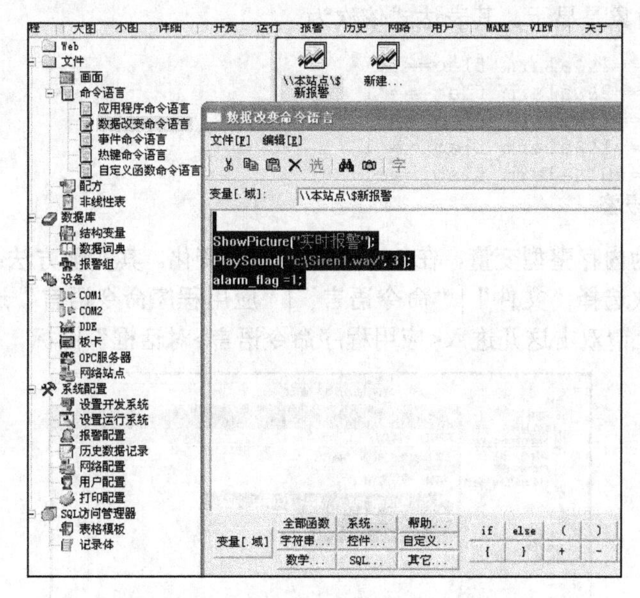

图 15.70　“数据改变命令语言”编辑器

数据改变命令语言触发的条件：“\本站点\$新报警”变量或变量的域的值发生了变化。

输入命令语言：

```
ShowPicture("实时报警");
PlaySound("c:\Siren1.wav", 3 );
alarm_flag =1;
```

PlaySound 函数此函数通过 Windows 的声音设备(若已安装)播放声音，声音为 wav 文件。调用格式：

```
PlaySound(SoundName,Flags);
```

4) 报警灯动画

报警时报警灯旋转并播放声音，报警灯旋转动画采用 6 个报警灯在不同时间显示或隐含来实现，如图 15.71 所示。

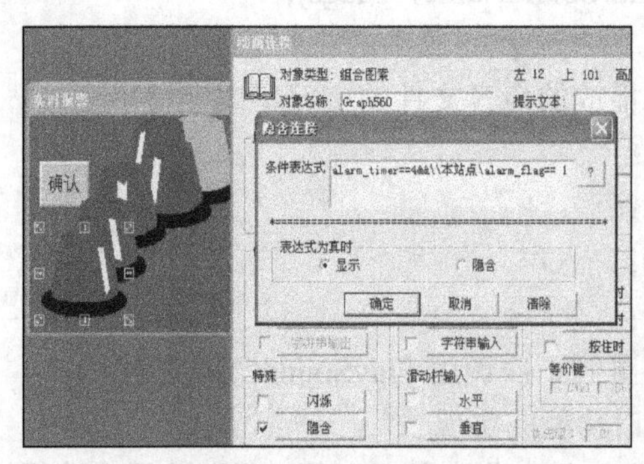

图 15.71　动画连接的“隐含连接”对话框

在“动画连接”对话框中单击“隐含”按钮，弹出“隐含连接”对话框中，当表达式为真时，被连接对象是显示。其表达式依次为

```
alarm_timer==4&&alarm_flag== 1
alarm_timer==3&&alarm_flag == 1
alarm_timer==2&&alarm_flag == 1
alarm_timer==1&&alarm_flag == 1
alarm_timer==0&&alarm_flag == 1
\\本站点\$新报警
```

alarm_timer 为内存整型变量，在 0～10 之间自动变化。其实现方法：在工程浏览器的目录显示区，依次选择“文件”|“命令语言”|“应用程序命令语言”选项，则在右边的内容显示区出现“请双击这儿进入<应用程序命令语言>对话框”图标，如图 15.72 所示。

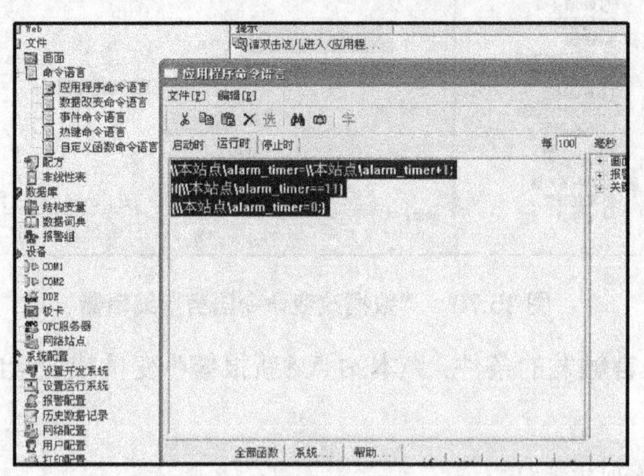

图 15.72　“应用程序命令语言”编辑器

输入“运行时”每 100ms 命令语言：

```
\\本站点\alarm_timer=\\本站点\alarm_timer+1;
if(\\本站点\alarm_timer==11)
{\\本站点\alarm_timer=0;}
```

15.15　帮助画面制作

帮助画面如图 15.73 所示，可以显示帮助.TXT 文件。

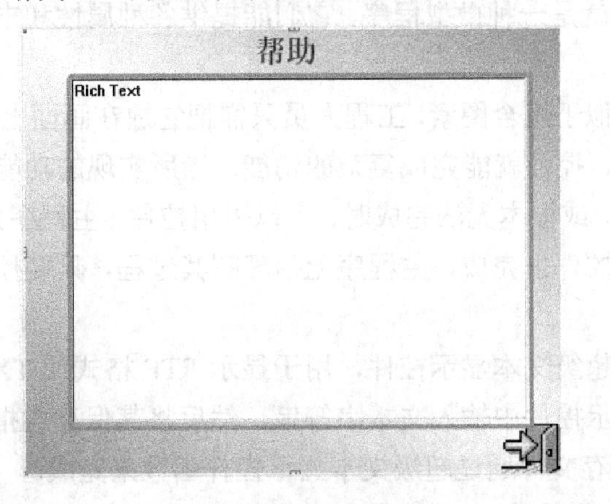

图 15.73　帮助画面

选择“工具”|“圆角矩形”菜单命令，此时鼠标光标变为十字形。

(1) 首先将鼠标光标置于一个起始位置，此位置就是矩形的左上角。

(2) 按住鼠标的左键并拖曳鼠标，牵拉出矩形的另一个对角顶点即可。在牵拉矩形的过程中矩形大小是以虚线框表示的。

(3) 通过图形调色板选择颜色。

(4) 在画面开发系统的工具箱中单击“插入控件”按钮，或选择“编辑”|“插入控件”菜单命令，弹出的“创建控件”对话框，在“种类”列表中选择“超级文本显示”选项，在右侧的内容中选择“显示框”图标，单击对话框上的“创建”按钮，或直接双击“显示框”图标，关闭对话框。此时，鼠标变成小十字形，在画面上需要插入控件的地方按住鼠标左键，拖动鼠标，画面上出现一个矩形框，表示创建后控件界面的大小。松开鼠标左键，控件在画面上显示出来。控件周围有带箭头的小矩形框，当鼠标挪到小矩形框上，鼠标箭头变为方向箭头时，按住鼠标左键并拖动，可以改变控件的大小。当鼠标在控件上变为双十字形时，按住鼠标左键并拖动，可以改变控件的位置。

(5) 当控件创建完成后，需要定义空间的属性。双击控件，弹出“超级文本显示框控件属性”对话框，如图 15.74 所示。

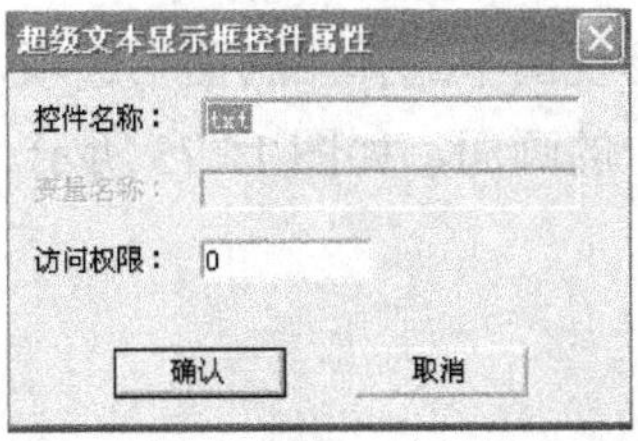

超级文本显示框控件属性

控件名称：Ctrl

变量名称：

访问权限：0

确认　取消

图 15.74　“超级文本显示框控件属性”对话框

控件实际上是可重用对象，用来执行专门的任务。每个控件实质上都是一个微型程序，但不是一个独立的应用程序，通过控件的属性、方法等控制控件的外观和行为，接收输入并提供输出。例如，Windows 操作系统中的组合列表框就是一个控件，通过设置属性可以决定组合列表框的大小，要显示文本的字体类型以及显示的颜色。组态王的控件(如棒图、温控曲线、X-Y 曲线)就是一种微型程序，它们能提供各种属性和丰富的命令语言函数用来完成各种特定的功能。

控件在外观上类似于组合图素，工程人员只需把它放在画面上，然后配置控件的属性，进行相应的函数连接，控件就能完成复杂的功能。当所实现的功能由主程序完成时需要制作很复杂的命令语言，或根本无法完成时，可以采用控件。主程序只需要向控件提供输入，而剩下的复杂工作由控件去完成，主程序无须理睬其过程，只要控件提供所需要的结果输出即可。

组态王提供一个超级文本显示控件，用于显示 RTF 格式或 TXT 格式的文本文件，而且也可在超级文本显示控件中输入文本字符串，然后将其保存成指定的文件，调入 RTF、TXT 格式的文件和保存文件通过超级文本显示控件函数来完成。

选择“编辑”|“画面属性”菜单命令，或右击画面，在弹出的快捷菜单中选择“画面属性”菜单项，或按 Ctrl+W 键，打开“画面属性”对话框，在对话框上单击“命令语言”按钮，弹出“画面命令语言”编辑器，选择“存在时”选项卡，设置参数 200ms，输入以下画面命令语言：

```
if(\\本站点\k1==1){
LoadText("txt","c:\帮助.txt", ".txt" );
k1=0;
ocxUpdate("txt" );}
```

k1 是在数据词典建立的内存离散；帮助.txt 是用 Windows 操作系统的写字板编写一个 txt 文件，放置在 c:\下；ocxUpdate("txt");刷新。

LoadText 函数：此函数将指定的 RTF 或 TXT 格式文件调入到超级文本显示控件中加以显示。语法格式使用如下：

```
LoadText("ControlName", "FileName", ".Txt Or .Rtf" );参数说明：
```

ControlName：工程人员定义的超级文本显示控件名称，可以为中文名或英文名。

FileName：RTF 或 TXT 格式的文件，可用 Windows 的写字板编写这两种格式的文件。

Txt Or. Rtf：指定文件为 RTF 格式或 TXT 格式。

在工程浏览器中左侧的树形视图中选择“画面”选项，在右侧视图中双击“新建”图标，产生一幅名为“退出系统”的画面，如图 15.75 所示。

图 15.75　“退出系统”画面

选个文本写上“确实要关闭系统吗？”，然后选两个按钮即“确认”和“取消”，双击按钮对象“确认”，弹出“动画连接”对话框，则“弹起时”的命令语言程序为

```
Exit(0);LogOff();
```

“取消”按钮“弹起时”的命令语言程序为

```
HidePicture("退出系统");LogOff();
```

HidePicture 函数：此函数用于隐藏正在显示的画面，但并不将其从内存中删除。
调用格式：HidePicture("画面名");
LogOff 函数 此函数用于在 TouchView 中退出登录。
调用格式：LogOff( );
Exit 函数：此函数使组态王运行环境退出。
调用格式：Exit(Option);

本 章 小 结

污水处理厂监控系统设计主要包括电气部分、PLC 程序的开发部分和上位机监控软件应用开发部分等。本章重点介绍了污水处理监控系统总体设计、电气控制设计与 PLC 控制设计方法，给出了采用组态王设计污水处理厂监控系统的方法，详细介绍了工艺流程图、格栅控制、刮泥机回流泵控制、提升泵闸门控制等画面的制作方法，完成主要工艺数据和各种设备工作状态监控，对主要数据临界状态进行报警，生成指定时间内数据报表和变化曲线，监控系统实现污水自动化处理，从而提高了污水处理的技术管理水平。

思考题与习题

1．简述污水处理厂监控系统的基本组成。
2．说明污水处理厂监控系统组态程序的步骤。
3．完成污水处理厂监控系统外部设备和数据库定义。
4．完成“工艺流程图”画面制作。
5．完成“格栅控制”画面制作。
6．完成“刮泥机回流泵控制”画面制作。
7．完成“提升泵闸门控制”画面制作。

参 考 文 献

[1] 薛迎成，等．工控机及组态控制技术原理与应用[M]．2 版．北京：中国电力出版社，2011．
[2] 马国华．监控组态软件的相关技术发展趋势[J]．自动化博览，2009，02：16-19．
[3] 王华忠．监控与数据采集(SCADA)系统及其应用[M]．北京：电子工业出版社，2012．
[4] 李江全，等．案例解说组态软件典型控制应用[M]．北京：电子工业出版社，2011．
[5] 韩兵．集散控制系统应用技术[M]．北京：化学工业出版社，2011．
[6] 何坚强，等．计算机测控系统设计与应用[M]．北京：中国电力出版社，2012．
[7] 熊伟．工控组态软件及应用[M]．北京：中国电力出版社，2012．
[8] 于洪珍，等．监测监控信息融合技术[M]．北京：清华大学出版社，2012．
[9] 刘恩博，等．组态软件数据采集与串口通信测控应用实战[M]．北京：人民邮电出版社，2010．
[10] 北京亚控公司．组态王培训手册．2007．
[11] 北京华晟公司．A3000 过程控制实验系统产品使用和维护手册．2008．
[12] 张运刚，等．从入门到精通工业组态技术与应用[M]．北京：人民邮电出版社，2008．